新世纪普通高等教育电气工程及其自动化类课程规划教材

（第三版）

电机与拖动技术

DIANJI YU TUODONG JISHU

主　编　刘爱民　张红奎
副主编　马丽丽　邹秋滢　包　蕾　胡　庆　娄家川
主　审　孙建忠

微课
微课配套资源

U0244333

大连理工大学出版社

图书在版编目(CIP)数据

电机与拖动技术 / 刘爱民，张红奎主编. -- 3 版
. -- 大连 : 大连理工大学出版社，2022.3(2024.6重印)
　新世纪普通高等教育电气工程及其自动化类课程规划
教材
　ISBN 978-7-5685-3761-2

　Ⅰ. ①电… Ⅱ. ①刘… ②张… Ⅲ. ①电机－高等学
校－教材②电力传动－高等学校－教材 Ⅳ. ①TM3
②TM921

中国版本图书馆 CIP 数据核字(2022)第 028375 号

大连理工大学出版社出版
地址:大连市软件园路 80 号　邮政编码:116023
发行:0411-84708842　邮购:0411-84708943　传真:0411-84701466
E-mail:dutp@dutp.cn　URL:http://dutp.dlut.edu.cn
大连永盛印业有限公司印刷　　　　大连理工大学出版社发行

幅面尺寸:185mm×260mm　　印张:21　　　字数:511 千字
2011 年 6 月第 1 版　　　　　　　　　2022 年 3 月第 3 版
　　　　　　2024 年 6 月第 3 次印刷

责任编辑:王晓历　　　　　　　　　责任校对:罗晴晴
　　　　　　封面设计:张　莹

ISBN 978-7-5685-3761-2　　　　　　定　价:55.80 元

本书如有印装质量问题,请与我社发行部联系更换。

前　言

　　《电机与拖动技术》(第三版)是根据普通高等教育电气工程及其自动化专业课程现行专业规范,由新世纪普通高等教育教材编审委员会组编的电气工程及其自动化类课程规划教材之一。

　　电气工程及其自动化专业是一个综合应用现代高科技、多学科交叉的前沿专业,它给人以极大的研究兴趣和广阔的应用现实和前景。为了能够既保留传统知识的精华,又尽可能地反映其行业新发展,满足当前工业现场对电机与拖动课程的要求,编者基于多年的电机与拖动基础课程教学实践,进行了大量的调研和改革工作,在充分了解社会需求与人才培养诸多方面的需求后,结合自身的教学实践和体会,按照教育部对高等教育发展的指导思想,参考了国内外一些相关参考文献,在充分考虑应用领域对人才需求的同时,结合教学中学时分配、内容分配及教学的学术性、趣味性、易用性等诸方面的经验和体会,对本版教材进行了修订。

　　电机与拖动课程是供用电技术、电气技术、工业电气自动化、楼宇自动化等电气类专业的专业基础课,也是机电一体化专业重要的专业课程。该课程将直流电机、交流电机、变压器、控制电机、电力拖动等内容科学、有机地结合在一起,原理与应用并重,是理论与实践联系较强的一门课程。其内容多,涉及面广,涵盖电、磁、热、机械、化学等综合知识。学生学习时通常感到头绪多、概念性强、难度大,再加上教学课时少,长期以来在教与学两方面都存在着较大困难。因此,深化课程改革、提高教学质量,是该课程目前所面临的迫切问题。

　　与传统教材相比,本版教材在体系结构上进行了较大的调整,角度独特,内容新颖,主要表现在:

　　(1)将电机学与电力拖动基础的相关教材有机地融为一体,以节省传统内容的教学时间。

　　(2)重在介绍基本概念、基本运行原理与基本运行特性,并强调实用。

　　(3)为适应工业发展的需要,增加了不少电机与拖动系统结合以及新型电机的内容。

新世纪

(4) 为了满足学生进一步学习及发展的需要,将电机与拖动理论和 MATLAB 仿真技术有机结合,有利于读者借助计算机加深对所学内容的体会和理解。

(5) 各章精心设计了结合实际和注重应用的例题,并给出了部分习题参考答案,以便自学。

本教材响应二十大精神,推进教育数字化,建设全民终身学习的学习型社会、学习型大国,及时丰富和更新了数字化微课资源,以二维码形式融合纸质教材,使得教材更具及时性、内容的丰富性和环境的可交互性等特征,使读者学习时更轻松、更有趣味,促进了碎片化学习,提高了学习效果和效率。

本版教材由沈阳工业大学刘爱民、中煤科工集团沈阳研究院有限公司张红奎任主编;辽宁石油化工大学马丽丽,沈阳农业大学邹秋滢,宁波工程学院包蕾,沈阳工业大学胡庆,安徽理工大学娄家川任副主编;沈阳工业大学孟繁贵、任达和赵雪微参与了编写。具体编写分工如下:刘爱民编写第 1 章至第 4 章;张红奎编写第 6 章和全书课程思政部分;马丽丽编写第 5 章和第 8 章;邹秋滢编写第 10 章 10.1 至 10.9;包蕾编写第 9 章;胡庆编写第 7 章;娄家川编写第 10 章 10.10 和 10.11 及制作全书微课;孟繁贵、任达、赵雪微完成各章教材内容涉及的 MATLAB 仿真技术、例题计算以及课后习题的编排等。大连理工大学孙建忠教授审阅了书稿,并提出了一些宝贵意见,在此谨致谢忱。

本版教材随文提供视频微课供学生即时扫描二维码进行观看,实现了教材的数字化、信息化、立体化,增强了学生学习的自主性与自由性,将课堂教学与课下学习紧密结合,力图为广大读者提供更为全面且多样化的教材配套服务。

为响应教育部全面推进高等学校课程思政建设工作的要求,本版教材挖掘了相关的思政元素,逐步培养学生正确的思政意识,树立肩负建设国家的重任,从而实现全员、全过程、全方位育人。学生树立爱国主义情感,能够更积极地学习科学知识,立志成为社会主义事业建设者和接班人。

在编写本版教材的过程中,编者参考、引用和改编了国内外出版物中的相关资料以及网络资源,在此表示深深的谢意!相关著作权人看到本教材后,请与出版社联系,出版社将按照相关法律的规定支付稿酬。

限于水平,书中仍有疏漏和不妥之处,敬请专家和读者批评指正,以使教材日臻完善。

编　者

2022 年 3 月

所有意见和建议请发往:dutpbk@163.com

欢迎访问高教数字化服务平台:http://hep.dutpbook.com

联系电话:0411-84708462　84708445

目　录

第1章
绪　论

1.1 电机和电力拖动技术的发展及其在经济技术领域中的作用

　　电能是现代能源中应用最广泛的二次能源,它的生产、变换、传输、分配、使用和控制都比较便捷、经济,而要实现电能的生产、变换和使用等都离不开电机。电机就是一种将电能与机械能相互转换的电磁机械装置。因此,电机一般有两种应用形式:第一种把机械能转换为电能,称为发电机,它通过原动机先把各类一次能源蕴藏的能量转换为机械能,然后再把机械能转换为电能,最后经输电、配电网络送往各地工矿企业、家庭等各种用电场合;第二种把电能转换为机械能,称为电动机,它用来驱动各种生产机械和其他装置,以满足不同的要求。电机是利用电磁感应原理工作的,它应用广泛,种类繁多,性能各异,分类方法也很多。常见的分类方法有:按功能用途不同,可分为常规电机和控制电机两大类;按照电机的结构或转速不同,可分为变压器和旋转电机,根据电源的不同,旋转电机又分为直流电机和交流电机,交流电机又分为同步电机和异步电机两类。电机的分类如图 1-1 所示。

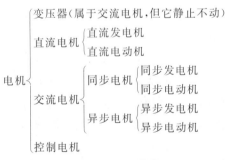

图 1-1　电机的分类

　　1802 年,奥斯特发现了电流在磁场中受力的物理现象,随后由安培对这种现象进行了科学的总结,发现了磁路定律及全电流定律。在此基础上,人们在实验室里制成了直流电动机的模型。1831 年,法拉第发现了电磁感应定律,为生产、制造各种发电机提供了依据。随后制成了直流发电机,替换了价格昂贵的电池,为直流电动机的广泛应用提供了电源。可见,在电机与电力拖动发展史上首先得到应用的是直流电机。1871 年,凡麦尔发明了交流发电机。1878 年,亚布洛契柯夫用交流发电机和变压器发明了照明装置供电。1885 年,费拉利斯发现了两相电流可以产生旋转磁场,翌年费拉利斯和坦斯拉几乎同时制成了两相感应电动机的模型。

1888年，多里沃多勃罗沃尔斯提出了三相制概念，并制成了三相感应电动机，奠定了三相电路和三相电机的基础。此后三相交流电迅速地发展起来，到20世纪初，各种三相交流电动机均已设计、制造成功。进入21世纪后，人们在降低电机成本，减小电机尺寸，提高电机性能，选用新型电磁材料，改进电机生产工艺等方面进行了大量工作，使现代电机与20世纪初的电机有很大差别。

新中国成立以来的60多年间，我国的电机工业逐步建立了独立自主的完整体系。早在1958年，我国就研制成功了当时世界上第一台12 000 kW双水内冷汽轮发电机，标志着我国电机工业的迅速崛起。近年来，随着对电机新材料的研究以及计算机技术在电机设计、制造工艺中的应用，提高了普通电机的性能，而控制电机的高可靠性、高精度、快速响应则使控制系统完成了各种人工操作无法完成的快速复杂的精巧工作。

在国民经济各部门中，广泛地使用着各种各样的生产机械，而这些生产机械都需要有原动机拖动才能正常工作。当前拖动生产机械的原动机一般采用电动机。这是由于电动机效率高，运转经济，而且其种类和形式很多，可以充分满足各种不同类型的生产机械要求；同时，电动机易于操作和控制，可以实现遥控和自动控制。

应用各种电动机拖动各种生产机械的电力拖动技术的发展经历了以下过程：

最初电动机拖动生产机械是通过天轴实现的，就是用一台电动机通过天轴及机械传动系统拖动一组生产机械，称为成组拖动系统。这种方式能量损耗大，生产效率低，劳动条件差，而且容易出事故。一旦电动机发生故障，则成组的生产机械将停车，甚至整个车间的生产可能停顿。这种陈旧、落后的拖动技术现在已经被淘汰了。

从20世纪20年代起，开始采用由一台电动机拖动一台生产机械的系统，称为单电动机拖动系统。与成组拖动系统相比，它省去了大量的中间传动机构，使机械结构大大简化，提高了传动效率，增强了灵活性。由于电机与生产机械在结构上配合密切，所以可以更好地满足生产机械的要求。

随着生产技术的发展和生产规模的扩大，人们陆续制造出了各种大型的复杂机械设备，在一台生产机械上就具有多个工作机构；同时，运动的形式也相应增多，这时如果仍由一台电动机拖动，则生产机械内部的传动机构就会变得异常复杂。因此，从20世纪30年代起，开始采用多电动机拖动系统，即一台生产机械中的每一个工作结构分别由一台电动机拖动，这样不仅大大简化了生产机械的机械结构，而且可以使每一个工作结构各自采用最合理的运动速度，进一步提高了生产效率。目前较大型的生产机械如龙门刨床、摇臂钻、铣床等，都采用多电动机拖动系统。

生产的发展对拖动系统又提出了更高的要求，例如要求提高加工的精度和工作的速度，要求快速启动、制动和逆转，实现很宽范围内的调速及整个生产过程的自动化等，这就需要有一整套自动控制设备组成自动化的电力拖动系统。而这些高要求的拖动系统随着自动控制理论的不断发展、半导体器件和电力电子技术的采用以及数控技术和计算机技术的发展与采用，正在不断地完善和提高。

综上所述，电力拖动技术发展至今，已经具备了许多其他拖动方式无法比拟的优点：启动、制动、反转和调速的控制简单、方便、快速、高效；电动机的类型多，且具有各种不同的运行特性来满足各种类型生产机械的要求；整个系统各参数的检测和信号的变换与传送便捷，易于实现最优控制。因此，电力拖动已成为国民经济电气自动化的基础。

1.2 本课程在专业中的作用、任务及课程目标

1.2.1 本课程在专业中的作用和任务

本课程是机电一体化专业基础课程,是将电机学、电力拖动和控制电机等课程有机结合而成的课程。本课程的任务是使学生掌握直流电机、变压器、交流电机及控制电机的基本理论、主要结构、性能及应用;掌握电力拖动系统的运行特性、电机及拖动系统的选择、分析计算及实验方法;掌握各种控制电机的类别、构造及特点,各种控制电机在自动控制系统中的应用及发展方向。

1.2.2 课程目标

本课程是一门用电磁理论解决复杂的、具体的、综合的实际问题的课程。在电机运行中,电机内同时存在电、磁、力的相互作用。因此,本课程的目标是使学生牢固掌握基本概念、基本原理和主要特性,学会结合电机的具体结构、应用电机的基本理论分析电机及拖动的实际问题,应掌握一定的电磁计算方法,培养学生的运算能力。同时,要求学生重视在教学过程中安排的实验、实习,包括参观电机厂等实践教学环节,培养学生掌握电机与电力拖动系统的基本实验方法与技能。具体要求是:

首先,本课程所研究的对象是实物,是一个电的、磁的、机械的综合体。因此要求学生:

(1)要清楚机械实物的具体结构。

(2)要弄清电机内主要电磁物理量的特性及相互关系,并能用方程式、向量图和等效电路这三种主要方式表示它。

(3)要能运用这些特性和关系结合具体条件对电机的稳态运行进行初步分析。这也是本课程的主要任务或总体要求。

其次,本课程前后的连贯性强。各种电机都存在共性,例如,各种电机的工作原理都是以电磁感应定律和载流导体在磁场中受力为基础的,这就决定了在讲后面的内容时,要用到前面所学的知识。这就要求学生不但要掌握前面所学的基本理论,而且在学后续内容时要善于比较,找出不同电机的共同处和不同点,以便更好地掌握各类电机的特点。

最后,本课程以定性分析为主。这就要求学生改变以往以套公式算题方式完成学习任务的学习方法,而把学习重点放在课后及时复习、钻研教材方面。在掌握电机中主要物理量的特性及相互关系上,结合具体条件,对电机的运行进行分析,即认真思考章节后的习题和思考题,培养分析问题和解决问题的能力,并且勤于总结。

1.3 电机理论中的基本知识点

1.3.1 电机中所使用的主要材料

电机是进行机电能量转换或信号转换的机械电磁装置,因此,电机中所使用的材料无外乎以下几种:

1. 导电材料

导电材料构成电机中的电路系统,为了减少损耗,要求材料的电阻率小,常用的有紫铜和铝。

2. 导磁材料

导磁材料构成电机中的磁路系统,要求材料具有较高的磁导率和较低的铁耗系数,常用硅钢片、钢板和铸钢。

3. 绝缘材料

绝缘材料作为带电体之间及带电体与铁芯之间的电气隔离,要求耐热好,介电性能高。

4. 结构材料

结构材料使电机各个零件构成一个整体,要求材料的机械强度好,加工方便,质量轻。

1.3.2　电机的发热和冷却

1. 发热

任何机械装置工作一段时间后,都会出现发热现象,很显然,这是由损耗所导致的结果。

电机的温度在工作一段时间后不再上升而达到某一稳定数值,该值和周围冷却介质温度之差,我们称之为温升。电机的温升不仅取决于损耗量和散热情况,还与电机的工作方式有关。

制造厂按国家标准的要求对电机的全部电量和机械量的数值以及运行的持续时间和顺序所做的规定称为电机的工作方式,包括连续工作方式、短时工作方式和周期工作方式。

电机的冷却速度直接决定了电机的寿命和额定容量。

2. 冷却

冷却介质有空气、氢气、水和油等。

冷却方式有外部冷却方式和内部冷却方式。现代巨型电机均采用内部冷却方式。

1.3.3　电机的防护

电机的防护方式有开启式、防护式、封闭式和防爆式。

1. 开启式

开启式即电机的定子两端和端盖上都有很大的通风口,散热好,但只能在清洁、干净的环境中使用。

2. 防护式

防护式电机的机座下面有通风口,散热好,但不能防止潮气和灰尘侵入,适于在干燥的环境中使用。

3. 封闭式

封闭式电机完全封闭,适用于任何环境。

4. 防爆式

防爆式电机在封闭的基础上制成隔爆形式,机壳有足够的强度,适用于易燃易爆的场合。

1.4 电机及拖动基础中常用的定律

电机是通过电磁感应原理来实现能量转换的机械装置,因此,电和磁是构成电机的两大要素,缺一不可。电在电机中主要以路的形式出现,即由电机内的线圈、绕组构成电机的电路,对于电路理论,人们一般都较熟悉,在这里就不再介绍了。磁在电机中是以场的形式存在的,但在工程分析计算时,为了方便起见,常把磁场的问题简化为磁路的问题来处理。与电路相比,人们一般对磁路较生疏,因此,有必要在此对其加以简要回顾并给予适当延伸。

1.4.1 磁场的概念

描述磁场的主要物理量有磁感应强度(或磁通密度)B、磁通 Φ 和磁场强度 H。

1. 磁感应强度 B

带电的导体周围存在着磁场,描述磁场强弱及方向的物理量是磁感应强度 B,因此 B 是矢量。为了形象地描绘磁场,磁力线常被采用。磁力线是闭合的曲线,它在磁场外部由 N 极指向 S 极;而在磁场内部,又由 S 极指向 N 极。图 1-2 所示为用磁力线表示的载流长导线、线圈和螺线管周围的磁场。

磁力线的方向与产生它的电流的方向遵守右手螺旋定则,并且规定磁力线上的每一点的切线方向就是该点的磁感应强度 B 的方向。同时磁力线的疏密程度常被用来表示磁感应强度 B 的大小,且规定其值为通过磁场中某点处垂直于 B 的单位面积上的磁力线数。

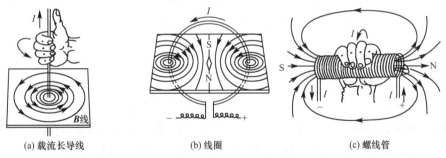

(a) 载流长导线　　　　　(b) 线圈　　　　　(c) 螺线管

图 1-2　用磁力线表示的载流长导线、线圈和螺线管周围的磁场

2. 磁通 Φ

穿过某一截面 A 的磁感应强度 B 的通量,即穿过截面 A 的磁力线数称为磁感应通量,简称磁通,用 Φ 表示。在均匀磁场中,如果截面 A 与 B 垂直,则磁通 Φ 和磁感应强度 B 的数值关系为

$$\Phi = BA \tag{1-1}$$

或

$$B = \frac{\Phi}{A} \tag{1-2}$$

因此,B 又是单位面积上的磁通,称为磁通密度,简称磁密。在国际单位制中,截面 A

的单位为平方米,用符号 m² 表示;磁通 **Φ** 的单位为韦伯,用符号 Wb 表示;**B** 的单位为特斯拉,用符号 T 表示,并且 1 T=1 Wb/m²。

3. 磁场强度 H

表征磁场性质的另一个基本物理量是磁场强度 **H**,**H** 也是矢量,其单位为安/米,用符号 A/m 表示。它与磁感应强度 B 的数值关系为

$$H = \frac{B}{\mu} \tag{1-3}$$

式中,μ 为导磁介质的磁导率。

在电机中应用的介质,一般按其磁性能分为铁磁材料和非铁磁材料。例如,空气、铜、铝和绝缘材料等为非铁磁材料,其磁导率可认为等于真空的磁导率 μ_0,$\mu_0 = 4\pi \times 10^{-7}$ H/m。铁磁材料的磁导率远大于真空的磁导率,如铸钢的磁导率 μ 约为 μ_0 的 1 000 倍,各种硅钢片的磁导率 μ 为 μ_0 的 6 000～7 000 倍。

导电体和非导电体的电导率之比的数量级可达 10^{16} 之大,因此电流沿导电体流通,则称非导电体为绝缘体。与导电材料不同,铁磁材料与非铁磁材料的磁导率之比的数量级仅为 $10^3 \sim 10^5$,因此磁力线不仅流经铁磁材料,而且有一小部分流经非铁磁材料。因此,除超导体外,不存在磁绝缘的概念。实际上,磁是以场的形态存在的。

1.4.2 磁路的基本定律

在磁路的分析和计算时,常用到安培环路定律、磁路欧姆定律、磁路的基尔霍夫第一定律和第二定律。

1. 安培环路定律

在磁场中,磁场强度 **H** 沿任意闭合磁回路 L 的线积分值 $\oint_L H \cdot dl$ 等于该闭合磁回路所包围的总电流 $\sum i$(代数和),这就是安培环路定律,也称全电流定律,用公式表示为

$$\oint_L H \cdot dl = \sum i \tag{1-4}$$

式中,当电流的正方向与闭合回路 L 的环行方向符合右手螺旋定则时,i 取正号;否则,i 取负号;例如,在图 1-3 中,i_2 取正号,i_1 和 i_3 取负号,故有 $\oint_L H \cdot dl = -i_1 + i_2 - i_3$。

若磁场强度 **H** 沿着回路 L 的方向总在切线方向且各点的大小相等,同时闭合回路所包围的总电流是由通入电流 i 的 N 匝线圈所提供的,则式(1-4)可简写为

$$HL = Ni \tag{1-5}$$

2. 磁路欧姆定律

假定有一个无分支铁芯磁路,如图 1-4(a)所示,铁芯上绕有通入电流 i 的 N 匝线圈,铁芯截面积为 A,磁路的平均长度为 l,材料的磁导率为 μ。若忽略漏磁通,并认为各截面上的磁通密度均匀且垂直于各截面,然后,将式(1-3)和式(1-2)代入式(1-5)可得

$$Ni = \frac{B}{\mu} \cdot l = \Phi \cdot \frac{l}{\mu A} \tag{1-6}$$

或

$$F = \Phi R_m = \frac{\Phi}{\Lambda} \tag{1-7}$$

式中 F——磁路的磁动势,$F=Ni$(作用在铁芯磁路上的安匝数),安匝或安 A;

   R_m——磁路的磁阻,A/Wb,$R_m=l/\mu A$;

   Λ——磁路的磁导,Wb/A,$\Lambda=1/R_m$。

式(1-7)表明,作用在磁路上的磁动势 F 等于磁路内的磁通 $\boldsymbol{\Phi}$ 乘以磁阻 R_m,此关系与电路中的欧姆定律在形式上十分相似,因此,式(1-7)称为磁路的欧姆定律。这里,磁路的磁动势 F 被比拟为电路的电动势 E,磁通 $\boldsymbol{\Phi}$ 被比拟为电流 I,磁阻 R_m 和磁导 Λ 分别被比拟为电阻 R 和电导 G。图 1-4(b)所示为相应的模拟电路图。

磁阻 R_m 与磁路的平均长度 l 成正比,与磁路的截面积 A 及磁路材料的磁导率 μ 成反比。需要注意的是,铁磁材料的磁导率 μ 不是一个常数,因此由铁磁材料构成的磁路,其磁阻也不是常数,而是随着磁路中 $\boldsymbol{B}$ 的大小而变化的,这种情况被称为非线性。

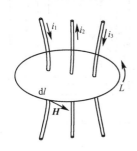

图 1-3   安培环路定律

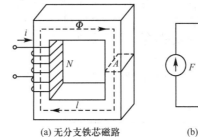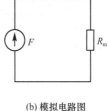

(a)无分支铁芯磁路   (b)模拟电路图

图 1-4   无分支铁芯磁路及其模拟电路

3. 磁路的基尔霍夫第一定律

如果铁芯不是一个简单回路,而是带有并联分支的分支磁路,如图 1-5 所示,则当中间铁芯柱上加有磁动势 F 时,磁通的路径将如图 1-5 中虚线所示。若令进入闭合面 A 的磁通为负值,从闭合面 A 穿出的磁通为正值,则有

$$-\Phi_1+\Phi_2+\Phi_3=0$$

或

$$\sum\Phi=0 \tag{1-8}$$

式(1-8)表明,穿出(或进入)任一闭合面的总磁通恒等于零(或者说,进入任一闭合面的磁通恒等于穿出该闭合面的磁通),这就是磁通的连续性定律。它可比拟于电路中的基尔霍夫第一定律 $\sum i=0$,因此该定律称为磁路的基尔霍夫第一定律。

4. 磁路的基尔霍夫第二定律

电机和变压器的磁路总是由数段不同截面、不同铁磁材料的铁芯组成的,而且还含有气隙。磁路计算时,总是把整个磁路分成若干段,每段为同一材料、相同截面,且磁通密度相等,则磁场强度也相等。如图 1-6 所示,磁路由三段组成,其中两段为截面积不同的铁磁材料,第三段为气隙。若铁芯上的励磁磁动势为 $F(F=Ni)$,则根据安培环路定律和磁路欧姆定律有

$$Ni=\sum_{k=1}^{3}H_kl_k=H_1l_1+H_2l_2+H_\delta\delta=\Phi_1R_{m1}+\Phi_2R_{m2}+\Phi_\delta R_{m\delta} \tag{1-9}$$

式中 l_1、l_2——第1、第2段铁芯的长度,其截面积分别为 A_1、A_2;

   δ——气隙长度;

H_1、H_2——第 1、第 2 段磁路内的磁场强度；

H_δ——气隙内的磁场强度；

Φ_1、Φ_2——第 1、第 2 段铁芯内的磁通；

Φ_δ——气隙内的磁通；

R_{m1}、R_{m2}——第 1、第 2 段铁芯磁路的磁阻；

$R_{m\delta}$——气隙的磁阻。

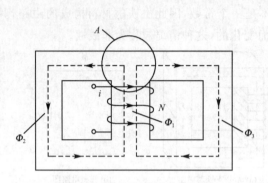

图 1-5 磁路的基尔霍夫第一定律

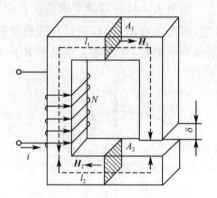

图 1-6 磁路的基尔霍夫第二定律

由于磁场强度也定义为单位长度上的磁位降，所以 $H_k l_k$ 也是一段磁路上的磁位降，又因为 Ni 是作用在磁路上的总磁动势，所以式（1-9）表明，沿任何闭合磁路的总磁动势恒等于各段磁路磁位降的代数和。它可比拟于电路中的基尔霍夫第二定律，因此该定律称为磁路的基尔霍夫第二定律。可以看出，此定律实际上是安培环路定律的另一种表达形式。

注意：尽管磁路和电路在物理量和基本定律上有一一对应的关系，但是，磁路和电路仍有本质的区别：

（1）电路中可以有电动势而无电流；磁路中有磁动势必有磁通。

（2）电路中有电流就有功率损耗；在恒磁通下，磁路中无损耗。

（3）电流只在导体中流过；磁路中除了主磁通外还必须考虑漏磁通的影响。

（4）电路中电阻率在一定温度下恒定不变；由铁磁材料构成的磁路中，磁导率是随着磁密而变化的，因此磁导率不是一个常数。

1.4.3 能量守恒定律

物理中的能量守恒定律在这里同样适用，稳态运行时

$$P_1 = P_2 + \sum p \tag{1-10}$$

式中 P_1——电源输入的功率；

P_2——电机轴上的输出功率；

$\sum p$——电机总损耗。

1.4.4 铁磁材料的磁化特性

为了在一定的励磁磁动势作用下能激励较强的磁场,电机和变压器的铁芯常采用磁导率较高的铁磁材料制成。

1.铁磁材料的磁化

铁磁材料包括铁、镍、钴等以及它们的合金。铁磁材料在外磁场中表现出很强的磁性,这一现象称为铁磁材料的磁化现象。铁磁材料能被磁化,是因为在它内部存在着许多很小的被称为磁畴的天然磁化区,如图 1-7(磁畴用一些小磁铁来形象地表示)所示。在铁磁材料未被放入磁场之前,这些磁畴杂乱无章地排列着,其磁效应相互抵消,对外部不呈磁性,如图 1-7(a) 所示;当铁磁材料被放入磁场后,在外磁场的作用下,磁畴的轴线将趋于一致,如图 1-7(b)所示,由此形成一个附加磁场,叠加在外磁场上,使合成磁场大大增强。由于磁畴所产生的附加磁场比非铁磁材料在同一磁场强度下所激励的磁场强得多,所以铁磁材料的磁导率要比非铁磁材料的大得多。磁化是铁磁材料的重要特性。

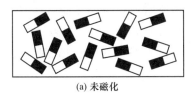

(a) 未磁化   (b) 磁化后

图 1-7 磁畴

2.磁化曲线和磁滞回线

铁磁材料的磁化特性可由磁化曲线和磁滞回线来表示。

(1)起始磁化曲线

在非铁磁材料中,磁通密度 B 和磁场强度 H 之间呈线性关系,如图 1-8 中虚线所示,其斜率就是 μ_0。铁磁材料的 B 和 H 之间呈非线性关系,曲线 $B=f(H)$ 称为起始磁化曲线,如图 1-8 所示。

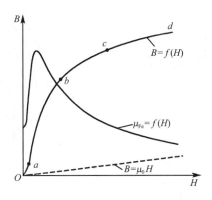

图 1-8 铁磁材料的起始磁化曲线

起始磁化曲线基本上可以分为四段:开始磁化时,外磁场 H 较弱,磁通密度 B 增加得不快,如图 1-8 中 Oa 段所示;随着外磁场 H 的增强,材料内部大量磁畴开始转向,趋向于外磁场方向,此时磁通密度 B 增加得很快,如图 1-8 中 ab 段所示;若继续增大外磁场 H ,由于大部分磁畴已趋向外磁场方向,可转向的磁畴越来越少,所以磁通密度 B 增加得越来越慢,如图 1-8 中 bc 段所示,这种现象称为饱和;达到饱和后,磁化曲线基本上成为与非铁磁材料的 $B=\mu_0 H$ 特性相平行的直线,如图 1-8 中 cd 段所示。磁化曲线开始拐弯的点(图 1-8 中 b 点)称为膝点。

由于铁磁材料的磁化曲线不是一条直线,所以 $\mu_{Fe}=B/H$ 也随 H 值的变化而变化,如图 1-8 中所示的曲线 $\mu_{Fe}=f(H)$ 。

设计变压器和电机时,为使主磁路内得到较大的磁通而又不过分增大励磁磁动势,通常把铁芯内的工作磁通密度选择在膝点附近。

(2)磁滞回线

将铁磁材料进行周期性磁化,磁通密度 B 和磁场强度 H 之间的变化关系就会变成如图 1-9 所示的曲线 $Oabcdefa$ 。当磁场强度 H 开始从零增加到 H_m 时,B 也相应地从零增加到 B_m 。若此时逐渐减少磁场强度 H ,则磁通密度 B 值将沿曲线 ab 下降。当 $H=0$ 时,B 并不等于零,而等于 B_r 。这种去掉外磁场之后,铁磁材料内仍有保留的磁通密度 B_r 称为剩余磁通密度,简称剩磁。要使 B 从 B_r 减少到零,必须加上相应的反向磁场,该反向磁场强度称为矫顽力,用 H_c 表示。B_r 和 H_c 是铁磁材料的两个重要参数。铁磁材料所具有的这种磁通密度 B 的变化滞后于磁场强度 H 变化的现象称为磁滞。呈现磁滞现象的 B - H 闭合曲线称为磁滞回线,如图 1-9 中所示的曲线 $abcdefa$ 。

磁滞现象是铁磁材料的另一种特性。

(3)基本磁化曲线

对同一铁磁材料,选择不同的磁场强度 H_m 进行反复磁化,可得到一系列大小不同的磁滞回线,如图 1-10 所示。再将各磁滞回线的顶点连接起来,所得到的曲线称为基本磁化曲线或平均磁化曲线。基本磁化曲线不是起始磁化曲线,但差别不大。直流磁路计算时所用的磁化曲线就是基本磁化曲线。

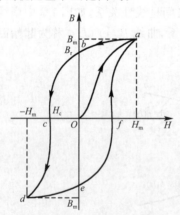

图 1-9 铁磁材料的磁滞回线

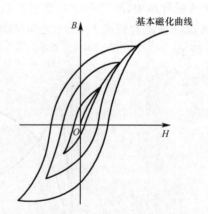

图 1-10 基本磁化曲线

3. 铁芯损耗

铁芯损耗通常包括磁滞损耗和涡流损耗。

（1）磁滞损耗 p_h

当铁磁材料置于交变磁场中时，材料将被反复交变磁化，与此同时，磁畴之间相互不停地摩擦并消耗能量，从而造成损耗，这种损耗被称为磁滞损耗。

分析表明，磁滞损耗 p_h 与磁场的交变频率 f、铁芯的体积 V 和磁滞回线所包围的面积成正比。实验证明，磁滞回线所包围的面积与最大磁通密度 B_m 的 n 次方成正比，故磁滞损耗可写成

$$p_\mathrm{h} = C_\mathrm{h} f B_\mathrm{m}^n V \tag{1-11}$$

式中，C_h 为磁滞损耗系数，其大小取决于材料的性质；对一般的硅钢片，$n = 1.6 \sim 2.3$。由于硅钢片磁滞回线的面积小，所以电机和变压器的铁芯常用硅钢片叠成。

（2）涡流损耗

由于铁芯是导电的，故根据电磁感应定律，当通过铁芯的磁通随时间变化时，铁芯中将产生感应电动势，并引起环流。这些环流在铁芯内部围绕磁通做旋涡状流动，故称为涡流，如图 1-11 所示。涡流在铁芯中引起的损耗被称为涡流损耗。

分析表明，频率越高，磁密度越大，感应电动势就越大，涡流损耗也就越大；而铁芯的电阻越大，涡流所流过的路径越长，涡流损耗就越小。对于由硅钢片叠成的铁芯，经推导可知，涡流损耗 p_e 为

$$p_\mathrm{e} = C_\mathrm{e} \Delta^2 f^2 B_\mathrm{m}^2 V \tag{1-12}$$

式中　C_e——涡流损耗系数，其大小取决于材料的电阻率；

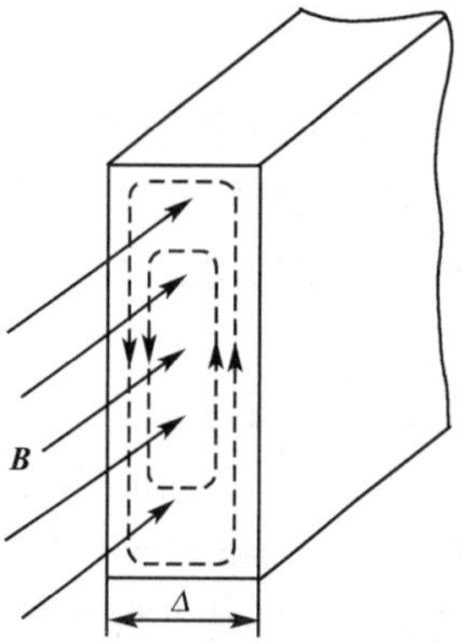

图 1-11　硅钢片中的涡流

Δ——硅钢片的厚度。

因此，为减少涡流损耗，电机和变压器的铁芯都用含硅量较高的薄硅钢片（厚度为 $0.35 \sim 0.5$ mm）叠成。

（3）铁芯损耗

铁芯中的磁滞损耗和涡流损耗之和称为铁芯损耗，用 p_Fe 表示。当通过铁芯的磁通随时间变化时，有

$$p_\mathrm{Fe} = p_\mathrm{h} + p_\mathrm{e} = (C_\mathrm{h} f B_\mathrm{m}^n + C_\mathrm{e} \Delta^2 f^2 B_\mathrm{m}^2) V \tag{1-13}$$

对于一般的电工钢片，在正常的工作磁通密度范围内 $B_\mathrm{m} < 1.8$ T，式（1-13）可近似写成

$$p_\mathrm{Fe} \approx C_\mathrm{Fe} f^{1.3} B_\mathrm{m}^2 G \tag{1-14}$$

式中　C_Fe——铁芯的损耗系数；

G——铁芯的质量。

式（1-14）表明，铁芯的损耗与频率 f 的 1.3 次方、磁通密度的平方和铁芯的质量成正比。

（4）磁场储能

磁场是一种特殊形式的物质，它能够储存能量，这种能量是在磁场建立过程中由外部能源的能量转换而来的。在电机中就是通过磁场储能实现机电能量转换的。

磁场中，单位体积的储能密度 ω_m 可写为

$$\omega_\mathrm{m} = \int_0^{B_0} H \cdot \mathrm{d}B \tag{1-15}$$

对于 μ 为常值的磁性介质,式(1-15)可写成

$$\omega_{\mathrm{m}} = \frac{1}{2} \cdot \frac{B^2}{\mu} = \frac{1}{2}BH \qquad (1\text{-}16)$$

式(1-16)表明,在一定的磁感应强度下,介质的磁导率越大,磁场的储能密度越小。因此,对于通常的机电装置,当磁通从零开始上升时,大部分磁场能量将储存在磁路的气隙中;当磁通减少时,大部分磁场能量将从气隙通过电路释放出来。铁芯中的磁场储能很小,常可忽略不计。

1.5 电机与拖动系统的 MATLAB 仿真技术

电机的非线性特点决定了虽然有很多实验装置可以对电机及其拖动系统的稳态运行进行较好的观察与测试,但对于电机及其拖动系统的动态过程的测试却比较困难。这主要是因为电机的动态过程时间很短,且含有很多非线性因素,常规的仪表难以完成测试,对电机内部信号的检测实际上更加困难,故只能从理论上进行分析。当前国际上科学运算与计算机仿真领域首选的计算机语言是 MATLAB 语言,与之配套的 Simulink 仿真软件为系统仿真技术提供了新的解决方案。在 Simulink 中新增加了一个电力系统模块,只要将其中的模块构造成 Simulink 模型,用户就可以直接进行仿真分析。利用电力系统模块构造电机及其拖动系统的动态仿真模型,可以获得电机内部信号的动态变化过程,这给电机系统的仿真带来了极大的方便。

1.5.1 MATLAB 简介

20 世纪 70 年代,新墨西哥大学计算机科学系主任 Cleve Moler 为了减轻学生编程的负担,用 FORTRAN 语言编写了一些子程序接口程序,取名矩阵实验室(Matrix Laboratory, MATLAB)。1984 年由 Little、Moler、Steve Bangert 合作成立了 MathWorks 公司,使用 C 语言编写了第一个正式商业化的 MATLAB 软件。到 20 世纪 90 年代,MATLAB 已成为国际控制界的标准计算软件。MathWorks 公司正式推出商业化的 MATLAB 之后,1992 年推出了 MATLAB 1.0;1999 年推出了 MATLAB 5.3,大幅度地改进了 MATLAB 的功能,随之发行了一种可视化的仿真工具 Simulink 3.0,备受使用者喜爱;2003 年推出的 MATLAB 6.3/Simulink 5.0,在核心算法、界面设计和外部接口等方面进行了大幅改进;2004 年推出了 MATLAB 7.0/Simulink 6.0;目前使用的最新版本为 MATLAB R2010b,包括 MATLAB 7.11。

MATLAB 和 Mathematica、Maple 并称为三大数学软件,它在数学类科技应用软件中在数值计算方面首屈一指。MATLAB 可以进行矩阵运算、绘制图形和曲线、实现控制算法、创建用户界面等。其主要功能包括工程计算、系统设计、信号处理、图像处理、金融建模等,在控制工程、交通工程、电气工程、通信工程、机械工程等领域获得了广泛应用,已成为当今工科院校大学毕业生必须掌握的仿真工具。用 MATLAB 实现数值计算与仿真主要有两种方式:编写仿真程序和使用 Simulink。前者采用 MATLAB 提供的 M 语言,按照分析对

象的数学模型,逐条编写仿真程序。与其他语言不同的是 M 语言具有功能强大的矩阵运算能力。后者是在 MATLAB 平台下的一种基于系统框图的仿真工具。由于采用了框图式的仿真方式,所以具有良好的交互性。Simulink 可以嵌入用 M 语言编写的功能模块,也可以转化成 M 语言程序。

MATLAB 的基本数据单位是矩阵,它的指令表达式与数学、工程中常用的形式十分相似,故用 MATLAB 来解算问题要比用 C 语言和 FORTRAN 等语言完成相同的事情简捷得多,并且 MATLAB 也吸收了像 Maple 等软件的优点,使 MATLAB 成为一个强大的数学软件。在 MATLAB 的新版本中也加入了对 C、FORTRAN、C＋＋和 Java 等语言的支持。用户可以直接调用,也可以将自己编写的实用程序导入 MATLAB 函数库中备用。此外,许多MATLAB 爱好者都编写了一些经典的程序,用户可以直接下载使用。

1.5.2　MATLAB 的工作环境

1. MATLAB 的主窗口

MATLAB 安装成功后,在桌面上会出现 MATLAB 图标。第一次运行 MATLAB 时,自动打开默认主窗口,如图 1-12 所示。主窗口中主要包括命令窗口(Command Window)、当前目录(Current Directory)窗口、工作空间(Workspace)窗口、历史命令(Command History)窗口、菜单、工具栏和开始菜单(Start)等。MATLAB 在当前目录窗口中显示当前目录中的文件信息;在工作空间窗口中显示当前工作空间中的变量信息;在历史命令窗口中显示已经在命令窗口中使用过的命令;菜单、工具栏和开始菜单包含 MATLAB 的相关指令的操作按钮。

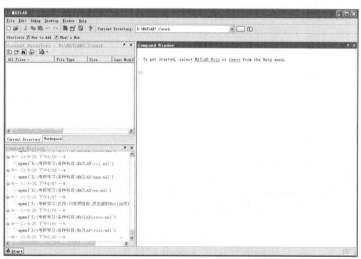

图 1-12　MATLAB 的主窗口

MATLAB 命令窗口用以输入命令或运行 MATLAB 函数,执行命令并在命令窗口中显示结果。

【例 1-1】　已知直角三角形的两个直角边边长分别为 15 m 和 10 m,求斜边边长。

解:对直角三角形的两个直角边先求边长的平方和再开方,就可以求得斜边边长。在命

令窗口提示符"≫"后输入指令"Y＝sqrt(15⁻2＋10⁻2),"经过计算后,结果显示:

Y＝

18.0278

≫

例 1-1 中,"sqrt"为求平方根函数,操作符"⁻"为乘方操作,"10⁻2"表示 10^2。

2.图形显示窗口

在命令窗口中直接输入绘图指令或执行带有绘图指令的 M 函数,就可在绘图窗口得到仿真图形。

【例 1-2】 绘制正弦函数从 0 开始一个周期的图形。

解:在命令窗口输入指令

≫t＝0:2 * pi/19:2 * pi;％创建等间隔的从 0 至 2π 共计 20 个元素的一维数组。

≫plot(t,sin(t));％绘制正弦函数图形,横坐标用弧度值表示。

例 1-2 中,命令语句末尾分号的作用是在命令窗口中不要显示数值结果,以使命令窗口更加清晰,不至于显得杂乱。命令语句中"％"之后的文字为注释,便于阅读程序,对命令语句的运算结果没有任何影响。

执行上述命令后,在图形窗口中显示出了一条正弦曲线,如图 1-13 所示。

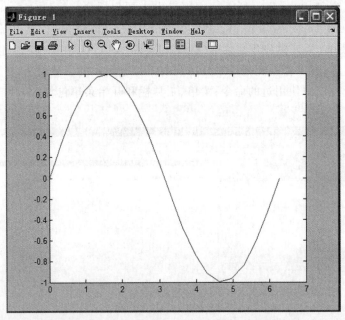

图 1-13　在图形显示窗口中显示正弦曲线

图形显示窗口主要由菜单栏、工具栏和图形显示区三部分组成,除能显示图形外,还能对图形进行简单编辑。在工具栏中集成了大部分的绘图工具,按照从左到右的顺序分别为新建图形(New Figure)、打开文件(Open File)、存储图形(Save Figure)、打印图形(Print Figure)、编辑图形(Edit Plot)、放大(Zoom In)、缩小(Zoom Out)、平移(Pan)、三维旋转(Rotate 3D)、数据点标示(Data Cursor)、插入图形说明(Insert Legend)、插入彩条(Insert Colorbar)、隐藏绘图工具(Hide Plot Tools)和显示绘图工具(Show Plot Tools)。使用这些工具可以对图形窗口中的图形进行后期处理。

3. M 文件编辑器

读者在使用 M 语言进行仿真时,首先要使用文本编辑器,按照 M 语言的语法要求,输入预先设计的 M 语言命令集。读者可使用任何兼容的文本编辑器来完成对 M 语言的编辑。建议采用 MATLAB 提供的 M 语言编辑器。

在命令窗口中,单击"File"→"New"→"M-File"或工具栏中的第一个按钮可以打开 M 文件编辑器并建立一个空白 M 文件编辑窗口,如图 1-14 所示。

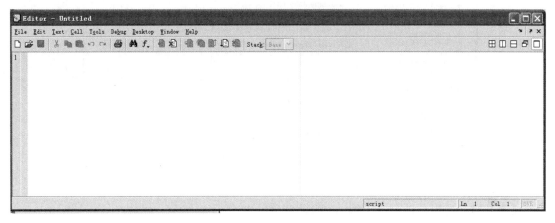

图 1-14　M 文件编辑器

M 文件编辑器主要由标题栏、菜单栏、工具栏、编辑区和状态栏构成,是一个集成了 M 文件编辑、运行、调试功能的文本编辑器。

单击 Debug→Run 可以执行 M 文件编辑器中的 M 文件,也可以使用快捷键 F5 或者工具栏中的 (run)按钮执行 M 文件。文本编辑方法与其他文本编辑器相似,在此不再详细介绍。

4. 联机帮助

在命令窗口中使用 Helpwin 命令或者单击"Help"→"Full Product Family Help"或者选择 MATLAB Help 功能(快捷键 F1)可以打开帮助窗口,其显示格式类似于 Windows 的资源管理器,如图 1-15 所示。

在帮助窗口的左侧窗格中有 4 个标签,分别为目录(Contents)、索引(Index)、搜索(Search)和演示(Demos),为使用这些功能提供了方便。其中的演示功能中包含了很多 MATLAB 实例,使用者可以观看其演示结果,也可以通过在命令窗口中输入 Demo 指令使用帮助窗口的演示功能。

MATLAB 的 Help 和 Lookfor 在线帮助命令对于使用者是非常重要的,使用 Help 命令和 Lookfor 命令是获得在线帮助的最简单、有效的方法。Help 命令可以获得具体指令的说明、功能描述;Lookfor 命令列出所有函数的功能描述中包含使用者输入关字字的函数简介。

图 1-15　帮助窗口

【例 1-3】　使用帮助命令了解 sin 的含义及用法。

解：在命令窗口输入 help sin，屏幕显示

≫help sin

SIN　Sine of argument in radians.

　　SIN (X)is the sine of the elements of X.

　　See also asin,sind.

　　Overloaded functions or methods (ones with the same name in other directories)

　　　Help sym/sin. m

　　Reference page in Help browser

　　doc sin

单击最后一行的带有下划线的超级链接，可以打开相应的帮助窗口，获得更详细的帮助信息。输入 lookfor sin，在命令窗口中显示

≫lookfor sin

java. m：%Using Java from within MATLAB.

syntax. m：%You can enter MATLAB commands using either a FUNCTION format or a

…

ASIN　Inverse sine,result in radians.

ASIND　Inverse sine,result in degrees.

ASINH　Inverse hyperbolic sine.

…

SIN　Sine of argument in radians.

SIND　Sine of argument in degrees.

SINH　Hyperbolic sine.

…

1.5.3 MATLAB 的语言要点

1.变量

（1）变量名

变量名用以字母开头的字符串表示，MATLAB 7.1 的字符串长度可以达到 63 个字符。可以在命令窗口中使用 namelengthmax 命令获得变量名的限制长度，变量名超过该长度时，超出部分将被忽略，同时会产生警告信息。MATLAB 变量区分大小写，例如 Current 和 current 代表不同的变量。

（2）变量定义

不同于 C 语言，MATLAB 语言变量在使用时无须预先定义，在变量第一次赋值时就是对变量的定义。当再次赋值时，可以改变其原有的定义。为方便使用者，MATLAB 中预先定义了一些具有确定含义的特殊变量，使用者可以直接使用而无须预先定义。例如：$pi=\pi$、$i=\sqrt{-1}$、$j=\sqrt{-1}$、INF 或 inf 为无限大数（1/0）等。对于这些预定义的变量，使用者也可以将其重新定义。但是为使编制的程序具有良好的可读性，建议不要改变它们原有的定义。

2.运算符

MATLAB 的运算符与其他高级语言运算符基本相同。其常用运算符见表 1-1。

表 1-1　　　　　　　　　　　　　　MATLAB 的常用运算符

算术运算符		关系运算符				逻辑运算符	
^ 乘方	+ 加法	< 小于	>= 大于等于	& 与
* 乘法		<= 小于等于	== 等于	| 或
/ 除法	- 减法	> 大于	~= 不等于	~ 非

在 MATLAB 语言中，运算符两侧可以是常数或者变量，它们可以是复数、向量或矩阵，只要在数学上能够满足运算条件即可。例如，对于两个矩阵，只要行数和列数满足可以相乘的条件，就可以使用乘法运算符"*"来计算矩阵之积。

3.流程控制

MATLAB 中常用的流程控制语句见表 1-2。

表 1-2　　　　　　　　　　　　　　MATLAB 常用的流程控制语句

语句	for 循环语句	while 循环语句	if 条件语句
格式	for x＝初值:步长:终值 命令语句 end	while 表达式 命令语句 end	if 表达式 命令语句 1 else 命令语句 2 end
说明	步长为 1 时，可以省略步长值，格式变为"for x＝初值:终值"	表达式为逻辑真时，执行命令语句；否则，执行 end 后的语句	表达式为逻辑真时，执行命令语句 1；否则，执行命令语句 2

以上流程控制语句还可以嵌套使用。

4. 基本数学函数

MATLAB 的基本数学函数见表 1-3。

表 1-3   MATLAB 的基本数学函数

符 号	函数名称	符 号	函数名称
abs	绝对值	exp	以 e 为底的指数
acos	反余弦	imag	取复数虚部
acosh	反双曲余弦	log	自然对数
angle	以弧度计算复数幅角	log10	以 10 为底的对数
asin	反正弦	real	取复数实部
asinh	反双曲正弦	sign	符号函数
atan	反正切，返回值为 $-\pi/2 \sim \pi/2$	sin	正弦
atan2	反正切，返回值为 $-\pi \sim \pi$	sinh	双曲正弦
conj	取共轭复数	sqrt	开平方
cos	余弦	tan	正切
cosh	双曲余弦	tanh	双曲正切

1.5.4 命令文件(M 函数和 M 文件)简介

MATLAB 提供了 M 函数和 M 文件的功能，使用者可以利用已有的函数编制自己的 M 函数或者 M 文件，完成复杂的计算。MATLAB 中已有的许多函数就是由 M 函数构成的 M 文件。

1. M 文件

M 文件也称为脚本文件，是在 MATLAB 环境下进行运算的基本文件形式。M 文件是 ASCII 码构成的文本文件，由 MATLAB 语言支持的语句组成。M 文件的扩展名为".m"，执行时使用者只需输入文件名即可，MATLAB 会自动执行 M 文件中的语句。在命令窗口中输入的指令序列也可以放到一个文件中构成 M 文件。使用时，无须再逐条输入命令，只要输入已经形成的 M 文件的文件名即可。

【例 1-4】 编制 M 文件实现绘制正弦函数从 0 开始一个周期的图形的功能。

解：使用 M 文件编辑器编辑 M 文件，输入

t＝0:2＊pi/19:2＊pi；

plot (t,sin (t))；

单击"File"→"Save as"，弹出"另存为"对话框，命名为"my_plotsin. m"(扩展名是自动生成的)并保存后，以上内容便存储为 M 文件。在命令窗口输入"my_plotsin"后按回车键，即可实现上述绘图功能。

2. M 函数

可以通过一个 M 文件产生 M 函数，包含这个函数的文件称为 M 函数文件。M 函数文件是一种特殊的按照一定规则编写的 M 文件，函数名和文件名必须相同。M 函数有自己局部的工作空间，M 函数的变量为局部变量，与工作空间的联系可以通过输入/输出变量或全局变量来实现。M 函数可以调用其他 M 文件，还可以调用自己，称为递归调用。

MATLAB 的 M 函数文件的基本格式为

$$function [y1, y2, \cdots] = foo(x1, x2, \cdots)$$

其中,"foo"为函数名;"x1,x2,…"为输入变量列表;"y1,y2,…"为输出变量。输入、输出变量可以是任何类型的 MATLAB 变量(例如数组、标量、矩阵、字符串等)。

1.5.5　Simulink 动态系统仿真工具

Simulink 是一个动态系统建模、仿真和综合分析的集成软件包,它可以处理线性、非线性系统以及离散、连续及混合系统。Simulink 把图形窗口扩展为可以用来编程的图形界面。在 Simulink 提供的图形用户界面(GUI)上,只要进行鼠标的简单拖拉操作就可构造出复杂的仿真模型。Simulink 以方块图形式,采用分层结构建立仿真模型。在 Simulink 环境中,使用者可以在仿真进程中改变感兴趣的参数,实时地观察系统行为的变化。在 MATLAB 7.1 中,可直接在 Simulink 环境中运行的工具包很多,已覆盖通信、控制、信号处理、DSP、电气工程等诸多领域,所涉及内容专业性极强。

电机的 Simulink 仿真模型构建主要使用 Simulink 中的电力系统仿真模块库(Sim Power Systems)。该库是由加拿大的 Hydro Quebec 公司和 TECSIM International 公司共同开发的,功能非常强大,可以应用于电路、电力电子系统、电机系统、电力传输等领域的仿真。

1. Simulink 交互式仿真集成环境

在 MATLAB 主窗口的菜单中单击"File"→"New"→"Model"可以打开 Simulink 的仿真集成环境,如图 1-16 所示。也可以使用 MATLAB 主窗口工具栏上的 Simulink 按钮,首先打开 Simulink 库浏览器(Simulink Library Browser),然后在该浏览器中单击"File"→"New"→"Model"或者利用工具栏中的创建新模型(Create a New Model)功能打开 Simulink 的仿真集成环境。

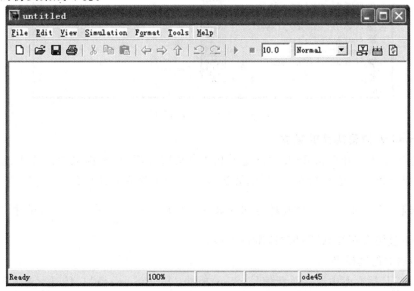

图 1-16　Simulink 的仿真集成环境

　　该仿真环境中包含仿真模型建立和仿真调试功能，包含菜单栏、工具栏、模型编辑区和状态栏。一般在建立仿真模型前需要打开 Simulink 库浏览器以便使用系统预先建立的模块。可以单击仿真环境中的菜单栏中的库浏览器按钮打开库浏览器，如图 1-17 所示。使用鼠标可以从库浏览器中将库中模块拖放至仿真环境中，按照需要将各模块进行连接，建立系统的仿真模型。

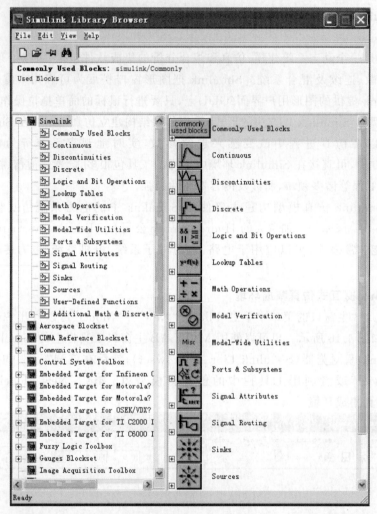

图 1-17　Simulink 库浏览器

2. Simulink 仿真模型的建立

　　使用上述方法打开 Simulink 库浏览器和仿真集成环境，从库浏览器的库中选择拟采用的模块，拖放到仿真集成环境中，按照需要进行连接即可建立系统的仿真模型。

　　【例 1-5】 已知某二阶系统开环传递函数为 $G(s) = \dfrac{1}{0.006\,7s^2 + 0.1s}$，试建立 Simulink 仿真模型，通过仿真获得其闭环阶跃响应曲线。

　　解：(1)建立仿真模型

　　从 Simulink 基本库中拖入阶跃信号（Step）模块、求和（Sum）模块、传递函数（Transfer）模块、信号汇总（Mux）模块和示波器（Scope）模块，如图 1-18 所示进行连接。

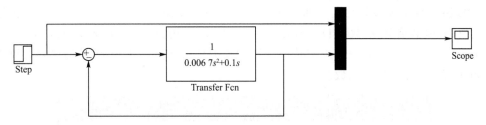

图 1-18　二阶系统闭环阶跃响应仿真模型原理图

（2）设定模块参数

双击各个模块，可以对模块的参数进行设置。

①阶跃信号（Step）模块参数设置　如图 1-19 所示，其参数有"Step time"（阶跃发生时刻）"Initial value"（初始值）"Final value"（终了值）"Sample time"（采样时间）等。设置"Step time"（阶跃发生时刻）为"0.6"，其他参数使用默认值即可。单击确定（"OK"）按钮接受更改。

图 1-19　阶跃信号模块参数设置

②求和（Sum）模块参数设置　如图 1-20 所示。"Icon shape"（图标形状）有方形"rectangular"和圆形"round"两个备选项可选。"List of signs"（符号列表）由"｜""＋"和"－"组成，"｜"表示空闲端，"＋"表示加运算，"－"表示减运算。如有多个输入，只需增加符号列表中的项目数即可。

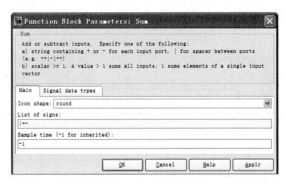

图 1-20　求和模块参数设置

③传递函数模块参数设置   如图 1-21 所示，"Numerator coefficient"用以设置传递函数的分子多项式各项系数；"Denominator coefficient"用以设定分母多项式各项系数。"Absolute tolerance"用以设定求解传递函数的误差值。按照图 1-21 所示设置参数可以实现本例中要求的二阶传递函数。

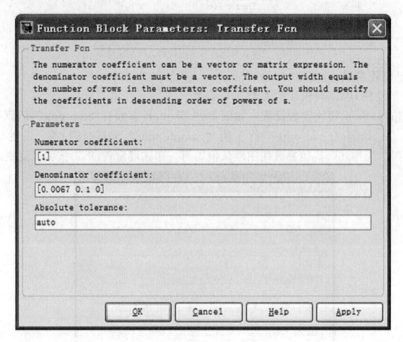

图 1-21   传递函数模块参数设置

④信号汇总(Mux)模块参数设置   如图 1-22 所示，"Number of inputs"表示输入信号的数量，本例中希望将阶跃信号和二阶传递函数闭环响应放在同一个示波器的同一个窗口中进行显示，因此输入数为"2"；"Display option"有"none"(无显示)、"signals"(信号名称)和"bar"(条形显示)3 个备选项。本例选择了条形显示选项。

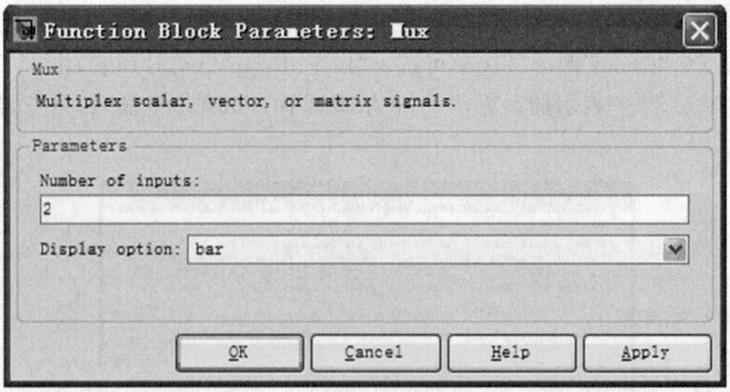

图 1-22   信号汇总模块参数设置

(3)设定仿真参数

所有模块参数设定完后，在仿真之前需要设定仿真参数。可以单击"Simulation"→"Configuration Parameter"打开仿真参数设置对话框，如图 1-23 所示。需要设置的主要参数有仿真开始时间（Start time）、停止时间（Stop time）、求解器（Solver options）的类型（Type）、求解器（Solver）、最大步长（Max step size）、相对误差（Relative tolerance）、最小步长（Min step size）、初始步长（Initial step size）和过零控制（Zero crossing control）等。本例使用图 1-23 所示的设置即可。

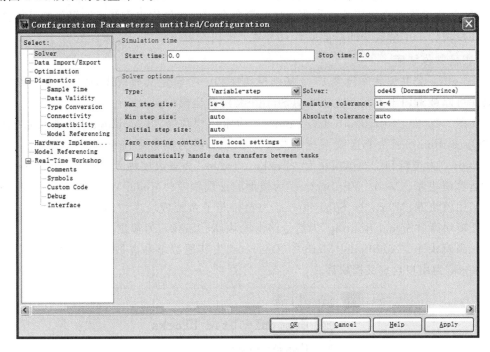

图 1-23 仿真参数设置

（4）仿真运行

设置完毕仿真模型中的模块参数和仿真参数后，便可以进行仿真。单击"Simulation"→"Start"或者工具栏中的"Start Simulation"按钮即可开始仿真。双击示波器模块，可以在示波器的输出窗口中看到仿真结果，如图 1-24 所示。

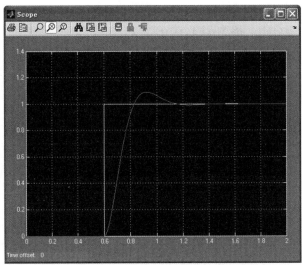

图 1-24 二阶系统的闭环阶跃响应仿真结果

1.5.6　Simulink 模块库简介

Simulink 模块库主要分为公共模块库和专业模块库两类,库中包含了大量的子模块。限于篇幅,这里仅对模块库的总体功能进行简单介绍。如果用户需要了解模块的具体情况,可以在模块栏中了解模块的功能或者双击某个模块查看该模块的参数设置。

1.公共模块库

Simulink 公共模块库包含 15 个基础模块库和一个自定义模块库,如图 1-25 所示。该模块库可以被调用于不同专业领域的 Simulink 仿真建模中。

在图 1-25 中,"Commonly Used Blocks"为常用模块库、"Continuous"为连续系统模块库、"Discontinuities"为非连续系统模块库、"Discrete"为离散系统模块库、"Logic and Bit Operations"为逻辑和位操作模块库、"Lookup Tables"为查表模块库、"Math Operations"为数学运算模块库、"Model Verification"为模型验证模块库、"Model-Wide Utilities"为针对模型的实用模块库、"Ports & Subsystems"为端口与子系统模块库、"Signal Attributes"为信号特征模块库、"Signal Routing"为信号路由模块库、"Sinks"为输出方式模块库、"Sources"为输入源模块库、"Additional Math & Discrete"为其他数学和离散模块库、"User-Defined Functions"为用户自定义模块库。

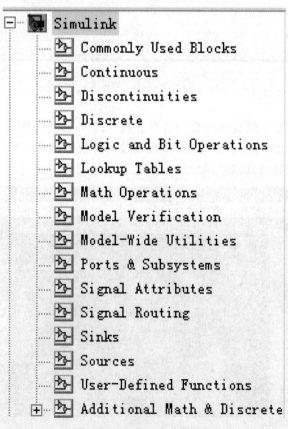

图 1-25　Simulink 公共模块库

（1）常用模块库

为了便于用户快速调用所需模块，Simulink 从其他公共模块库中提取出常用模块库，包含 22 种模块，各模块的名称如图 1-26 所示，其功能将在后续内容中进行介绍。

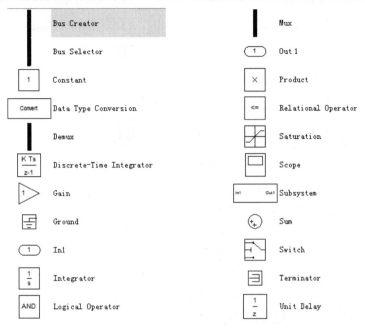

图 1-26 常用模块库

（2）连续系统模块库

连续系统模块库中各模块名称如图 1-27 所示。

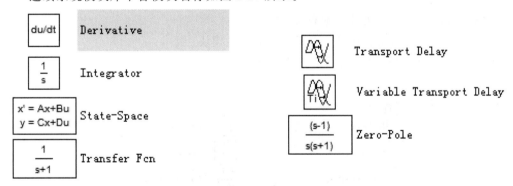

图 1-27 连续系统模块库中各模块名称

各模块的功能如下：

①"Derivative"模块 为连续信号的数值微分模块。

②"Integrator"模块 为输入信号的连续时间积分模块。

③"State-Space"模块 为线性连续系统的状态空间模型描述模块。

④"Transfer Fcn"模块 为线性连续系统的传递函数描述模块。

⑤"Transport Delay"模块 为输入信号的固定时间延迟模块。

⑥"Variable Transport Delay"模块 为输入信号的可变时间延迟模块。

⑦"Zero-Pole"模块 为线性连续系统的零极点描述模块。

26 电机与拖动技术

（3）非连续系统模块库

非连续系统模块库中各模块名称如图1-28所示。

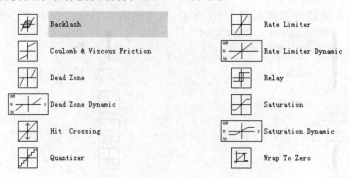

图1-28 非连续系统模块库中各模块名称

各模块的功能如下：

①"Backlash"模块　为磁滞回环模块。

②"Coulomb & Viscous Friction"模块　为库伦力和黏滞力模型描述模块。

③"Dead Zone"模块　为静态死区特性模块。

④"Dead Zone Dynamic"模块　为动态死区特性模块。

⑤"Hit Crossing"模块　用于将输入信号与 Hit Crossing Offset 参数值进行比较。

⑥"Quantizer"模块　对输入信号进行量化处理。

⑦"Rate Limiter"模块　为静态速率限制环节模块。

⑧"Rate Limiter Dynamic"模块　为动态速率限制环节模块。

⑨"Relay"模块　为继电器模块。

⑩"Saturation"模块　为静态饱和特性模块。

⑪"Saturation Dynamic"模块　为动态饱和特性模块。

⑫"Wrap To Zero"模块　为限零特性模块。

（4）离散系统模块库

离散系统模块库中各模块名称如图1-29所示。

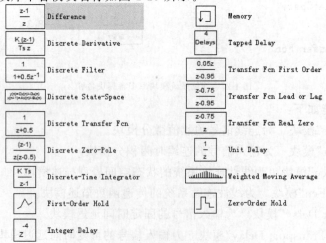

图1-29 离散系统模块库中各模块名称

各模块的功能如下：

①"Difference"模块　为差分模块。

②"Discrete Derivative"模块　为微分模块。

③"Discrete Filter"模块　用于实现无限冲击响应和有限冲击响应滤波器的功能。

④"Discrete State-Space"模块　为线性离散系统的状态空间描述模块。

⑤"Discrete Transfer Fcn"模块　为线性离散系统的传递函数描述模块。

⑥"Discrete Zero-Pole"模块　为线性离散系统的零极点描述模块。

⑦"Discrete-Time Integrator"模块　为离散时间变量积分模块。

⑧"First-Order Hold"模块　为离散信号的一阶采样保持器模块。

⑨"Integer Delay"模块　为 N 步延迟模块。

⑩"Memory"模块　为单步积分延迟模块。

⑪"Tapped Delay"模块　为 N 步延迟且输出所有延迟模块。

⑫"Transfer Fcn First Order"模块　为离散系统的一阶传递函数描述模块。

⑬"Transfer Fcn Lead or Lag"模块　为离散系统的滞后超前传递函数描述模块。

⑭"Transfer Fcn Real Zero"模块　为离散系统的带零点传递函数描述模块。

⑮"Unit Delay"模块　为单位延迟模块。

⑯"Weighted Moving Average"模块　为输入加权值模块。

⑰"Zero-Order Hold"模块　为离散信号的零阶保持器模块。

（5）逻辑和位操作模块库

逻辑和位操作模块库中各模块名称如图 1-30 所示。

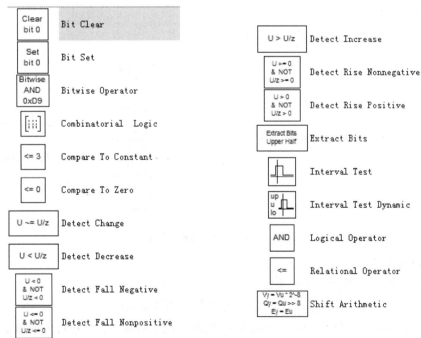

图 1-30　逻辑和位操作模块库中各模块名称

各模块的功能如下：

①"Bit Clear"模块　用于实现位清除操作。

②"Bit Set"模块　用于实现位置位操作。

③"Bitwise Operator"模块　用于实现位逻辑运算。

④"Combinatorial Logic"模块　用于查找逻辑真值。

⑤"Compare To Constant"模块　用于常数比较。

⑥"Compare To Zero"模块　用于零比较。

⑦"Detect Change"模块　用于检测信号变化。

⑧"Detect Decrease"模块　用于检测信号减弱。

⑨"Detect Fall Negative"模块　用于检测信号变负。

⑩"Detect Fall Nonpositive"模块　用于检测信号非正。

⑪"Detect Increase"模块　用于检测信号增强。

⑫"Detect Rise Nonnegative"模块　用于检测信号非负。

⑬"Detect Rise Positive"模块　用于检测信号变正。

⑭"Extract Bits"模块　用于选择部分位。

⑮"Interval Test"模块　用于检测静态区间。

⑯"Interval Test Dynamic"模块　用于检测动态区。

⑰"Logical Operator"模块　用于逻辑运算。

⑱"Relational Operator"模块　用于关系运算。

⑲"Shift Arithmetic"模块　用于移位运算。

(6)查表模块库

查表模块库中各模块名称如图1-31所示。

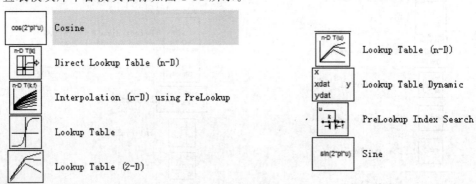

图1-31　查表模块库中各模块名称

各模块功能如下：

①"Cosine"模块　用于求余弦函数。

②"Direct Lookup Table（n-D）"模块　为表数据选择器模块。

③"Interpolation（n-D）using PreLookup"模块　用于对输入信号进行内插值运算。

④"Lookup Table"模块　用于对输入信号进行一维线性内插值运算。

⑤"Lookup Table（2-D）"模块　用于对输入信号进行二维线性内插值运算。

⑥"Lookup Table（n-D）"模块　用于对输入信号进行 n 维内插值运算。

⑦"Lookup Table Dynamic"模块　用于对输入信号的一维线性动态内插值。

⑧"PreLookup Index Search"模块　用于查找输入信号所在的位置。

⑨"Sine"模块　用于求正弦函数。

(7) 数学运算模块库

数学运算模块库中各模块名称如图 1-32 所示。

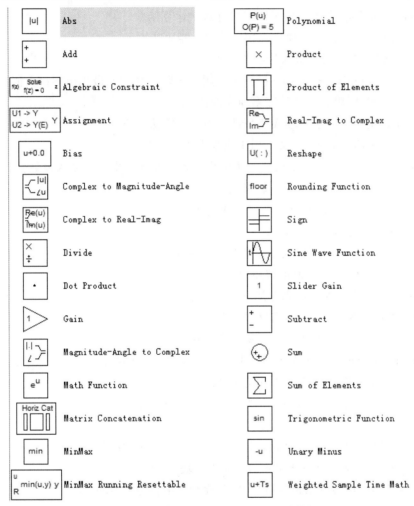

图 1-32　数学运算模块库中各模块名称

各模块功能如下：

①"Abs"模块　用于将输入信号转换成绝对值或模作为输出。

②"Add"模块　用于将输入信号进行相加或相减。

③"Algebraic Constraint"模块　用于求解代数极限。

④"Assignment"模块　用于将输入信号赋值。

⑤"Bias"模块　用于将输入信号加上偏差。

⑥"Complex to Magnitude-Angle"模块　用于将接收的双精度信号转换至幅值和幅角。

⑦"Complex to Real-Image"模块　用于将接收的双精度信号转换至实部和虚部。

⑧"Divide"模块　用于将输入信号相乘或相除。

⑨"Dot Product"模块　用于将输入信号进行点乘。

⑩"Gain"模块　用于将模块的输入乘以一个指定的常数、变量或表达式后输出。

⑪"Magnitude-Angle to Complex"模块　用于将一个输入幅值和一个幅角信号变换为复数信号输出。

⑫"Math Function"模块　用于调用多种数学运算函数。

⑬"Matrix Concatenation"模块　用于将输入矩阵串联。

⑭"MinMax"模块　用于求取最小值和最大值。

⑮"MinMax Running Resettable"模块　用于求取可复位的最小值和最大值。

⑯"Polynomial"模块　用于计算多项式的值。

⑰"Product"模块　用于对输入信号进行乘法或除法运算。

⑱"Product of Elements"模块　用于元素求积。

⑲"Real-Image to Complex"模块　用于将输入的实部和虚部变换为复数信号输出。

⑳"Reshape"模块　为信号维数转换模块。

㉑"Rounding Function"模块　为数据求整模块。

㉒"Sign"模块　为符号函数模块。

㉓"Sine Wave Function"模块　为正弦函数模块。

㉔"Slider Gain"模块　为滑动增益模块。

㉕"Subtract"模块　为代数求差运算模块。

㉖"Sum"模块　为代数求和运算模块。

㉗"Sum of Elements"模块　为元素求和模块。

㉘"Trigonometric Function"模块　用于调用多种三角函数。

㉙"Unary Minus"模块　用于信号求负值。

㉚"Weighted Sample Time Math"模块　用于加权采样时间运算。

(8)模型验证模块库

模型验证模块库中各模块名称如图1-33所示。各模块功能如下：

①"Assertion"模块　为声明输入信号非零模块。

②"Check Discrete Gradient"模块　用于检测离散信号的梯度。

③"Check Dynamic Gap"模块　用于检测动态间隙。

④"Check Dynamic Lower Bound"模块　用于检测动态下限。

⑤"Check Dynamic Range"模块　用于检测动态范围。

⑥"Check Dynamic Upper Bound"模块　用于检测动态上限。

⑦"Check Input Resolution"模块　用于检测输入信号分辨率。

⑧"Check Static Gap"模块　用于检测静态间隙。

⑨"Check Static Lower Bound"模块　用于检测静态下限。

⑩"Check Static Range"模块　用于检测静态范围。

⑪"Check Static Upper Bound"模块　用于检测静态上限。

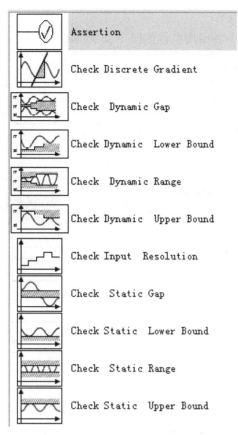

图 1-33　模型验证模块库中各模块名称

（9）针对模型的实用模块库

针对模型的实用模块库中各模块名称如图 1-34 所示。各模块功能如下：

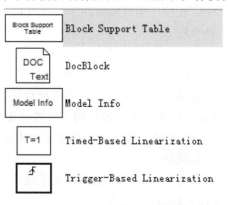

图 1-34　针对模型的实用模块库中各模块名称

①"Block Support Table"模块　为模块支持表模块。

②"DocBlock"模块　为模型文本编辑器模块。

③"Model Info"模块　为模型控制信息编辑器模块。

④"Timed-Based Linearization"模块　用于将给定时间进行模型线性化。

⑤"Trigger-Based Linearization"模块　用于触发信号进行模型线性化。

（10）端口与子系统模块库

端口与子系统模块库中各模块名称如图 1-35 所示。

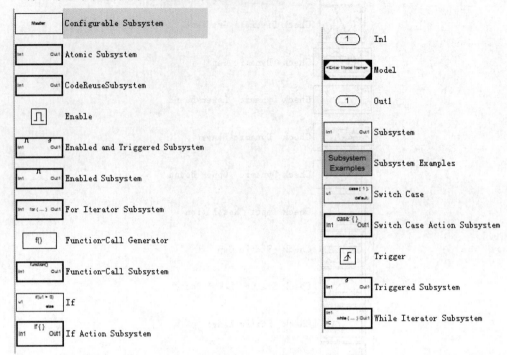

图 1-35　端口与子系统模块库中各模块名称

各模块的功能如下：

①"Configurable Subsystem"模块　为可配置子系统模块。

②"Atomic Subsystem"模块　为原子系统模块。

③"Code Reuse Subsystem"模块　为代码重用子系统模块。

④"Enable"模块　为启动模块。

⑤"Enabled and Triggered Subsystem"模块　为启动触发子系统模块。

⑥"Enabled Subsystem"模块　为启动子系统模块。

⑦"For Iterator Subsystem"模块　为 For 循环子系统模块。

⑧"Function-Call Generator"模块　为函数调用发生器模块。

⑨"Function-Call Subsystem"模块　为函数调用子系统模块。

⑩"If"模块　为 If 条件结构模块。

⑪"If Action Subsystem"模块　为 If 条件执行子系统模块。

⑫"In1"模块　为子系统输入端口模块。

⑬"Model"模块　为模型模块。

⑭"Out1"模块　为子系统输出端口模块。

⑮"Subsystem"模块　为子系统调用模块。

⑯"Subsystem Examples"模块　为子系统示例模块。

⑰"Switch Case"模块　为开关条件结构调用模块。

⑱"Switch Case Action Subsystem"模块　为开关条件执行子系统模块。

⑲"Trigger"模块　用于设置触发信号。

⑳"Triggered Subsystem"模块　为触发子系统模块。

㉑"While Iterator Subsystem"模块　为 while 循环结构子系统模块。

(11)信号特征模块库

信号特征模块库中各模块名称如图 1-36 所示。

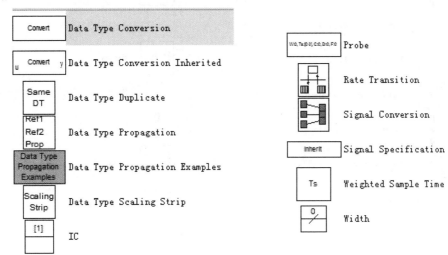

图 1-36　信号特征模块库中各模块名称

各模块功能如下：

①"Data Type Conversion"模块　为数据类型转换模块。

②"Data Type Conversion Inherited"模块　为数据类型继承转换模块。

③"Data Type Duplicate"模块　为数据类型复制模块。

④"Data Type Propagation"模块　为数据类型传播模块。

⑤"Data Type Propagation Examples"模块　为数据类型传播示例模块。

⑥"Data Type Scaling Strip"模块　为数据类型剔除模块。

⑦"IC"模块　用于设置信号初始值模块。

⑧"Probe"模块　为信号探测器模块。

⑨"Rate Transition"模块　为速率系统转换模块。

⑩"Signal Conversion"模块　用于信号转换。

⑪"Signal Specification"模块　用于修改信号属性。

⑫"Weighted Sample Time"模块　用于加权采样时间运算。

⑬"Width"模块　为输入信号宽度模块。

(12)信号路由模块库

信号路由模块库中各模块名称如图 1-37 所示。

各模块功能如下：

①"Bus Assignment"模块　用于总线信号分配。

②"Bus Creator"模块　用于将输入信号转换为总线信号。

③"Bus Selector"模块　用于选择总线信号。

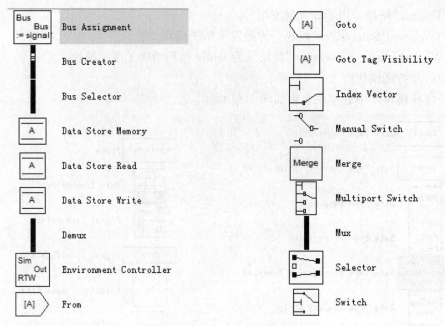

图 1-37 信号路由模块库中各模块名称

④"Date Store Memory"模块　用于定义数据存储区。

⑤"Date Store Read"模块　用于读取存储区数据。

⑥"Date Store Write"模块　用于将数据写入存储区。

⑦"Demux"模块　用于分解信号。

⑧"Environment Controller"模块　为环境控制器模块。

⑨"From"模块　用于从"Goto"模块获得信号。

⑩"Goto"模块　用于向"Goto"模块传递信号。

⑪"Goto Tag Visibility"模块　为"Goto"模块标志可视化模块。

⑫"Index Vector"模块　用于索引向量。

⑬"Manual Switch"模块　用于手动选择。

⑭"Merge"模块　用于将多个输入信号合并为一个输出信号。

⑮"Multiport Switch"模块　为多端口输出选择器模块。

⑯"Mux"模块　为信号组合器模块。

⑰"Selector"模块　为信号选择器模块。

⑱"Switch"模块　为两端口输出选择器模块。

(13)输出方式模块库

输出方式模块库中各模块名称如图 1-38 所示。

各模块功能如下：

①"Display"模块　用于显示模块输入的数值。

②"Floating Scope"模块　用于显示浮点信号。

③"Out1"模块　为模型或子系统输出端口模块。

④"Scope"模块　用于显示仿真所产生的信号。

⑤"Stop Simulation"模块　用于输入非零时仿真停止。

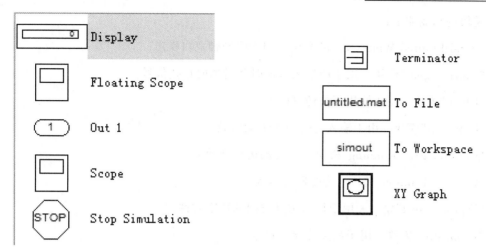

图 1-38　输出方式模块库中各模块名称

⑥"Terminator"模块　用于终止输出信号。

⑦"To File"模块　用于将仿真数据写入".mat"格式的文件中。

⑧"To Workspace"模块　用于将仿真数据写入 MATLAB 工作空间中。

⑨"XY Graph"模块　用于将 X-Y 平面数据显示在 MATLAB 图形窗口中。

(14) 输入源模块库

输入源模块库中各模块名称如图 1-39 所示。

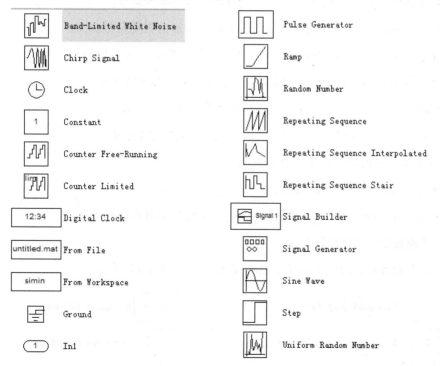

图 1-39　输入源模块库中各模块名称

各模块的功能如下：

①"Band-Limited White Noise"模块   用于限制带宽白噪声。

②"Chirp Signal"模块   用于产生频率随时间增加的正弦信号。

③"Clock"模块   用于输出当前仿真时间。

④"Constant"模块   用于输入与时间无关的常数。

⑤"Counter Free-Running"模块   为自动运行计数器。

⑥"Counter Limited"模块   为受限计数器。

⑦"Digital Clock"模块   用于显示仿真时间的数字时钟。

⑧"From File"模块   用于从文件导入数据。

⑨"From Workspace"模块   用于从 MATLAB 工作空间导入数据。

⑩"Ground"模块   为接地模块。

⑪"In1"模块   为模型或子系统的输入端口模块。

⑫"Pulse Generator"模块   用于产生连续系统脉冲信号。

⑬"Ramp"模块   用于产生斜坡信号。

⑭"Random Number"模块   用于产生高斯分布的随机信号。

⑮"Repeating Sequence"模块   用于产生任意波形的周期信号。

⑯"Repeating Sequence Interpolated"模块   用于输出重复的内插值序列。

⑰"Repeating Sequence Stair"模块   用于输出重复的梯级序列。

⑱"Signal Builder"模块   用于构建一个交替的分段信号组。

⑲"Signal Generator"模块   用于生成正弦波、方波或锯齿波。

⑳"Sine Wave"模块   用于生成正弦信号。

㉑"Step"模块   用于生成阶跃信号。

㉒"Uniform Random Number"模块   用于生成均匀分布的随机信号。

(15)其他数学和离散模块库

其他数学和离散模块库中各模块名称如图 1-40 和图 1-41 所示。

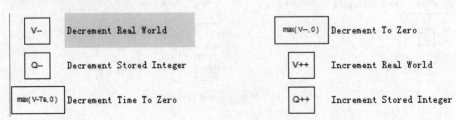

图 1-40   其他数学和离散模块库中各模块名称(1)

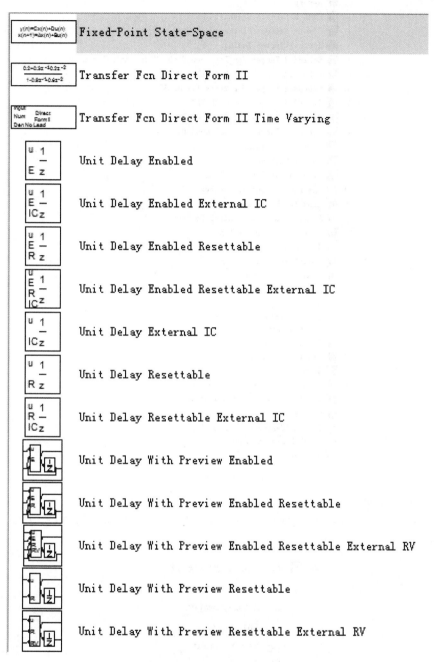

图 1-41 其他数学和离散模块库中各模块名称(2)

2. 专业模块库

Simulink 的专业模块库主要用于具体专业方面的建模与仿真,在 MATLAB 的 Simulink 中共包含 33 个模块库,如图 1-42 所示。

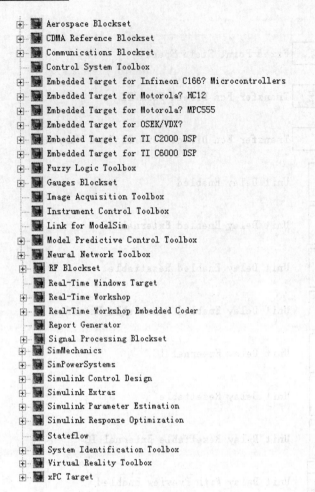

图 1-42　专业模块库

各模块的功能如下：

（1）"Aerospace Blockset"模块库　用于航空航天专业方向的仿真，其子模块库如图
1-43 所示。

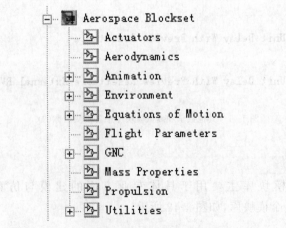

图 1-43　"Aerospace Blockset"模块库的子模块库

（2）"CDMA Reference Blockset"模块库　为 CDMA IS-95A 标准的无线通信系统的创建和仿真模块，其子模块库如图 1-44 所示。

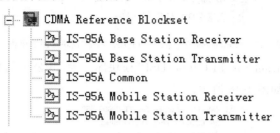

图 1-44　"CDMA Reference Blockset"模块库的子模块库

（3）"Communications Blockset"模块库　为通信系统仿真模块组，其子模块库如图 1-45 所示。

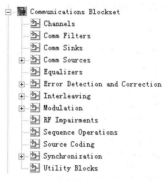

图 1-45　"Communications Blockset"模块库的子模块库

（4）"Control System Toolbox"模块库　用于控制系统专业方向的设计与分析。

（5）"Embedded Target for Infineon C166 Microcontrollers"模块库　为亿恒 C166 微控制器嵌入模块组，其子模块如图 1-46 所示。

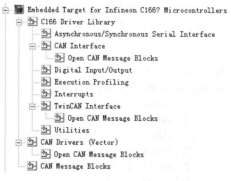

图 1-46　"Embedded Targets for Infineon C166 Microcontrollers"模块库的子模块

（6）"Embedded Target for Motorola HC12"模块库　为摩托罗拉 HC12 嵌入模块组。

（7）"Embedded Target for Motorola MPC555"模块库　为摩托罗拉 MPC555 嵌入模块组。

（8）"Embedded Target for OSEK/VDX"模块库　为 OSEK/VDX 嵌入模块组，其子模块如图 1-46 所示。

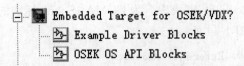

图 1-47　"Embedded Target for OSEK/VDX"模块库的子模块

（9）"Embedded Target for TI C2000 DSP"模块库　为 TI 公司的数字信号处理 C2000 嵌入模块组，其子模块如图 1-48 所示。

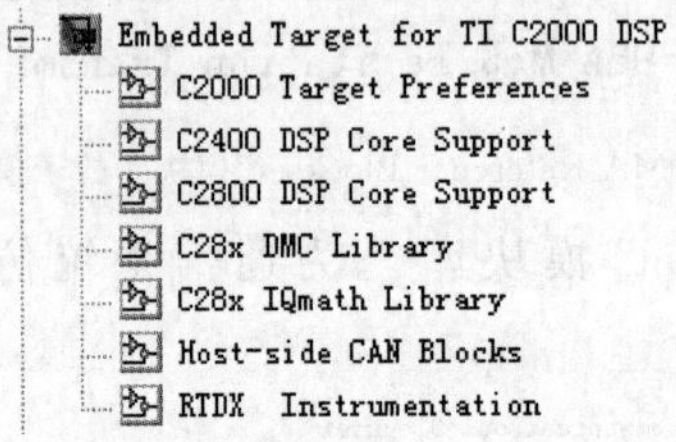

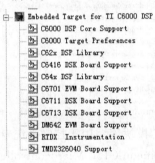

图 1-48　"Embedded Target for TI C2000 DSP"模块库的子模块

（10）"Embedded Target for TI C6000 DSP"模块库　为 TI 公司的数字信号处理 C6000 嵌入模块组，其子系统如图 1-49 所示。

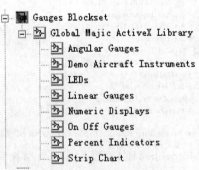

图 1-49　"Embedded Target for TI C6000 DSP"模块库的子模块

（11）"Fuzzy Logic Toolbox"模块库　为模糊控制的建模、仿真及其分析的工具箱。

（12）"Gauges Blockset"模块库　为建筑行业图形仪表计量表模块组，其子模块如图 1-50 所示。

图 1-50　"Gauges Blockset"模块库的子模块

（13）"Image Acquisition Blockset"模块库　用于图像采集。

（14）"Instrument Control Toolbox"模块库　为测控系统建模与仿真的工具箱模块。

（15）"Link for ModelSim"模块库　为链接模型仿真模块组。

（16）"Model Predictive Control Toolbox"模块库　为模型预测控制工具箱模块。

（17）"Neural Network Blockset"模块库　为神经网络建模与仿真模块组,其子模块如图 1-51 所示。

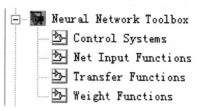

图 1-51　"Neural Network Blockset"模块库的子模块

（18）"RF Blockset"模块库　用于射频滤波器、传输线、放大器和混频器的建模与仿真。

（19）"Real-Time Windows Target"模块库　为实时目标模型窗口模块。

（20）"Real-Time Workshop"模块库　为实时工作空间模块。

（21）"Real-Time Workshop Embedded Coder"模块库　为实时工作空间嵌入式编辑器模块。

（22）"Report Generator"模块库　可以以多种格式将模型和数据生成文档。

（23）"Signal Processing Blockset"模块库　为信号处理系统模块组,其子模块如图 1-52 所示。

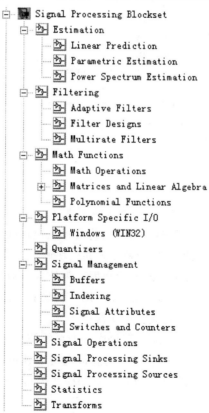

图 1-52　"Signal Processing Blockset"模块库的子模块

（24）"SimMechanics"模块库　为机械系统建模与仿真模块组,其子模块如图 1-53 所示。

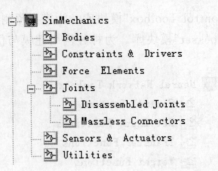

图 1-53　"SimMechanics"模块库的子模块

(25)"SimPowerSystems"模块库　为电气系统建模与仿真模块组,其子系统如图 1-54 所示。

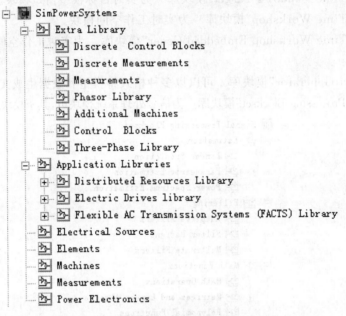

图 1-54　"SimPowerSystems"模块库的子模块

(26)"Simulink Control Design"模块库　为仿真控制设计模块组。

(27)"Simulink Extras"模块库　用于补充公共模块库。

(28)"Simulink Parameter Estimation"模块库　为仿真参数评估模块组。

(29)"Simulink Response Optimization"模块库　为仿真响应最优化模块组。

(30)"Stateflow"模块库　为状态流模型库模块。

(31)"System Identification Toolbox"模块库　为系统辨识工具箱模块。

(32)"Virtual Reality Toolbox"模块库　为虚拟现实工具箱模块。

(33)"xPC Target"模块库　是用于 xPC 仿真的模块组,其子模块如图 1-55 所示。

```
xPC Target
    A/D
    A/D Frame
    ARINC-429
    Asynchronous Event
    Audio
    CAN
    Counter
    D/A
    Digital Input
    Digital Output
    GPIB
    Incremental Encoder
    IP Carrier
    LED
    LVDT
    MIL-STD 1553
    Misc.
    RS232
    Shared Memory
    Signal Conditioning
    Synchro Resolver
    Thermo couple
    UDP
    Watchdog
    xPC Target Driver Demos
```

图 1-55　"xPC Target"模块库的子模块

3. 用户自定义模块库

用户自定义模块库中各模块名称如图 1-56 所示。

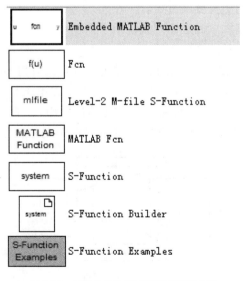

u fcn y	Embedded MATLAB Function
f(u)	Fcn
mlfile	Level-2 M-file S-Function
MATLAB Function	MATLAB Fcn
system	S-Function
system	S-Function Builder
S-Function Examples	S-Function Examples

图 1-56　用户自定义模块库中各模块名称

各模块功能如下：

（1）"Embedded MATLAB Function"模块   用于 MATLAB 函数嵌入。

（2）"Fcn"模块   用于通过自定义函数或表达式进行运算。

（3）"Level-2 M-file S-Function"模块   为 M 文件 S 函数模块。

（4）"MATLAB Fcn"模块   用于调用 MATLAB 现有的函数求取信号的函数值。

（5）"S-Function"模块   用于调用自编写的 S 函数进行运算。

（6）"S-Function Builder"模块   用于将用户提供的 S 函数和 C 语言源代码构造成 MEX S-Function。

（7）"S-Function Examples"模块   为 S 函数示例模块。

思政元素

电机及拖动基础是面向电气工程一级学科开设的一门基础课，是工科自动化专业教学的主干课程，在培养学生理论和创新思维能力等方面占有重要地位。本课程从使用的角度介绍交直流电机、变压器、控制电机的基本结构、工作原理、主要工作特性以及电力拖动系统的运行特性等。通过了解电机的发展历程与前沿研究进展，培养学生的爱国精神、科学素养和辩证思维。本课程将通过全方位构建特色和优质教学资源实现价值塑造、知识传授和能力培养有机融合的教学目标，为毕业设计和毕业以后从事电机方面的科研和开发打下基础。

思考题及习题

1-1   磁感应强度为何又称为磁通密度？它与磁通量的关系如何？

1-2   磁路的磁阻如何计算？磁阻的单位是什么？

1-3   电机或变压器铁芯中的损耗包括哪些种类？它们分别是怎样产生的？

1-4   设有两个线圈的匝数相同，一个缠绕在软磁材料上，另一个缠绕在非磁物质上，若两个线圈通以相同的交变电流，且此时自感电动势相等，则哪个线圈上的电流大？

1-5   为何电机或变压器的铁芯要使用薄的硅钢片叠成？

1-6   简述电机与拖动的历史发展过程。

1-7   电机中涉及哪些基本电磁定律？试说明它们在电机中的主要作用。

1-8   永久磁铁与软磁材料的磁滞回线有何不同？其相应的铁耗有何差异？

1-9   什么是磁路饱和现象？磁路饱和对磁路的等效电感有何影响？

1-10   在图 1-57 所示变压器磁路中，当在 N_1 中施加正弦电压 U_1 时，为什么在 N_1、N_2 两个线圈中均会感应电势？当流过线圈 N_1 中的电流 I_1 增加时，试标出 N_1、N_2 两个线圈中所感应电势的实际方向与输出电压的方向，并计算两个线圈感应电势之间的关系。

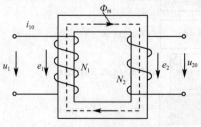

图 1-57   题 1-10 图

第2章
电力拖动系统的动力学基础

2.1 电力拖动系统的运动方程

2.1.1 电力拖动系统的组成

原动机带动生产机械运动称为拖动。众所周知,生产机械的原动机大多采用电动机,这是因为电动机与其他原动机相比,具有无可比拟的优点。以电动机为原动机拖动生产机械,使之按人们给定的规律运动的拖动方式,称为电力拖动。

1. 组成

电力拖动系统由电动机、传动机构、工作机构、控制设备以及电源等部分组成,如图 2-1 所示。其中电动机将电能转换成机械能,拖动生产机械的某一工作机构。生产机械的传动机构用来传递机械能。控制设备则保证电动机按生产机械的工艺要求来完成生产任务。通常把生产机械的传动机构与工作机构称为电动机的机械负载。

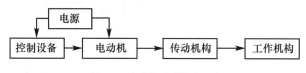

图 2-1　电力拖动系统的组成

2. 优点

(1)电能易于生产、传输、分配。

(2)电动机类型多、规格全,具有各种特性,能满足各种生产机械的不同要求。

(3)电动机损耗小、效率高且具有较强的短时过载能力。

(4)电力拖动系统容易控制,操作简单且便于实现自动化。

3. 应用

电力拖动系统可应用于精密机床、重型铣床、高速冷轧机、高速造纸机、风机、水泵等。

2.1.2 典型生产机械的运动形式

1. 单轴电力拖动系统

在生产实践中,生产机械的结构和运动形式是多种多样的,其电力拖动系统也有多种类型,最简单的系统是电动机转轴与生产机械的工作机构直接相连,工作机构是电动机的负载,这种系统称为单轴电力拖动系统,其电动机与负载同一根轴且同一转速,如图 2-2 所示。

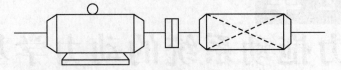

图 2-2   单轴电力拖动系统

2. 多轴电力拖动系统

实际的电力拖动系统往往不是单轴系统,而是通过一套传动机构把电动机和工作机构连接起来的多轴系统,如图 2-3 所示。多轴拖动系统中的工作机构还可以是平移运动系统或升降运动系统,分别如图 2-4 和图 2-5 所示。

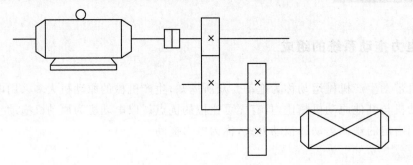

图 2-3   多轴电力拖动系统

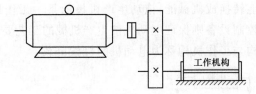

图 2-4   多轴旋转运动加平移运动电力拖动系统

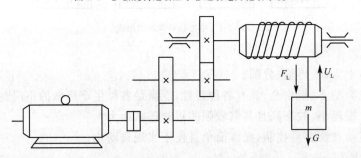

图 2-5   多轴旋转运动加升降运动电力拖动系统

2.1.3   电力拖动系统的运动方程

1. 单轴电力拖动系统的运动方程

电力拖动系统是由电动机拖动并通过传动机构带动生产机械运转的一个动力学整体,它所用的电动机种类很多,生产机械的性质也各不相同,但从动力学的角度看,它们都服从动力学的统一规律。因此,需要找出它们普遍的运动规律并进行分析。首先应研究电力拖动系统的动力学,建立电力拖动系统的运动方程。

根据牛顿第二定律,物体做直线运动时,作用在物体上的拖动力总是与阻力以及速度变化时产生的惯性力相平衡,其运动方程为

$$F - F_L = m \cdot \frac{dv}{dt} \tag{2-1}$$

式中 F——拖动力,N;

F_L——阻力,N;

m——物体的质量,kg;

v——物体的速度,m/s。

电力拖动系统的运动方程描述了系统的转动运动状态,系统的运动状态取决于作用在原动机转轴上的各种转矩。与直线运动时相似,做旋转运动的电力拖动系统的运动平衡方程根据如图 2-6 所示的系统(忽略空载转矩)可得

$$T_{em} - T_L = J \cdot \frac{d\omega}{dt} \tag{2-2}$$

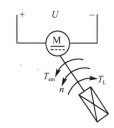

图 2-6   单轴电力拖动系统的动力学

式中 T_{em}——电动机的拖动转矩(电磁转矩),N·m;

T_L——生产机械的阻转矩(负载转矩),N·m;

ω——拖动系统的旋转角速度,rad/s;

J——拖动系统的转动惯量,kg·m^2;

$J \cdot \dfrac{d\omega}{dt}$——系统的惯性转矩。

转动惯量 J 可表示为

$$J = m\rho^2 = \frac{G}{g} \cdot \left(\frac{D}{2}\right)^2 = \frac{GD^2}{4g} \tag{2-3}$$

式中 m——转动体的质量,kg;

ρ——转动体的惯性半径,m;

G——转动体所受的重力,N;

g——重力加速度,$g = 9.8$ m/s^2;

D——转动体的惯性直径,m。

将角速度 $\omega = \dfrac{2\pi n}{60}$ 和式(2-3)代入式(2-2)中,可得到在工程实际计算中常用的运动方程为

$$T_{em} - T_L = \frac{GD^2}{375} \cdot \frac{dn}{dt} \tag{2-4}$$

式中 GD^2——转动物体的飞轮矩,N·m^2。

$GD^2 = 4gJ$,它是电动机飞轮矩和生产机械飞轮矩之和,为一个整体的物理量,反映了转动体的惯性大小。

电动机和生产机械各旋转部分的飞轮矩可在相应的产品目录中查到,$375 = 4g \times 60/(2\pi)$ 是具有加速度量纲的系数,m/s^2。

2. 运动方程中转矩正、负号的规定

在电力拖动系统中,随着生产机械的负载类型和工作状况的不同,电动机的运行状态将发生变化,即作用在电动机转轴上的电磁转矩(拖动转矩)T_{em} 和负载转矩(阻转矩)T_L 的大

小和方向都可能发生变化。因此式(2-4)中的转矩 T_{em} 和 T_L 是带有正、负号的代数量。在应用运动方程时,必须考虑转矩、转速的正、负号,一般规定如下:

(1)首先选定顺时针方向或逆时针方向中的某一个方向为规定正方向,为减少公式中的负号,一般多以电动机通常处于电动状态时的旋转方向为规定正方向。

(2)转速的方向与规定正方向相同时为正,相反时为负。

(3)电磁转矩的方向与规定正方向相同时为正,相反时为负。

(4)负载转矩与规定正方向相反时为正,相同时为负,如图 2-7 所示。

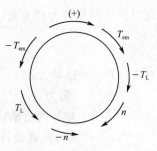

图 2-7 规定正方向

系统旋转运动有以下三种状态:

(1)当 $T_{em} = T_L$ 或 $\dfrac{dn}{dt} = 0$ 时,系统处于静止或恒转速运行状态,即处于稳态(平衡状态)。

(2)当 $T_{em} > T_L$ 或 $\dfrac{dn}{dt} > 0$ 时,系统处于加速运行状态,即处于动态。

(3)当 $T_{em} < T_L$ 或 $\dfrac{dn}{dt} < 0$ 时,系统处于减速运行状态,即处于动态。

由此可知,系统在 $T_{em} = T_L$ 稳定运行时,一旦受到外界的干扰,平衡即被打破,转速将会变化。对于一个稳定系统来说,要求具有恢复平衡状态的能力。

当 $T_{em} \neq T_L$ 时,系统处于加速或减速运行状态,其加速度或减速度 $\dfrac{dn}{dt}$ 与飞轮矩 GD^2 成反比。飞轮矩 GD^2 越大,系统惯性越大,转速变化就越小,系统稳定性越好,灵敏度越低;惯性越小,转速变化越大,系统稳定性越差,灵敏度越高。

2.2 多轴电力拖动系统的简化

为了节省材料,电动机一般转速较高,而生产机械的工作速度低。因此,实际生产机械的电动机大多通过传动装置与工作机构相连,常见的传动装置有齿轮减速箱、蜗轮蜗杆、皮带轮等。图 2-4 和图 2-5 分别为某一机械和起重装置的传动系统图,从中可以看出,在电动机和工作机构之间要经过多根轴传动,因此生产实际中的电力拖动系统较多为多轴电力拖动系统。

对于多轴电力拖动系统,因为在不同的轴上具有各自不同的转动惯量和转速,所以需要对每根轴分别写出运动方程及各轴间相互关系的方程,并根据传动功率相等的原则联立求解。显然这是较复杂的,而对电力拖动系统来说,一般不需要详细研究每根轴的问题,而只把电动机的轴作为研究对象即可。

为简单起见,我们可采用折算的办法,即将实际的多轴电力拖动系统等效为单轴电力拖动系统。利用运动方程进行计算。

2.2.1 多轴旋转系统的折算

1.负载转矩的折算

图 2-8 为多轴电力拖动系统折算成单轴系统示意图。折算的原则是保持系统的功率传递关系及系统储存的动能不变。

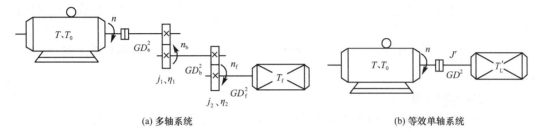

(a) 多轴系统   (b) 等效单轴系统

图 2-8 多轴电力拖动系统折算成单轴系统

负载转矩折算的原则是,保持折算前、后系统传递的功率不变。关于中间传动机构的传动损耗,将在传动效率 η 中考虑。

(1)电动机工作在电动状态

电动机产生的电磁转矩为拖动转矩,能量由电动机向工作机构传送。在不考虑传动机构传动损耗时,设工作机构消耗的负载功率 $P_L = T_f \omega_f$,负载转矩折算到电动机轴上所需机械功率 $P = T'_L \omega$,根据折算前、后功率不变的原则,有

$$T'_L \omega = T_f \omega_f$$

$$T'_L = \frac{T_f \omega_f}{\omega} = \frac{T_f n_f}{n} = \frac{T_f}{j} \tag{2-5}$$

式中 T_f——工作机构负载实际转矩,N·m;

       ω_f——工作机构旋转角速度,rad/s;

       T'_L——工作机构负载转矩折算到电动机轴上的负载转矩,N·m;

       ω——电动机轴上角速度,rad/s;

       n——电动机轴上转速,r/min;

       n_f——工作机构轴上转速,r/min;

       j——电动机转轴与工作机构转轴之间的总传动比,$j = \omega/\omega_f = n/n_f = j_1 j_2$,在多级传动机构中为各级传动比之积,即 $j = j_1 j_2 j_3 \cdots$。

若考虑传动机构的传动效率,则负载转矩的折算值还要加大,即

$$T'_L = \frac{T_f}{j\eta} \tag{2-6}$$

式中 η——传动机构的总效率,为各级传动效率之积,即 $\eta = \eta_1 \eta_2 \eta_3 \cdots$。

式(2-6)与式(2-5)之差为

$$\Delta T = \frac{T_f}{j\eta} - \frac{T_f}{j} \tag{2-7}$$

式中 ΔT——传动机构的转矩损耗,由电动机承担。

（2）电动机工作在制动状态

电动机产生的电磁转矩为制动转矩，此时能量由工作机构向电动机传送，传动损耗由工作机构承担，则有

$$T'_L\omega = T_f\omega_f\eta$$

$$T'_L = \frac{T_f\omega_f\eta}{\omega} = \frac{T_f n_f\eta}{n} = \frac{T_f}{j}\cdot\eta \tag{2-8}$$

常见传动机构的转速比的计算公式：齿轮传动，$j=\dfrac{n_1}{n_2}=\dfrac{z_2}{z_1}$（$z$ 为齿轮的齿数）；皮带轮传动，$j=\dfrac{n_1}{n_2}=\dfrac{D_2}{D_1}$（$D$ 为皮带轮的直径）；蜗轮蜗杆传动，$j=\dfrac{n_1}{n_2}=\dfrac{z_2}{z_1}$（$z_1$ 为蜗杆的头数，z_2 为蜗轮的齿数）。

2. 飞轮矩的折算

飞轮矩的大小是旋转物体机械惯性大小的体现。旋转物体的动能大小为

$$\frac{1}{2}J\omega^2 = \frac{1}{2}\cdot\frac{GD^2}{4g}\cdot\left(\frac{2\pi n}{60}\right)^2 \tag{2-9}$$

对于图 2-8 所示的系统，根据折算前、后系统储存动能不变的原则，有

$$\frac{1}{2}\cdot\frac{GD^2}{4g}\left(\frac{2\pi n}{60}\right)^2 = \frac{1}{2}\cdot\frac{GD_a^2}{4g}\cdot\left(\frac{2\pi n}{60}\right)^2 + \frac{1}{2}\cdot\frac{GD_b^2}{4g}\cdot\left(\frac{2\pi n_b}{60}\right)^2 + \frac{1}{2}\cdot\frac{GD_f^2}{4g}\cdot\left(\frac{2\pi n_f}{60}\right)^2$$

由此可得折算到电动机轴上总飞轮矩为

$$GD^2 = GD_a^2 + GD_b^2\cdot\frac{1}{(n/n_b)^2} + GD_f^2\cdot\frac{1}{(n/n_f)^2} = GD_a^2 + GD_b^2/j_1^2 + GD_f^2/(j_1j_2)^2$$

写成一般形式为

$$GD^2 = GD_a^2 + GD_b^2/j_1^2 + GD_c^2/(j_1j_2)^2 + \cdots + GD_f^2/j^2 \tag{2-10}$$

式中　GD_a^2——电动机轴飞轮矩，包括电动机转子飞轮矩及同轴齿轮飞轮矩；

GD_f^2——工作机构飞轮矩与同轴齿轮飞轮矩之和；

GD_b^2、GD_c^2……——传动机构各级传动轴两端齿轮飞轮矩之和。

通常，电动机转子本身的飞轮矩是系统总飞轮矩的主要部分。传动机构各轴及工作机构转轴的转速要比电动机转速低，因此它们的飞轮矩折算到电动机轴上后数值不大，是总飞轮矩的次要部分。在工程中，常采用近似计算公式，即

$$GD^2 = (1+\delta)GD_M^2 \tag{2-11}$$

式中　GD_M^2——电动机转子飞轮矩，可在产品目录中查得；

δ——系数，取为 0.2～0.3。

【例 2-1】 图 2-8(a)所示的电力拖动系统中，已知飞轮矩 $GD_a^2 = 14.5$ N·m，$GD_b^2 = 18.8$ N·m²，$GD_f^2 = 120$ N·m²，传动效率 $\eta_1 = 0.91$，$\eta_2 = 0.93$，转矩 $T_f = 85$ N·m，转速 $n = 2\,450$ r/min，$n_b = 810$ r/min，$n_f = 150$ r/min 忽略电动机空载转矩，求：

（1）折算到电动机轴上的系统总飞轮矩 GD^2；

（2）折算到电动机轴上的负载转矩 T'_L。

解：

$$(1)\,GD^2 = \frac{GD_f^2}{\left(\frac{n}{n_f}\right)^2} + \frac{GD_b^2}{\left(\frac{n}{n_b}\right)^2} + GD_a^2 = \frac{120}{\left(\frac{2\,450}{150}\right)^2} + \frac{18.8}{\left(\frac{2\,450}{810}\right)^2} + 14.5 = 17.005 \text{ N·m}^2$$

（2）负载转矩

$$T'_{\text{L}} = \frac{T_{\text{f}}}{\dfrac{n}{n_{\text{f}}} \cdot \eta_1 \eta_2} = \frac{85}{\dfrac{2\ 450}{150} \times 0.91 \times 0.93} = 6.15\ \text{N} \cdot \text{m}$$

2.2.2　平移运动系统的折算

在生产实际中，有部分生产机械的工作机构做平移运动，例如桥式起重机的起重小车、大车移行机构、龙门刨床等。图 2-9 为龙门刨床传动机构示意图。电动机经多级齿轮减速后，用齿轮、齿条把旋转运动变成工作台的平移运动。切削时工件与工作台一起以速度 v 移动，刨刀固定不动。刨刀作用在工件上的力为 F，传动机构效率为 η。为了把这种多轴系统等效成转速为 n 的单轴系统，要算出折算到电动机轴上的等效负载转矩 T'_{L} 及总飞轮矩 GD^2。

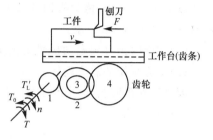

图 2-9　龙门刨床传动机构

1. 阻力 F 的折算

龙门刨床切削时的切削功率为

$$P = Fv$$

反映到电动机轴上表现为转矩 T'_{L}，切削功率反映到电动机轴上为 $T_{\text{L}} \omega$。若不考虑传动机构的传动损耗，则根据折算前、后功率不变的原则，有

$$Fv = T'_{\text{L}} \omega$$

$$T'_{\text{L}} = \frac{Fv}{\omega} = \frac{Fv}{2\pi n/60} = 9.55\ \frac{Fv}{n} \tag{2-12}$$

考虑传动系统传动损耗后，有

$$T'_{\text{L}} = 9.55\ \frac{Fv}{n} \tag{2-13}$$

式中　F——平移运动部件的阻力，N；

$\quad\quad v$——平移运动部件的速度，m/s。

式（2-13）与式（2-12）之差 ΔT 为传动机构的转矩损耗，龙门刨床的 ΔT 由电动机承担。

2. 平移运动部件质量的折算

为便于研究与计算，把平移运动部件的质量 m_{f} 折算成电动机轴上的等效飞轮矩 GD_{f}^2。运动部件的动能为

$$\frac{1}{2} m_{\text{f}} v^2 = \frac{1}{2} \cdot \frac{G_{\text{f}}}{g} \cdot v^2$$

折算到电动机轴上后的动能为

$$\frac{1}{2} J_{\text{f}} \omega^2 = \frac{1}{2} \cdot \frac{GD_{\text{f}}^2}{4g} \left(\frac{2\pi n}{60}\right)^2$$

折算前、后的动能不变，因此

$$\frac{1}{2} \cdot \frac{G_{\text{f}}}{g} \cdot v^2 = \frac{1}{2} \cdot \frac{GD_{\text{f}}^2}{4g} \left(\frac{2\pi n}{60}\right)^2$$

$$GD_f^2 = \frac{4G_f v^2}{(\frac{2\pi n}{60})^2} = 365\frac{G_f v^2}{n^2} \tag{2-14}$$

式中 G_f——平移运动部件的重力,N,$G_f = m_f g$;

v——平移运动部件的移动速度,m/s。

为了求得等效单轴系统的总飞轮矩 GD^2,还需计算传动机构各旋转轴飞轮矩的折算值,其方法与前述相同。

【例 2-2】 图 2-9 所示刨床电力拖动系统,已知切削力 $F = 10\,000$ N,工作台与工件运动速度 $v = 0.7$ m/s,传动机构总效率 $\eta = 0.81$,电动机转速 $n = 1\,450$ r/min,电动机的飞轮矩 $GD_M^2 = 100$ N·m^2,求:

(1)切削时折算到电动机轴上的负载转矩;

(2)估算系统的总飞轮矩。

解:(1)切削时折算到电动机轴上的负载转矩计算

切削功率为

$$P = Fv = 10\,000 \times 0.7 = 7\,000 \text{ W}$$

折算后的负载转矩

$$T_L' = 9.55\frac{Fv}{n\eta} = 9.55 \times \frac{7\,000}{1\,450 \times 0.81} = 56.92 \text{ N·m}$$

(2)估算系统总的飞轮矩

$$GD^2 \approx 1.2GD_M^2 = 1.2 \times 100 = 120 \text{ N·m}^2$$

2.2.3 升降运动系统的折算

桥式起重机的提升机构、电梯、矿井卷扬机等的工作机构均做升降运动。升降运动与平移运动虽同属直线运动,但它与重力作用有关,两者仍有较大差别。图 2-10 为桥式起重机提升机构传动系统示意图。电动机通过传动机构带动一个卷筒,半径为 R,转速为 n_f。缠在卷筒上的钢丝绳悬挂一重物,重力为 $G = mg$,重物提升和下放的速度为 v,传动比为 j,传动机构效率为 η。

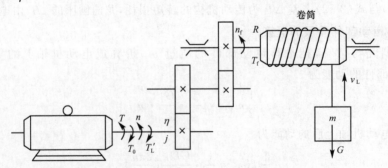

图 2-10 桥式起重机提升机构传动系统

1. 提升重物时负载转矩的折算

重物作用在卷筒上,卷筒轴上的负载转矩为 GR。不计传动损耗时,折算到电动机轴上

的负载转矩为

$$T'_L = \frac{GR}{j} \quad (2\text{-}15)$$

考虑传动损耗时,折算到电动机轴上的负载转矩为

$$T'_L = \frac{GR}{j\eta} = 9.55 \frac{Gv}{n\eta} \quad (2\text{-}16)$$

提升重物时传动机构损耗的转矩为

$$\Delta T = \frac{GR}{j\eta} - \frac{GR}{j} = \frac{GR}{j} \cdot \left(\frac{1}{\eta} - 1 \right) \quad (2\text{-}17)$$

上述损耗转矩由电动机承担。

2. 下放重物时负载转矩的折算

下放重物时,卷筒轴上的负载转矩仍为 GR,不计传动机构损耗时,折算到电动机轴上的负载转矩仍是 GR/j,负载转矩方向也不变。但它转为拖动转矩,带动电动机反转,电动机的电磁转矩变成制动转矩,阻碍系统运动。这时如考虑传动机构损耗,则 ΔT 应由负载承担。如果提升和下放同一重物时 ΔT 近似地看成不变,那么,下放重物时折算到电动机轴上的负载转矩为

$$T'_L = \frac{GR}{j} - \Delta T = \frac{GR}{j} - \frac{GR}{j} \cdot \left(\frac{1}{\eta} - 1 \right) = \frac{GR}{j} \cdot \left(2 - \frac{1}{\eta} \right) \quad (2\text{-}18)$$

设下放重物时传动效率为 η',则有

$$T'_L = \frac{GR}{j} \cdot \eta' \quad (2\text{-}19)$$

比较式(2-18)和式(2-19)可见

$$\eta' = 2 - \frac{1}{\eta} \quad (2\text{-}20)$$

做升降运动的吊具及重物质量的折算与平移运动部件质量的折算方法相同。

【例 2-3】 某起重机传动机构系统如图 2-11 所示。电动机额定功率 $P_N = 10$ kW,$n_N = 950$ r/min,传动机构传动比 $j_1 = 4, j_2 = 4.5, j_3 = 5$,各级齿轮及滚筒传动效率都是 0.95,各轴飞轮矩为 $GD_a^2 = 123$ N·m^2,$GD_b^2 = 49$ N·m^2,$GD_c^2 = 40$ N·m^2,$GD_d^2 = 465$ N·m^2,卷筒直径 $D = 0.6$ m,吊钩质量 $m_0 = 200$ kg,重物质量 $m = 5\,000$ kg,忽略电动机的空载转矩、钢丝绳质量和滑轮的传动损耗。求:

(1)以速度 $v = 0.3$ m/s 提升重物时,作用在卷筒上的负载转矩、卷筒转速、电动机转速、电动机的输出转矩及功率;

(2)折算到电动机轴上的系统总飞轮矩;

(3)以速度 $v = 0.5$ m/s 下放重物时,电动机的输出转矩及功率;

(4)以加速度 $a = 0.1$ m/s^2 提升重物时,电动机输出的转矩。

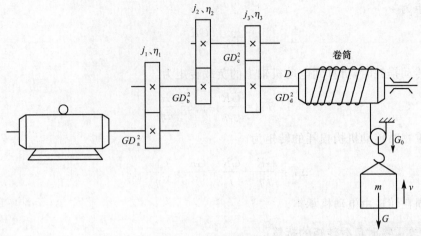

图 2-11　起重机传动系统

解：(1)以速度 $v=0.3$ m/s 提升重物时作用在卷筒上的负载转矩

$$T_f=\frac{1}{2}(m_0+m)g\cdot\frac{D}{2}=\frac{1}{2}\times(200+5\ 000)\times9.8\times\frac{0.6}{2}=7\ 644\ \text{N}\cdot\text{m}$$

卷筒转速

$$n_f=\frac{60v}{\pi D}=\frac{60\times0.3}{\pi\times0.6}=9.55\ \text{r/min}$$

电动机转速

$$n=jn_f=j_1j_2j_3n_f=4\times4.5\times5\times9.55=860\ \text{r/min}$$

电动机的输出转矩

$$T=T'_L=\frac{T_f}{j\eta}=\frac{7\ 644}{4\times4.5\times5\times0.95^3}=99.1\ \text{N}\cdot\text{m}$$

提升重物时电动机轴上的输出功率

$$P_2=P_L=\frac{T'_Ln}{9\ 550}=\frac{99.1\times860}{9\ 550}=8.92\ \text{kW}$$

(2)吊钩及重物飞轮矩

$$GD_f^2=365\times\frac{(m_0+m)gv^2}{n^2}=365\times\frac{(200+5\ 000)\times9.8\times0.3^2}{860^2}=2.3\ \text{N}\cdot\text{m}^2$$

系统总飞轮矩

$$GD^2=GD_a^2+GD_b^2/j_1^2+GD_c^2/(j_1j_2)^2+GD_d^2/(j_1j_2j_3)^2+GD_f^2$$
$$=123+49/4^2+40/(4\times4.5)^2+465/(4\times4.5\times5)^2+2.3$$
$$=128.5\ \text{N}\cdot\text{m}^2$$

(3)提升重物时的效率 $\eta=\eta_1\eta_2\eta_3=0.95^3=0.857$，则下放重物时的效率为

$$\eta'=2-\frac{1}{\eta}=2-\frac{1}{0.857}=0.833$$

电动机输出转矩

$$T=T'_L=\frac{T_f}{j}\cdot\eta'=\frac{7\ 644}{4\times4.5\times5}\times0.833=70.7\ \text{N}\cdot\text{m}$$

卷筒转速

$$n_f=\frac{60v}{\pi D}=\frac{60\times0.5}{\pi\times0.6}=15.92\ \text{r/min}$$

电动机转速

$$n = j n_f = 4 \times 4.5 \times 5 \times 15.92 = 1\ 433\ \text{r/min}$$

下放重物时电动机轴上输出功率

$$P_2 = P_L = -\frac{T'_L n}{9\ 550} = -\frac{70.7 \times 1\ 433}{9\ 550} = -10.6\ \text{kW}$$

(4)电动机转速与重物提升速度的关系为

$$n = j_1 j_2 j_3 n_f = j_1 j_2 j_3 \cdot \frac{60v}{\pi D}$$

电动机加速度与重物提升加速度的关系为

$$\frac{\mathrm{d}n}{\mathrm{d}t} = \frac{\mathrm{d}}{\mathrm{d}t}\left(j_1 j_2 j_3 \cdot \frac{60v}{\pi D}\right) = j_1 j_2 j_3 \cdot \frac{60}{\pi D} \cdot \frac{\mathrm{d}v}{\mathrm{d}t} = j_1 j_2 j_3 \cdot \frac{60a}{\pi D}$$

电动机加速度为

$$\frac{\mathrm{d}n}{\mathrm{d}t} = 4 \times 4.5 \times 5 \times \frac{60 \times 0.1}{\pi \times 0.6} = 286.6\ \text{r/(min·s)}$$

在加速情况下,电动机输出转矩为匀速提升重物时轴上输出转矩与加速度转矩之和,即

$$T = T'_L + \frac{GD^2}{375} \cdot \frac{\mathrm{d}n}{\mathrm{d}t} = 99.1 + \frac{128.5}{375} \times 286.6 = 197.3\ \text{N·m}$$

2.3 负载的转矩特性

1.恒转矩负载特性

所谓恒转矩负载,是指生产机械的负载转矩的大小不随转速 n 变化,这种特性称为恒转矩负载特性。根据负载转矩的方向特点不同,恒转矩负载又分为反抗性和位能性恒转矩负载两种。

(1)反抗性恒转矩负载

反抗性恒转矩负载的特点是负载转矩的大小不变,但方向始终与生产机械运动的方向相反(总是阻碍电动机的运转),当电动机的旋转方向改变时,负载转矩的方向也随之改变,且始终是阻转矩。属于这类特性的生产机械有轧钢机和机床的平移机构等,其负载特性如图 2-12 所示。

(2)位能性恒转矩负载

位能性恒转矩负载的特点是负载转矩由重力作用产生,不论生产机械运动的方向变化与否,负载转矩的大小和方向始终不变。例如起重设备提升重物时,负载转矩为阻转矩,其作用方向与电动机旋转方向相反;当下放重物时,负载转矩变为驱动转矩,其作用方向与电动机旋转方向相同,促使电动机旋转。其负载特性如图 2-13 所示。

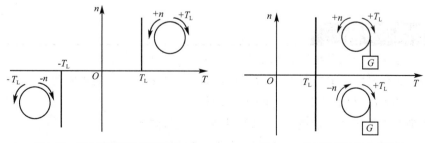

图 2-12 反抗性恒转矩负载特性　　　　　图 2-13 位能性恒转矩负载特性

2. 恒功率负载特性

恒功率负载的方向特点是属于反抗性负载;其大小特点是当转速变化时,负载从电动机吸收的功率为恒定值,即

$$P_{\text{L}} = T_{\text{L}} \omega = T_{\text{L}} \cdot \frac{2\pi n}{60} = \frac{2\pi}{60} \cdot T_{\text{L}} n = 常数$$

即负载转矩与转速成反比。例如,一些车床粗加工时,切削量大(T_{L} 大),用低速挡;精加工时,切削量小(T_{L} 小),用高速挡。恒功率负载特性曲线如图 2-14 所示。

3. 通风机型负载特性

通风机型负载的方向特点是属于反抗性负载;其大小特点是负载转矩的大小与转速 n 的平方成正比,即

$$T_{\text{L}} = Kn^2$$

式中 K——比例常数。

常见的通风机型负载如风机、水泵、油泵等,其负载特性曲线如图 2-15 所示。

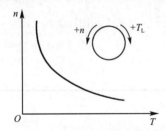
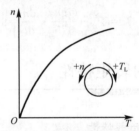

图 2-14 恒功率负载特性曲线   图 2-15 通风机负载特性曲线

应该指出,以上三类是典型的负载特性,实际生产机械的负载特性常为几种类型负载的相近或综合类型。例如起重机提升重物时,电动机所受到的除位能性负载转矩外,还要克服系统机械摩擦所造成的反抗性负载转矩,因此电动机轴上的负载转矩应是上述两个转矩之和。

思政元素

本章是电力拖动的基础,主要分析电力拖动系统中电动机带动生产机械在运动过程的力学问题。从系统的运动方程、生产机械的负载转矩特性、稳定性问题到多轴拖动系统简化等贯穿教材整体,因此在讲解时要结合可持续的发展观,从学生的心灵上实现真正意义的教书育人。

思考题及习题

2-1 什么是电力拖动系统? 它包括哪几部分? 各起什么作用?

2-2 电力拖动系统运动方程中 T、T_{L} 及 n 的正方向是如何规定的? 为什么有此规定?

2-3 试说明 GD^2 与 j 的概念,它们之间有什么关系?

2-4 如何判定系统处于加速、减速和稳速等运行状态?

2-5 多轴电力拖动系统为什么要折算成等效单轴电力拖动系统?

2-6 把多轴电力拖动系统折算成等效单轴电力拖动系统时,负载转矩按什么原则折算? 各轴的飞轮矩按什么原则折算?

2-7 什么是动态转矩? 它与电动机的负载转矩有什么区别和联系?

2-8 典型生产机械的负载转矩特性有几种类型?

2-9 什么叫稳定运行? 电力拖动系统稳定运行的充要条件是什么?

2-10 试求当起重机提升机构上升效率分别大于 0.5、等于 0.5 及小于 0.5 时,下降效率的取值范围,并说明此时的物理意义。

2-11 电动机拖动金属切削机床切削金属时,传动机构的损耗由电动机还是由负载承担?

2-12 起重机提升重物与下放重物时,传动机构损耗由电动机还是由重物承担? 提升或下放同一重物时,传动机构损耗的转矩一样大吗? 传动机构的效率一样高吗?

2-13 选择

(1)电动机经过速比 $j=5$ 的减速器拖动工作机构,工作机构的实际转矩为 20 N·m,飞轮矩为 1 N·m,不计传动机构损耗,折算到电动机轴上的工作机构转矩与飞轮矩分别为(　　)。

A. 20 N·m 5 N·m²   B. 4 N·m 1 N·m²

C. 4 N·m 0.2 N·m²   D. 4 N·m 0.04 N·m²

(2)恒速运行的电力拖动系统中,已知电动机电磁转矩为 80 N·m,忽略空载转矩,传动机构效率为 0.8,速比为 10,未折算前实际负载转矩应为(　　)。

A. 8 N·m   B. 64 N·m   C. 80 N·m   D. 640 N·m

(3)电力拖动系统中已知电动机转速为 1 000 r/min,工作机构转速为 100 r/min,传动效率为 0.9,工作机构未折算的实际转矩为 120 N·m,电动机电磁转矩为 20 N·m,忽略电动机空载转矩,该系统肯定运行于(　　)。

A. 加速过程   B. 恒速过程   C. 减速过程

2-14 电梯设计时,其传动机构的效率在上升时为 $\eta<0.5$,请计算当 $\eta=0.4$ 的电梯下降时的效率。若上升时,负载转矩的折算值 $T'_L=15$ N·m,则下降时为多少? ΔT 为多大?

2-15 图 2-16 所示的某车床电力拖动系统中,已知切削力 $F=2\ 000$ N,工件直径 $D=150$ mm,电动机转速 $n=1\ 450$ r/min,减速箱的三级速比 $j_1=2,j_2=1.5,j_3=2$,各转轴的飞轮矩为 $GD_a^2=3.5$ N·m²(指电动机轴), $GD_b^2=2$ N·m², $GD_c^2=2.7$ N·m², $GD_d^2=9$ N·m²,各级传动效率都是 $\eta=0.9$,求:

(1)切削功率;

(2)电动机输出功率;

(3)系统总飞轮矩;

(4)忽略电动机空载转矩时,电动机电磁转矩;

(5) 车床开车但未切削时,若电动机加速度 $\dfrac{\mathrm{d}n}{\mathrm{d}t}=800$ r/(min·s),忽略电动机空载转矩但不忽略传动机构的转矩损耗,求电动机电磁转矩。

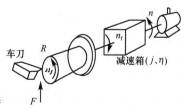

图 2-16　题 2-15 图

第3章
直流电机原理

微课

直流电机原理

3.1 直流电机的应用背景及基本工作原理

3.1.1 直流电机的应用背景

直流电机诞生至今已有180多年的历史了。和其他人类伟大的发明一样,直流电机也经历了漫长而艰苦的历程。1821年9月,法拉第发现通电的导线能绕永久磁铁旋转以及磁体能绕载流导体运动,第一次实现了电磁运动向机械运动的转换,从而建立了电机的实验室模型,被认为是世界上第一台电机,如图3-1所示。1831年,法拉第在发现电磁感应现象之后不久,又利用电磁感应发明了世界上第一台真正意义上的电机——法拉第圆盘发电机,如图3-2所示。1832年,斯特金发明了换向器,并制作了世界上第一台能产生连续运动的旋转电动机,如图3-3所示。后来又经过许多科学家长期改进,最终形成了美观实用的现代直流电机,其中一种常被运用在玩具上的电机如图3-4所示。

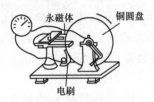

永磁体　　铜圆盘

电刷

图 3-1　第一台电机原理图　　　　图 3-2　法拉第圆盘发电机

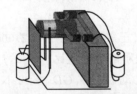

图 3-3　斯特金制作的旋转电动机　　　图 3-4　现代直流电机示例

随着电力电子技术、微电子技术、控制理论以及永磁材料的快速发展,直流电机得以迅速发展。在现代工业生产中,生产机械一般都用电动机拖动。随着现代化的发展,工业自动化水平不断提高,各种自动控制系统中也日益广泛地应用各种控制电机。为了提高生产率和保证产品质量,大量的生产机械要求直流电机以不同的速度工作。这就要求人们采用相应的方法来改变机组的转速,即对直流电机进行调速。对电机的转速不仅要能调节,而且要求调节的范围宽广,调节的过程平滑,调节的方法简单、经济。直流电机在上述方面都具有独到的优点,因此得到了广泛的应用。

直流电机是实现直流电能与机械能之间相互转换的电力机械,按照用途不同可以分为直流电动机和直流发电机两类。其中将机械能转换成直流电能的电机称为直流发电机,如图 3-5 所示;将直流电能转换成机械能的电机称为直流电动机,如图 3-6 所示。直流电机是工矿、交通、建筑等行业中的常见动力机械,是机电行业人员的重要工作对象之一。作为一名电气控制技术人员,必须熟悉直流电机的结构、工作原理和性能特点,掌握主要参数的分析、计算方法,并能正确、熟练地使用直流电机。

图 3-5　直流发电机

图 3-6　直流电动机

微课
直流电机
的结构

1. 直流电机的特点

直流电动机与交流电动机相比,具有优良的调速性能和启动性能。直流电动机具有宽广的调速范围与平滑的无级调速特性,可实现频繁的无级快速启动、制动和反转;过载能力大,能承受频繁的冲击负载;能满足自动化生产系统中各种特殊运行工况的要求。而直流发电机则能提供无脉动的大功率直流电源,且输出电压可以精确地调节和控制。

但直流电机也有它显著的缺点:一是制造工艺复杂,消耗有色金属较多,生产成本高;二是运行时由于电刷与换向器之间容易产生火花,因而可靠性较差,维护比较困难。因此,在一些对调速性能要求不高的领域中,直流电机已被交流变频调速系统所取代。但是在某些要求调速范围大、快速性高、精密度好、控制性能优异的场合,直流电动机的应用目前仍占有较大的比例。

2. 直流电机的用途

直流电动机具有良好的启动和调速性能,常应用于对启动和调速有较高要求的场合,例如大型可逆式轧钢机、矿井卷扬机、宾馆高速电梯、龙门刨床、电力机车、内燃机车、城市电车、地铁列车、电动自行车、造纸和印刷机械、船舶机械、大型精密机床和大型起重机等生产机械中,图 3-7 所示是其应用的几种实例。

(a) 地铁列车

(b) 城市电车

(c) 电动自行车

(d) 造纸机

图 3-7　直流电动机的应用

　　直流发电机主要作为各种直流电源,例如直流电动机电源、化学工业中所需的低电压、大电流的直流电源及直流电焊机电源等,如图 3-8 所示。

(a) 电解铝车间　　　　　　　　　　　　　　　　(b) 电镀车间

图 3-8　直流发电机的应用

3.1.2　直流电机的基本工作原理

1.直流发电机的工作原理

微课

直流电机的
工作原理

　　直流发电机是将机械能转变成电能的旋转机械。如图 3-9 所示为直流发电机的物理模型。N、S 为定子磁极,abcd 是固定在可旋转导磁圆柱体上的线圈,线圈连同导磁圆柱体称为电机的转子或电枢。线圈的首、末端 a、d 连接到两个相互绝缘并可随线圈一同旋转的换向片上(由换向片构成的圆柱体称为换向器)。转子线圈与外电路的连接是通过放置在换向片上固定不动的电刷进行的。当原动机驱动电机转子沿逆时针方向旋转时,根据电磁感应定律可知,线圈 ab、cd 两边因切割磁感应线而产生感应电动势。由右手定则可以判断出感应电动势的方向为 d→c→b→a,电刷 A 极性为正,电刷 B 极性为负。

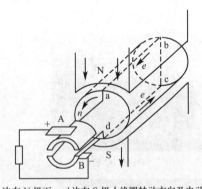

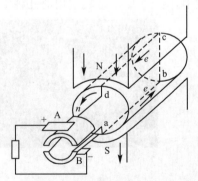

(a) ab边在 N 极下,cd 边在 S 极上线圈转动方向及电动势方向　　　　(b) 转子转过 180° 后线圈转动方向及电动势方向

图 3-9　直流发电机的物理模型

　　当电枢转过 180° 后,此时线圈的电动式方向变为 a→b→c→d,电刷 A 原来与上半部换向片接触,现在变为与下半部换向片接触,这样电刷 A 的极性总是正的,电刷 B 的极性总是负的,在电刷 A、B 两端可获得直流电动势。若在电刷 A、B 间接入负载,则发电机就能向负载提供直流电能,这就是直流发电机的工作原理。

　　实际直流发电机的电枢根据实际需要配装有多个线圈。线圈分布在电枢配装铁芯表面的不同位置,按照一定的规律连接起来,构成电机的电枢绕组。磁极也根据需要配装多对,N、S 极交替旋转。

2.直流电动机的工作原理

　　直流电动机是将电能转变成机械能的旋转机械。如图 3-10 所示为直流电动机的物理模型。把电刷 A、B 接到直流电源上,电刷 A 接正极,电刷 B 接负极。此时电枢线圈中将有电流流过,如图 3-10(a)所示方向为 a→b→c→d。基于安培定律,在磁场作用下,N 极下导体 ab 受力方向从右向左,S 极下导体 cd 受力方向从左向右。该电磁力形成沿逆时针方向的电磁转矩,当电磁转矩大于阻转矩时,电机转子沿逆时针方向旋转。当电枢转过 180°后,如图 3-10(b)所示,线圈中的电流方向为 d→c→b→a,原 N 极下导体 ab 转到 S 极下,受力方向从左向右,原 S 极下导体 cd 转到 N 极下,受力方向从右向左。该电磁力形成沿逆时针方向的电磁转矩。线圈在该电磁力形成的电磁转矩作用下继续沿逆时针方向旋转。

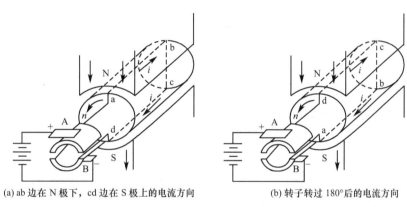

(a) ab 边在 N 极下,cd 边在 S 极上的电流方向　　　　(b) 转子转过 180°后的电流方向

图 3-10　直流电动机的物理模型

　　从上述分析可知,虽然直流电动机电枢绕组线圈中流过的电流为交变的,但 N 极和 S 极下导体受力的方向并未发生变化,产生的电磁转矩是单方向的,因此电枢的转动方向仍保持不变。改变线圈中的电流方向是由换向器和电刷来完成的。直流电动机的工作原理如图 3-11 所示。与直流发电机相同,实际的直流电动机的电枢并非单一线圈,磁极也并非一对。

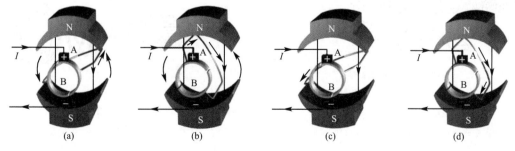

(a)　　　　　　　(b)　　　　　　　(c)　　　　　　　(d)

图 3-11　直流电动机的工作原理

将直流电动机的工作原理归纳如下：

（1）将直流电源通过电刷接通电枢绕组，使电枢导体有电流 i 流过。

（2）电机内部有磁场 B 存在。

（3）载流的转子（电枢）导体将受到电磁力 f 的作用，$f=Bli$（左手定则，l 为导体的有效长度）。

（4）所有导体产生的电磁力作用于转子，使转子以转速 n 旋转，以便拖动机械负载。

综上所述，一台直流电机既可以作为电动机运行，又可以作为发电机运行，这主要取决于外部条件。将直流电源加在电枢两端，电机就能将直流电能转换为机械能，作为电动机运行；用原动机拖动电枢运转，输入机械能，电枢就将机械能转换为直流电能，作为发电机运行。这种运行状态的可逆性称为直流电机的可逆原理。实际的直流发电机和直流电动机，因为设计制造时考虑了长期作为发电机或电动机运行性能方面的不同要求，所以在结构上要有区别。

3.2　直流电机的主要结构与铭牌数据

3.2.1　直流电机的主要结构

直流电动机主要由定子部分（静止部分）、转子部分（转动部分或称电枢）组成。定子部分与转子部分之间的间隙称为气隙。定子部分包括主磁极、换向磁极、电刷装置、机座、端盖等装置；转子部分包括电枢铁芯、电枢绕组、换向器、风扇、转轴和支架等部分。

直流电机的结构如图 3-12 所示，其组成部件如图 3-13 所示。

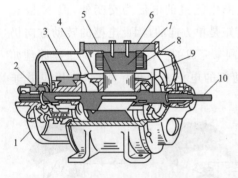

图 3-12　直流电机的结构

1—端盖；2—电刷装置；3—换向器；

4—电枢绕组；5—电枢铁芯；6—磁轭；

7—主磁极；8—励磁绕组；9—风扇；10—轴

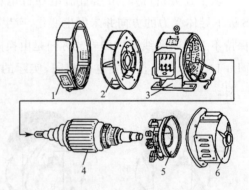

图 3-13　直流电机的组成部件

1—前端盖；2—风扇；3—机座；

4—电枢；5—电刷架；6—后端盖

1.定子部分

定子部分的作用是产生磁场和作为电机的机械支撑,如图 3-14～图 3-17 所示。

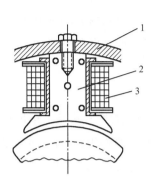

图 3-14　主磁极的结构

1—机座;2—主磁极铁芯;3—励磁绕组

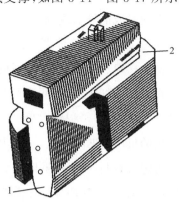

图 3-15　换向极的结构

1—换向极铁芯;2—换向极绕组

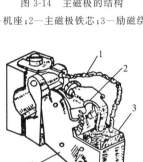

图 3-16　电刷的结构

1—铜丝辫;2—压紧弹簧;3—电刷;4—刷握

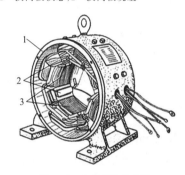

图 3-17　定子部分的安装

1—机座;2—换向磁极;3—主磁极

(1)主磁极

主磁极的作用是建立主磁场。绝大多数直流电机的主磁极不使用永久磁铁,而由励磁绕组通以直流电流来建立磁场。主磁极由主磁极铁芯和套装在铁芯上的励磁绕组构成。主磁极铁芯靠近转子一端的扩大部分称为极靴,它的作用是使气隙磁阻减小,改善主磁极磁场分布,并使励磁绕组容易固定。为了减少转子转动时由于齿槽移动引起的铁耗,主磁极铁芯采用厚度为 1.0～1.5 mm 的低碳钢板冲压成一定形状叠装固定而成。主磁极上装有励磁绕组,整个主磁极用螺杆固定在机座上。主磁极的数量一定是偶数,励磁绕组的连接必须使得相邻主磁极的极性按 N、S 极交替出现。

(2)换向磁极

换向磁极简称换向极,它是安装在两相邻主磁极之间的一个小磁极,其作用是改善直流电机的换向情况,使电机运行时不产生有害的火花。换向极的结构和主磁极类似,由换向极铁芯和套在其上的换向极绕组构成,并用螺杆固定在机座上。换向极的数量一般与主磁极的数量相等,在功率很小的直流电机中,也有不装换向极的。换向极绕组在使用中是和电枢绕组相串联的,要流过较大的电流,因此和主磁极的串励绕组一样,导线有较大的截面。

（3）电刷装置

电刷装置是电枢电路的引出（或引入）装置，它由电刷、刷握、刷杆等部分组成，电刷是由石墨或金属石墨组成的导电块，放在刷握内用压紧弹簧以一定的压力安放在换向器的表面，如图 3-16 所示。旋转时与换向器表面形成滑动接触。刷握用螺钉夹紧在刷杆上。每一个刷杆上的一排电刷组成一个电刷组，同极性的各刷杆用连线连接在一起，再引到出线盒。刷杆安装在可移动的刷杆座上，以便调整电刷的位置。

（4）机座

直流电机的机座有两种形式，一种为整体机座，另一种为叠片机座。整体机座是用导磁性能较好的铸钢材料制成的，能同时起到导磁和机械支撑的作用，因此是主磁路的一部分，称为定子铁轭。主磁极、换向极及端盖均固定在机座上，起到了支撑的作用。一般直流电机均采用整体机座。叠片机座采用薄钢冲片叠压成定子铁轭，再把定子铁轭固定在一个专门起支撑作用的机座里，这样定子铁轭和机座是分开的，叠片机座主要用于主磁通变化快、调速范围较高的场合。

（5）端盖

端盖安装在机座两端并通过端盖中的轴承支撑转子，将定子和转子连接为一体。同时，端盖对电机内部还具有防护作用。

2. 转子部分

转子又称电枢，是电机的转动部分，是用来产生感应电动势和电磁转矩，从而实现机电能量转换的关键部分。

（1）电枢铁芯

电枢铁芯是主磁路的一部分，同时用来嵌放电枢绕组。当电机旋转时减小电枢铁芯中的磁通变化将引起磁滞损耗和涡流损耗。电枢铁芯用涂有绝缘漆的厚度为 $0\sim5$ mm 的硅钢片叠成。电枢铁芯冲片上冲有放置电枢绕组的电枢槽、轴孔和通风口。小型直流电机的电枢冲片的形状如图 3-18 所示。

（2）电枢绕组

电枢绕组用绝缘铜线绕制的线圈按一定规律放置在电枢铁芯槽内，并与换向器连接。电枢绕组是直流电机的重要组成部分，电机工作时电枢绕组中产生感应电动势和电磁转矩，实现机电能量的转换。

（3）换向器

换向器又称整流子，对于发电机，换向器的作用是把电枢绕组中的交变电动势转变为直流电动势向外部输出直流电压；对于电动机，它是把外界供给的直流电流转变为绕组中的交变电流以使电机旋转。换向器的结构如图 3-19 所示，它由换向片组合而成，是直流电机的关键部件，也是最薄弱的部分。

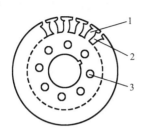

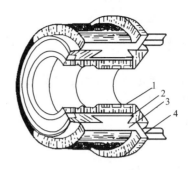

图 3-18　电枢冲片的形状　　　　　　　　　图 3-19　换向器的结构

1—齿；2—槽；3—轴向通风孔　　　　　　　1—V 形钢环；2—云母片；3—换向片；4—连接片

换向器采用导电性能好、硬度大、耐磨性能好的紫铜或铜合金制成。换向片的底部做成燕尾形，嵌在含有云母片的 V 形钢环内，拼成圆筒形套在钢套筒上，相邻的两换向片间以厚度为 0.6～1.2 mm 的云母片作为绝缘层，最后用螺纹压圈压紧。换向器固定在转轴的一端。换向片靠近电枢绕组的部分与绕组引出线间焊接。

（4）风扇、转轴和支架

风扇为制冷式电机中冷却气流的主要来源，可防止电机温升过高。转轴是电枢的主要支撑件，它传送扭矩、承受重力及各种电磁力，应有足够的强度和刚度。支架是大、中型电机电枢组件的支撑件，有利于通风和减轻质量。

3.2.2　直流电机的铭牌数据

表征电机额定运行情况的各种数据称为额定值。额定值一般标注在电机的铭牌上，所以又称为铭牌数据，它是正确、合理使用电机的依据。铭牌数据主要包括电机型号、额定功率、额定电压、额定电流、额定转速、额定励磁电流和励磁方式等，此外还有电机的出厂数据，如出厂编号、出厂日期等。

1. 电机型号

国产电机的电机型号一般采用大写的汉语拼音字母和阿拉伯数字表示，其格式为：第一部分用大写的拼音字母表示产品代号，第二部分用阿拉伯数字表示设计序号，第三部分用阿拉伯数字表示机座代号，第四部分用阿拉伯数字表示电枢铁芯长度代号。例如：Z_2-92 中的 "Z" 表示一般用途直流电机；下标 "2" 表示第 2 次改型设计；"9" 表示机座直径尺寸序号；"2" 表示电枢铁芯长度代号。

2. 额定值

（1）额定功率 P_N

额定功率是指在额定条件下电机所能供给的功率。对于电动机，额定功率是指电动机轴上输出的最大机械功率；对于发电机，额定功率是指电刷间输出的最大电功率。额定功率的单位为 W 或 kW。

（2）额定电压 U_N

额定电压是指额定工作条件下电机出线端的平均电压。对于电动机，额定电压是指输入额定电压；对于发电机，额定电压是指输出额定电压。额定电压的单位为 V。

（3）额定电流 I_N

额定电流是指电机在额定电压下，运行于额定功率时对应的电流值。额定电流的单位为 A。

额定功率、额定电压和额定电流的关系为：

发电机　　　　　　　　$P_N = U_N I_N \times 10^{-3}$ kW

电动机　　　　　　　　$P_N = U_N I_N \eta_N \times 10^{-3}$ kW

式中　η_N——额定效率，是指电机在额定条件下输出功率与输入功率之比。

（4）额定转速 n_N

额定转速是指对应于额定电流、额定电压，电机运行于额定功率时所对应的转速。额定转速的单位为 r/min。

在电机的铭牌上还有其他数据，如励磁电压、出厂日期、出厂编号等。额定值是选用或使用电机的主要依据。电机在运行时的各种数据可能与额定值不同，由负载大小决定。若电机的电流正好等于额定值，则称为满载运行；若电机的电流超过额定值，则称为过载运行；若电机的电流比额定值小得多，则称为轻载运行。长期轻载运行将使电机的容量不能充分利用。因此，在选择电机时，应根据负载的要求，尽可能使电机运行在额定值附近。

3.2.3　直流电机系列

1. Z_2 系列

Z_2 系列为一般用途的小型直流电机系列。"Z"表示直流，"$_2$"表示第 2 次改进设计。系列容量为 0.4~200 kW，电动机电压为 110 V、220 V，发电机电压为 115 V、230 V，属于防护式。

2. ZF 和 ZD 系列

ZF 和 ZD 两个系列为一般用途的中型直流电机系列。"F"表示发电机，"D"表示电动机。系列容量为 55~1 450 kW。

3. ZZJ 系列

ZZJ 系列为起重、冶金用直流电机系列。电压有 220 V、440 V 两种。工作方式有连续、短时和断续三种。ZZJ 系列电机启动快速，过载能力大。

此外，还有 ZQ 直流牵引电动机系列及用于易爆场合的 ZA 防爆安全型直流电机系列等。

3.3　直流电机的电枢绕组

电枢绕组是直流电机的主要电路，是实现机电能量转换的枢纽。设计电枢绕组的要求是：能通过规定的电流和产生足够大的电动势；尽可能节省有色金属和绝缘材料；保证换向良好。为满足这些要求，电枢绕组必须按照一定的规律连接。

直流电机电枢绕组为双层分布绕组，其连接方式有叠绕组和波绕组两种类型。叠绕组又分为单叠绕组和复叠绕组；波绕组又分为单波绕组和复波绕组；此外还有蛙型绕组，即叠绕组和波绕组混合绕组。

3.3.1　基本知识

1.元件

元件是绕组的基本单元,可为单匝,也可为多匝,元件的两个出线端分别接到两片换向片上,并与其他元件相连。一个元件边放在槽的上层,另一边放在另一槽的下层,因此,一个槽里总有上、下层两个线圈边,称为双层绕组,如图 3-20 所示。

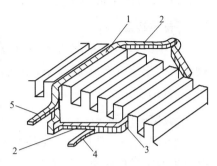

图 3-20　电枢绕组元件在槽内的放置
1—上层元件边;2—端接部分;
3—下层元件边;4—末端;5—始端

2.元件的首、末端

每一个元件均引出两根线与换向片相连,其中一根称为首端,另一根称为末端。

当然,从改善电机性能考虑,总是希望用尽可能多的元件来组成电枢绕组。但要产生足够强的气隙磁场,铁芯表面又不能开槽太多,因此,解决的办法只能是尽可能在每个槽的上、下层多放几个元件边。为此引入"虚槽"的概念,设槽内每层有 u 个元件边,则意味着一个实际的槽包含了 u 个"虚槽",而每个虚槽的上、下层依然只有一个元件边。图 3-21 所示为 $u=2$,即一个实槽包含两个虚槽的情况。一般情况下,实际槽数 Z 与虚槽数 Z_i 的关系为 $Z_i = uZ$。

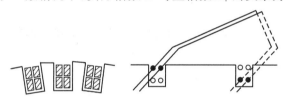

图 3-21　$u=2$ 时的槽内元件布置图

在说明元件的空间布置情况时,一律采用虚槽编号,将虚槽数作为绕组分析时的计数单位。

电枢绕组的特点常用虚槽数、元件数、换向片数及各种节距来表征。因为每一个元件有两个元件边,而每一片换向片同时接有一个上元件边和一个下元件边,所以元件数 S 一定与换向片数 K 相等;又由于每一个虚槽亦包含上、下层两个元件边,即虚槽数也与元件数相等,故有 $S = K = Z_i$。

3.极距 τ

极距是指相邻两个主磁极轴线沿电枢表面之间的距离,即

$$\tau = \frac{\pi D}{2p} \tag{3-1}$$

式中　D——电枢外径;

　　　p——电机的极对数。

用虚槽数表示时极距 τ 为

$$\tau = \frac{Z_i}{2p} \tag{3-2}$$

4. 叠绕组

叠绕组是指串联的两个元件中,总是后一个元件的端接部分紧叠在前一个元件的端接部分,整个绕组呈折叠式前进,如图 3-22(a)所示。

5. 波绕组

波绕组是指把相隔约为一对极距的同极性磁场下的相应元件串联起来,呈波浪式前进,如图 3-22(b)所示。

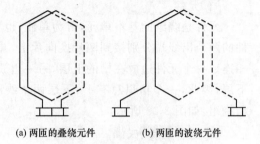

(a) 两匝的叠绕元件   (b) 两匝的波绕元件

图 3-22 电枢绕组的基本形式

6. 第一节距 y_1

第一节距 y_1 是指一个元件的两个有效边在电枢表面跨过的距离。用槽数表示时 y_1 应为整数。例如当上元件边放在第 1 槽时,下元件边放在第 5 槽时, $y_1=5-1=4$。为了使元件的感应电动势最大,应使 y_1 接近于极距 τ,即

$$y_1=Z_i/(2p)\pm\varepsilon \tag{3-3}$$

7. 第 2 节距 y_2

第 2 节距 y_2 是指连接同一换向片上的两个元件中第 1 个元件的下层边与第 2 个元件的上层边间的距离。

8. 合成节距 y

合成节距 y 是指连接同一换向片上的两个元件对应边之间的距离。

单叠绕组 $$y=y_1-y_2 \tag{3-4}$$

单波绕组 $$y=y_1+y_2 \tag{3-5}$$

9. 换向器节距 y_K

换向器节距 y_K 是指同一元件首、末端连接的换向片之间的距离。一般用换向片数来表示。由于元件数等于换向片数,相邻两元件的元件边在电枢表面前进的距离,应等于其出线端在换向器表面前进的距离,所以换向器节距应等于合成节距,如图 3-23 所示。

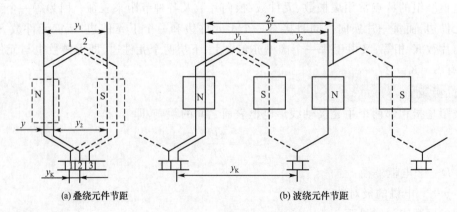

(a) 叠绕元件节距   (b) 波绕元件节距

图 3-23 电枢绕组节距

3.3.2 单叠绕组

对于叠绕组,若 $y = y_K = \pm 1$,则称之为单叠绕组。

现举例说明单叠绕组的连接方法与特点。设电机极数 $2p = 4$,且 $Z = Z_i = S = K = 16$,试绕制一单叠右行整距绕组。

1. 节距计算

单叠右行	$y = y_K = 1$
整距	$y_1 = Z_i/2p = 16/4 = 4$(整数,可绕制)
第 2 节距	$y_2 = y - y_1 = -3$
虚槽率	$Z = Z_i , u = 1$

2. 绕组连接顺序表

规定元件编号与槽编号相同,上元件边直接用槽编号表示,下元件边用所在槽编号加"′"以示区别。上元件边与下元件边之间用实线连接,两元件通过换向器串联用虚线表示。单叠绕组连接关系如图 3-24 所示。

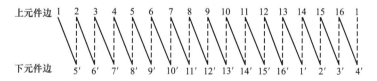

图 3-24 单叠绕组元件连接顺序表

可见,依次连接完 16 个元件后,又回到第 1 个元件,即直流电枢绕组总是自行闭合的。

3. 绕组展开图

单叠绕组展开图如图 3-25 所示,它是假设把电枢从某一齿中心沿轴向切开并展开成一带状平面而成的。此时约定上元件边用实线表示,下元件边用虚线表示;磁极在绕组上方均匀安放,N 极指向纸面,S 极穿出纸面;左上方箭头为电枢旋转方向,元件边上的箭头为由右手定则确定的感应电动势方向,由此可得图 3-25 所示的电刷电位的正、负。

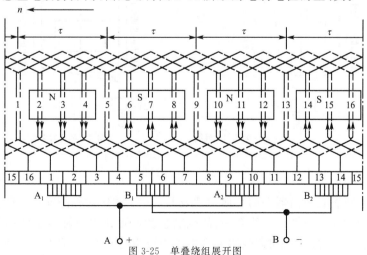

图 3-25 单叠绕组展开图

相邻两主极间的中心线称为电枢上的几何中性线,其基本特征是电机空载时该处的径向磁场为零。因此,位于几何中性线上的元件边中的感应电动势为零,如图 3-25 中的槽 1、5、9、13 中的元件边。

对于端接对称的绕组,元件的轴线应画为与所接的两片换向片的中心线重合。如图 3-25 中的元件 1 接换向片 1、2,而元件 1 的轴线为槽 3 的中心线,故换向片 1、2 的分隔线与槽 3 的中心线重合。此外,换向器的大小应画得与电枢表面的槽距一致,而换向片的编号、元件编号(槽编号)则都要求相同。最后,根据连接表提供的元件之间的连接关系即可完成绕组展开图的绘制。

4. 电刷放置

单叠绕组的电路图如图 3-26 所示,每个元件用一个线圈表示,并用箭头表示元件中的电动势方向。全部元件串联构成一个闭合回路,其中 1、5、9、13 四个元件中的电动势在图 3-26 所示瞬间为零。这四个元件把回路分成四段,每段再串联三个电动势方向相同的元件。对称关系决定了这四段电路中的电动势大小是相等的,方向则两两相反,因此整个闭合回路内的电动势恰好相互抵消,合成为零,故电枢绕组内不会产生"环流"。

由于元件结构上具有对称性,所以无论是整距、短距还是长距元件,只要元件轴线与主极轴线重合,元件中的电动势便为零。而元件所连接两片换向片间的中心线称为此时换向器上的几何中性线,如图 3-27 所示。

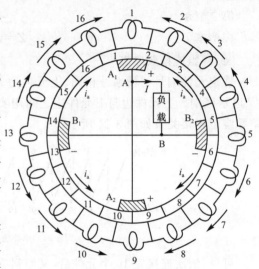

图 3-26 单叠绕组的电路图

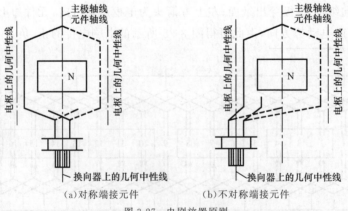

(a)对称端接元件   (b)不对称端接元件

图 3-27 电刷放置原则

电刷应固定放置在换向器上的几何中性线上。对于端接对称的元件,其元件轴线、主极轴线和换向器上的几何中性线三线合一,故电刷也就放置在主极轴线下的换向片上。若端接不对称,则电刷应移过与换向器轴线偏离主极轴线相同的角度,即电刷与换向器上的几何中性线总是保持重合,如图 3-27(b)所示。

5.绕组并联支路

从图 3-26 可知,经 B 到 A 有四条支路与负载并联。当电枢旋转时,虽然各元件的位置随之移动,构成各支路的元件循环替换,但任意瞬间,每个主极下的串联元件总是构成一条电动势方向相同的支路,总的并联支路数不变,即恒等于主极数。这也是单叠绕组的基本特征。设 a 为并联支路对数,则对于单叠绕组,并联支路数和主极数的关系为

$$2a = 2p \text{ 或 } a = p \tag{3-6}$$

3.3.3 单波绕组

单叠绕组把一个主极下的元件串联成一条支路,以保证串联元件中的电动势同方向。据此思路,当然也可以设想把电枢上所有处于相同极性下的元件都串联起来构成一条支路。此时,相邻两串联元件对应边的距离约为两个极距,即 $y \approx 2\tau$,从而形成波浪形构型,我们形象地称之为波绕组。若将所有同极下的元件串联后回到原来出发的那个换向片的相邻换向片上,则该绕组称为单波绕组,如图 3-22(b)所示。

单波绕组元件的第一节距 y_1 与叠绕组的要求一样,即 $y_1 \approx \tau$,但要求合成节距增大为 $y \approx 2\tau$,但是不能等于 2τ。因为 $y \approx 2\tau$ 时,由出发点串联 p 个元件而绕电枢一周后,就会回到出发点而闭合,以致其他绕组无法继续连接下去。

所谓单波绕组,是指从某一换向片出发,连接完 p 个元件后回到出发换向片的相邻换向片上,然后继续沿电枢连接第 2 周、第 3 周……直至将全部元件串联完毕并回到最初出发点而构成闭合回路。此时,要求换向器节距与换向片满足

$$py_K = K \mp 1$$

$$y = y_K = \frac{K \mp 1}{p} = \frac{Z_i \mp 1}{p} = y_1 + y_2 = 整数 \tag{3-7}$$

若取"—"号,则表明绕行一周后回到出发点左侧,称为左行绕组;若取"+"号,则表明为右行绕组。为减少交叉,缩短端接线,波绕组多用左行而少用右行。

1.单波绕组连接表

单波绕组连接表采用与单叠绕组讨论时相同的约定,即可给出单波绕组连接表,如图 3-28 所示。所有元件依次串联,最终亦构成一个闭合回路。

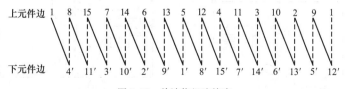

图 3-28　单波绕组连接表

2.单波绕组展开图

根据单波绕组连接表绘制的绕组展开图如图 3-29 所示,其中的基本约定与单叠绕组大致相仿。由于单波绕组的端接通常也是对称的,这意味着与每一元件所接的两片换向片自然会对称地位于该元件轴线的两边,即两片换向片的中心线与元件轴线重合,所以电刷势也必也放置在主极轴线下的换向片上。

3. 单波绕组并联支路

图 3-30 为单波绕组的电路图,它与图 3-29 是相互对应的。

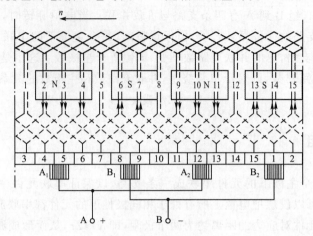

图 3-29   单波绕组展开图

从 3-30 图可见,连接在一起的电刷 A_1 和 A_2 把电动势为零的元件 5 短路,而连接在一起的电刷 B_1 和 B_2 则将电动势接近为零的元件 1 和 9 短路。全部元件并联成两条支路,每条支路串联着 6 个同方向的电动势(一路为元件 8、15、7、14、6、13 相串联,这些元件的上元件边均位于 S 极下;另一路为元件 2、10、3、11、4、12 相串联,所有上元件边均位于 N 极下),使支路电动势为最大,并且相等。当电枢旋转时,各元件的位置虽然会随时间变化,构成支路的串联元件也会交替更换,但从电刷侧看,同极下的所有元件总是串联成一条支路,即两条并联支路的电路结构始终保持不变。这就是说,单波绕组的并联支路数与主极数无关,只有两条并联支路,即

$$2a = 2 \text{ 或 } a = 1 \tag{3-8}$$

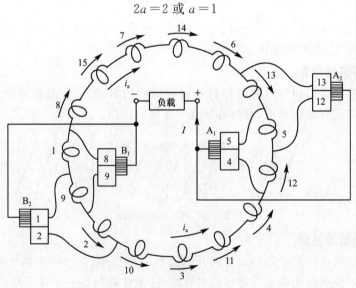

图 3-30   单波绕组的电路图

4.电刷位置

在前面分析单叠绕组电刷放置原则时得出的结论"电刷应固定放置在换向器上的几何中性线上"也适用于单波绕组。为此,可把"换向器上的几何中性线"的意义扩充为:当元件轴线与主极轴线重合时,该元件所接两换向片之间的中心线便是换向器上的几何中性线。对于端接对称的绕组,无论是叠绕还是波绕,由于换向器上的几何中性线始终与主极轴线重合,所以电刷也应放置在主极轴线下的换向片上。

3.4　直流电机磁场

3.4.1　直流电机的励磁方式

由直流电机的基本工作原理可知,电枢旋转切割气隙中的磁力线而感应电动势,电枢电流与气隙中的磁场相互作用而产生电磁转矩,因而气隙磁场是电机进行机电能量转换的媒介。直流电机的气隙磁场是在主磁极的励磁绕组中通以直流电流建立的,因此直流电机有两种基本绕组,即励磁绕组和电枢绕组。励磁绕组和电枢绕组之间的连接方式称为励磁方式。励磁方式不同,电机的运行特性有很大的差异。

直流电机的励磁方式可分为他励、并励、串励和复励四类,如图 3-31 所示。U 为电枢电压,U_f 为励磁电压,I_a 为电枢电流,I_f 为励磁电流,I 为主电源电流,正方向假定采用电动机惯例。

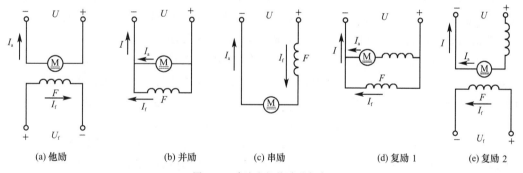

| (a) 他励 | (b) 并励 | (c) 串励 | (d) 复励 1 | (e) 复励 2 |

图 3-31　直流电机的励磁方式

1.他励电机

他励直流电动机的励磁绕组和电枢绕组分别由两个相互独立的电源供电,如图 3-31(a)所示。励磁电流 I_f 的大小仅决定于励磁电源的电压和励磁回路的电阻,而与电机的电枢电压及负载基本无关。

2.并励电机

并励直流电动机的励磁绕组和电枢绕组并联,由同一电源供电,如图 3-31(b)所示。励磁电流一般为额定电流的 5%,要产生足够大的磁通需要有较多的匝数,因此并励绕组匝数多,导线较细。并励直流电动机一般用于恒压系统。中小型直流电动机多为并励电机。

微课

他励直流电动机的工作特性

3.串励电机

串励直流电机的励磁绕组与电枢绕组串联,如图 3-31(c)所示。励磁电流与电枢电流相同，数值较大，因此串励绕组匝数很少，导线较粗。串励直流电动机具有很大的启动转矩，但其机械特性很软，且空载时有极高的转速。串励直流电动机不准空载或轻载运行。串励直流电动机常用于要求启动转矩很大且转速允许有较大变化的负载等。

4. 复励电机

复励电机的主磁极由两个励磁绕组组成：一个与电枢绕组串联，称为串励绕组；另一个为他励（或并励）绕组，如图 3-31(d)、图 3-31(e)所示。通常他励（或并励）绕组起主要作用，串励绕组起辅助作用。若串励绕组和他励（或并励）绕组的磁动势方向相同，则称为积复励，该型电机多用于要求启动转矩较大，转速变化不大的负载。由于积复励直流电动机在两个不同旋转方向上的转速和运行特性不同，所以不能用于可逆驱动系统中。若串励绕组和并励（或他励）绕组的磁动势方向相反，则称为差复励，差复励直流电动机一般用于启动转矩小，而要求转速平稳的小型恒压驱动系统中。这种励磁方式的直流电动机也不能用于可逆驱动系统中。

3.4.2 直流电机的空载磁场

磁场是电机实现机电能量转换的媒介。直流电机中产生磁场的方式有两种：一种是永久磁铁磁场，只在一些比较特殊的微电机中采用；另一种是电磁铁磁场，是由套在主极铁芯上的励磁绕组通入电流产生的，称为励磁磁场，一般电机都采用这种励磁形式。

实际上，直流电机在负载运行时，它的磁场是由电机中各个绕组包括励磁绕组、电枢绕组和换向绕组等共同产生的，其中励磁绕组起着主要作用。为此，先研究励磁绕组里有励磁电流、其他绕组无电流时的磁场情况。这种情况称为电机的空载运行，又称为无载运行。直流电机的空载磁场即 $I_a=0$ 时建立的励磁磁场，也称为主磁场。

以四极电机为例，当励磁绕组流过励磁电流时，每极的励磁磁动势建立的空载磁场的分布如图 3-32 所示。其中绝大部分的磁通是从 N 极出来，经过气隙进入电枢的齿槽，再经过电枢的铁轭到电枢的另一边齿槽，又通过气隙进入 S 极，通过定子铁轭回到 N 极。这部分磁通同时交链励磁绕组和电枢绕组，能在电枢绕组中感应电动势和产生电磁转矩，称为主磁通。此外，还有一小部分磁通不进入电枢铁芯，直接经过气隙、相邻磁极或定子铁轭形成闭合回路，这部分称为漏磁通。漏磁通只增加主磁极磁路的饱和程度，使电机的损耗加大，效率降低。一般情况下，漏磁通为主磁通的 $15\%\sim20\%$。

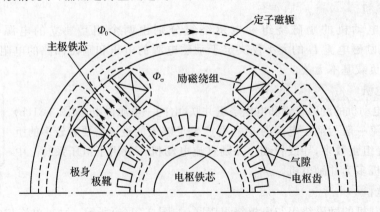

图 3-32　四极直流电机空载磁场分布

主磁通对应的主磁路的组成分为气隙、电枢齿、电枢铁轭、主磁极和定子铁轭(电枢铁芯、主极铁芯和定子磁轭)五部分,简化为主磁路由气隙和铁磁材料两大部分组成。根据磁路定律,产生空载磁场的磁动势全部降落于气隙和铁磁材料之中,即励磁磁动势为气隙磁动势与铁磁材料磁动势之和。虽然气隙长度在闭合磁路中只占很小的一部分,但是,由于气隙中的磁导率远小于铁磁材料的磁导率,所以气隙的磁阻很大。可以认为,磁路的励磁磁动势几乎都消耗在气隙上。

计算主磁通与励磁磁动势时,将每极主磁通记为 Φ_0,漏磁通记为 Φ_σ,则通过每个主极铁芯中的总磁通为

$$\Phi_m = \Phi_0 + \Phi_\sigma = \Phi_0(1 + \Phi_\sigma/\Phi_0) = k_\sigma \Phi_0 \tag{3-9}$$

式中 k_σ——主极漏磁系数,其大小与磁路结构即磁场分布情况有关,通常 $k_\sigma = 1.15 \sim 1.25$。

设产生主磁通 Φ_0 的每极励磁磁动势为 F_f,当励磁绕组通过励磁电流 I_f 时,有

$$F_f = I_f N_f \tag{3-10}$$

式中 N_f——每极主极上的励磁绕组匝数。

结合图 3-33 可知,典型的四极直流电机的主磁路结构(五段式)包括:

(1)两个气隙,计算长度为 2δ,磁场强度为 H_δ。

(2)两个齿,计算高度为 $2h_z$,磁场强度为 H_z。

(3)两个主极,计算高度为 $2h_m$,磁场强度为 H_m。

(4)一个定子铁轭,平均长度为 L_j,磁场强度为 H_j。

(5)一个转子(电枢)铁轭,平均长度为 L_a,磁场强度为 H_a。

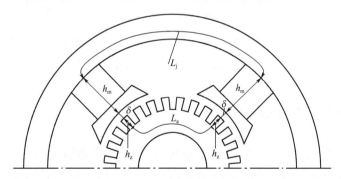

图 3-33 四极直流电机的主磁路

根据安培环路定律求得磁动势

$$2F_f = \sum_{i=1}^{5}(H_i L_i) = 2H_\delta \delta + 2H_z l_z + H_a L_a + 2H_m h_m + H_j l_j \tag{3-11}$$

为了简化计算,忽略铁芯饱和,且假定铁芯的磁导率远远大于气隙的磁导率 μ_0,即不考虑铁芯磁阻的影响,于是有

$$2F_f \approx 2H_\delta \delta \tag{3-12}$$

因此,气隙磁密 B_δ 为

$$B_\delta = \mu_0 H_\delta = \frac{F_f}{\delta} \tag{3-13}$$

3.4.3 直流电机空载气隙磁通密度的分布

因为电枢绕组是在气隙磁场下进行电磁感应的,所以气隙磁通密度的分布是我们分析的主要对象。当忽略主磁路中铁磁材料的磁阻时,主磁极下气隙磁通密度的分布就取决于气隙的大小和形状。一般情况下,磁极极靴宽度约为极距的 75%,磁极中心及附近的气隙较小且均匀不变,磁通密度较大且基本为常数;接近极尖处气隙逐渐变大,磁通密度减小;极尖以外气隙明显增大,磁通密度显著减小;在磁极的几何中性线处,气隙磁通密度为零。因此,空载时的气隙磁通密度分布为一平顶波,如图 3-34 所示为空载时直流电机气隙磁通密度分布。

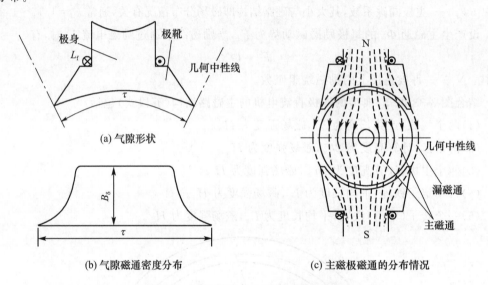

图 3-34　空载时直流电机气隙磁通密度分布

3.4.4 直流电机的空载磁化曲线

直流电机的磁化曲线是指电机的主磁通与励磁磁动势的关系曲线 $\Phi_0 = f(F_f)$,如图 3-35 所示。这条曲线可由磁路计算方法求得。直流电机磁路计算内容是:已知气隙每极磁通为 Φ_0,求出直流电机主磁路各段中的磁位降,各段磁位降的总和便是励磁磁通势 F_f。对于给定的不同大小的 Φ_0,用同一方法计算,得到与 Φ_0 相应的不同的 F_f,经多次计算,便得到了空载磁化特性曲线。主磁通所经过的磁回路由主磁极铁芯、气隙、电枢齿、电枢铁芯和定子铁轭等五部分组成,磁回路中存在着铁磁材料,而铁磁材料的 $B\text{-}H$ 曲线是非线性的,磁导率不是常数,这就使得 $\Phi_0 = f(F_f)$ 的关系也是非线性的。根据磁路定律可知,

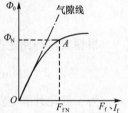

图 3-35　空载磁化曲线

磁通势等于磁回路中磁压降之和,而磁通等于磁通密度和磁回路横截面之积。因此,电机磁化曲线的形状必然和所采用的铁磁材料的 $B\text{-}H$ 曲线相似。

由磁化曲线可知,电机中磁通增大时,磁通势增加比磁通增加得快。当磁通很大时,磁化曲线呈饱和特性,对应的磁通势剧烈增大,这时电机的饱和程度就很高了。以后我们会知道,电机的饱和程度要影响到电机的运行特性。

图 3-35 中的点画线是气隙消耗的磁通势,称为气隙线。空载特性的横坐标可以用励磁磁通势 F_f 表示,也可以用励磁电流 I_f 表示,二者相差励磁绕组的匝数。

为了经济地利用材料,直流电机额定运行的磁通额定值的大小取在空载磁化特性开始拐弯的地方,如图 3-35 中的 A 点。

3.4.5　直流电机的负载磁场和电枢反应

直流电机带有负载时,电枢绕组中有电流通过,电枢绕组的电流也会产生磁场,称为电枢磁场。电枢磁场与主磁极磁场一起,在气隙中建立一个合成磁场。

下面以两极电动机为例分析合成磁场分布情况。为了便于分析,换向器通常不画出来,而把电刷画在电枢圆周上,如图 3-36 所示,电刷处在几何中性线 $n-n$ 上。

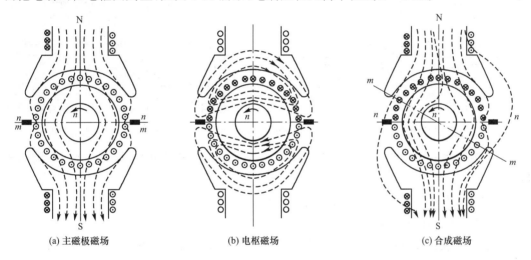

(a) 主磁极磁场　　　　　　　(b) 电枢磁场　　　　　　　(c) 合成磁场

图 3-36　直流电动机气隙磁场分布

图 3-36(a)所示为空载磁场分布情况。在电枢表面上磁感应强度为零的地方是物理中性线 $m-m$。空载时物理中性线与几何中性线重合。

图 3-36(b)所示为电枢磁场,假设励磁电流为零,只有电枢电流。电枢绕组中的电流产生的磁动势称为电枢磁动势,从中可见电枢磁动势产生的气隙磁场在空间的分布情况,电枢磁动势为交轴磁动势。电枢电流的分界线是电刷,在电刷轴线两侧对称分布。

图 3-37 所示为电刷在几何中性线上时的电枢磁动势和磁场分布,即将电枢沿左侧几何中性线处展开成直线,画出电刷和主极,以主极轴线与电枢表面的交点为原点 O,在一极距范围内,取距原点为 $+x$ 和 $-x$ 的两点形成一条矩形封闭曲线。

设直流电机电枢分布上有无穷多整距元件,则电枢磁动势在气隙圆周方向空间分布呈三角波,如图 3-37 中 F_{ar} 所示。由于主磁极下气隙长度基本不变,而两个主磁极之间气隙长度增加得很快,所以电枢磁动势产生的气隙磁通密度为对称的马鞍形,如图 3-37 中 B_{ar} 所示。

　　图 3-36(c)所示为合成磁场。图 3-36(a)和 3-36(b)只是励磁磁场和电枢磁场单独作用时的情况,然而,对于任意一台负载运行的电机来说,这两种磁场都是同时存在的;或者说,电机的负载磁场就是由二者共同建立的,并且负载磁场与空载磁场之间的差别完全是电枢磁场作用的结果。在电机学中,我们把这种电枢磁场对励磁磁场的作用称为电枢反应。电枢反应理论是电机学的经典内容之一,也是运用叠加原理解决复杂工程问题的典型范例。电枢反应与电刷的位置有关。

1. 当电刷在几何中性线上时

　　将主磁场分布和电枢磁场分布叠加,可得到负载后电机的磁场分布情况,如图 3-36(c)所示。图 3-38 所示为电刷在几何中性线上时的交轴电枢反应。

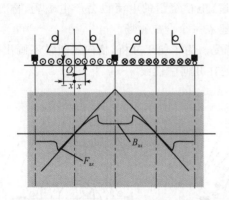

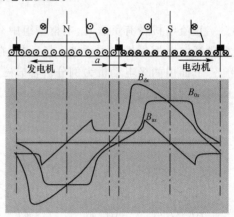

图 3-37　电刷在几何中性线上时的电枢磁动势和磁场分布　　　　图 3-38　电刷在几何中性线上时的交轴电枢反应

　　B_{ax} 为电枢磁场产生的气隙磁密分布,B_{0x} 为空载气隙磁密分布,$B_{\delta x}$ 为合成气隙磁密波形。

　　电刷在几何中性线时的电枢反应的特点如下:

　　(1)使气隙磁场发生畸变

　　空载时电机的物理中性线与几何中性线重合。负载后由于电枢反应的影响,每一个磁极下,一半磁场被增强,一半被削弱,物理中性线偏离几何中性线 α,磁通密度的曲线与空载时不同。

　　(2)对主磁场起去磁作用

　　磁路不饱和时,主磁场被削弱的数量等于加强的数量,因此每极的磁通量与空载时相同。电机正常运行于磁化曲线的膝部,主磁极增磁部分因磁通密度增加使饱和程度提高,铁芯磁阻增大,增加的磁通少些,因此负载时每极磁通略为减少,即电刷在几何中性线时的电枢反应为交轴电枢反应或交轴去磁性质。

2. 当电刷不在几何中性线上时

　　实际电机中,由于装配误差或其他原因,电刷难以恰好在几何中性线上。设电刷偏离几何中性线的电角度为 β,相当于在电枢表面移过弧长为 b_β 的距离,如图 3-39 所示。此时电枢磁动势可以分解为两个垂直分量:交轴电枢磁动势 F_{aq} 和直轴电枢磁动势 F_{ad}。电刷偏离几何中性线时,同时产生交轴电枢反应和直轴电枢反应,交轴电枢反应的性质同上,只需要补充介绍直轴电枢反应即可。由于直轴电枢磁场轴线与主极轴线重合,所以其作用应只影响每极磁通的大小。参照图 3-39(a),以发电机为例,当电刷顺电枢转向,直轴电枢磁场与励磁磁场方向相反时,起去磁作用,每极磁通量减少;反之,逆电枢转向偏移,如图 3-39(b)所示,直轴电枢磁场将起助磁作用。考虑饱和影响,此时每极磁通量 Φ 可把 F_{ad} 与每极励磁磁动势 F_f 相加后通过电机的磁化曲线确定。可以证明,电机作为电动机运行时的情况正好与作为发电机时相反,不再赘述。

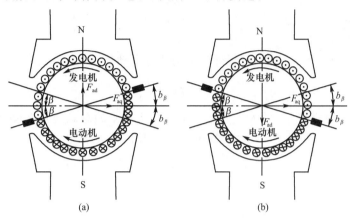

图 3-39　电刷偏离几何中性线的电枢反应

3.5 直流电机的电枢电动势与电磁转矩

无论是直流电动机还是直流发电机,在转动时,其电枢绕组都会由于切割主磁极产生的磁力线而感应出电动势。同时,由于电枢绕组中有电流流过,电枢电流与主磁场作用又会产生电磁转矩。因此,直流电机的电枢绕组中同时存在着感应电动势和电磁转矩,它们对电机的运行起着重要的作用。直流发电机中是感应电动势在起主要作用,直流电动机中是电磁转矩在起主要作用。

3.5.1　电枢电动势

电枢电动势是指直流电机正、负电刷之间的感应电动势,也就是电枢绕组每个支路里的感应电动势。

电枢旋转时,对某一个元件来说,其感应电动势的大小和方向都在变化着。但是,各个支路所含元件数相等,各支路的电动势相等且方向不变。于是,可以先求出一根导体在一个磁极极距范围内切割气隙磁通密度的平均电动势,再乘以一个支路的总导体数 $\dfrac{N}{2a}$(N 为电枢绕组的总导体数),便得到电枢电动势了。

一个磁极极距范围内,平均磁通密度用 B_{av} 表示,极距为 τ,电枢的轴向有效长度为 l_i,每极磁通为 Φ,则

$$B_{av} = \frac{\Phi}{\tau l_i} \tag{3-14}$$

一根导体的平均电动势为

$$e_{av} = B_{av} l_i v \tag{3-15}$$

线速度 v 可以写成

$$v = 2p\tau \cdot \frac{n}{60} \tag{3-16}$$

式中　p——极对数；

　　　　n——电枢的转速。

将式(3-16)代入式(3-15)后,可得导体平均感应电动势

$$e_{av} = 2p\Phi \cdot \frac{n}{60} \tag{3-17}$$

导体平均感应电动势 e_{av} 的大小只与导体每秒所切割的总磁通量 $2p\Phi$ 有关,与气隙磁通密度的分布波形无关。于是,当电刷放在几何中线上时,电枢电动势为

$$E_a = \frac{N}{2a} \cdot e_{av} = \frac{N}{2a} \cdot 2p\Phi \cdot \frac{n}{60} = \frac{pN}{60a} \cdot \Phi n = C_e \Phi n \tag{3-18}$$

式中　C_e——电动势常数,$C_e = \frac{pN}{60a}$。

如果每极磁通 Φ 的单位为 Wb,转速 n 的单位为 r/min,则感应电动势 E_a 的单位为 V。从式(3-18)可以看出,已经制造好的电机,它的电枢电动势正比于每极磁通 Φ 和转速 n。

【例 3-1】　一台四级直流发电机的电枢绕组是单波绕组,电枢绕组的元件数 $S=162$,每个元件匝数 $N_y=2$,每极磁通 $\Phi=0.51 \times 10^{-2}$ Wb,转速 $n=1\,450$ r/min,求电枢电动势。

解:电枢的总导体数　$N = 2N_y S = 2 \times 2 \times 162 = 648$

极对数　　　　　　　　　　　　$p = 2$

支路对数　　　　　　　　　　　$a = 1$(单波绕组)

电动势常数　　　　　$C_e = \frac{pN}{60a} = \frac{2 \times 648}{60 \times 1} = 21.6$

电枢电动势　　　　　$E_a = C_e \Phi n = 21.6 \times 0.51 \times 10^{-2} \times 1\,450 = 159.73$ V

3.5.2　电磁转矩

根据载流导体在磁场中的受力原理,一根导体所受的平均电磁力为

$$f_{av} = B_{av} l_i i_a \tag{3-19}$$

式中　i_a——导体里流过的电流,$i_a = \frac{I_a}{2a}$；

　　　　I_a——电枢总电流；

　　　　a——支路对数。

设一根导体受的平均电磁力 f_{av} 与电枢的半径 $D/2$ 之积为转矩 T_1,即

$$T_1 = f_{av} \cdot \frac{D}{2} \tag{3-20}$$

式中　D——电枢的直径,$D = \frac{2p\tau}{\pi}$。

则总电磁转矩 T 可表示为

$$T = B_{av} l_i \cdot \frac{I_a}{2a} \cdot N \cdot \frac{D}{2} \tag{3-21}$$

把 $B_{av} = \dfrac{\Phi}{\tau l_i}$ 带入式(3-21),得

$$T = \frac{pN}{2a\pi} \cdot \Phi I_a = C_T \Phi I_a \tag{3-22}$$

式中　C_T——转矩常数,$C_T = \dfrac{pN}{2a\pi}$。

式(3-22)即直流电机电磁转矩的一般公式。

如果每极磁通 Φ 的单位为 Wb,电枢电流的单位为 A,则电磁转矩 T 的单位为 N·m。

由电磁转矩表达式可以看出,直流电动机制成后,其电磁转矩的大小正比于每极磁通和电枢电流。

将电动势常数 $C_e = \dfrac{pN}{60a}$ 带入转矩常数公式,得

$$C_T = \frac{pN}{2a\pi} = 9.55 C_e$$

【例 3-2】　一台四级他励直流电动机,铭牌数据如下:$P_N = 100$ kW,$U_N = 330$ V,$n_N = 730$ r/min,$\eta = 0.915$,电枢绕组为单波绕组,电枢总导体数 $N = 186$,额定运行时气隙即每极磁通 $\Phi = 6.98 \times 10^{-2}$ Wb,求额定电磁转矩。

解:$p = 2$,$a = 1$,$N = 186$,则

转矩常数 $C_T = \dfrac{pN}{2\pi a} = \dfrac{2 \times 186}{2\pi \times 1} = 59.24$

额定电枢电流 $I_{aN} = \dfrac{P_N}{U_N \eta_N} = \dfrac{100 \times 10^3}{330 \times 0.915} = 331.18$ A

额定电磁转矩 $T_{emN} = C_T \Phi_N I_N = 59.24 \times 6.98 \times 10^{-2} \times 331.18 = 1\,369.41$ N·m

3.6 直流电机的运行原理

3.6.1 他励直流电动机的基本方程

在列写直流电机运行时的基本方程之前,各有关物理量,例如电压、电流、磁通、转速、转矩等都应事先规定好它们的正方向。正方向的选择是任意的,但是一经选定就不要再改变了。选定了正方向后,各有关物理量都变成代数量了,即各量有正有负。这就是说,各有关物理量如果其瞬时实际方向与其规定正方向一致,就为正;否则,为负。

直流电动机的基本方程可以根据能量守恒定律导出电动机稳定运行时的功率、转矩和电压平衡方程,它们是分析直流电动机各种特性的基础。他励直流电动机各物理量采用电动机惯例时的正方向,如图 3-40 所示:如果 UI_a 之积为正,就是向电机送入电功率;T_{em} 和 n 都为正,电磁

图 3-40　电动机惯例

转矩就是拖动性转矩,输出转矩 T_2 也为正,电机轴上带的是制动性的阻转矩。这些不同于采用发电机惯例。

1. 直流电动机的转矩方程

电枢电动势 E_a 是反电势,与电枢电流 I_a 方向相反,直流电动机正常工作时,作用在轴上的转矩有三个:一个是电磁转矩 T_{em},其方向与转速 n 方向相同,为驱动性质转矩;一个是电动机空载损耗形成的转矩 T_0,与 n 方向相反;还有一个是轴上所带生产机械的负载转矩 T_L,一般为制动性质转矩,T_L 在大小上也等于电动机的输出转矩 T_2。稳态运行时,直流电动机中驱动性质的转矩总是等于制动性质的转矩,据此可得直流电动机的转矩方程

$$T_{em} = T_2 + T_0 \tag{3-23}$$

当直流电机作为发电机稳态运行时,$T_1 = T_{em} + T_0$,T_1 为原动机所提供的驱动转矩。

2. 直流电动机的电动势平衡方程

根据电路的基尔霍夫电压定律,可以写出电枢回路的电动势平衡方程

$$U = E_a + I_a R_a \tag{3-24}$$

3. 直流电动机的功率平衡关系

将式(3-24)两边都乘以 I_a,得到

$$U I_a = E_a I_a + I_a^2 R_a \tag{3-25}$$

式(3-25)可改写成

$$P_1 = P_{em} + P_{Cua} \tag{3-26}$$

式中　P_1——从电源输入的电功率,$P_1 = U I_a$;

P_{em}——电磁功率,电功率向机械功率转换,$P_{em} = E_a I_a$;

P_{Cua}——电枢回路总的铜损耗。

把式(3-23)两边都乘以机械角速度 ω,得

$$T_{em}\omega = T_2\omega + T_0\omega \tag{3-27}$$

式(3-27)可改写成

$$P_{em} = P_2 + P_0 \tag{3-28}$$

式中　P_{em}——电磁功率,$P_{em} = T_{em}\omega$;

P_2——轴上输出的机械功率,$P_2 = T_2\omega$;

P_0——空载损耗,$P_0 = T_0\omega$,包括机械摩擦损耗 P_m 和铁损耗 P_{Fe}。

他励直流电动机稳态运行时的功率关系如图 3-41 所示,其中 P_{Cuf} 为励磁损耗。

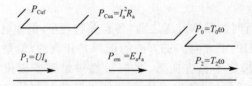

图 3-41　他励直流电动机的功率流程

总损耗

$$\sum P = P_{Cua} + P_0 + P_s \tag{3-29}$$

式中　P_s——附加损耗,前几项损耗中没有考虑到而实际又存在的杂散损耗。

电动机的效率

$$\eta = 1 - \frac{\sum P}{P_2 + \sum P} \tag{3-30}$$

【例 3-3】 一台四极他励直流电机,电枢采用单波绕组,电枢总导体数 $N = 372$,电枢回路总电阻 $R_a = 0.208\ \Omega$。当其运行在电源电压 $U = 220\ \text{V}$,电机的转速 $n = 1\ 500\ \text{r/min}$,气隙每极磁通 $\Phi = 0.011\ \text{Wb}$ 时,电机的铁损耗 $P_{Fe} = 362\ \text{W}$,机械摩擦损耗 $P_m = 204\ \text{W}$(忽略附加损耗)。问:该电机运行在发电机状态还是电动机状态?电磁转矩是多少?输入功率是多少?

解:先计算电枢电势 E_a,因为单波绕组的并联支路对数 $a = 1$,所以

$$E_a = \frac{pN}{60a} \cdot \Phi n = \frac{2 \times 372}{60 \times 1} \times 0.011 \times 1\ 500 = 204.6\ \text{V}$$

按图 3-40 电动机惯例,电枢回路方程为

$$U = E_a + I_a R_a$$

于是

$$I_a = \frac{U - E_a}{R_a} = \frac{220 - 204.6}{0.208} = 74\ \text{A}$$

根据电动机惯例,并知道 $UI_a > 0$,$E_a I_a > 0$,所以电机运行于电动机状态。

电磁转矩

$$T_{em} = \frac{P_{em}}{\omega} = \frac{E_a I_a}{\frac{2\pi n}{60}} = \frac{204.6 \times 74}{\frac{2\pi \times 1\ 500}{60}} = 96.44\ \text{N} \cdot \text{m}$$

输入功率 $P_1 = UI_a = 220 \times 74 = 16\ 280\ \text{W}$

输出功率 $P_2 = P_{em} - P_0 = P_{em} - P_{Fe} - P_m = 204.6 \times 74 - 362 - 204 = 14\ 574\ \text{W}$

总损耗 $\sum P = P_1 - P_2 = 16\ 280 - 14\ 574 = 1\ 706\ \text{W}$

3.6.2 他励直流电动机的工作特性

1. 转速特性

当 $U = U_N$,$I_f = I_{fN}$ 时,$n = f(I_a)$ 的关系就称为转速特性。额定励磁电流 I_{fN} 的定义是:当电动机电枢两端加上额定电压 U_N,拖动额定负载,即 $I_a = I_{aN}$,转速也为额定值 n_N 时的励磁电流。

把电枢电动势计算公式式(3-18)代入式(3-24),整理后得

$$n = \frac{U_N}{C_e \Phi_N} - \frac{R_a}{C_e \Phi_N} \cdot I_a \tag{3-31}$$

式(3-31)就是他励电动机的转速特性公式。

如果忽略电枢反应的影响,当 I_a 增加时,转速 n 下降。不过,因 R_a 较小,故转速 n 下降得不多,如图 3-42 所示。如果考虑电枢反应有去磁效应,则转速有可能上升,设计电机时要注意这个问题,因为转速 n 应随着电流 I_a 的增加略微下降才能稳定运行。

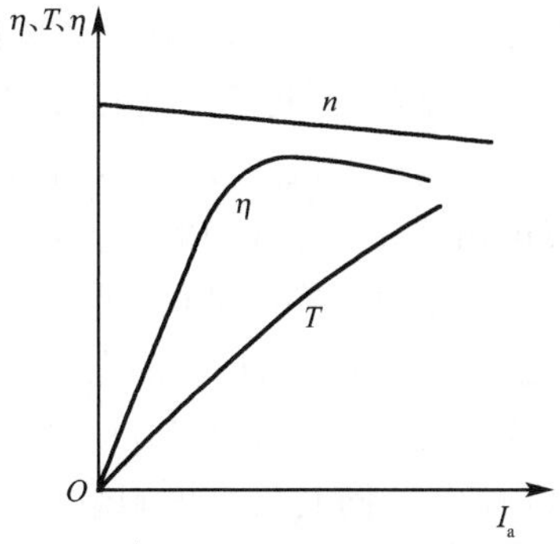

2. 转矩特性

当 $U = U_N$,$I_f = I_{fN}$ 时,$T = f(I_a)$ 的关系就称为转矩特性。

图 3-42 他励直流电动机的工作特性

从电磁转矩表达式式(3-22)可以看出,当气隙每极磁通为额定值 Φ_N 时。电磁转矩 T 与电枢电流 I_a 成正比。如果考虑电枢反应有去磁效应,则随着 I_a 的增大,T 要略微减小,如图 3-42 所示。

3. 效率特性

当 $U=U_N$,$I_f=I_{fN}$ 时,$\eta=f(I_a)$ 的关系称为效率特性。

总损耗 $\sum P$ 中,空载损耗 $P_0=P_{Fe}+P_m$,它不随负载电流 I_a 的变化而发生变化,电枢回路总铜耗 P_{Cua} 随 I_a^2 成正比变化,因此 $\eta=f(I_a)$ 的曲线如图 3-42 所示。负载电流 I_a 从零开始增大时,效率 η 逐渐增大;当 I_a 增大到一定程度后,效率 η 又逐渐减小了。直流电动机效率为 0.75~0.94,容量大的效率高。

3.6.3 直流电机的可逆原理

从基本电磁情况来看,一台直流电机原则上既可以作为电动机运行,也可以作为发电机运行,只是约束的条件不同而已。在直流电机的两电刷端上,加上直流电压,将电能输入电枢,机械能从电机轴上输出,拖动生产机械,即可将电能转换成机械能而成为电动机;如用原动机拖动直流电机的电枢,而电刷上不加直流电压,则电刷端可以引出直流电动势作为直流电源,可输出电能,电机将机械能转换成电能而成为发电机。同一台电机,既能作为电动机又能作为发电机运行的这种原理,在电机理论中称为可逆原理。

注意:从设计和制造的角度分析,一台电机不能很好地兼有发电机和电动机两种运行性能。实际制造厂生产出的直流电机分为直流电动机和直流发电机。为保证其特性,在使用时,通常不能把发电机作为电动机,也不能把电动机作为发电机。即设计制造出的具体电机或者是直流电动机,只是运行于电动状态;或者是直流发电机,只是运行于发电状态。

3.7 直流电机的换向

当直流电机旋转时,虽然电刷相对于主机是静止不动的,但其电枢绕组和换向器却处在不停旋转的过程中,组成每条支路的元件也处在不断的依次轮换中。对某一元件和相应的换向片而言,在其经过电刷前,它处于一条支路中;当其经过电刷后,则处于另一条支路中。由于电刷是电流的分界线,相邻两条支路的电流因处于不同类型的极下而方向不同,所以经过电刷前、后,元件中的电流自然要改变方向,称这一过程为换向。

为了说明换向过程,图 3-43 给出了具有 3 条支路的单叠绕组在换向过程中的示意图。设电刷的宽度等于换向片的宽度,电刷固定不动,换向器与绕组沿逆时针方向旋转。当电刷与换向片 1 接触时(图 3-43(a)),元件 1 处于右边一条支路,电流方向为沿逆时针方向。当电刷与换向片 1、2 同时接触时(图 3-43(b)),元件 1 被电刷短路。当电刷与换向片 2 接触时(图 3-43(c)),元件 1 则进入左边一条支路,电流反向,变为沿顺时针方向。至此元件 1 便完成了整个换向过程。

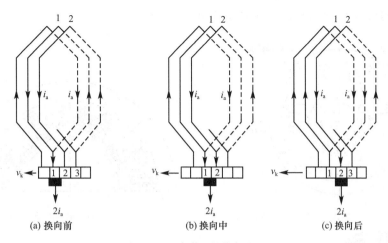

图 3-43　电枢绕组的换向过程

图 3-44 给出了理想情况下元件 1 中的电流随时间的变化波形。很显然,理想换向情况下元件内的电流波形为梯形波,通常称这种换向状态为线性(或直线)换向。

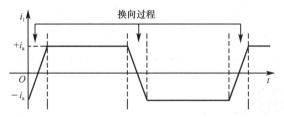

图 3-44　理想换向时电枢元件中的电流波形

由于电磁和机械等方面的原因,实际直流电机很难达到线性换向。从电磁方面看,由于换向过程中换向元件的电流由 $+i_a$ 变为 $-i_a$,所以在换向元件中会引起自感和互感电势,又称为电抗电势;此外,由于电枢反应造成几何中性线(两主极之间的直线)处的气隙磁场不为零,使得换向元件切割该磁场产生运动电势。电抗电势和运动电势的综合作用造成换向延迟。正在结束换向的元件在脱离电刷时释放能量,电刷下便出现火花,造成直流电机运行困难。此外,由于电枢反应造成气隙磁场畸变,所以当元件切割畸变磁场时,就会感应较高的电动势,致使与这些元件相连的换向片之间电位差较高,严重时会引起所谓的电位差火花,并导致沿换向器整个圆周上产生环火。环火会烧坏电刷和换向器表面,并危及电枢绕组。

从机械方面看,换向器的偏心、电刷与换向器的接触不良等均会产生换向问题。

针对上述原因,目前解决直流电机换向问题最有效的办法主要有以下两种:

(1)在两主极中间装设换相极,要求换向极所产生的磁势方向与电枢反应的磁势方向相反,换向极绕组与电枢绕组串联,即电流大小相同,如图 3-45 所示。图 3-45 中,对发电机而言,沿电枢旋转方向,换向极极性与下一个主极极性相同;对电动机而言,沿电枢的旋转方向,其换向极极性与前一个主极相同。

(2)在主极极靴上专门冲出均匀分布的槽并在槽内嵌放补偿绕组(图 3-46),要求补偿绕组的磁势方向与电枢反应的磁势方向相反,以消除因电枢反应引起的磁场畸变,最终消除电位差火花和环火。换向极主要用在 1 kW 以上的直流电机中;对于大、中容量的直流电机除了采用换向极以外,还应同时安装补偿绕组。

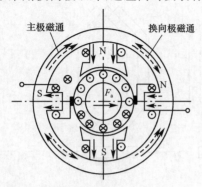

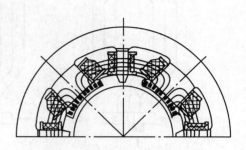

图 3-45 直流电机换向极的接线与极性   图 3-46 直流电机的补偿绕组

◆ 思政元素

　　本章通过我国直流电机发展的历史、现状与未来展望的讲述,培养学生积极投身祖国建设,勇于探索、敢于创新、攻坚克难的爱国奋斗精神;通过典型工程案例的引入,使学生了解学科知识应用以及技术发展的前沿及瓶颈,激发学生热爱科学的精神,培养未来工程师与科研者应具有的科学素养、责任意识和职业规范。

◆ 思考题及习题

3-1　换向器在直流电机中起什么作用?

3-2　直流电机的主磁极和电枢铁芯都是电机磁路的组成部分,但其冲片材料一个用薄钢板而另一个用硅钢片,这是为什么?

3-3　直流电机铭牌上的额定功率是指什么功率?

3-4　直流电机的主磁路包括哪几部分? 磁路未饱和时,励磁磁通势主要消耗在哪一部分?

3-5　直流电机单叠绕组的支路对数等于＿＿＿＿＿＿,单波绕组的支路对数等于＿＿＿＿。为了使直流电机正、负电刷间的感应电动势最大,只考虑励磁磁场时,电刷应放置在＿＿＿＿。

3-6　说明下列情况下无载电动势的变化:

(1)每极磁通减少 10%,其他不变;

(2)励磁电流增大 10%,其他不变;

(3)电机转速增加 20%,其他不变。

3-7　说明直流电机中以下哪些量方向不变,哪些量方向交变:

(1)励磁电流;(2)电枢电流;(3)电枢感应电动势;(4)电枢元件感应电动势;(5)电枢导条中的电流;(6)主磁极中的磁通;(7)电枢铁芯中的磁通。

3-8　一台直流电动机运行在电动机状态时换向极能改善换向,运行在发电机状态后还能改善换向吗?

3-9　换向极的位置在哪里? 极性应该怎样判断? 流过换向极绕组的电流是什么电流?

3-10　改变励磁电流的大小和方向对电动势和电磁转矩有何影响?

3-11 要想改变直流电动机的转子转向,可采取哪些方法?

3-12 已知一台四极直流发电机,电枢绕组是单叠绕组,如果在运行时去掉一个刷杆或去掉相邻的两个刷杆,对这台电机有何影响?若这台电机的电枢绕组是单波绕组,情况又如何?

3-13 电磁转矩与什么因素有关?如何确定电磁转矩的实际方向?

3-14 直流电动机的电枢电动势与电枢电流的方向_____,电磁转矩与转速的方向_____。

3-15 直流发电机的电枢电动势与电枢电流的方向_____,电磁转矩与转速的方向_____。

3-16 直流发电机和直流电动机除能量转换关系不同外,还表现在发电机的电枢电动势比端电压_____,而电动机的电枢电动势比端电压_____。

3-17 电机的电磁功率是指机械功率与电功率相互转换的那一部分功率,因此电磁功率 P_{em} 的表达式既可用机械量_____来表示,也可用电量_____来表示。

3-18 直流电动机的电磁转矩是由_____和_____共同作用产生的。

3-19 直流电动机电枢反应的定义是_____,当电刷在几何中性线上,电动机产生_____性质的电枢反应,其结果使_____和对_____,物理中性线朝_____方向偏。

3-20 某他励直流电动机的额定数据为:$P_N = 17\ kW$,$U_N = 220\ V$,$n_N = 1\ 500\ r/min$,$\eta_N = 0.83$,试计算:I_N、T_{2N} 及额定负载时的 P_{1N}。

3-21 已知直流电机的极对数 $p=2$,虚槽数 $Z_i=2$,元件数及换向片数均为 22,连成单叠绕组,试计算绕组各节距,画出展开图及磁极和电刷的位置,并求并联支路数。

3-22 一台直流电机的极对数 $p=3$,单叠绕组,电枢总导体数 $N=398$,气隙每极磁通 $\Phi = 2.1 \times 10^{-2}\ Wb$,当转速分别为 1 500 r/min 和 500 r/min 时,试求电枢感应电动势的大小。若电枢电流 $I_a = 10\ A$,磁通不变,则电磁转矩是多大?

3-23 已知直流电机的数据为:$p=2$,$Z=S=K=19$,连成单波绕组,试计算各节距,画出绕组展开图、磁极及电刷位置,并求并联支路数。

3-24 某他励直流电动机,$U_f = U_a = 220\ V$,$R_f = 120\ \Omega$,$R_a = 0.2\ \Omega$,$C_E\Phi = 0.175$,$n = 1\ 200\ r/min$,试求励磁电流 I_f、电动势 E、电枢电流 I_a 和电磁转矩 T。

3-25 某他励直流电动机,$U_a = 110\ V$,$R_a = 0.2\ \Omega$,带某负载运行时,$I_a = 30\ A$,$n = 980\ r/min$。

(1)求该电机的电动势 E 和电磁转矩 T;

(2)保持磁通 Φ 不变,而将电磁转矩增加 1 倍,求这时的电枢电流 I_a 和转速 n。

3-26 一台他励电动机,在 $T_L = 87\ N \cdot m$ 时,$T_0 = 3\ N \cdot m$,$n = 1\ 500\ r/min$,$\eta = 0.80$,试求该电机的输出功率 P_2、电磁功率 P_e、输入功率 P_1、铜损耗 P_{Cu} 和空载损耗 P_0。

第4章
他励直流电动机的电力拖动

微课

他励直流电动机的电力拖动

直流电动机的启动、制动的动态性能好,可以在很多快速调速的场合应用。尽管目前交流拖动技术发展很快,但直流电动机的电力拖动仍然占有重要位置;同时,直流电动机的电力拖动技术也是其他电力拖动系统的基础。在直流电力拖动系统中有他励、串励和复励三种直流电动机,其中应用最多的是他励直流电动机。因此,本章重点介绍由他励直流电动机组成的直流电力拖动系统。

4.1 他励直流电动机的机械特性

他励直流电动机的机械特性是指电动机在电枢电压、励磁电流、电枢回路总电阻为恒值时,电动机在稳定运行状态下,电动机的转速 n 与电磁转矩 T_{em} 之间的关系,即 $n = f(T_{em})$,或者说电动机的转速 n 与电枢电流 T_{em} 的关系 $n = f(I_a)$,后者即转速调整特性。由于转速和转矩都是机械量,所以把它称为机械特性。利用机械特性和负载转矩特性,可以确定电动机在电力拖动系统中的稳定转速,在一定条件下还可以利用机械特性和运动方程来分析拖动系统的动态运动情况,例如转速、转矩及电流随时间变化的规律,而且电动机的机械特性对分析电力拖动系统的启动、调速、制动等运行性能也是十分重要的。

4.1.1 机械特性的一般表达式

图 4-1 是他励直流电动机的电路原理图。

他励直流电动机的机械特性方程可由他励直流电动机的基本方程导出。在第 3 章中已导出直流电动机的几个基本方程:电磁转矩方程 $T_{em} = C_T \Phi I_a$,感应电动势方程 $E_a = C_e \Phi n$、电枢回路电动势平衡方程 $U = E_a + I_a(R_a + R_s) = E_a + I_a R$ 和电动机转速特性 $n = (U - I_a R)/C_e \Phi$,由此可求得机械特性方程的一般表达式

$$n = \frac{U}{C_e \Phi} - \frac{R}{C_e C_T \Phi^2} \cdot T_{em} \tag{4-1}$$

式中 R——电枢回路总电阻,$R = R_a + R_s$。

1. 理想空载转速 n_0

当电源电压 $U =$ 常数、电枢回路总电阻 $R =$ 常数、励磁磁通 $\Phi =$ 常数时,电动机的机械特

性曲线如图 4-2 所示,是一条向下倾斜的直线,这说明加大电动机的负载,会使转速下降。

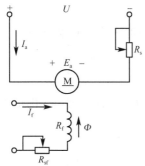

图 4-1　他励直流电动机的电路原理

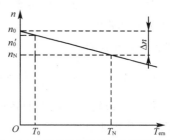

图 4-2　他励直流电动机的机械特性曲线

机械特性曲线与纵轴的交点为 $T_{em}=0$ 时的转速 n_0,称为理想空载转速,其计算公式为

$$n_0 = \frac{U}{C_e \Phi} \tag{4-2}$$

由式(4-2)可知,n_0 为式(4-1)等号右边的第一项。

2. 电动机带负载后的转速降 Δn 和机械特性曲线的斜率 β

实际上,当电动机旋转时,不管是否有负载,总存在有一定的空载损耗和相应的空载转矩 T_0,因此电动机的实际空载转速 n'_0 将低于 n_0。由此可见式(4-1)等号右边的第二项即表示电动机带负载后的转速降,用 Δn 表示,则

$$\Delta n = \frac{R}{C_e C_T \Phi^2} \cdot T_{em} = \beta T_{em} \tag{4-3}$$

式中　β——机械特性曲线的斜率。

3. 机械特性分析

将式(4-1)的机械特性方程写为

$$n = n_0 - \beta T_{em} = n_0 - \Delta n \tag{4-4}$$

由式(4-4)可知,β 越大,Δn 越大,机械特性就越"软",通常称 β 大的机械特性为软特性。一般他励电动机在电枢没有外接电阻时,Δn 比较小,机械特性都比较"硬"。对于他励、并励、串励、复励直流电动机而言,他励直流电动机的机械特性最"硬",用途最广,如图 4-3 所示,因此我们研究他励直流电动机的机械特性。

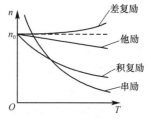

图 4-3　直流电动机的机械特性比较

4.1.2　固有机械特性

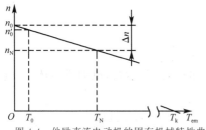

图 4-4　他励直流电动机的固有机械特性曲线

电动机的机械特性可分为固有机械特性和人为机械特性。他励直流电动机的固有机械特性是指当 $U=U_N$,$\Phi=\Phi_N(I_f=I_{fN})$ 且 $R_s=0$ 时的 $n=f(T_{em})$ 关系,即

$$n = \frac{U_N}{C_e \Phi_N} - \frac{R_a}{C_e C_T \Phi_N{}^2} \cdot T_{em} \tag{4-5}$$

他励直流电动机的固有特性曲线如图 4-4 所示。

对他励直流电动机固有机械特性分析如下：

（1）T_{em} 越大，n 越低，其特性是一条下斜直线

T_{em} 增大，I_a 与 T_{em} 成正比关系，I_a 也增大；电枢电动势 $E_a=C_e\Phi_N n=U_N-I_a R_a$，则 E_a 减小，转速 n 亦降低。

（2）理想空载转速点

当 $T_{em}=0$ 时，$n=n_0=\dfrac{U_N}{C_e\Phi_N}$ 为理想空载转速。此时 $I_a=0$，$E_a=U_N$。即电动机不带负载且自身也没有空载转矩情况下的转速，是一种理想工作状态。

（3）实际空载转速点

n_0' 为电动机的实际空载转速，比 n_0 略低，如图 4-4 所示。因为电动机转动起来后，必须克服机械摩擦及风阻等空载转矩 T_0，所以 $n_0' < n_0$。

$$n_0'=n_0-\frac{R_a}{C_e C_T \Phi_N^2}\cdot T_0 \tag{4-6}$$

（4）额定工作点

当 $T=T_N$（额定值）时，$n=n_N$ 为额定工作点。此时转速降 $\Delta n_N=n_0-n_N=\beta T_N$ 为额定转速降。一般地说，$n_N\approx 0.95 n_0$，而 $\Delta n_N\approx 0.05 n_0$，这是硬特性的数量体现。

（5）堵转点

$n=0$，$E_a=C_e\Phi_N n=0$，此时电枢电流 $I_a=U_N/R_a=I_k$ 称为短路电流；电磁转矩 $T=C_T\Phi_N I_k=T_k$ 称为电机的堵转转矩。由于电枢电阻 R_a 很小，所以 I_k 和 T_k 都比额定值大得多，若 $\Delta n=0.05 n_0$，则

$$\Delta n_N=\frac{R_a}{C_e C_T \Phi_N^2}\cdot T_N=\frac{R_a}{C_e\Phi_N}\cdot I_N=0.05\frac{U_N}{C_e\Phi_N} \tag{4-7}$$

即

$$R_a I_N=0.05 U_N, I_N=0.05 U_N/R_a$$

则堵转电流 $I_k=20 I_N$，堵转转矩 $T_K=20 T_N$。因此，直流电动机在启动时，必须采取有效措施，限制启动电流，使电动机能够顺利启动。

他励直流电动机固有机械特性是一条斜直线，跨三个象限，特性较硬。机械特性只表征电动机电磁转矩和转速之间的函数关系，是电动机本身的能力，至于电动机具体运行状态，还要看拖动负载的类型。固有机械特性是电动机最重要的特性，在它的基础上，很容易得到电动机的人为机械特性。

【例 4-1】 一台直流电动机额定功率 $P_N=110$ kW，额定电压 $U_N=440$ V，额定电流 $I_N=276$ A，额定转速 $n_N=1\,500$ r/min，电枢回路总电阻 $R_a=0.080\,7$ Ω，忽略磁饱和影响，试求：

（1）理想空载转速；

（2）固定机械特性的斜率；

（3）额定转速降；

（4）电动机拖动恒转矩负载 $T_L=0.82 T_N$（T_N 为额定电磁转矩）运行，电动机的转速、电枢电流以及电枢电动势。

解：根据电动机转速特性公式得 $C_e\Phi_N=\dfrac{U_N-I_N R_a}{n_N}=\dfrac{440-276\times 0.080\,7}{1\,500}=0.278\,5$

则理想空载转速为 $\quad n_0=\dfrac{U_N}{C_e\Phi_N}=\dfrac{440}{0.278\ 5}=1\ 580\ \text{r/min}$

由 3.5.1 可知 $\quad C_T=\dfrac{pN}{2a\pi}=9.55Ce$

则斜率为 $\quad \beta=\dfrac{R_a}{C_eC_T\Phi_N^2}=\dfrac{0.080\ 7}{9.55\times0.278\ 5^2}=0.108\ 95$

额定转速降为 $\quad \Delta n_N=n_0-n_N=1\ 580-1\ 500=80\ \text{r/min}$

负载时的额定转速降为 $\Delta n=\beta T_L=\beta\times0.82T_N=0.82\Delta n_N=0.82\times80=65.6\ \text{r/min}$

电动机的转速为 $\quad n=n_0-\Delta n=1\ 580-65.6=1\ 514.4\ \text{r/min}$

电枢电流为 $\quad I_a=\dfrac{T_L}{C_T\Phi_N}=\dfrac{0.82T_N}{C_T\Phi_N}=0.82I_N=0.82\times276=226.32\ \text{A}$

电枢电动势为 $\quad E_a=C_e\Phi_N n=0.278\ 5\times1\ 514.4=421.8\ \text{V}$

4.1.3 人为机械特性

人为机械特性是指人为地改变电动机电路中的某个参数或电动机的电枢电压值而得到的机械特性,即改变式(4-1)机械特性方程中的某些参数如电压、励磁电流、电枢回路电阻所获得的机械特性。主要人为机械特性有以下三种:

1.电枢回路串联电阻时的人为机械特性

当电动机的 $U=U_N$,$\Phi=\Phi_N$,$R=R_a+R_s$ 时,其人为机械特性的方程为

$$n=\frac{U_N}{C_e\Phi_N}-\frac{R_a+R_s}{C_eC_T\Phi_N^2}\cdot T_{em} \tag{4-8}$$

电枢回路串联电阻时的人为机械特性如图 4-5 所示,与固有机械特性相比,它具有以下特点:

(1)理想空载转速 $n_0=U_N/(C_e\Phi_N)$ 不变。

(2)β 越大,转速降 Δn 越大,附加电阻 R_s 越大,Δn 也越大,特性越"软"。

这类人为机械特性是一组通过 n_0 的斜率不同的直线。可见,当负载转矩不变时,只要改变电阻 R_s 的大小,就可以改变电动机的转速。因此,电枢回路串联电阻的方法,可用于他励直流电动机调速。

2.改变电枢电压时的人为机械特性

当电动机的 $R_s=0$,$\Phi=\Phi_N$ 时,改变电枢电压的人为机械特性方程为

$$n=\frac{U}{C_e\Phi_N}-\frac{R_a}{C_eC_T\Phi_N^2}\cdot T_{em} \tag{4-9}$$

与固有机械特性相比较,它具有以下特点:

(1)机械特性曲线的斜率 β 不变。

(2)理想空载转速 n_0 随电压减小成正比减小。

改变电压时的人为机械特性是一组与固有机械特性平行的直线,如图 4-6 所示。由于受到绝缘强度的限制,电动机的额定电压是工作电压的上限,因此改变电压时,只能在低于额定电压的范围内变化。可见,当负载转矩不变时,改变电压的大小,可以改变电动机的转

速。因此，改变电枢电压的方法也可用于他励直流电动机调速。

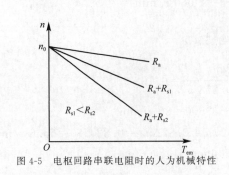
图 4-5 电枢回路串联电阻时的人为机械特性

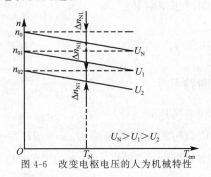
图 4-6 改变电枢电压的人为机械特性

3. 改变磁通时的人为机械特性

可以通过在励磁回路中串联电阻 R_{sf} 或降低励磁电压 U_f 来减弱磁通，保持 $U=U_N$、$R_s=0$ 时，减弱磁通的人为机械特性方程及对应的转速特性分别为

$$n=\frac{U_N}{C_e\Phi}-\frac{R_a}{C_eC_T\Phi^2}\cdot T_{em} \qquad (4\text{-}10)$$

$$n=\frac{U_N}{C_e\Phi}-\frac{R_a}{C_e\Phi}\cdot I_a \qquad (4\text{-}11)$$

在电枢回路串联电阻和降低电压的人为机械特性中，因为 $\Phi=\Phi_N$ 不变，$T_{em}\propto I_a$，所以它们的机械特性曲线 $n=f(T_{em})$ 也代表了转速特性曲线 $n=f(I_a)$。但是，在讨论减弱励磁磁通的人为机械特性时，因为磁通 Φ 是个变量，所以 $n=f(T_{em})$ 与 $n=f(I_a)$ 是两条不同的直线，图 4-7 所示为他励直流电动机弱磁时的机械特性，图 4-8 所示为他励直流电动机弱磁时的转速特性。

当 $n=0$ 时，堵转电流 $I_k=U/R$ 为常数，而 n_0 随 Φ 的减小而增大，因此，$n=f(I_a)$ 的人为机械特性是一组通过横坐标 $I_a=I_k$ 点的直线，如图 4-8 所示。

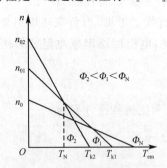

图 4-7 他励直流电动机弱磁时的机械特性

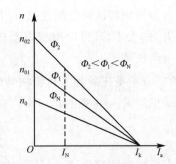
图 4-8 他励直流电动机弱磁时的转速特性

改变磁通可以调节转速，从图 4-7 可看出，当负载转矩不太大时，磁通减小使转速升高；当负载转矩特别大时，减弱磁通才会使转速下降。然而，这时的电枢电流已经过大，电动机不允许在这样大的电流下工作。因此，实际运行条件下，可以认为磁通越小，稳定转速越高。

4.1.4 机械特性的求取

1. 固有机械特性的求取

已知 P_N, U_N, I_N, n_N，试求取理想空载点（$T_{em}=0, n=n_0$）和额定运行点（$T_{em}=T_N$，$n=n_N$）。

具体求取步骤如下：

（1）估算 R_a

$$R_a = (\frac{1}{2} \sim \frac{2}{3}) \frac{U_N I_N - P_N}{I_N^2}$$

（2）计算 $C_e \Phi_N$ 和 $C_T \Phi_N$

$$C_e \Phi_N = \frac{U_N - I_N R_a}{n_N}, C_T \Phi_N = 9.55 C_e \Phi_N$$

（3）计算理想空载点

$$T_{em} = 0, n_0 = \frac{U_N}{C_e \Phi_N}$$

（4）计算额定工作点

$$T_N = C_T \Phi_N I_N, n = n_N$$

2. 人为机械特性的求取

在固有机械特性方程 $n = n_0 - \beta T_{em}$ 的基础上，根据人为机械特性所对应的参数 R_s 或 U 或 Φ 的变化，重新计算 n_0 和 β，即可得到人为机械特性方程。

4.1.5 电枢反应对机械特性的影响

在上述讨论固有机械特性和人为机械特性时，对变 R 和变 U，可认为 Φ 为常数。而他励直流电动机由于有电枢反应，产生去磁作用，使 Φ 减小，所以 n_0 增大，进而导致机械特性曲线上翘，如图 4-9 所示，它对电动机稳定运行不利，解决的办法是在主磁极上加装匝数很少的串励绕组，称为稳定绕组。稳定绕组产生与主磁极相同的磁通，抵消电枢反应的去磁作用。

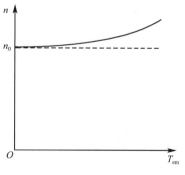

图 4-9　上翘的机械特性曲线

加装了稳定绕组后，电动机实质上已变为积复励电动机，但由于串联励磁环绕组匝数很少，其机械特性又与没有电枢反应时的他励直流电动机相同，所以仍可视为他励直流电动机。这样，在讨论问题时，就可完全忽略电枢反应的影响，认为 Φ 为常数。

4.1.6 电力拖动系统稳定运行条件

在生产机械运行时，电动机的机械特性与生产机械的负载转矩特性是同时存在的。在分析电力拖动系统运行情况时，可以把两者画在同一坐标图上。例如在图 4-10 中，曲线 1 是恒转矩负载转矩特性 $n = f(T_L)$，曲线 2 是他励直流电动机的机械特性 $n = f(T_{em})$。这两条特性曲线交于 A 点。在 A 点处，电动机与负载具有相同的转速 n_A，电动机的电磁转矩 T_{em} 与负载转矩 T_L 大小相等，方向相反，互相平衡。根据运动方程可知，$T_{em} - T_L = 0$ 时系统稳定运行。因此系统应能在 A 点稳定运行，A 点就称为工作点或运行点。但仅凭两条特性曲线有交点还不足以说明系统就一定能稳定运行。因为系统在实际运行中，会受到各种干扰因素的影响，例如电源电压或负载波动时，原来电磁转矩 T_{em} 与 T_L 由平衡变成不平衡，电动机转速发生变化。在这种情况下，如系统能过渡到新的工作点上稳定运行，且干扰消失后，系统又能回到原来的工作点稳定运行，则系统是稳定的；否则，是不稳定的。

　　如图 4-10 所示，原来系统在 A 点运行，转速为 n_A。如电压突然降低，使电动机的机械特性从曲线 2 变为曲线 3。在电源电压突变瞬间，由于机械惯性即飞轮矩存在，转速不能突变，所以电枢电动势不变，但电枢电流及电磁转矩 T_{em} 则因电枢电压降低而减小。如忽略电枢的电磁过渡过程，认为电枢电流及电磁转矩的变化是瞬时完成的，则电动机从原来工作点 A 瞬间过渡到机械特性曲线 3 的 B 点，B 点的电磁转矩为 T_B。由于电动机电磁转矩从 $T_{em}=T_L$ 减小到 T_B，所以根据运动方程 $T_B-T_L<0$，系统开始减速。在 n 下降过程中，电枢电动势 $E_a=C_e\Phi n$ 将随之下降，电枢电流 $I_a=(U-E_a)/R_a$ 则因 E_a 减小而增大，电磁转矩 $T_{em}=C_T\Phi I_a$ 也随之增加。电动机的运行点沿着机械特性曲线 3 下降，直至曲线 3 与曲线 1 的交点 C，$T_{em}=T_L$，$dn/dt=0$，系统降速过程结束，达到新的稳定运行状态，以转速 n 稳定运行。

　　当干扰消失，电源电压又升到原来数值，电动机的机械特性又回到原来的曲线 2，在电压升高瞬间，转速 n_C 不能突变，电枢电流及电磁转矩均因电压升高而增大，电动机从工作点 C 瞬间过渡到 D 点。因 D 点电磁转矩 $T_D>T_L$，系统开始增速，E_a 随之增加而 I_a 则减小，T_{em} 亦减小，故电动机的工作点沿着曲线 2 上升，直到 A 点，$T_{em}=T_L$，系统又回到原工作点 A 稳定运行，转速仍为 n_A。

　　从以上分析可见，系统在 A 点以转速 n_A 稳定运行时，当电源电压向下波动后，系统能够稳定运行在 C 点，其转速为 n_C；电压波动消失后，系统又回到原工作点 A 稳定运行，转速仍为 n_A。因此 A 点的运行情况是稳定的，称为稳定工作点。

　　下面考察一下不稳定工作的情况。图 4-11 中曲线 1 为不能忽略电枢反应影响的他励直流电动机机械特性，其特点是电磁转矩越大，转速越高，特性曲线上翘；曲线 2 为恒转矩负载转矩特性。这两条曲线交于 A 点。当系统在 A 点运行时，电磁转矩 $T_{em(A)}=T_{LA}$，转速为 n_A。当负载转矩突然从 T_{LA} 降到 T_{LB}，在负载转矩降低瞬间，转速 n_A 不变，因而 E_a 不变，由于电源电压未变，电枢电流及电磁转矩均不变，于是 $T_{em(A)}>T_{LB}$，系统开始加速。随着 n 的升高，T_{em} 沿曲线 1 不断增大，而负载转矩仍保持 T_{LB} 不变，$T_{em}-T_{LB}$ 动态转矩继续增大，使系统不断加速，最后导致电动机因转速过高和电枢电流过大而损坏。可见，系统不能在工作点 A 稳定运行，A 点称为不稳定工作点。

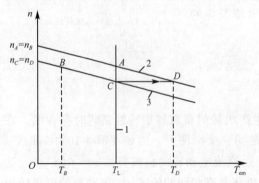

图 4-10　电力拖动系统稳定运行分析

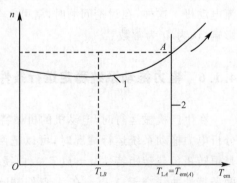

图 4-11　电力拖动系统不稳定运行分析

综上所述,电力拖动系统在电动机机械特性与负载转矩特性交点上,不一定能稳定运行,也就是说,$T_{em}=T_L$ 只是稳定运行的必要条件,尚不充分。对于电力拖动系统,稳定运行的充分必要条件是:电动机机械特性与负载转矩特性必须相交,在交点处 $T_{em}=T_L$,实现转矩平衡,在工作点要满足 $dT/dn < dT_L/dn$。

下面应用充要条件考察上述两个实例。对于图 4-10 的 A 点,$dT/dn < 0$,即 n 增加时 T_{em} 减小;而负载转矩为常值 $dT_L/dn = 0$,因此在 A 点 $dT/dn < dT_L/dn$,系统能在 A 点稳定运行。在图 4-11 中的 A 点,$dT/dn > 0$,而 $dT_L/dn = 0$,于是 $dT/dn > dT_L/dn$,因此系统不能在 A 点稳定运行。

4.2 他励直流电动机的启动

他励直流电动机启动时,为了产生较大的启动转矩及不使启动后的转速过高,应该满磁通启动,即励磁电流为额定值,每极磁通为额定值。因此启动时励磁回路不能串联电阻,而且绝对不允许励磁回路出现断路。

他励直流电动机若加额定电压 U_N、电枢回路不串联电阻即直接启动,则正如前面分析过的,此时 $n=0$,$E_a=0$,启动电流 $I_{st} = \dfrac{U_N}{R_a} \geqslant I_N$,启动转矩 $T_{st} C_T \Phi_N I_{st} \geqslant T_N$。电流太大可使电动机不能换向,并且还会急剧发热;此外,转矩太大还会造成机械撞击,都是不允许的。因此,除了微型直流电动机由于 R_a 大可以直接启动外,一般直流电动机都不允许直接启动。

电动机拖动负载启动的一般条件是:

(1) $I_{st} \leqslant (2 \sim 2.5) I_N$,因为换向最大允许电流为 $(2 \sim 2.5) I_N$。

(2) $T_{st} \geqslant (1.1 \sim 1.2) T_N$,这样系统才能顺利启动。

他励直流电动机启动方法有以下两种:

4.2.1 电枢回路串联电阻启动

1.逐级切除启动电阻时的启动过程

以三级电阻启动时电动机为例,三级电阻启动时电动机的电路原理图和机械特性分别如图 4-12 和图 4-13 所示。

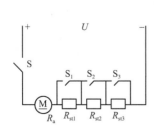

图 4-12 三级电阻启动时电动机的电路原理

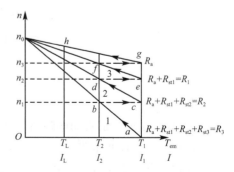

图 4-13 三级电阻启动时电动机的机械特性

他励直流电动机逐级(三级)切除启动电阻($R_{st1}+R_{st2}+R_{st3}$)在启动开始时接触器 S 闭合,此时对应图 4-13 中的 a 点,与此相应的启动转矩为 $T_1 > T_L$。因此,电机拖动系统在加速转矩 $T=T_1-T_L$ 的作用下,速度开始沿着直线 ab 上升。随着速度的上升,反电势上升,电枢电流下降,电动机的转矩也随着减少。当系统沿着直线 ab 上升到 b 点时,电动机的速度达到了 n_1,此时闭合接触器 S_3 切除第一段启动电阻 R_{st3},S_3 闭合瞬间,由于惯性转速来不及变化,运行点由 b 移至 c。在 $T_{em(c)}=T_1$ 的作用下,系统将沿着 cd 升速,到达 d 点时接触器 S_2 闭合,电阻 R_{st2} 被 S_2 短路切除。同理,S_2 闭合瞬间,由于惯性转速来不及变化,运行点由 d 移至 e。在 $T_{em(e)}=T_1$ 的作用下,系统将沿着 ef 升速,以此类推,系统将从 g 点升速,与负载特性曲线相交于 h 点,$T_{em(h)}=T_L$,最后以 n_h 的速度稳定运转。启动过程即告结束。

2. 分级启动电阻的计算

由图 4-13 可知各段总电阻值分别为 R_1、R_2、R_3,设对应转速 n_1、n_2、n_3 时的电势分别为 E_{a1}、E_{a2}、E_{a3},则有

b 点 $\qquad\qquad R_3 I_2 = U_N - E_{a1}$

c 点 $\qquad\qquad R_2 I_1 = U_N - E_{a1}$

d 点 $\qquad\qquad R_2 I_2 = U_N - E_{a2}$

e 点 $\qquad\qquad R_1 I_1 = U_N - E_{a2}$

f 点 $\qquad\qquad R_1 I_2 = U_N - E_{a3}$

g 点 $\qquad\qquad R_a I_1 = U_N - E_{a3}$

比较以上各式得

$$\frac{R_3}{R_2}=\frac{R_2}{R_1}=\frac{R_1}{R_a}=\frac{I_1}{I_2}=\beta \qquad (4\text{-}12)$$

在已知启动电流比 β 和电枢电阻 R_a 前提下,经推导可得各级总电阻为

$$R_1 = \beta R_a$$
$$R_2 = \beta R_1 = \beta^2 R_a$$
$$R_3 = \beta R_2 = \beta^3 R_a$$
$$\cdots$$
$$R_m = \beta^m R_a \qquad (4\text{-}13)$$

各级分段串联电阻为

$$R_{st1} = (\beta-1)R_a$$
$$R_{st2} = (\beta-1)\beta R_a = \beta R_{st1}$$
$$R_{st3} = (\beta-1)\beta^2 R_a = \beta R_{st2}$$
$$\cdots$$
$$R_{st(m)} = (\beta-1)\beta^{(m-1)} R_a = \beta R_{st(m-1)} \qquad (4\text{-}14)$$

(1)启动级数已知的启动电阻的计算

①估算或查出电枢电阻 R_a

②根据过载倍数选取最大转矩 T_1 对应的最大电流 I_1

③选取启动级数 m

④计算启动电流比

$$\beta = \sqrt[m]{\frac{U_N}{I_1 R_a}}$$

m 取整数。

⑤计算转矩

$$T_2 = \frac{T_1}{\beta}$$

校验　　　　　　　　$T_2 \geqslant (1.1 \sim 1.3) T_L$

如果不满足上述条件，应另选 T_L 或 m 值并重新计算，直到满足该条件为止。

⑥计算各级启动电阻

(2)启动级数未定时的启动电阻的计算

①确定启动电流 I_1 和切换电流 I_2

$$I_1(T_1) = (1.5 \sim 2.0) I_{aN}(T_N), I_2(T_2) = (1.1 \sim 1.2) T_L(T_L)$$

②启动电流(转矩)比

$$\beta = \frac{I_1}{I_2}$$

③计算电枢电路电阻 R_a

④计算启动时的电枢总电阻 R_m

⑤确定启动级数 m，并将其修正为相近的整数

⑥根据 m 值和 $\beta = \sqrt[m]{\dfrac{U_N}{I_1 R_a}}$ 计算新的 β 值

⑦利用式(4-13)或式(4-14)计算各级总电阻和各级分段串联电阻

【例 4-2】　一台他励直流电动机额定数据：$R_a = 0.48\ \Omega$，$P_N = 7.5\ kW$，$U_N = 220\ V$，$I_N = 40\ A$，$n_N = 1\ 500\ r/min$，现拖动 $T_L = 0.8 T_N$ 的恒转矩负载。求：

(1)采用电枢回路串联电阻启动，需要串联多大的启动电阻？

(2)采用电枢回路串联三级电阻启动，各分段电阻应为多少？

解：(1)启动电流

$$I_{st} = \frac{U_N}{R_a + R_{st}} = \frac{220}{0.48 + R_{st}} \leqslant 2I_N = 2 \times 40 = 80\ A$$

故有

$$R_{st} \geqslant \frac{220}{80} - 0.48 = 2.27\ \Omega$$

(2)取 $I_1 = 2I_N = 2 \times 40 = 80\ A$

由 $m = 3$，可得总电阻为

$$R_3 = \frac{U_N}{I_1} = \frac{220}{80} = 2.75\ \Omega$$

有

$$\beta = \sqrt[3]{\frac{R_3}{R_a}} = \sqrt[3]{\frac{2.75}{0.48}} = 1.79$$

计算切换电流 I_2

$$I_2 = \frac{I_1}{\beta} = \frac{80}{1.79} = 44.7 \text{ A}$$

因 $T_L = 0.8T_N$，故 $T_L = 0.8I_N = 0.8 \times 40 = 32$ A

$$I_2 = 44.7 \text{ A} > 1.2I_L = 1.2 \times 32 = 38.4 \text{ A}$$

满足启动要求。

根据式(4-14)可得各分段电阻为

$$R_{st1} = (\beta - 1)R_a = (1.79 - 1) \times 0.48 = 0.379 \text{ } \Omega$$
$$R_{st2} = \beta(\beta - 1)R_a = 1.79 \times (1.79 - 1) \times 0.48 = 0.679 \text{ } \Omega$$
$$R_{st3} = \beta^2(\beta - 1)R_a = 1.79^2 \times (1.79 - 1) \times 0.48 = 1.215 \text{ } \Omega$$

4.2.2 降电压启动

降低电枢电压启动，即启动前将施加在电动机电枢两端的电源电压降低，以减小启动电流(一般限制在 $1.5 \sim 2I_N$)，启动转矩足够大($T_{st} > T_L$)，电动机启动后，再逐渐提高电源电压，使启动电磁转矩维持在一定数值，保证电动机按需要的加速度升速，其接线原理和启动机械特性分别如图4-14和图4-15所示。早期多采用发电机-电动机组实现电压调节，现已逐步被晶闸管可控整流电源所取代。这种启动方法需要专用电源，投资较大，但启动电流小，启动转矩容易控制，启动平稳，启动能耗小，是一种较好的启动方法。

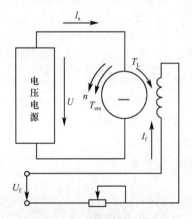

图 4-14 降低电枢电压启动接线原理

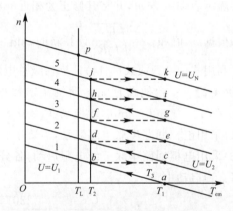

图 4-15 降低电枢电压启动机械特性

【例 4-3】 某他励直流电动机额定功率 $P_N = 96$ kW，额定电压 $U_N = 440$ V，额定电流 $I_N = 250$ A，额定转速 $n_N = 500$ r/min，电枢回路总电阻 $R_a = 0.078$ Ω，拖动额定大小的恒转矩负载运行，忽略空载转矩。

(1)当采用电枢回路串联电阻启动且启动电流 $I_{st} = 2I_N$ 时，计算应串联的电阻值及启动转矩；

(2)若采用降压启动，其他条件同上，则电压应降至多少？试计算启动转矩。

解：(1)电枢回路串联电阻启动

应串联电阻

$$R = \frac{U_N}{I_{st}} - R_a = \frac{440}{2 \times 250} - 0.078 = 0.802 \text{ } \Omega$$

额定转矩

$$T_N \approx 9.55 \frac{P_N}{n_N} = 9.55 \times \frac{96 \times 10^3}{500} = 1\,833.6 \text{ N} \cdot \text{m}$$

启动转矩

$$T_{st} = 2T_N = 2 \times 1\,833.6 = 3\,667 \text{ N} \cdot \text{m}$$

(2)降压启动

启动电压

$$U_{st} = I_{st} R_a = 2 \times 250 \times 0.078 = 39 \text{ V}$$

启动转矩

$$T_{st} = 2T_N = 3\,667 \text{ N} \cdot \text{m}$$

4.3 他励直流电动机的调速

　　许多生产机械的运行速度都因其具体工作情况不同而不一样。例如:车床切削工件时,精加工用高转速,粗加工用低转速;龙门刨床刨切时,刀具切入和切出工件用较低速度,中间一段切削用较高速度,而工作台返回时用高速度。这就是说,系统运行的速度需要根据生产机械工艺要求而人为调节。调节转速简称为调速。改变传动机构速比的调速方法称为机械调速,通过改变电动机参数而改变系统运行转速的调速方法称为电气调速。

　　原动机为交流电动机的电力拖动系统为交流电力拖动系统,交流电动机主要是异步电动机(第 7 章阐述)。他励直流电动机比交流异步电动机结构复杂,而且需要直流电源供电,因此直流拖动系统比交流拖动系统设备价格高,维护也比较麻烦。但是,由于他励直流电动机比交流异步电动机能够获得更宽的调速范围并能够实现平滑的无级调速,所以在调速性能要求较高的生产机械上,例如龙门刨床、高精度车床、电铲、某些轧钢机等,还应用他励直流电动机。

4.3.1　他励直流电动机的调速方法

　　拖动负载运行的他励直流电动机,其转速是由工作点决定的,工作点改变了,电动机的转速也就改变了。对于具体负载而言,其转矩特性是一定的,不能改变,但是他励直流电动机的机械特性却可以人为地改变。这样,通过改变电动机机械特性而使电动机与负载两条特性曲线的交点随之变动,就可以达到调速的目的。前面学习过他励直流电动机的三种人为机械特性,下面,在这个基础上介绍他励直流电动机的三种调速方法。

1.电枢串联电阻调速

　　他励直流电动机拖动负载运行时,保持电源电压及磁通为额定值不变,在电枢回路中串联不同的电阻时,电动机运行于不同的转速,如图 4-16 所示,其中负载是恒转矩负载。例如原来没有串联电阻时,工作点为 A,转速为 n,电枢中串联电阻 R_1 后,工作点就变成了 A_1,转速降为 n_1。电动机从 $A \rightarrow A' \rightarrow A_1$ 运行的物理过程与关于稳定运行中分析的过渡过程是相似的,这里不再详细叙述了,读者可自行分析。电枢中串联的电阻若加大为 R_2,工作点变成 A_2,转速则进一步下降为 n_2,显然,串联入电枢回路的电阻值越大,电动机运行的转速越低。通常把电动机运行于固有机械特性上的转速称为基速,那么,电枢回路串联电阻调速的方法,其调速方向只能是从基速向下调。

注意:这里的调速方向并不是说串联电阻调速时只能是逐渐加大电阻值而使转速逐渐减小,其实调速也可以是在较低转速上逐渐减小电枢串联的电阻值,使转速逐渐升高。所谓调速方向,是指调速的结果,其转速与基速比较而言,只要电枢回路串联电阻,无论串联多大,电动机运行的转速都比不串联电阻运行在基速上要低,就称之为调速方向是从基速向下调。

电枢回路串联电阻调速时,对拖动恒转矩负载,电动机运行在不同转速 n、n_1 或 n_2 上时,电动机电枢电流 I_a 大小的变化情况简单分析如下:

电磁转矩 $T = C_T \Phi_N I_a$,稳定运行时 $T = T_L$,电枢电流 $I_a = \dfrac{T_L}{C_T \Phi_N}$,因此,$T_L =$ 常数时,$I_a =$ 常数,如果 $T_L = T_N$,则 $I_a = I_N$,即 I_a 与电动机转速 n 无关。

电枢回路串联电阻调速时,所串联的调速电阻 R_1、R_2 等上通过很大的电枢电流 I_a,会产生很大的损耗 $I_a^2 R_1$、$I_a^2 R_2$ 等。转速越低,损耗越大。

电枢回路串联电阻的人为机械特性是一组过理想空载点 n_0 的直线,串联的调速电阻越大,机械特性越软。这样在低速运行时,负载在不大的范围内变动,就会引起转速发生较大的变化,也就是转速的稳定性较差。

由于 I_a 较大,调速电阻的容量也较大,较笨重,不易做到连续调节电阻值,所以电动机转速也不能连续调节,一般最多分为六级。

尽管电枢串联电阻调速方法所需设备简单,但由于其具有功率损耗大,低速时转速不稳定,不能连续调速等缺点,所以只应用于调速性能要求不高的中、小电动机上,大容量电动机不采用。

2. 降低电源电压调速

保持他励直流电动机磁通为额定值不变,电枢回路不串联电阻,降低电枢的电源电压为不同大小时,电动机拖动负载运行于不同的转速上,如图 4-17 所示,其中负载为恒转矩负载。当电源电压为额定值 U_N 时,工作点为 A;电压降到 U_1 后,工作点为 A_1,转速为 n_1;电压为 U_2,工作点为 A_2,转速为 n_2。电源电压越低,转速也越低,调速方向也是从基速向下调。

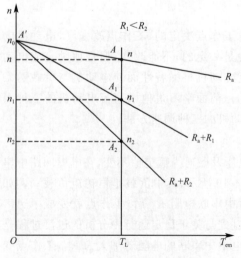

图 4-16　电枢回路串联电阻调速

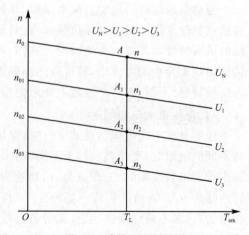

图 4-17　降低电源电压调速

降低电源电压调速时,如果拖动恒转矩负载,电动机运行于不同的转速上,电动机电枢电流 I_a 也是不变的,这是因为:电磁转矩 $T = C_T \Phi_N I_a$,稳定运行时 $T = T_L$;电枢电流 $I_a = \dfrac{T_L}{C_T \Phi_N}$。因此,$T_L =$ 常数时,$I_a =$ 常数,如果 $T_L = T_N$,则 $I_a = I_N$,I_a 与电动机转速无关。

降低电源电压调速有以下特点:

(1)工作时电枢电压一定,电压调节时,不允许超过 U_N,而 $n \propto U$,因此只能向下调速。

(2)电源电压能平滑调节,调速平滑性好,可实现无级调速。

(3)调速前、后机械特性曲线的斜率不变,硬度较高,调速稳定性好。

(4)无论轻载还是满载,调速范围相同。

(5)降压调速是通过减小输入功率来降低转速的,低速时,电能损耗较小,故调速经济性好。

(6)调压电源设备较复杂。

3. 弱磁调速

保持他励直流电动机电源电压不变,电枢回路也不串联电阻,在电动机拖动的负载转矩不过大时,降低他励直流电动机的磁通,可以使电动机转速升高。图 4-18 所示为他励直流电动机带恒转矩负载时弱磁升速的机械特性,显然,磁通减少得越快,转速升高得越大。弱磁升速是从基速向上调速的调速方法。

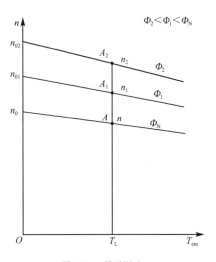

图 4-18　弱磁调速

他励直流电动机在正常运行情况下,励磁电流比电枢电流要小很多,因此励磁回路中所串联的调速电阻消耗的功率要比电枢回路串联调速电阻时电阻消耗的功率小得多;而且由于励磁电路电阻的容量很小,控制很方便,所以可以连续调节电阻值,实现转速连续调节的无级调速。

以减弱磁通升高转速方式调节转速时,电动机转速最大值受换向能力与机械强度的限制,一般为 $(1.2 \sim 1.5)n_N$。特殊设计的弱磁调速电动机,可以得到 $(3 \sim 4)n_N$ 的最高转速。

改变磁通调速时,不论在什么转速上运行,电动机的转速与转矩都为

$$n = \frac{U_N}{C_e \Phi} - \frac{R_a}{C_e \Phi} \cdot I_a$$

$$T = C_T \Phi I_a = 9.55 C_e \Phi I_a$$

电动机的电磁功率为

$$P_M = T\omega = 9.55 C_e \Phi I_a \cdot \frac{2\pi}{60} \cdot \left(\frac{U_N}{C_e \Phi} - \frac{R_a}{C_e \Phi} \cdot I_a \right) = U_N I_a - I_a^2 R_a$$

当电动机拖动的是恒功率负载时,即 $T_L \omega =$ 常数时则有

$$P_M = T\omega = T_L \omega = 常数$$

$$I_a = 常数$$

当负载功率的大小为电动机的额定功率 P_N 时,电动机电枢电流 $I_a = I_N$。

他励直流电动机电力拖动系统中,广泛地采用降低电源电压向下调速及减弱磁通向上调速的双向调速方法。这样可以得到很宽的调速范围,可以在调速范围之内的任何需要的转速上运行,而且调速时损耗较小,运行效率较高,因此,能很好地满足各种生产机械对调速的要求。

【例 4-4】 某台他励直流电动机,额定功率 $P_N = 22$ kW,额定电压 $U_N = 220$ V,额定电流 $I_a = 115$ A,额定转速 $n_N = 1\,500$ r/min,电枢回路总电阻 $R_a = 0.1\ \Omega$,忽略空载转矩 T_0,电动机带额定负载运行时,要求把转速降到 $n = 1\,000$ r/min,计算:

(1)采用电枢串联电阻调速需串联的电阻值;

(2)采用降低电源电压调速需把电源电压降到多少?

(3)在上述两种调速情况下电动机的输入功率与输出功率(输入功率不计励磁回路之功率)。

解: (1)电枢串联电阻值的计算

$$C_e\Phi_N = \frac{U_N - I_N R_a}{n_N} = \frac{220 - 115 \times 0.1}{1\,500} = 0.139 \text{ V/(r} \cdot \text{min}^{-1})$$

理想空载转速

$$n_0 = \frac{U_N}{C_e\Phi_N} = \frac{220}{0.139} = 1\,582.7 \text{ r/min}$$

额定转速降

$$\Delta n_N = n_0 - n_N = 1\,582.7 - 1\,500 = 82.7 \text{ r/min}$$

电枢串联电阻后转速降

$$\Delta n = n_0 - n = 1\,582.7 - 1\,000 = 582.7 \text{ r/min}$$

设电枢串联电阻为 R,则有

$$\frac{R_a + R}{R_a} = \frac{\Delta n}{\Delta n_N}$$

$$R = \frac{\Delta n}{\Delta n_N} \cdot R_a - R_a = R_a \cdot \left(\frac{\Delta n}{\Delta n_N} - 1\right) = 0.1 \times \left(\frac{582.7}{82.7} - 1\right) = 0.605\ \Omega$$

(2)降低电源电压值的计算

降低电源电压后的理想空载转速

$$n_{01} = n + \Delta n_N = 1\,000 + 82.7 = 1\,082.7 \text{ r/min}$$

设降低后的电源电压为 U_1,则

$$\frac{U_1}{U_N} = \frac{n_{01}}{n_0}$$

$$U_1 = \frac{n_{01}}{n_0} \cdot U_N = \frac{1\,082.7}{1\,582.7} \times 220 = 150.5 \text{ V}$$

(3)电动机降速后输入功率与输出功率的计算

电动机输出转矩

$$T_2 = 9.55 \frac{P_N}{n_N} = 9.55 \times \frac{22 \times 10^3}{1\,500} = 140.1 \text{ N} \cdot \text{m}$$

输出功率

$$P_2 = T_2\omega = T_2 \cdot \frac{2\pi}{60} \cdot n = 140.1 \times \frac{2\pi}{60} \times 1\,000 = 14\,664 \text{ W}$$

电枢串联电阻降速时输入功率
$$P_1 = U_N I_N = 220 \times 115 = 25\ 300\ \text{W}$$
降低电源电压降速时输入功率
$$P_1 = U_1 I_N = 150.5 \times 115 = 17\ 308\ \text{W}$$

【例 4-5】　例 4-4 中的他励直流电动机,仍忽略空载转矩 T_0,采用弱磁升速。

(1)若要求负载转矩 $T_L = 0.6 T_N$ 时,转速升到 $n = 2\ 000$ r/min,则此时磁通 Φ 应降到额定值的多少倍?

(2)若已知该电动机的磁化特性数据(表 4-1),且励磁绕组额定电压 $U_f = 220$ V,励磁绕组电阻 $R_f = 110\ \Omega$,则在上述情况(1)下,励磁回路串联电阻的大小应为多少?

表 4-1　　　　　　　　　　　　他励直流电动机的特性

Φ/Φ_N	0.38	0.73	0.85	0.95	1.02	1.07	1.11	1.15
I_f/A	0.5	1.0	1.25	1.5	1.75	2.0	2.25	2.5

(3)若不使电枢电流超过额定电流 I_N,则在按上述情况(1)要求减弱后磁通不变的情况下,该电动机所能输出的最大转矩是多少?

解:(1)转矩为 $0.6 T_N$,转速为 $n = 2\ 000$ r/min 时磁通 Φ 的计算

电动机额定电磁转矩
$$T_N = 9.55 C_e \Phi_N I_N = 9.55 \times 0.139 \times 115 = 152.66\ \text{N·m}$$
把调速后的转矩与转速等有关数值代入他励直流电动机机械特性方程中得
$$n = \frac{U_N}{C_e \Phi} - \frac{R_a}{9.55 (C_e \Phi)^2} \cdot T_L$$
$$2\ 000 = \frac{220}{C_e \Phi} - \frac{0.1}{9.55 (C_e \Phi)^2} \times 0.6 \times 152.66$$

解得
$$C_e \Phi = \frac{220 \pm \sqrt{220^2 - 4 \times 2\ 000 \times 0.959}}{2 \times 2\ 000}$$

两个解 $C_e \Phi = 0.105\ 5$ 和 $C_e \Phi = 0.004\ 5$。其中 $C_e \Phi = 0.004\ 5$ 时,磁通减少太多了,这样小的磁通要产生 $0.6 T_N$ 的电磁转矩,所需电枢电流 I_a 太大,远远超过 I_N。因此不能调到如此低的磁通,故应取 $C_e \Phi = 0.105\ 5$。

磁通减少到额定磁通 Φ_N 的倍数为
$$\frac{\Phi}{\Phi_N} = \frac{C_e \Phi}{C_e \Phi_N} = \frac{0.105\ 5}{0.139} = 0.759$$

(2)情况(1)下励磁回路串联电阻值的计算

先根据电动机磁化特性数据画出磁化特性曲线,如图 4-19 所示,从中查到 $\Phi = 0.758 \Phi_N$ 时励磁电流 I_f 的大小为 $I_f = 1.1$ A。

励磁回路所串联电阻 R 的计算
$$\frac{U_f}{R_f + R} = I_f$$
$$R = \frac{U_f}{I_f} - R_f = \frac{220}{1.1} - 110 = 90\ \Omega$$

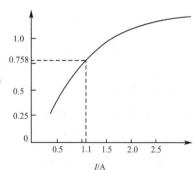
图 4-19　电动机磁化特性曲线

（3）在磁通减少的情况下，不致使 I_a 超过 I_N，电动机可能输出的最大转矩为

$$T=9.55C_e\Phi I_N=9.55\times0.105\,5\times115=115.87\ \text{N·m}$$

4.3.2　调速的性能指标

调速的性能指标是决定电动机选择调速方法的依据，主要包括四个方面：

1.调速范围与静差率

调速范围是指电动机在额定负载转矩 $T=T_N$ 调速时，其最高转速与最低转速之比，用 D 表示，即

$$D=\frac{n_{\max}}{n_{\min}}\tag{4-15}$$

最高转速受电动机的换向及机械强度限制，最低转速受生产机械对转速相对稳定性要求（静差率要求）的限制。

静差率又称转速变化率，是指电动机由理想空载到额定负载时转速的变化率，用 δ 表示，$T=T_N$ 时为

$$\delta=\frac{\Delta n}{n}=\frac{n_0-n}{n_0}\tag{4-16}$$

静差率 δ 越小，转速的相对稳定性越好，负载波动时，转速变化也越小。从式（4-16）可以看出，静差率与以下两个因素有关：

（1）当 n_0 一定时，机械特性越硬，额定转矩时的转速降 Δn 越小，静差率 δ 越小。

图 4-20 中画出了他励直流电动机的固有特性与电枢串联电阻的一条人为机械特性：当 $T=T_N$ 时，固有机械特性上转速降为 $\Delta n_N=n_0-n_N$，比较小；而人为机械特性上转速降为 $\Delta n>\Delta n_N$，因此两条机械特性的静差率 δ 不一样大，固有机械特性上的 δ 较小。而电枢串联电阻的机械特性上的 δ 较大。当在电枢串联电阻调速时，所串联电阻最大的一条人为机械特性上的静差率 δ 满足要求时，其他各条特性上的静差率便都能满足要求。这条串联电阻值最大的机械特性上 $T=T_N$ 时的转速，就是串联电阻调速时的最低转速 $n_{\min}$，而电动机的 n_N 是最高转速 $n_{\max}$。

（2）机械特性硬度一定时，理想空载转速 n_0 越高，δ 越小。

图 4-21 中画出了他励直流电动机的固有机械特性与一条降低电源电压调速时的人为机械特性，当 $T=T_N$ 时，两条机械特性的转速降都是 Δn_N，但是固有机械特性比人为机械特性上的理想空载转速高，即 $n_0>n_{01}$，这样两条机械特性上静差率不同，降压的人为机械特性上的 δ 大，固有机械特性上的 δ 小。因此在降低电源电压调速时，电压最低的一条人为机械特性上的静差率满足要求时，其他各条机械特性上的静差率就都满足了要求。这条电枢电压最低的人为机械特性上 $T=T_N$ 时的转速，即调速时的最低转速 $n_{\min}$，而 n_N 则为最高转速 $n_{\max}$。

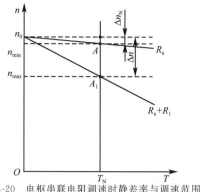

图 4-20　电枢串联电阻调速时静差率与调速范围

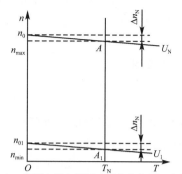

图 4-21　降低电源电压调速时静差率与调速范围

调速范围 D 与静差率 δ 两项性能指标互相制约,当采用同一种方法调速时,δ 数值较大即静差率要求较低时,可以得到较高的调速范围,从图 4-20 和图 4-21 都可以看出,δ 大则 $n_{\min}$ 低、D 大;反之,δ 小则 $n_{\min}$ 高、D 小。当静差率 δ 一定时,采用不同的调速方法,其调速范围 D 不同,比较图 4-20 与图 4-21 可以看出,当 δ 一定时,降低电源电压调速比电枢串联电阻调速的调速范围大。

调速范围与静差率有关系,而且互相制约,因此需要调速的生产机械,必须同时提出静差率与调速范围这两项指标,以便选择适当的调速方法。例如普通车床调速要求为 $\delta \leqslant 30\%$ 和 $D = 10 \sim 40$,龙门刨床调速要求为 $\delta \leqslant 10\%$ 和 $D = 10 \sim 40$,高级造纸机调速要求为 $\delta \leqslant 0.1\%$ 和 $D = 3 \sim 20$,等等。

【例 4-6】 某他励直流电动机有关数据为:$P_N = 60$ kW,$U_N = 220$ V,$I_N = 305$ A,$n_N = 1\,000$ r/min,电枢回路总电阻 $R_a = 0.04$ Ω,求下列各种情况下电动机的调速范围:

(1)静差率 $\delta \leqslant 30\%$,电枢串联电阻调速时;

(2)静差率 $\delta \leqslant 20\%$,电枢串联电阻调速时;

(3)静差率 $\delta \leqslant 20\%$,降低电源电压调速时。

解:(1)静差率 $\delta \leqslant 30\%$,电枢串联电阻调速时的调速范围的计算

电动机的 $C_e \Phi_N$

$$C_e \Phi_N = \frac{U_N - I_N R_a}{n_N} = \frac{220 - 305 \times 0.04}{1\,000} = 0.207\,8 \text{ V/(r · min}^{-1})$$

理想空载转速

$$n_0 = \frac{U_N}{C_e \Phi_N} = \frac{220}{0.207\,8} = 1\,058.7 \text{ r/min}$$

静差率 $\delta = 30\%$ 时的最低转速的计算

$$\delta = \frac{n_0 - n_{\min}}{n_0}$$

$$n_{\min} = n_0 - \delta n_0 = 1\,058.7 - 30\% \times 1\,058.7 = 741.1 \text{ r/min}$$

调速范围

$$D = \frac{n_{\max}}{n_{\min}} = \frac{n_N}{n_{\min}} = \frac{1\,000}{741.1} = 1.35$$

（2）$\delta \leqslant 20\%$，电枢串联电阻调速时的调速范围的计算

最低转速

$$n_{\min} = n_0 - \delta n_0 = 1\ 058.7 - 20\% \times 1\ 058.7 = 847.0\ \text{r/min}$$

调速范围

$$D = \frac{n_{\max}}{n_{\min}} = \frac{1\ 000}{847.0} = 1.18$$

（3）$\delta \leqslant 20\%$，降低电源电压调速时的调速范围的计算

额定转矩时转速降

$$\Delta n = n_0 - n_N = 1\ 058.7 - 1\ 000 = 58.7\ \text{r/min}$$

最低转速对应机械特性的理想空载转速

$$n_{01} = \frac{\Delta n_N}{\delta} = \frac{58.7}{0.2\%} = 293.5\ \text{r/min}$$

最低转速

$$n_{\min} = n_{01} - \Delta n_N = 293.5 - 58.7 = 234.8\ \text{r/min}$$

调速范围

$$D = \frac{n_{\max}}{n_{\min}} = \frac{1\ 000}{234.8} = 4.26$$

从例4-6可看出：

①调速范围必须在具体的静差率限定下才有意义，否则，电动机本身带负载调速可以使最低转速为零，这样将毫无意义。

②在一定静差率 δ 的限定下调速范围的扩大，主要通过提高机械特性的硬度来减小 Δn_N。

就他励直流电动机本身而言，提高机械特性硬度的余地并不大，因此电力拖动系统中，经常采用电压或转速负反馈等闭环控制来实现提高机械特性硬度、扩大调速范围的目的，有关内容将在后续课程"自动控制原理"中讲授。

2. 调速的平滑性

无级调速的平滑性最好，有级调速的平滑性用平滑系数 φ 表示，其定义为：相邻两极转速中，高一级转速 n_i 与低一级转速 n_{i-1} 之比，即

$$\varphi = \frac{n_i}{n_{i-1}} \tag{4-17}$$

φ 越小，调速越平滑。无级调速时 $i \rightarrow \infty$，$\varphi \rightarrow 1$。

3. 调速的经济性

调速的经济性主要考虑调速设备的初投资、调速时电能的损耗、运行时的维修费用等。

调速设备的初投资应考虑电动机和电源两个方面：专门设计的改变磁通调速的电动机成本较普通直流电动机为高；降电枢电压调速的大功率可调压电源的成本也较高；调磁通调速一般也要专门配可调压电源，但容量要小，成本也低些。这样综合起来考虑，电枢串联电阻调速设备成本最低，而改变电源电压调速设备成本最高。调速时电能的损耗除了要考虑电动机本身的损耗外，还要考虑电源的效率。表4-2为他励直流电动机三种调速方法的一些调速性能比较。

表 4-2　　　　　　　　　　他励直流电动机三种调速方法的一些调速性能比较

调速方法	电枢串联电阻	降电源电压	减弱磁通
调速方向	向下调	向下调	向上调
$\delta \leqslant 50\%$ 时调速范围	约 2	10～12	1.2～2 或 3～4(与 δ 无关)
一定调速范围内转速的稳定性	差	好	较好
负载能力	恒转矩	恒转矩	恒功率
调速平滑性	有级调速	无级调速	无级调速
设备初投资	少	多	较多
电能损耗	多	较少	少

4.3.3　调速方式与负载类型的配合

具体分析调速方式之前,首先需要明确电动机额定电枢电流 I_N 的含义。我们知道,电动机运行时内部有损耗,这些损耗最终都变成热能,使电动机温度比周围环境温度要高。若损耗过大,则长期运行时电动机温度太高会损坏电动机的绝缘,从而损坏了电动机。电动机损耗有不变损耗与可变损耗。可变损耗主要取决于电枢电流的大小,电枢电流大,损耗就大;电枢电流小,损耗也小。为了不致损坏绝缘而导致损坏电动机,对电枢电流就要规定上限。在长期运行的条件下。电枢电流规定的上限值就是电枢额定电流 I_N。I_N 在设计电动机时就已事先计算出来了。那么电动机运行时,是否电枢电流越小越好呢? 当然不是,电枢电流小,电动机输出也小,其作用发挥不出来。因此,最充分使用电动机,就是让它工作在 $I_a = I_N$ 情况下。

电动机运行时,电枢电流 I_a 的实际大小取决于所拖动的负载,例如,他励直流电动机拖动恒转矩负载运行时,在磁通保持 Φ_N 不变的情况下,T_L 越大,T 越大,电枢电流 $I_a = \dfrac{T}{C_T \Phi_N}$ 也越大。电力拖动系统中,负载有不同的类型,电动机有不同的调速方法。具体分析电动机采用不同调速方法拖动不同类型负载时电枢电流 I_a 的情况,对于充分利用电动机来说,就是十分必要的了。为达到此目的,首先应定义电动机的恒转矩与恒功率调速方式。

所谓恒转矩调速方式,是指在某种调速方式下,保持电枢电流 $I_a = I_N$ 不变,若该电动机电磁转矩恒定不变,则称这种调速方式为恒转矩调速方式。前边分析的他励直流电动机电枢回路串联电阻调速和降低电源电压调速就属于恒转矩调速方式。

所谓恒功率调速方式,是指在某种调速方式下,保持电枢电流 $I_a = I_N$ 不变,若该电动机电磁功率 P_{em} 恒定不变,则称这种调速方式为恒功率调速方式。前边分析的他励直流电动机改变磁通调速就属于恒功率调速方式。

调速方式是在 $I_a = I_N$ 不变的前提下,用来表征电动机采用某种调速方式时的负载能力或允许输出的性能指标。电动机采用恒转矩调速方式时,如果拖动恒转矩负载运行,并且使电动机额定转矩与负载转矩相等 $(T_N = T_L)$,那么不论运行在什么转速上,电动机的电枢电流 $I_a = I_N$ 不变,电动机得到了充分利用。我们称这种恒转矩调速方式与恒转矩负载性质的配合关系为匹配。

电动机采用恒功率调速方式时,如果拖动恒功率负载运行,可以使电动机电磁功率

$P_M = T_N \omega_N$ 不变,那么不论运行在什么转速上,电枢电流 $I_a = I_N$ 也不变,电动机被充分利用。恒功率调速方式与恒功率负载相配合,也可以做到匹配。

恒转矩调速方式与恒功率负载是否也匹配呢? 恒功率调速方式与恒转矩负载是否也匹配呢? 不是的。电动机采用恒转矩调速方式,如果拖动恒功率负载运行,当可以使电动机低速运行时,负载转矩等于电动机额定转矩,电动机的电流等于额定电流,电动机的利用是充分的。但是当系统运行在高速时,由于负载是恒功率的,高速时转矩小,低于额定转矩,所以电动机电磁转矩也低于额定转矩。而恒转矩调速方式时磁通 Φ_N 不变,$T = C_T \Phi_N I_a$,T 减小,I_a 也必然减小,结果 $I_a < I_N$,电动机的利用则不充分了。这种情况下,电动机调速方式与所拖动的负载不匹配。从上述分析看出,拖动恒功率负载时,恒转矩调速方式的电动机只能按低速运行转速选配合适的电动机以做到 $T = T_N$,而高速时电动机容量则有所浪费。

若拖动恒转矩负载运行恒功率调速方式的电动机,情况会怎样呢? 我们可以使系统在高速运行时负载转矩等于电动机允许转矩,这时电动机电枢电流则等于额定电流 I_N,电动机得到充分利用。当系统运行到较低速时(这里说明一下,弱磁升速的调速方式下,所谓低速,对带额定负载转矩的电动机而言,转速也高于 n_N),由于负载是恒转矩性质的,电动机的电磁转矩也不变,但是低速时的磁通 Φ 比高速时数值要大,$T = C_T \Phi I_a$,所以电枢电流 I_a 变小了,$I_a < I_N$,电动机没能得到充分利用。这也是一种调速方式与负载性质不匹配的情况。从上述分析看出,拖动恒转矩负载的电动机,若采用恒功率调速方式,只能按高速运行转速选配合适的电动机,而低速时电动机容量则有所浪费。

对于泵类负载,既非恒转矩类型,也非恒功率类型,那么采用恒转矩调速方式或恒功率调速方式的电动机,拖动泵类负载时,无论怎样都不能做到调速方式与负载性质匹配。

以上关于调速方式问题的讨论,归纳起来主要是:

(1)恒转矩调速方式与恒功率调速方式都是用来表征电动机采用某种调速方法时的负载能力,不是指电动机的实际负载。

(2)应使电动机的调速方式与其实际负载匹配,电动机才可以得到充分利用。从理论上讲,匹配时,可以让电动机的额定转矩或额定功率与负载实际转矩与功率相等,但实际上,即使电动机电枢电流尽量接近额定值,由于电动机容量分成若干等级,所以有时只能尽量接近而不能相等。

【例 4-7】 某台 Z_2-71 他励直流电动机,额定功率 $P_N = 17$ kW,额定电压 $U_N = 220$ V,额定电流 $I_N = 90$ A,额定转速 $n_N = 1\,500$ r/min,额定励磁电压 $U_f = 110$ V,该电动机在额定电压、额定磁通时拖动某负载运行的转速为 $n = 1\,550$ r/min,当负载要求向下调速时,最低转速 $n_{min} = 600$ r/min,现采用降压调速方法,请计算以下两种情况下调速时电枢电流的变化范围:

(1)该负载为恒转矩负载;

(2)该负载为恒功率负载。

解:额定电枢感应电动势取为 $E_{aN} = 0.94 U_N$ 进行计算。

电枢电阻

$$R_a = \frac{U_N - E_{aN}}{I_N} = \frac{220 \times (1 - 0.94)}{90} = 0.146\,67 \ \Omega$$

额定电压运行时电枢的感应电动势

$$E_a = \frac{n}{n_N} \cdot E_{aN} = \frac{1\,550}{1\,500} \times 0.94 \times 220 = 213.69 \ V$$

额定电压运行时的电枢电流

$$I_a = \frac{U_N - E_a}{R_a} = \frac{220 - 213.69}{0.146\ 67} = 43.02\ \text{A}$$

（1）当负载为恒转矩时

降压调速时 $\Phi = \Phi_N, T = T_L = C_T \Phi_N I_a =$ 常数，因此

$$I_a = 43.02\ \text{A}$$

（2）当负载为恒功率时

负载的功率为

$$P = T_L \omega = T_L \cdot \frac{2\pi n}{60}$$

式中　T_L——额定电压转速为 n 时负载转矩的值。

降低电源电压降速后的负载功率为

$$P = T'_L \omega_{min} = T'_L \cdot \frac{2\pi n_{min}}{60} = T_L \cdot \frac{2\pi n}{60}$$

式中　T'_L——降压调速转速为 n_{min} 时负载转矩的值。

故

$$T'_L = \frac{n}{n_{min}} \cdot T_L$$

降压调速时 $\Phi = \Phi_N, T = T_L = C_T \Phi_N I_a$，因此低速时电枢电流加大，对应 n_{min} 的电枢电流 I_{amax} 为

$$I_{amax} = \frac{n}{n_{min}} \cdot I_a = \frac{1\ 550}{600} \times 43.02 = 111.14\ \text{A}$$

因此，电流变化范围是 $43.02 \sim 111.14$ A，但是低速时已经超过了 $I_N = 90$ A，故不能在 n_{min} 长期运行，说明降低电源电压调速的方法不适用于带恒功率负载。

【例 4-8】　例 4-7 中的电动机拖动负载，要求把转速升高到 $n = 1\ 850$ r/min，现采用弱磁升速的方法，请计算以下两种情况下调速时电枢电流的变化范围：

（1）该负载为恒转矩负载；

（2）该负载为恒功率负载。

解：（1）当负载为恒转矩时

当磁通减小到 Φ' 时，电枢电流变为 I'_a，负载为恒转矩，则有

$$T = C_T \Phi_N I_a = C_T \Phi' I'_a = T_L = 常数$$

$$\frac{\Phi'}{\Phi_N} = \frac{I_a}{I'_a} \tag{4-18}$$

同时还有

$$n = \frac{E_a}{C_e \Phi_N}$$

$$n_{max} = \frac{E'_a}{C_e \Phi'} = \frac{U_N - I'_a R_a}{C_e \Phi'}$$

$$\frac{n}{n_{max}} = \frac{\dfrac{E_a}{C_e \Phi_N}}{\dfrac{U_N - I'_a R_a}{C_e \Phi'}} \tag{4-19}$$

将式(4-18)代入式(4-19),则

$$\frac{n}{n_{\max}} = \frac{E_a}{U_N - I'_a R_a} \cdot \frac{I_a}{I'_a}$$

$$\frac{1\ 550}{1\ 850} = \frac{213.69}{220 - 0.146\ 67 I'_a} \times \frac{43.02}{I'_a}$$

解得

$$I'_a = \frac{220 \pm \sqrt{220^2 - 4 \times 0.146\ 67 \times 10\ 972}}{2 \times 0.146\ 67} = \frac{220 \pm 204.85}{2 \times 0.146\ 67}$$

$I'_a = 51.65$ A($I'_a = 1\ 448.3$ A 为另一个解,不合理,舍去),因此,电枢电流的变化范围是 $43.02 \sim 51.65$ A。

(2)当负载为恒功率时

$$I'_a = I_a = 51.65 \text{ A}$$

从例 4-8 以看出,弱磁升速时,若带恒转矩负载,则转速升高后电枢电流增大;若带恒功率负载,则转速升高后电枢电流不变。因此,弱磁升速适用于拖动恒功率负载。对于具体负载,可以选择合适的电动机使 I_a 等于或接近 I_N 以达到匹配要求。

4.4 他励直流电动机的制动

从前面各章节分析中我们知道:

(1)电动机稳态工作点是指满足稳定运行条件的那些电动机机械特性与负载转矩特性的交点,电动机在工作点恒速运行。

(2)电动机运行在工作点之外的机械特性上时,电磁转矩与负载转矩不相等,系统处于加速或减速的过渡过程。

(3)他励直流电动机的固有机械特性与各种人为机械特性分布在机械特性的四个象限内。

(4)生产机械的负载转矩特性有反抗性恒转矩、位能性恒转矩、泵类等典型负载转矩特性,也有由几种典型负载同时存在的各种负载转矩特性,它们分布在四个象限之内。

综合考虑以上四点,不难想象,他励直流电动机拖动各种类型负载运行时,若改变其电源电压、磁通及电枢回路所串联电阻,电动机的机械特性和工作点就会分布在四个象限之内,也就是说电动机会在四个象限内运行(包括稳态与过渡过程),即处于各种不同的运行状态。本节将具体分析他励直流电动机在各个象限内不同的运行状态。

在具体分析之前,先做个说明:前面提到过交流电动机结构简单、使用方便,生产机械中能使用交流电动机拖动时,就不用直流电动机;此外,直流电动机有他励、串励和复励三种。各具不同的机械特性,各有各的用途。例如在起重机械中,多数用交流电动机,有的用串励或复励直流电动机,而不用他励直流电动机。又如在牵引机械中,用串励或复励直流电动机,也不用他励直流电动机。但是,他励直流电动机还应用在某些机械上,而从理论上讲他励直流电动机既可以拖动起重机也可以拖动车辆,其运行基本原理与交流电动机或者串励、复励直流电动机拖动时是一致的,因此为了弄懂基本原理,本节还要分析他励直流电动机的这些运行状态。

4.4.1　电动运行

1. 正向电动运行

正向电动运行状态读者已经很熟悉了,他励直流电动机工作点在第一象限时,如图 4-22 所示的 A 点和 B 点,电动机电磁转矩 $T > 0$,转速 $n > 0$,这种运行状态称为正向电动运行。由于 T 与 n 同方向,所以 T 为拖动性转矩。

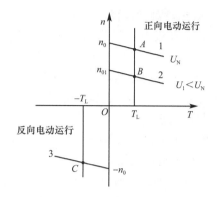

图 4-22　他励直流电动机电动运行
1—固有机械特性;2—降压人为机械特性;
3—电源电压为$(-U_{\mathrm{N}})$的人为机械特性

第 3 章对直流电动机稳态电动运行时的功率关系已做了详细推导。电动运行时,电动机把电源送进电机的电功率通过电磁作用转换为机械功率,再从轴上输出给负载。在这个过程中,电枢回路中存在着铜损耗和空载损耗。

若电机运行于升速或降速过渡过程中,则轴上输出转矩 T_2 应包括负载转矩 T_F 和动转矩 $\dfrac{GD^2}{375} \cdot \dfrac{\mathrm{d}n}{\mathrm{d}t}$ 两部分。

2. 反向电动运行

拖动反抗性负载正转时电动机工作点在第一象限,反转时,电动机工作点则在第三象限,如图 4-22 中的 C 点,这时电动机电源电压为负值。在第三象限运行时,电磁转矩 $T < 0$,转速 $n < 0$,T 与 n 仍旧同方向,T 仍旧为拖动性转矩,其功率关系与正向电动运行完全相同,这种运行状态称为反向电动运行。

正向电动运行与反向电动运行是电动机运行时最基本的运行状态。实际运行的电动机除了运行于 T 与 n 同方向的电动运行状态之外,经常还运行在 T 与 n 反方向的运行状态。T 与 n 反方向意味着电动机的电磁转矩不是拖动性转矩,而是制动性阻转矩,这种运行状态统称为制动状态,其工作点显然是在第二、三象限里。

根据制动过程中电机发出的电功率的去向不同以及外部所提供的条件不同,制动可分为能耗制动、反接制动和回馈(再生)制动。

4.4.2　能耗制动

制动的目的是使电动机减速或停车、限制电动机转速的升高(如电车下坡)。制动方式有:机械(抱闸)制动,即利用电磁或电磁液压驱动装置,使闸瓦抱紧或松开闸轮(得电松闸、失电抱闸),如图 4-23 所示;电磁制动,即当电磁转矩 T_{em} 与 n 的方向相同时,电磁转矩为驱动转矩,电机运行于电动状态,当 T_{em} 与 n 方向相反时,电磁转矩为制动转矩,电机运行于电磁制动状态(本质)。机械制动具有快速、准

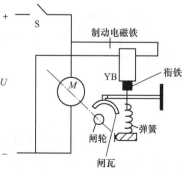

图 4-23　机械(抱闸)制动示意图

确的优点,但是对于高速、惯性大的设备,机械冲击比较大;电磁制动则具有制动相对平稳、制动转矩容易控制的特点。很多情况下采用机械制动结合电磁制动的方法来进行制动,即先通过电磁制动将电机转速降到一个比较低的速度(接近零速),然后再机械(抱闸)制动,这样既避免了机械冲击又有比较好的制动效果。

1. 能耗制动过程

他励直流电动机拖动反抗性恒转矩负载运行于正向电动运行状态时,其接线如图4-24所示(刀闸接在电源上的情况)。制动时将开关S打到制动电阻R_B上,由于惯性,电枢保持原来方向继续旋转,电动势E_a方向不变。由E_a产生的电枢电流I_{aB}的方向与电动状态时I_a的方向相反,对应的电磁转矩T_{emB}与T_{em}方向相反,为制动性质,电机处于能耗制动状态。

电动机工作点在第一象限A点,如图4-25所示。当刀闸从上边拉至下边时,即突然切除电动机的电源电压并在电枢回路中串联电阻R_B时,他励直流电动机的机械特性不再是图4-25中的曲线1而成了曲线2。在切换后的瞬间,由于转速n不能突变,电动机的运行点从$A \to B$,磁通$\Phi = \Phi_N$不变,电枢感应电动势E_a保持不变,即$E_a > 0$,而此刻电压$U = 0$,所以电枢电流

$$I_{aB} = \frac{-E_a}{R_a + R} < 0, \quad T_B = C_T \Phi_N I_{aB} < 0$$

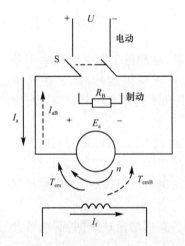

图 4-24　能耗制动接线

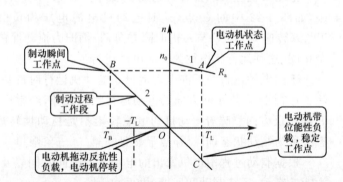

图 4-25　能耗制动过程

由图 4-25 能耗制动过程可知,$T_B < T_L$,动转矩 $T_B - T_L = -|T_B| - T_L < 0$,系统减速。在减速过程中,$E_a$逐渐下降,$I_a$及$T$逐渐加大(绝对值逐渐减小),电动机运行点沿着曲线2从$B \to O$,这时$E_a = 0, I = 0, T = 0, n = 0$,即在原点上。能耗制动时的机械特性方程为

$$n = -\frac{R_a + R_B}{C_e C_T \Phi_N^2} \cdot T_{em} = 0 - \beta T_{em} \tag{4-20}$$

上述过程是使正转电力拖动系统停车的制动过程。在整个过程中,电动机的电磁转矩$T < 0$,而转速$n > 0$,T与n是反方向的,T始终是起制动作用的,是制动运行状态的一种,称为能耗制动过程。

他励直流电动机能耗制动过程中的功率关系见表4-3。

表 4-3　　　　　　　　　　他励直流电动机能耗制动过程中的功率关系

输入电功率		电枢回路总损耗		电磁功率(电→机)	电动机空载损耗		输出机械功率
P_1		P_{Cua}		P_{em}	P_0		P_2
UI_d	$=$	$I_d^2(R_d+R)$	$+$	E_aI_a			
				$T\omega$	$=$	$T_0\omega$	$+$ $T_2\omega$
0		+		−	+		−

由表 4-3 可知电源输入的电功率 $P_1=0$,即电动机与电源脱离,没有功率交换;电磁功率 $P_{em}<0$,即在电动机内,电磁作用把机械功率转变为电功率,与第 1 章所述直流发电机的作用是一致的;机械功率 $P_2<0$,说明电动机轴上非但没有输出机械功率到负载去,反而是负载向电动机输入了机械功率,扣除了空载损耗 P_0 后,其余的通过电磁作用转变成电功率了。从电磁功率把机械功率转换为电功率方面来讲,能耗制动过程中电动机类似于一台发电机,但与一般发电机又不相同,表现在:

(1)没有原动机输入机械功率,其机械能靠的是系统转速从高到低制动时所释放出来的动能。

(2)电功率没有输出,而是消耗在电枢回路的总电阻 (R_a+R_B) 上了。

图 4-26 所示为他励直流电动机电动运行和能耗制动运行状态下的功率流程,是电动运行状态为能耗制动运行状态的功率关系。

能耗制动过程开始的瞬间,电枢电流 $|I_a|$ 与电枢回路总电阻 (R_a+R_B) 成反比,所串联的电阻 R_B 越小,$|I_a|$ 越大。$|I_a|$ 增大,电磁转矩 $|T|=C_T\Phi_N|I_a|$ 也随着增大,停车快。但若 I_a 过大,换向则很困难。因此能耗制动过程中电枢电流有个上限,也就是电动机允许的最大电流 I_{amax}。根据 I_{amax} 可以计算出能耗制动过程电枢回路串联制动电阻的最小值 R_{min},二者的关系为

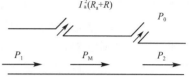

(a)电动运行状态

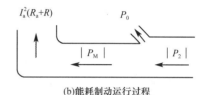

(b)能耗制动运行过程

图 4-26　他励直流电动机电动运行和能耗制动运行状态下的功率流程图

$$R_{min}=\frac{E_a}{I_{amax}}-R_a \tag{4-21}$$

式中　E_a——能耗制动开始瞬间的电枢感应电动势。

改变制动电阻 R_B 的大小可以改变能耗制动特性曲线的斜率,从而可以改变制动转矩及下放负载的稳定速度。R_B 越小,特性曲线的斜率越小,起始制动转矩越大,而下放负载的速度越小,如图 4-27 中的 C' 点。但制动电阻越小,制动电流越大。选择制动电阻的原则是

$$I_{aB}=\frac{E_a}{R_a+R_B}\leqslant I_{max}=(2\sim2.5)I_N$$

即

$$R_B\geqslant\frac{E_a}{(2\sim2.5)I_N}-R_a$$

式中　E_a——制动瞬间的电枢电动势。

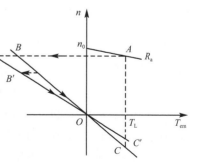

图 4-27　改变制动电阻 R_B 的能耗制动特性曲线的斜率变化

2. 能耗制动运行

当他励直流电动机拖动位能性负载运行在正向电动状态时,突然采用能耗制动,如图 4-25 所示,电动机的运行点从 $A \to B \to O$,$B \to O$ 是能耗制动过程,与拖动反抗性负载时完全一样。但是到了 O 点以后。如果不采用其他办法停车(如抱闸抱住电动机轴),则由于电磁转矩 $T=0$,小于负载转矩,系统会继续减速,也就是开始反转了。电动机的运行点沿着能耗制动机械特性曲线 2 从 $O \to C$,C 点处 $T=T_L$,系统稳定运行于工作点 C。该处电动机电磁转矩 $T>0$,转速 $n<0$,T 与 n 方向相反,T 为制动性转矩,这种稳态运行状况称为能耗制动运行。在这种运行状态下,T_L 的方向与系统转速 n 同方向,为拖动性转矩。能耗制动运行时电动机电枢回路串联的制动电阻不同,运行转速也不同,制动电阻 R_B 越大,曲线 2 越陡,转速绝对值 $|n|$ 越高。

当由他励直流电动机拖动位能性负载运行时,应怎样理解工作点在第四象限的稳态运行状态呢? 为什么转速 $n<0$ 了,而电磁转矩仍旧是 $T>0$ 呢? 实际上这很简单,以起重机提升或下放重物为例,提升重物也好,下放重物也好,都是恒速($n=$ 常数),重物本身受力的合力为零。作用在卷筒上的电磁转矩与负载转矩大小相同,方向相反,因此 $T>0$。如若不然,即 T 与 n 同方向($T<0$),那么在 T 与负载转矩的共同作用下,重物岂不就以超过重力加速度 g 的速度下降了吗?

能耗制动运行时的功率关系与能耗制动过程时是一样的,不同的只是能耗制动运行状态下,机械功率的输入是靠位能性负载减少位能贮存来提供的。

能耗制动操作简单,制动平稳,随着电机转速的减小,制动转矩也不断减小,制动效果变差。若为了尽快停转电机,可在转速下降到一定程度时,切除一部分制动电阻,增大制动转矩。

4.4.3　反接制动

电气制动方法除了能耗制动停车外,还有反接制动停车。反接制动有电源反接制动和倒拉反接制动两种。

1. 电源反接制动

开关 S 投向"电动"侧时,电枢接正极电压,电机处于电动状态。反接制动时,将开关投向"制动"侧,电枢回路串联制动电阻 R_B 后,接上极性相反的电源电压,如图 4-28 所示,电枢回路内产生反向电流,有

$$I_{aB}=\frac{-U-E_a}{R_a+R_B}=-\frac{U+E_a}{R_a+R_B} \tag{4-22}$$

$$n=-\frac{U_N}{C_e\Phi_N}-\frac{R_a+R_B}{C_eC_T\Phi_N^2}\cdot T_{em}=-n_0-\beta T_{em} \tag{4-23}$$

拖动反抗性恒转矩负载反接制动停车时,其机械特性如图 4-29 所示。本来电动机的工作点在 A,反接制动后,电动机运行点从 $A \to B \to C$,到 C 点后电动机转速 $n=0$,制动停车过程结束,将电动机的电源切除。这一过程中电动机运行于第二象限。$T<0$,$n>0$,T 与 n 反方向,T 是制动性转矩。上述过程称为反接制动过程。如果他励直流电动机拖动反抗性恒转矩负载进行反接制动的机械特性如图 4-30 所示,那么制动过程到达 C 点时。$n=0$,$T\neq0$,这时若停车,则应及时切除电动机的电源;否则,在 C 点上,$T<-T_L$,系统会反向启动,直到在 D 点运行。频繁正、反转的电力拖动系统,常常采用这种先反接制动停车、接着进行反向启动的运行方式,达到迅速制动

并反转的目的。但是对于要求准确停车的系统,采用能耗制动更为方便。

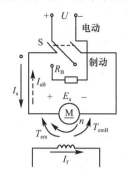
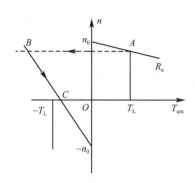
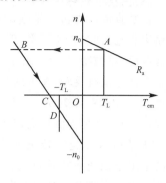

图 4-28 电源反接制动接线   图 4-29 反接制动停车时的机械特性   图 4-30 反接制动接反向启动时的机械特性

反接制动过程中的功率关系见表 4-4。

表 4-4   **反接制动过程中的功率关系**

输入电功率	电枢回路总损耗	电磁功率(电→机)	电动机空载损耗	输出机械功率
P_1	P_{Cua}	P_{em}	P_0	P_2
UI_d =	$I_d^2(R_d+R)$ +	E_aI_a		
		$T\omega$ =	$T_0\omega$ +	$T_2\omega$
+	+	−	+	−

反接制动过程中电源输入的电功率 $P_1>0$,轴上 $P_2<0$,即输入机械功率,而且机械功率扣除了空载损耗后,即转变成了电功率,$P_{em}<0$;从电源送入的及机械能转变成的这两部分电功率,都消耗在电枢回路电阻(R_a+R_B)上了,其功率流程如图 4-31 所示。电动机轴上输入的机械功率是系统释放的动能所提供的。

反接制动过程开始的瞬间,电枢电流 $|I_a|$ 与电枢回路总电阻(R_a+R)成反比,所串联的电阻 R 越小,$|I_a|$ 越大。同样,应使起始制动电流 $|I_a|<I_{amax}$,所串联电阻的最小值应为

$$R_{min}=\frac{-U_N-E_a}{-I_{amax}}-R_a=\frac{U_N+E_a}{I_{amax}}-R_a \tag{4-24}$$

显然,同一台电动机,在同一个 I_{amax} 规定下,反接制动过程比能耗制动过程电枢串联的电阻最小值几乎大了一倍,这是因为 $U_N≈E_a$ 所致,从式(4-21)和式(4-24)也可得出同一结论。此外,在同一个 I_{amax} 条件下制动时,在制动停车过程中的电磁转矩,反接制动时的大,能耗制动时的小,如图 4-32 所示。因此反接制动停车更快。如果能够使制动停车过程中电枢电流 $|I_a|=I_{amax}$ 不变,那么电磁转矩也就能保持 $|T|=T_{max}$,制动停车的过程中始终保持着最大的减速度,制动效果最快。保持制动过程中 $|I_a|=I_{amax}$,需要由自动控制系统完成。

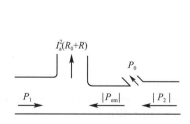

图 4-31 反接制动功率流程

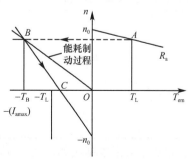

图 4-32 反接制动过程和能耗制动过程对比

2. 倒拉反转反接制动

他励直流电动机如果拖动位能性负载运行,电枢回路串联电阻时,转速下降,但是当电阻 R_B 值大到一定程度后,机械特性如图 4-33 中的 BCD 段所示,在 C 点就会使电动机反转,在负载的作用下进入第四象限,转速 $n<0$,电磁转矩 $T_{em}<0$,与 n 方向相反,是一种制动运行状态,称为倒拉反转运行或限速反转运行,在 D 点电动机以稳定的转速下放重物。倒拉反转反接制动适用于低速下放重物,其机械特性曲线就是电动状态时电枢串联电阻时的人为机械特性曲线在第四象限的部分,机械特性方程就是电动状态时电枢串联电阻时的人为机械特性方程。由于串联的电阻很大,所以可以通过改变串联电阻值的大小来得到不同的下放速度,即

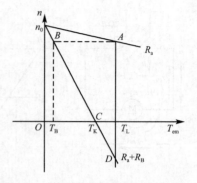

图 4-33　倒拉反转反接制动的机械特性

$$n=n_0-\frac{R_a+R_B}{C_e C_T \Phi_N^2} \cdot T_L<0 \tag{4-25}$$

倒拉反转运行的功率关系与反接制动过程的功率关系一样。二者之间的区别仅仅在于反接制动过程中,向电动机输入的机械功率是负载释放动能提供的,而倒拉反转运行中,是位能性负载减少位能提供的,或者说是位能性负载倒拉着电动机运行,因此称为倒拉反转运行。

4.4.4　回馈制动

1. 正向回馈制动运行

图 4-34 所示为他励直流电动机电源电压降低,转速从高向低调节的过程。原来电动机运行在固有机械特性曲线的 A 点上,电压降为 U_1 后,电动机运行点从 $A \to B \to C \to D$ 最后稳定运行在 D 点。在这一降速过渡过程中,$A \to C$ 段电动机的转速 $n>0$,而电磁转矩 $T<0$,T 与 n 的方同相反,T 是制动性转矩,是一种正向回馈制动运行状态。$B \to C$ 段运行时的功率关系,见表 4-5。

表 4-5　　　　　　　　　　　　　　反接制动过程中的功率关系

输入电功率	电枢回路总损耗	电磁功率（电→机）	电动机空载损耗	输出机械功率
P_1	P_{Cua}	P_{em}	P_0	P_2
UI_d =	$I_d^2(R_d+R)$ +	$E_a I_a$		
		$T\omega$ =	$T_0\omega$ +	$T_2\omega$
−	+	−	+	−

把上述功率关系绘制成如图 4-35 所示的功率流程,可归纳如下:

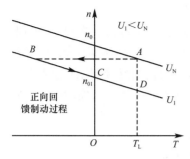
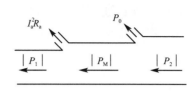

图 4-34　降压调速时的回馈制动过程　　　　　　图 4-35　反接制动功率流程

(1)输入的机械功率不是原动机送进的,而是系统从高速向低速降速过程中释放出来的动能所提供的。

(2)电功率送出不是给用电设备而是给直流电源的。这种运行状态称为正向回馈制动过程,"回馈"指电动机把功率回馈电源,"过程"指没有稳定工作点,而是一个变速的过程。但该过程区别于能耗制动过程和反接制动过程,后两者都是转速从高速到 $n=0$ 的停车过程,而回馈制动过程仅仅是一个减速过程,转速从高于 n_{01} 的速度降低到 $n=n_{01}$。转速高于理想空载转速是回馈制动运行状态的重要特点。

如果让他励直流电动机拖动一台小车,规定小车前进时转速 n 为正,电磁转矩 T 与 n 同方向为正,负载转矩 T_L 与 n 反方向为正。小车在平路上前进时,负载转矩为摩擦性阻转矩 T_{L1},$T_{L1}>0$。小车在下坡路上前进时,负载转矩为一个摩擦性阻转矩与一个位能性拖动转矩之合成转矩。一般后者数值(绝对值)比前者大,二者方向相反。因此,下坡时小车受到的总负载转矩为 T_{L2},$T_{L2}<0$,如图 4-36(a)所示。这样走平路时电动机运行在正向电动运行状态,工作点为 A;走下坡路时电动机运行在正向回馈运行状态,工作点为交点 B。回馈制动运行时的电磁转矩 T 与 n 方向相反,T 与 T_L 平衡,使小车能够恒速行驶。这种稳定运行时的功率关系与上述回馈制动过程时是一样的,区别仅仅是机械功率不是由负载减少动能来提供,而是由小车减少位能贮存来提供。回馈制动运行状态的功率关系与发电机一致,因此又称为发电状态。

在增加励磁电流调速过程中也发生正向回馈制动,如图 4-36(b)所示。

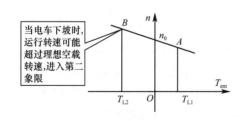
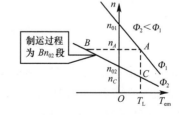

(a) 上坡行驶时的正向回馈制动过程　　　　(b) 增加励磁电流调速过程中的正向回馈制动过程

图 4-36　正向回馈制动运行

2.反向回馈制动运行

如果他励直流电动机拖动位能性负载,则当电源电压反接时,工作点在第四象限,这时电磁转矩 $T>0$,转速 $n<0$,T 与 n 反方向,称为反向回馈制动运行。

反向回馈制动运行的功率关系与正向回馈制动运行时是一样的。

他励直流电动机如果拖动位能性负载进行反接制动,当转速下降到 $n=0$ 时,如果不及时切除电源,也不用抱闸抱住电动机轴,那么电磁转矩与负载转矩不相等,系统不能维持 $n=0$ 的恒速,而继续减速,即反转,如图 4-37 所示,直到达到反接制动机械特性与负载机械特性交点 C,方才稳定运行。电动机在 C 点的运行状态也是反向回馈制动运行状态。

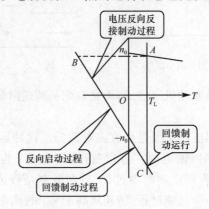

图 4-37　位能性负载进行电源电压反接的反向回馈制动过程

到此为止,他励直流电动机四个象限的运行状态逐个介绍过了,现在把四个象限运行的机械特性画在一起,如图 4-38 所示。第一、三象限内,T 与 n 同方向,是电动运行状态;第二、四象限内,T 与 n 反方向,是制动运行状态。

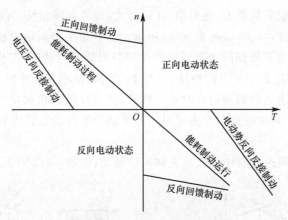

图 4-38　他励直流电动机各种运行状态

对实际的电力拖动系统,生产机械的生产工艺要求电动机一般都要在两种以上的状态下运行。例如说经常需要正、反转的反抗性恒转矩负载,拖动它的电动机就应该运行在下面各种状态:正向启动接着正向电动运行;反接制动;反向启动接着反向电动运行;反方向的反接制动;回到正向启动接着正向电动运行……最后能耗制动停车。因此,要想掌握他励直流电动机实际上是怎样拖动各种负载工作的,就必须先掌握电动机的各种运行状态以及怎样从一种稳定运行状态变到另一种稳定运行状态。

【例 4-9】 已知例 4-4 中的他励直流电动机的 $I_{amax} \leqslant 2I_N$,当其运行于正向电动状态时,$T_L = 0.8T_N$。试计算:

(1)负载为反抗性恒转矩,采用能耗制动过程停车时,电枢回路应串联的制动电阻最小值;

(2)负载为位能性恒转矩时,例如起重机,传动机构的转矩损耗 $\Delta T=0.1T_N$,要求电动机运行在 $n_1=-200$ r/min 匀速下放重物,采用能耗制动运行,电枢回路应串联的电阻值及该电阻上的功率损耗;

(3)负载同题(1),若采用反接制动停车,电枢回路应串联的制动电阻最小值;

(4)负载同题(2),电动机运行在 $n_2=-1\ 000$ r/min 匀速下放重物,采用倒拉反转运行,电枢回路应串联的电阻值及该电阻上的功率损耗;

(5)负载同题(2),采用反向回馈制动运行,电枢回路不串联电阻时电动机的转速。

解:(1)反抗性恒转矩负载能耗制动过程应串联的电阻值的计算

由例 4-4 解中知 $C_e\Phi_N=0.139$ V/(r·min^{-1}),$n_N=1\ 582.7$ r/min,$\Delta n_N=82.7$ r/min。额定运行状态时感应电动势为

$$E_{aN}=C_e\Phi_N n_N=0.139\times1\ 500=208.5\ \text{V}$$

负载转矩 $T_L=0.9T_N$ 时的转速降

$$\Delta n=\frac{0.9T_N}{T_N}\cdot\Delta n_N=0.9\times82.7=74.4\ \text{r/min}$$

负载转矩 $T_L=0.9T_N$ 时的转速

$$n=n_0-\Delta n=1\ 582.7-74.4=1\ 508.3\ \text{r/min}$$

制动开始时的电枢感应电动势

$$E_a=\frac{n}{n_N}\cdot E_{aN}=\frac{1\ 508.3}{1\ 500}\times208.5=209.7\ \text{V}$$

能耗制动应串联的制动电阻最小值

$$R_{min}=\frac{E_a}{I_{amax}}-R_a=\frac{209.7}{2\times115}-0.1=0.812\ \Omega$$

(2)位能性恒转矩负载能耗制动运行时,电枢回路串联电阻及其上功率损耗的计算

反转时负载转矩

$$T_{L1}=T_L-2\Delta T=0.9T_N-2\times0.1T_N=0.7T_N$$

负载电流

$$I_{a1}=\frac{T_{L1}}{T_N}\cdot I_N=0.7I_N=0.7\times115=80.5\ \text{A}$$

转速为 -200 r/min 时电枢感应电动势

$$E_{a1}=C_e\Phi_N n=0.139\times(-200)=-27.8\ \text{V}$$

串联电枢回路的电阻

$$R_1=\frac{-E_{a1}}{I_{a1}}-R_a=\frac{27.8}{80.5}-0.1=0.245\ \Omega$$

R_1 上的功率损耗

$$P_{R1}=I_{a1}^2 R_1=80.5^2\times0.245=1\ 588\ \text{W}$$

(3)反接制动停车,电枢回路串联电阻的最小值

$$R'_{min}=\frac{U_N+E_a}{I_{amax}}-R_a=\frac{220+209.7}{2\times115}-0.1=1.768\ \Omega$$

(4)位能性恒转矩负载倒拉反转运行时,电枢回路串联的电阻值及其上功率损耗的计算

转速为 $-1\ 000$ r/min 时的电枢感应电动势

$$E_{a2} = \frac{n_2}{n_N} \cdot E_{aN} = \frac{-1\,000}{1\,500} \times 208.5 = -139 \text{ V}$$

应串联电枢回路的电阻

$$R_2 = \frac{U_N - E_{a2}}{I_{a1}} - R_a = \frac{220 + 139}{80.5} - 0.1 = 4.36 \text{ Ω}$$

R_2 上的功率损耗

$$P_{R2} = I_{a1}^2 R_2 = 80.5^2 \times 4.36 = 28\,254 \text{ W}$$

(5)位能性恒转矩负载反向回馈制动运行,电枢不串联电阻时,电动机转速为

$$n = \frac{-U_N}{C_e \Phi_N} - \frac{I_a R_a}{C_e C_N} = -n_0 - \frac{I_a}{I_N} \cdot \Delta n_N = -1\,582.7 - 0.7 \times 82.7 = -1\,640.6 \text{ r/min}$$

4.5 他励直流电力拖动系统的过渡过程

1. 稳态(静态)

稳态(静态)是指电动机转矩 T 和负载转矩 T_L 相等,系统静止不动或以恒速运动的状态。

2. 动态

动态是指 T 与 T_L 不相等的加速或减速状态,即非平衡状态($dn/dt \neq 0$),动态也称过渡过程。转速由 $n = 0$ 升至某一转速或从某一转速升至另一转速的变化过程均称为过渡过程。

3. 产生过渡过程的原因

(1)外因

T_L 变化,或电机参数变化,引起 T 变化。

(2)内因

系统存在 GD^2 以及励磁回路存在 L(电感)等机械和电磁原因。GD^2 的存在使 n 不能突变。L 的存在,使电流不能突变。若只考虑 GD^2 影响,则称为机械过渡过程;只考虑 L 的影响,称为电磁过渡过程;两者都考虑称为机电过滤过程。

4. 过渡过程

过渡过程的重点在于机械过渡过程。因为在较多的情况下,机械惯量的影响远大于电磁惯量的影响,为简化分析,略去电磁惯量影响。研究过渡过程的实际意义在于:找出减小过渡过程的持续时间,提高生产率;探讨减少过渡过程损耗功率的途径,提高电机利用率和力能指标;改善系统动态或稳定运行品质,使设备能安全、可靠地运行。

4.5.1 过渡过程的数学分析

我们分析的过渡过程忽略了电磁过渡过程,只考虑机械过渡过程。同时,还应满足以下条件:

(1)电源电压在过渡过程中恒定不变。

(2)磁通 Φ 恒定不变。

（3）负载转矩为常数。

过渡过程在机械特性上表现为电动机的运行点从起始点开始沿着电动机机械特性曲线向着稳态点变化的过程。起始点是机械特性上的一个点，对应着过程开始瞬间的转速；稳态点是过程结束后的工作点。

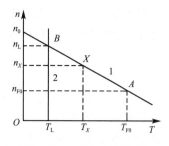

图 4-39 中，曲线 1 为他励直流电动机任意一条机械特性，曲线 2 为恒转矩负载的转矩特性。起始点为 A 点，其转速为 n_{F0}，电磁转矩为 T_{F0}。稳态点为 B 点，其转速为 n_L，电磁转矩为 T_L，也等于负载转矩。下面分析从起始点 A 到稳态点 B 沿着曲线 1 进行的过渡过程。

图 4-39　机械特性上的过渡过程

1. 过渡过程中转速变化规律

定量分析过渡过程的依据是电力拖动系统的转动方程。已知电动机机械特性、负载机械特性、起始点、稳态点以及系统的飞轮矩，求解过渡过程中的转速 $n=f(t)$，转矩 $T=f(t)$ 和电枢电流 $I_a=f(t)$。

针对转速 n，先建立微分方程。负载转矩 T_L 和 GD^2 为常数时，转动方程描述了电磁转矩与转速变化的关系，即

$$T-T_L=\frac{GD^2}{375}\cdot\frac{\mathrm{d}n}{\mathrm{d}t}$$

他励电动机的机械特性描述了转速与转矩的关系，即

$$n=n_0-\beta T$$

二者联立消去 T，得到微分方程为

$$n=n_0-\beta\left(T_L+\frac{GD^2}{375}\cdot\frac{\mathrm{d}n}{\mathrm{d}t}\right)=n_0-\Delta n_B-\beta\cdot\frac{GD^2}{375}\cdot\frac{\mathrm{d}n}{\mathrm{d}t}=n_L-T_M\cdot\frac{\mathrm{d}n}{\mathrm{d}t} \tag{4-26}$$

式中　Δn_B——B 点的转速降，$\Delta n_B=\beta T_L$。

式（4-26）为非齐次常系数一阶微分方程，用分离变量法求解得通解得

$$n-n_L=(n_{F0}-n_L)\mathrm{e}^{-t/T_M}$$

或

$$n=n_L+(n_{F0}-n_L)\mathrm{e}^{-t/T_M} \tag{4-27}$$

显然转速 n 包含有两个分量，一个是强制分量 n_L，也就是过渡过程结束时的稳态值；另一个是自由分量 $(n_{F0}-n_L)\mathrm{e}^{-t/T_M}$，它按指数规律衰减至零。因此，过渡过程中，转速 n 是从起始值 n_{F0} 开始，按指数曲线规律逐渐变化至过渡过程终止的稳态值 n_L，如图 4-40(a) 所示。

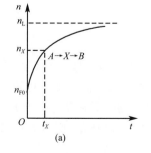

(a)

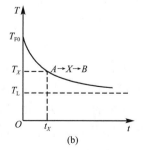

(b)

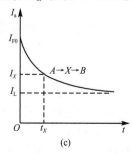

(c)

图 4-40　过渡过程曲线

$n=f(t)$曲线与一般的一阶过渡过程曲线一样,主要应掌握三个要素:起始值、稳态值与时间常数,这三个要素确定了,过渡过程也就确定了。起始值n_{F0}与稳态值n_L已经很清楚了,需要确定的是时间常数T_M(单位为 s),已知其大小为

$$T_M = \beta \cdot \frac{GD^2}{375} = \frac{R_a + R}{C_e C_T \Phi^2} \cdot \frac{GD^2}{375} \tag{4-28}$$

显然,尽管T_M是表征机械过渡过程快慢的量,但是其大小除了与GD^2成正比之外,还与机械特性曲线的斜率成正比,即与$R_a + R$与Φ等电磁量也有关系。因此,称T_M为电力拖动系统的机电时间常数。

2. 转矩变化规律

T与n的关系由机械特性表示,如图 4-36 所示,即

$$\left. \begin{array}{l} n = n_0 - \beta T \\ n_L = n_0 - \beta T_L \\ n_{F0} = n_0 - \beta T_{F0} \end{array} \right\} \tag{4-29}$$

将式(4-29)代入式(4-27)中,得

$$T = T_L + (T_{F0} - T_L)e^{-t/T_M} \tag{4-30}$$

式(4-30)即$T = f(t)$的具体形式。显然T也包括了一个稳态值与一个按指数规律衰减的自由分量,时间常数亦为T_M。T的变化也是从T_{F0}按指数规律逐渐变到T_L的,如图4-37(b)所示。

3. 电枢电流变化规律

电枢电流与电磁转矩的关系用转矩的基本方程表示,即

$$\left. \begin{array}{l} T = C_T \Phi I_a \\ T_L = C_T \Phi I_L \\ T_{F0} = C_T \Phi I_{F0} \end{array} \right\} \tag{4-31}$$

将式(4-31)代入式(4-30)中,得

$$I_a = I_L + (I_{F0} - I_L)e^{-t/T_M} \tag{4-32}$$

从式(4-32)看出,电枢电流也包括强制分量I_L与自由分量$(I_{F0} - I_L)e^{-t/T_M}$,时间常数亦为T_M。电枢电流I_a从起始值I_{F0}按指数规律变到稳态值I_L,如图4-37(c)所示。

从以上对过渡过程中$n = f(t)$、$T = f(t)$的计算可以看出,这几个量均按照指数规律从起始值变到稳态值。可以按照分析一般一阶微分方程过渡过程三要素的方法找出三个要素,便可确定各量的数学表达式并画出变化曲线。

4.5.2　过渡过程时间的计算

从起始值到稳态值,理论上需要时间$t = \infty$,但实际上$t = (3 \sim 4)T_M$时各量便已达到$95\% \sim 98\%$稳态值,此时即可认为过渡过程结束了。在工程实际中,往往需要知道过渡过程进行到某一阶段所需的时间。图 4-39 中的X点为AB中间任意一点,所对应时间为t_X,转速为n_X,转矩为T_X,若已知$n = f(t)$及X点的转速n_X,如图4-40(a)所示,则可以通过式(4-27)计算t_X。把X点数值代入式(4-27)得

$$t_X = T_M \ln \frac{n_{F0} - n_L}{n_X - n_L} \tag{4-33}$$

同理，若已知 $T = f(t)$ 及 X 点的转矩 T_X，如图 4-40(b)所示，则 t_X 的计算公式为

$$t_X = T_M \ln \frac{T_{F0} - T_L}{T_X - T_L} \tag{4-34}$$

当然，若已知 $I_a = f(t)$ 及 X 点的电枢电流 I_X，如图 4-40(c)所示，则

$$t_X = T_M \ln \frac{I_{F0} - I_L}{I_X - I_L} \tag{4-35}$$

4.5.3 启动的过渡过程

图 4-41(a)所示为他励流电动机的一条启动时的机械特性曲线，S 点为启动过程开始的点，其转矩为 $T = T_S$，转速为 $n = 0$；A 点为启动过程结束的点，其转矩为 $T = T_L$，$n = n_A$。

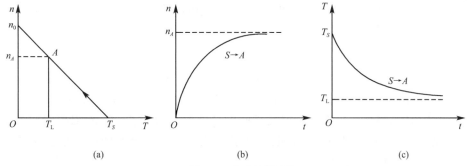

(a)   (b)   (c)

图 4-41 启动过渡过程

S 点与 A 点为启动过渡过程的起始点与稳态点，把这两点的具体数据代入式(4-27)与式(4-30)，便可得到该过渡过程中，转速 $n = f(t)$ 与转矩 $T = f(t)$，即

$$n = n_A - n_A e^{-t/T_M}$$

$$T = T_L + (T_S - T_L)e^{-t/T_M}$$

其曲线如图 4-41(b)和图 4-41(c)所示。$I_a = f(t)$ 的关系式及曲线，读者可自行写出与绘制。

4.5.4 能耗制动过渡过程

计算能耗制动过渡过程各变化量时，需要用到"虚稳态点"，我们首先介绍一下虚稳态点的概念。

图 4-42(a)中，曲线 1 为他励直流电动机任意一条机械特性曲线，曲线 2 和 3 为负载转矩特性曲线，当 $n \leqslant n_X$ 时，为曲线 2，当 $n \geqslant n_X$ 时，为曲线 3。已知曲线 1、2、3，系统飞轮矩，点 A 和点 X，求解 $A \rightarrow X$ 的过渡过程。

当 $0 \leqslant n \leqslant n_X$ 时，负载转矩 T_L 为常数，GD^2 也为常数，因此列写系统转动方程和电动机机械特性方程为

$$T - T_L = \frac{GD^2}{375} \cdot \frac{dn}{dt}$$

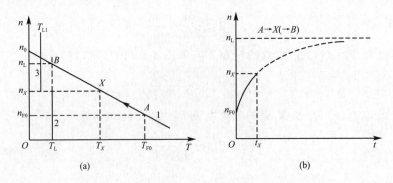

图 4-42   机械特性上 $A \to X$ 的过渡过程

$$n = n_0 - \beta T$$

消去 T，由初始条件 $T = 0, n = n_{F0}$ 得

$$n = n_L + (n_{F0} - n_L)e^{-t/T_M} \tag{4-36}$$

根据式(4-36)画出 $n = f(t)$ 曲线如(图 4-39(b)中的实线部分)，它是 $A \to B$ 这个完整的过渡过程中的 $A \to X$ 段。

式(4-36)表明，转速 n 也包含了强制分量 $(n_{F0} - n_L)e^{-t/T_M}$ 和自由分量，自由分量也按指数规律衰减。如果 $0 \leqslant n \leqslant n_X$ 这个条件不存在的话，也就是说如果 $n \geqslant n_X$，且负载转矩仍等于 T_L，那么过渡过程就将继续进行到 B 点。这时，自由分量将衰减至零，系统将恒速运行在 $n = n_L$，即 B 点将成为稳态点。但是实际的 $A \to X$ 过渡过程，在 X 点由于 T_L 的突变而中断，并没有真的进行到 B 点，因此把 B 点称为虚稳态点。分析只有虚稳态点的过渡过程时，仍然可以按三要素法进行。

为了区别有稳态点与有虚稳态点这两种过渡过程，使用的符号稍有不同。对图 4-42 所示的过渡过程用 $A \to X(\to B)$ 表示，A 为起始点，B 为虚稳态点，$A \to X$ 为所分析的实际过程，括号中的 $(\to B)$ 段并没有真正进行。

下面利用虚稳态点的概念及对只有虚稳态点的过渡过程分析的方法，具体研究他励直流电动机拖动反抗性恒转矩负载的能耗制动过程。

他励直流电动机拖动反抗性恒转矩负载进行能耗制动的机械特性如图 4-43(a)所示，其中曲线 1 为固有特性，曲线 2 为能耗制动机械特性，曲线 3 为 $n \geqslant 0$ 时的负载转矩特性，曲线 4 为 $n \leqslant 0$ 时的负载机械特性。拖动反抗性恒转矩负载的能耗制动过程就是一个制动停车的过程，从 B 点开始，到 O 点为止。

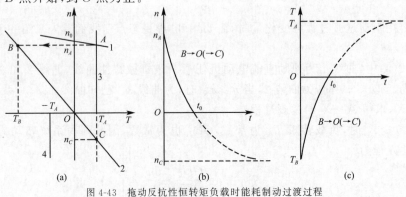

图 4-43   拖动反抗性恒转矩负载时能耗制动过渡过程

显然,能耗制动过程是 $B \rightarrow O(\rightarrow C)$ 这样一个过渡过程,其起始点为 B,虚稳态点为 C,把起始点与虚稳态点的有关数据代入转速与转矩关系式式(4-28)和式(4-30)中,便得到 $n = f(t)$ 及 $T = f(t)$,即

当 $n \geqslant 0$ 时有

$$n = n_C + (n_A - n_C) \mathrm{e}^{-t/T_M}$$

当 $n < 0$ 时有

$$T = T_A + (T_B - T_A) \mathrm{e}^{-t/T_M}$$

画出曲线如图 4-43(b)与图 4-43(c)所示。

$n = f(t)$ 曲线上 $n = 0$ 的点,其时间坐标值 t_0 就是能耗制动停车过程所用的时间。把起始点、稳态点的转速值及 $n = 0$ 代入式(4-34),得

$$t_0 = T_M \ln \frac{n_A - n_C}{-n_C}$$

或者也可以从 $T = f(t)$ 曲线上求出 t_0 为 $T = 0$ 这一点的时间坐标值,由式(4-34)可得

$$t_0 = T_M \ln \frac{T_B - T_A}{-T_A}$$

4.5.5 反接制动过渡过程

以他励直流电动机拖动位能性恒转矩负载为例,反接制动的机械特性如图 4-44(a)所示。负载的转矩特性:当 $n \geqslant 0$ 时,为曲线 3;当 $n \leqslant 0$ 时,为曲线 4。

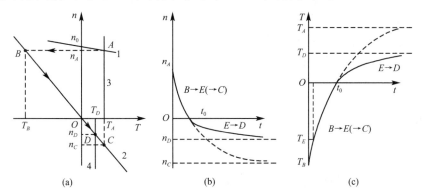

图 4-44 拖动位能性恒转矩负载时反接制动过渡过程

若仅考虑反接制动停车,则过渡过程为 $B \rightarrow E(\rightarrow C)$,$C$ 为虚稳态点,与拖动反抗性恒转矩负载时的情况是一样的。$n = f(t)$ 和 $T = f(t)$ 曲线如图 4-44(b)和图 4-44(c)中的 $B \rightarrow E(\rightarrow C)$ 段所示,制动停车时间为 t_0。

若为从反接制动开始经过反向启动直到反向回馈制动运行为止整个过渡过程,则实际上是由两部分 $B \rightarrow E(\rightarrow C)$ 段和 $E \rightarrow D$ 段组成的全过渡过程。$B \rightarrow E(\rightarrow C)$ 段与拖动反抗性恒转矩负载的情况是相同的,其 $n = f(t)$ 和 $T = f(t)$ 曲线如图 4-44(b)和图 4-44(c)中的 $B \rightarrow E(\rightarrow C)$ 段所示。$E \rightarrow D$ 过渡过程的起始点为 E,稳态点为 D,其 $n = f(t)$ 与 $T = f(t)$ 分别为

$$n = n_D - n_D \mathrm{e}^{-t/T_M}$$

$$T = T_D + (T_B - T_D) \mathrm{e}^{-t/T_M}$$

$n = f(t)$ 与 $T = f(t)$ 曲线如图 4-44(b)与图 4-44(c)中的 $E \rightarrow D$ 段所示。

注意:公式与曲线中的 t 都是从 $t=t_0$ 开始计算的。

至此,对经常遇到的一些过渡过程均进行了具体的分析。实际上电力拖动系统运行时,只要 $T\neq T_L$,就处于过渡过程中,其遵循的规律都是一样的,只要找到起始点、稳态点(或虚稳态点)和时间常数,就可写出 $n=f(t)$、$T=f(t)$ 以及 $I_a=f(t)$,进而即可确定整个过渡过程。

【例 4-10】 某台他励直流电动机的数据为 $P_N=5.6\text{ kW}$,$U_N=220\text{ V}$,$I_N=31\text{ A}$,$n_N=1\ 000\text{ r/min}$,$R_a=0.4\ \Omega$。如果系统总飞轮矩 $GD^2=9.8\text{ N}\cdot\text{m}^2$,$T_L=49\text{ N}\cdot\text{m}$,在电动运行时进行制动停车,制动的起始电流为 $2I_N$,试就反抗性恒转矩负载与位能性恒转矩负载两种情况,求:

(1)能耗制动停车的时间;

(2)反接制动停车的时间;

(3)如果当转速制动到 $n=0$ 时,不采取其他停车措施,转速达稳定值时整个过渡过程的时间。

解:(1)能耗制动停车,不论是反抗性恒转矩负载还是位能性恒转矩负载,制动停车时间都是一样的。

电动机的 $C_e\Phi_N$ 为

$$C_e\Phi_N=\frac{U_N-I_NR_a}{n_N}=\frac{220-31\times0.4}{1\ 000}=0.208\text{ V/(r}\cdot\text{min}^{-1})$$

制动前的转速即制动初始转速为

$$n_{F0}=n=\frac{U_N}{C_e\Phi_N}-\frac{R_a}{9.55(C_e\Phi_N)^2}\cdot T_L=\frac{220}{0.208}-\frac{0.4}{9.55\times0.208^2}\times49=1\ 010.3\text{ r/min}$$

制动前电动机电枢感应电动势为

$$E_a=C_e\Phi n=0.208\times1\ 010.3=210.1\text{ V}$$

制动时电枢回路总电阻为

$$R_a+R=\frac{-E_a}{-2I_N}=\frac{-210.1}{-2\times31}=3.39\ \Omega$$

虚稳态点的转速为

$$n_L=\frac{U}{C_e\Phi_N}-\frac{R_a+R}{9.55(C_e\Phi_N)^2}\cdot T_L=\frac{0}{0.208}-\frac{3.39}{9.55\times0.208^2}\times49=-402\text{ r/min}$$

制动时机电时间常数为

$$T_M=\frac{GD^2}{375}\cdot\frac{R_a+R}{9.66(C_e\Phi)^2}=\frac{9.8}{375}\times\frac{3.39}{9.55\times0.208^2}=0.214\text{ s}$$

制动停车时间为

$$t_0=T_M\ln\frac{n_{F0}-n_L}{-n_L}=0.214\times\ln\frac{1\ 010.3-(-402)}{-(-402)}=0.269\text{ s}$$

(2)反接制动时,无论是反抗性恒转矩负载还是位能性恒转矩负载,反接制动停车的时间都是一样的。制动起始点与能耗制动时相同。

反接制动时电枢回路总电阻为

$$R_a+R'=\frac{-U_N-E_a}{-2I_N}=\frac{-220-210.1}{-2\times31}=6.94\ \Omega$$

虚稳态点的转速为

$$n'_L = \frac{-U_N}{C_e\Phi_N} - \frac{R_a+R'}{9.55(C_e\Phi_N)^2} \cdot T_L = \frac{-220}{0.208} - \frac{6.94}{9.55\times(0.208)^2}\times49 = -1\,880.7\ \text{r/min}$$

反接制动机电时间常数为

$$T'_M = \frac{GD^2}{375} \cdot \frac{R_a+R'}{9.55(C_e\Phi)^2} = \frac{9.8}{375}\times\frac{6.94}{9.55\times0.208^2} = 0.439\ \text{s}$$

反接制动停车时间为

$$t'_0 = T'_M \ln\frac{n_{F0}-n'_L}{-n'_L} = 0.439\times\ln\frac{1\,010.3-(-1\,880.7)}{-(-1\,880.7)} = 0.189\ \text{s}$$

（3）不采取其他停车措施，到稳态转速时总的制动过程所用时间的计算。

①能耗制动时

· 带反抗性恒转矩负载

$$t_1 = t_0 = 0.269\ \text{s}$$

· 带位能性恒转矩负载

$$t_2 = t_0 + 4T_M = 0.269 + 4\times0.214 = 1.125\ \text{s}$$

②反接制动时

· 带反抗性恒转矩负载，先计算制动到 $n=0$ 时的电磁转矩 T 的大小，看看电动机是否能反向启动。将该点有关数据代入反接制动机械特性方程中求 T，得

$$0 = \frac{-U_N}{C_e\Phi_N} - \frac{R_a+R'}{9.55(C_e\Phi_N)^2} \cdot T$$

$$0 = \frac{-220}{0.208} - \frac{6.94}{9.55\times0.208^2} \cdot T$$

$$T = -62.97\ \text{N·m}$$

因为 $T < T_L$（-49 N·m）电动机反向启动运行到反向电动运行，所以

$$t_3 = t'_0 + 4T'_M = 0.189 + 4\times0.439 = 1.945\ \text{s}$$

· 带位能性恒转矩负载

$$t_4 = t_3 = 1.945\ \text{s}$$

可见，能耗制动停车过程与反接制动停车过程，尽管都从同一个转速起始值开始制动到转速为零，但制动时间却不同，能耗制动停车比反接制动停车要慢。

【例题 4-11】 某他励直流电动机数据为：$P_N = 15$ kW，$U_N = 220$ V，$I_N = 80$ A，$n_N = 1\,000$ r/min，$R_a = 0.2\ \Omega$，$GD_D^2 = 20$ N·m²，电动机拖动反抗性恒转矩负载，大小为 $0.8T_N$，运行在固有机械特性上。

（1）停车时采用反接制动，制动转矩为 $2T_N$，求电枢需串联的电阻值；

（2）当反接制动到转速为 $0.3n_N$ 时，为了使电动机不致反转，换成能耗制动，制动转矩仍为 $2T_N$，求电枢需串联的电阻值；

（3）取系统总飞轮矩 $GD^2 = 1.25GD_D^2$，求制动停车所用的时间；

（4）画出上述制动停车的机械特性；

（5）画出上述制动停车过程中的 $n=f(t)$ 曲线，标出停车时间。

解：（1）反接制动电阻计算

制动前电枢电流为

$$I_{a1} = \frac{0.8T_N}{T_N} \cdot I_N = 0.8\times80 = 64\ \text{A}$$

制动前电枢感应电动势为

$$E_{a1}=U_N-I_{a1}R_a=220-64\times0.2=207.2 \text{ V}$$

反接制动开始时的电枢电流为

$$I_{a2}=\frac{-2T_N}{T_N}\cdot I_N=-2\times80=-160 \text{ A}$$

反接制动电阻为

$$R_1=-\frac{-U_N-E_{a1}}{I_{a2}}-R_a=\frac{-220-207.2}{-160}-0.2=2.47 \text{ }\Omega$$

(2)转速降到 $0.3n_N$ 时换为能耗制动,制动电阻的计算

电动机额定电枢感应电动势为

$$E_{aN}=U_N-I_NR_a=220-80\times0.2=204 \text{ V}$$

能耗制动前电枢感应电动势为

$$E_{a2}=\frac{0.3n_N}{n_N}\cdot E_{aN}=0.3\times204=61.2 \text{ V}$$

制动电阻为

$$R_2=\frac{-E_{a2}}{I_{a2}}-R_a=\frac{-61.2}{-160}-0.2=0.183 \text{ }\Omega$$

(3)制动停车时间的计算

电动机的 $C_e\Phi_N$ 为

$$C_e\Phi_N=\frac{E_{aN}}{n_N}=\frac{204}{1\ 000}=0.204 \text{ V/(r}\cdot\text{min}^{-1})$$

反接制动时间常数为

$$T_{M1}=\frac{GD^2}{375}\cdot\frac{R_a+R_1}{9.55(C_e\Phi_N)^2}=\frac{1.25\times20}{375}\times\frac{0.2+2.47}{9.55\times0.204^2}=0.448 \text{ s}$$

能耗制动时间常数为

$$T_{M2}=\frac{GD^2}{375}\cdot\frac{R_a+R_2}{9.55(C_e\Phi_N)^2}=\frac{1.25\times20}{375}\times\frac{0.2+0.183}{9.55\times0.204^2}=0.064\ 2 \text{ s}$$

反接制动到 $0.3n_N$ 时电枢电流为

$$I_{a3}=\frac{-U_N-E_{a2}}{R_a+R_1}=\frac{-220-61.2}{0.2+2.47}=-105.3 \text{ A}$$

反接制动到 $0.3n_N$ 时所用的时间为

$$t_1=T_{M1}\ln\frac{I_{a2}-I_{a1}}{I_{a3}-I_{a1}}=0.448\ln\frac{-160-64}{-105.3-64}=0.13 \text{ s}$$

能耗制动从 $0.3n_N$ 到 $n=0$ 所用的时间为

$$t_2=T_{M2}\ln\frac{I_{a2}-I_{a1}}{-I_{a1}}=0.064\ 2\ln\frac{-160-64}{-64}=0.08 \text{ s}$$

整个制动停车时间

$$t_0=t_1+t_2=0.13+0.08=0.21 \text{ s}$$

(4)上述停车过程的机械特性如图 4-45(a)所示,其中反接制动起始转速为

$$n_1=\frac{U_N}{C_e\Phi_N}-\frac{I_{a1}R_a}{C_e\Phi_N}=\frac{220}{0.204}-\frac{64\times0.2}{0.204}=1\ 016 \text{ r/min}$$

反接制动稳态转速(虚稳态点)为

$$n_2 = \frac{-U_N}{C_e\Phi_N} - \frac{I_{a1}(R_a+R_1)}{C_e\Phi_N} = \frac{-220}{0.204} - \frac{64\times(0.2+2.47)}{0.204} = -1\,916 \text{ r/min}$$

能耗制动稳态转速(虚稳态点)为

$$n_3 = \frac{-I_{a1}(R_a+R_2)}{C_e\Phi_N} = \frac{-64\times(0.2+0.183)}{0.204} = -120 \text{ r/min}$$

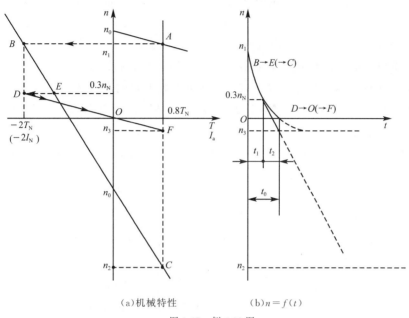

(a)机械特性   (b)$n=f(t)$

图 4-45 例 4-11 图

上述过程电动机运行点是 $B\rightarrow E\rightarrow D\rightarrow O$,经过两个过渡过程为 $B\rightarrow E(\rightarrow C)$反接制动过程和 $D\rightarrow O(\rightarrow F)$能耗制动过程。其中反接制动过程中断在 E 点,对应 $0.3n_N$ 转速,而不是制动到 $n=0$ 中断的。

(5)过渡过程 $n=f(n)$ 曲线如图 4-45(b)所示。

4.6 他励直流电动机的建模及仿真

下面以直流他励电动机为研究对象,讲解直流电动机启动、调速的建模及仿真过程。其中,直流他励电动机铭牌数据为 $R_N=185$ W,$U_N=220$ V,$I_N=1.2$ A,$n_N=1\,600$ r/min。直流他励电动机制动的建模及仿真学生可根据学习兴趣自学。

4.6.1 直流电动机的启动

由电机学理论知识可知,直流电动机的启动方式有两种:直接启动和串联电阻启动。

所谓直接启动,是指将电枢电压直接加载于电动机的电枢侧;而串联电阻启动是将电枢电压经过一个变阻器再加载于电动机的电枢侧,当电动机启动后,再将变压器从最大值逐渐减小为零。本节以串联电阻启动为例讲解直流他励电动机启动的建模及仿真。

直流他励电动机串联电阻启动的建模及其仿真步骤如下:

1.选择模块

首先建立一个新的 Simulink 模型窗口,然后根据系统的描述选择合适的模块添加至模型窗口中,建立模型所需的模块如下:

(1)选择"SimPowerSystems"模块库的"Machines"子模块库下的"DC Machine"模块作为直流他励励磁电动机。

(2)选择"SimPowerSystems"模块库的"Elements"子模块库下的"Breaker"模块作为断路器、"Series RLC Branch"模块作为电阻、"Ground"模块作为接地。

(3)选择"Sources"模块库下的"Step"模块作为串联电阻的定时开关。

(4)选择"SimPowerSystems"模块库的"Electrical Sources"子模块库下的"DC Voltage Source"模块作为直流电源。

(5)选择"SimPowerSystems"模块库的"Measurements"子模块库下的"Voltage Measurement"模块作为电压测量。

(6)选择"SimPowerSystems"模块库的"Power Electronics"子模块库下的"Ideal Switch"模块作为电源开关。

(7)选择"SimPowerSystems"模块库的"Control Blocks"子模块库下的"Timer"模块作为电源开关的给定信号。

(8)选择"Math Operation"模块库下的"Gain"模块作为比例因子。

(9)选择"Signal Routing"模块库下的"Bus Selector"模块作为直流电动机输出信号选择器。

(10)选择"Sinks"模块库下的"XY Graph"模块和 Scope 模块。

2.搭建模块

(1)搭建一个串联电阻子系统

首先将串联电阻子系统所需模块放置在合适的位置并搭建好,如图 4-46 所示。然后将图 4-46 中的模块和信号线全部选定,最后单击鼠标右键,在弹出的快捷菜单中选择"Create Subsystem",建立一个单输入单输出的子系统。

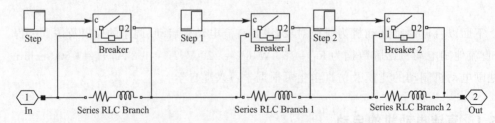

图 4-46　串联电阻 Subsystem 子系统

(2)搭建串联电阻启动模型

将所需模块放置在合适的位置,再将模块从输入端至输出端进行相连,搭建完整的串联电阻启动 Simulink 模型,如图 4-47 所示。

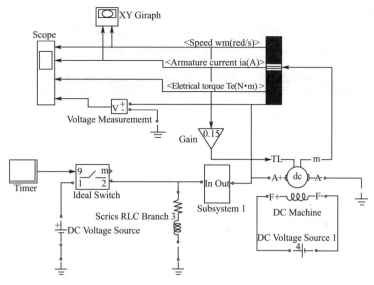

图 4-47　串联电阻启动 Simulink 模型

3. 模块参数设置

（1）"DC Machine"模块参数设置

双击"DC Machine"模块，弹出模块参数设置对话框。直流电机模块的具体参数设置如图 4-48 所示。

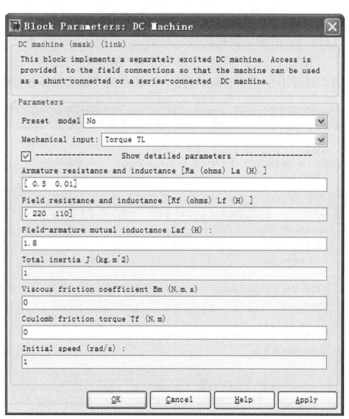

图 4-48　"DC Machine"模块参数设置对话框

（2）"Breaker"模块参数设置

双击"Breaker"模块，弹出模块参数设置对话框。"Breaker"模块、"Breaker 1"模块和"Breaker 2"模块设置相同的参数，具体参数设置如图 4-49 所示。

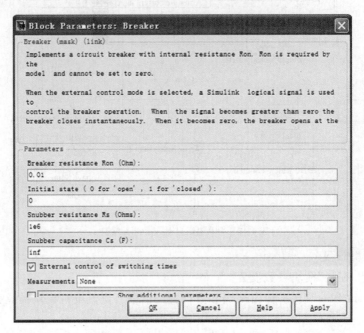

图 4-49 "Breaker"模块参数设置对话框

（3）"Series RLC Branch"模块参数设置

分别双击"Series RLC Branch"模块、"Series RLC Branch 1"模块、"Series RLC Branch 2"模块和"Series RLC Branch 3"模块，弹出如图 4-50 所示的模块初始参数设置对话框。

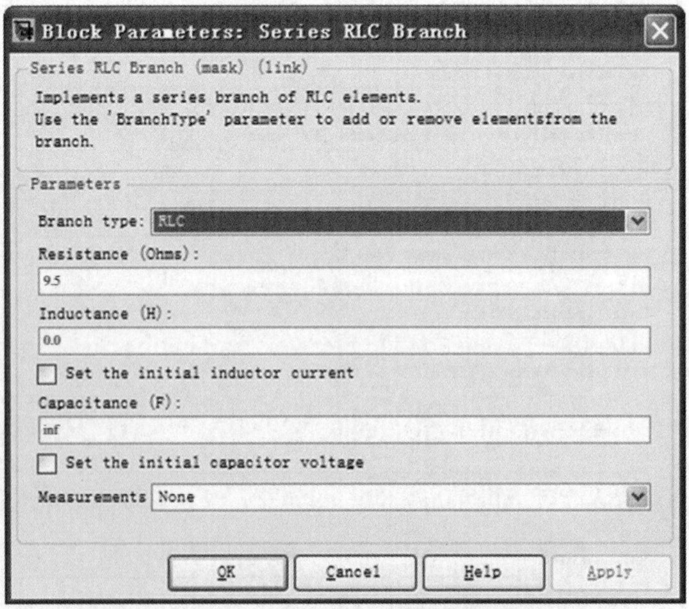

图 4-50 "Series RLC Branch"模块初始参数设置对话框

其中:"Series RLC Branch"模块的"Resistance(Ohms)"设置为"9.5""Inductance(H)"设置为"0.0""Capacitance(F)"设置为"inf";

"Series RLC Branch 1"模块的"Resistance(Ohms)"设置为"4.5""Inductance(H)"设置为"0.0""Capacitance(F)"设置为"inf";

"Series RLC Branch 2"模块的"Resistance(Ohms)"设置为"0.01""Inductance(H)"设置为"0.0""Capacitance(F)"设置为"inf";

"Series RLC Branch 3"模块的"Resistance(Ohms)"设置为"20000.0""Inductance(H)"设置为"0.0""Capacitance(F)"设置为"inf"。

(4)"Step"模块参数设置

分别双击"Step"模块、"Step 1"模块和"Step 2"模块,则弹出如图 4-51 所示的模块初始参数设置对话框。

其中:"Step"模块的"Step time"参数设置为"2.0";

"Step 1"模块的"Step time"参数设置为"5.0";

"Step 2"模块的"Step time"参数设置为"7.0"。

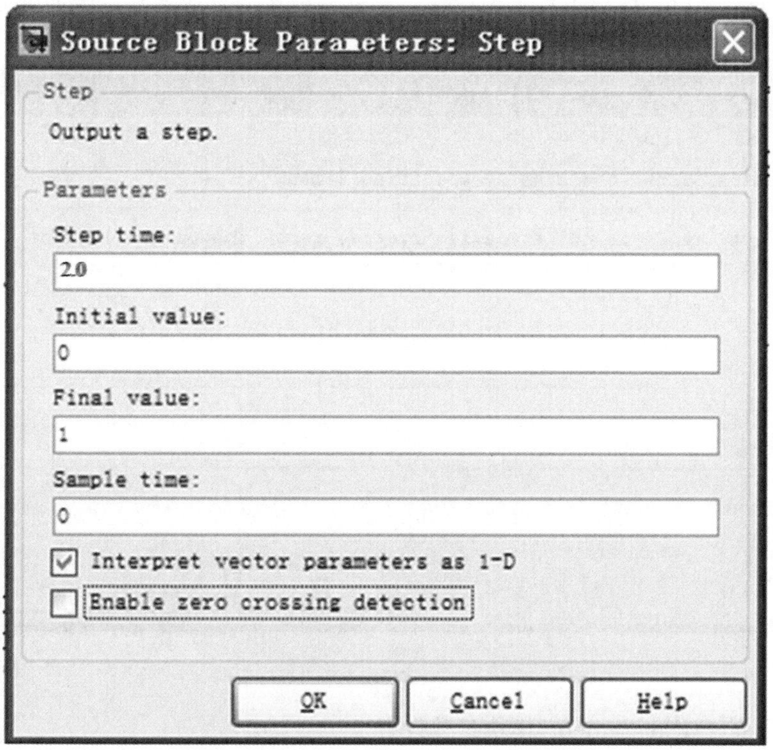

图 4-51 "Step"模块初始参数设置对话框

(5)"DC Voltage Source"模块参数设置

双击"DC Voltage Source"模块,弹出模块参数设置对话框。模块的具体参数设置如图 4-52 所示。

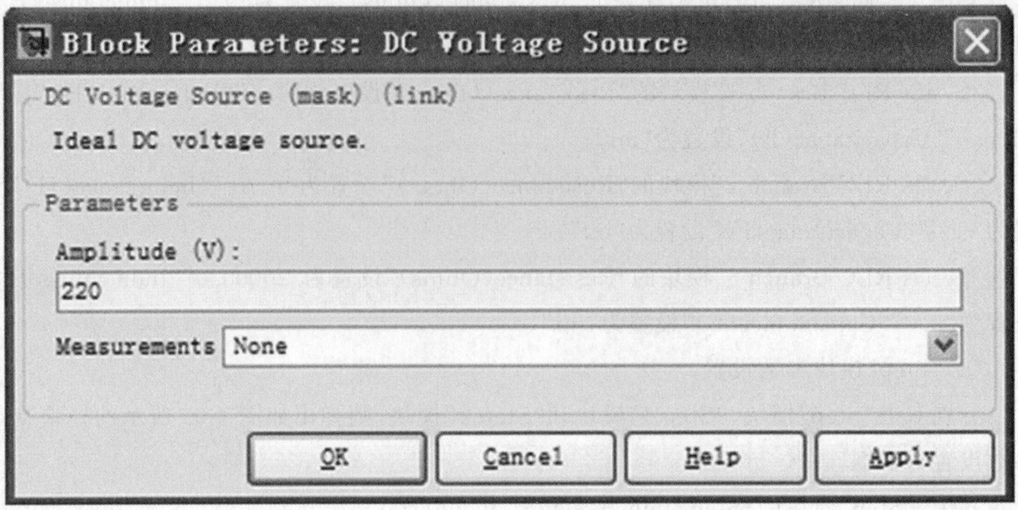

图 4-52 "DC Voltage Source"模块参数设置对话框

（6）"Timer"模块参数设置

双击"Timer"模块，弹出模块参数设置对话框。模块的具体参数设置如图 4-53 所示。

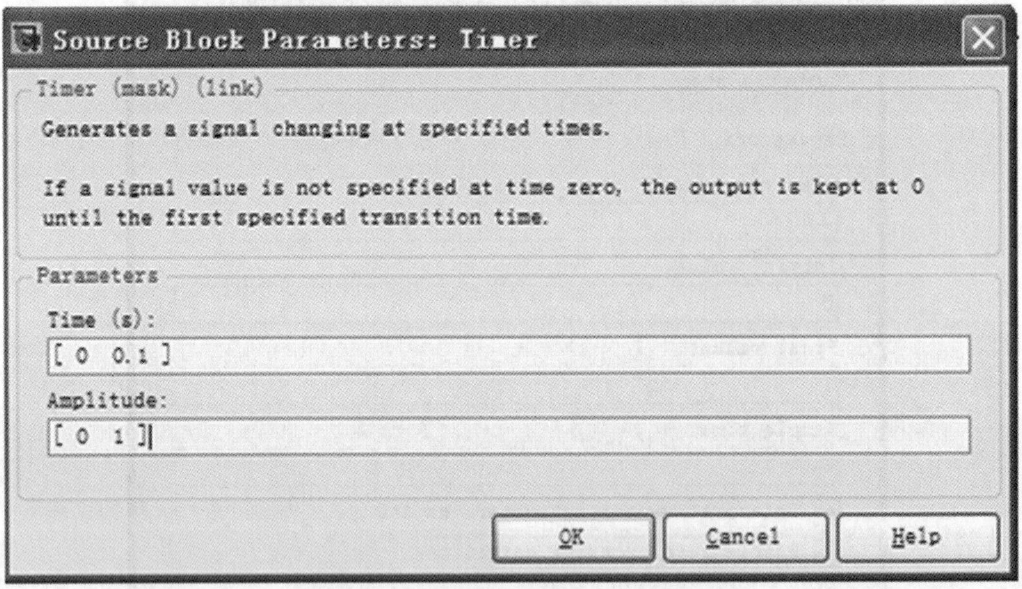

图 4-53 "Timer"模块参数设置对话框

（7）"Voltage Measurement"模块参数设置

双击"Voltage Measurement"模块，弹出模块参数设置对话框。模块的具体参数设置如图 4-54 所示。

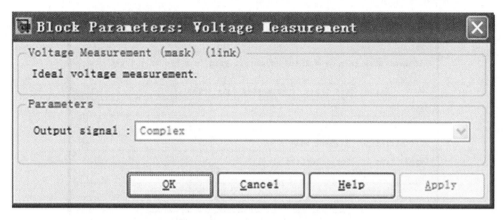

图 4-54 "Voltage Measurement"模块参数设置对话框

(8)"Ideal Switch"模块参数设置

双击"Ideal Switch"模块,弹出模块参数设置对话框。模块的具体参数设置如图 4-55 所示。

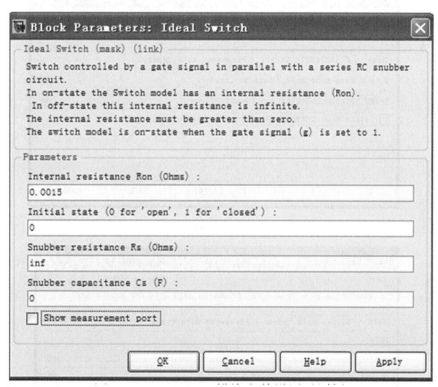

图 4-55 "Ideal Switch"模块参数设置对话框

(9)"Gain"模块参数设置

双击"Gain"模块,弹出模块参数设置对话框。模块的具体参数设置如图 4-56 所示。

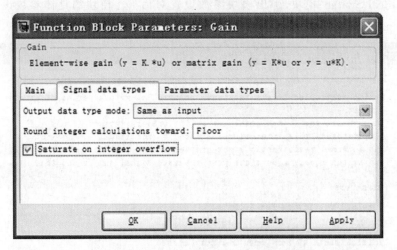

(a)"Main"参数设置

(b)"Signal data types"参数设置

(c)"Parameter data types"参数设置

图 4-56 "Gain"模块参数设置对话框

（10）"Bus Selector"模块参数设置

双击"Bus Selector"模块，弹出模块参数设置对话框如图 4-57 所示。参数设置前，先将"DC Machine"模块的输出端与"Bus Selector"模块的输入端相连，然后运行一次 Simulink，此时再双击"Bus Selector"模块，弹出如图 4-58 所示的对话框，用户只需将待输入的信号从对话框的左侧的"Signals in the bus"列表框内的信号选择到右侧的"Selected signals"列表框内即可。

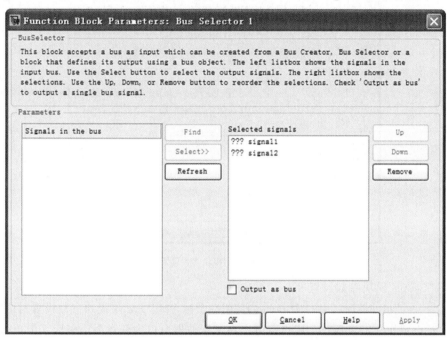

图 4-57　参数设置之前"Bus Selector"模块参数设置对话框

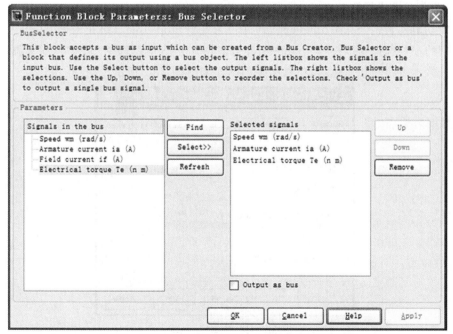

图 4-58　参数设置之后"Bus Selector"模块参数设置对话框

(11)"XY Graph"模块参数设置

双击"XY Graph"模块,弹出模块参数设置对话框,模块的具体参数设置如图 4-59 所示。

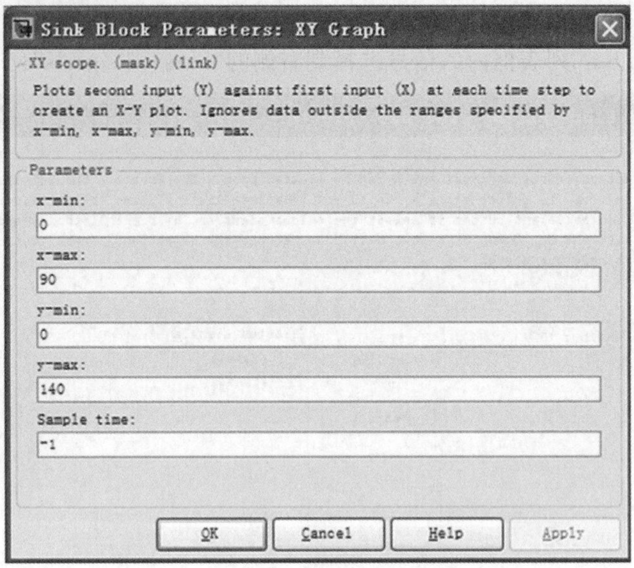

图 4-59   "XY Graph"模块参数设置对话框

(12)"Scope"模块参数设置

单击"Scope"示波器窗口中的"Parameters"属性图标,弹出"Scope"模块参数设置对话框,模块的具体参数设置如图 4-60 所示。用户也可以在该示波器窗口内任意一个坐标系中单击鼠标右键,在弹出的快捷菜单中选择"Axes properties"命令,单独对每个坐标系的 y 轴的范围进行设置。

4.仿真参数设置及其运行

设置仿真参数的"Start time"(起始时间)为"0""Stop time"(终止时间)为"10""Solver Options"的步长选择变步长"Variable-Step",解算方法"Solve"选择"ode23s"解算器,然后保存该系统模型并进行仿真运行,仿真结果如图 4-61～图 4-62 所示。

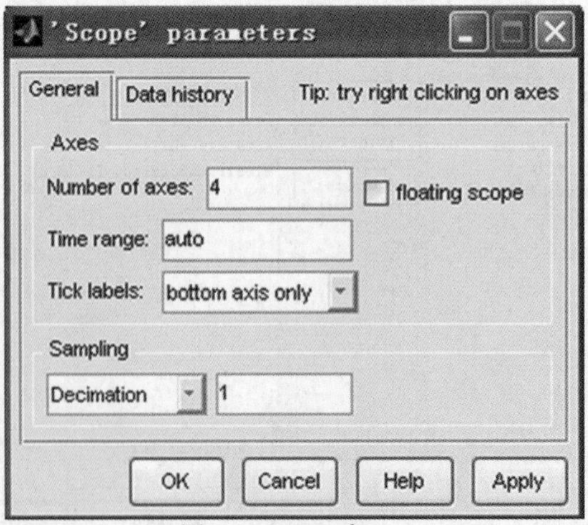

图 4-60   "Scope"示波器窗口

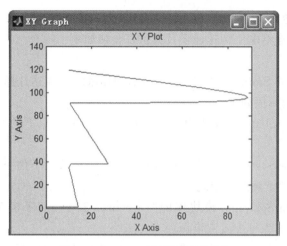

图 4-61 "XY Graph"显示的仿真结果

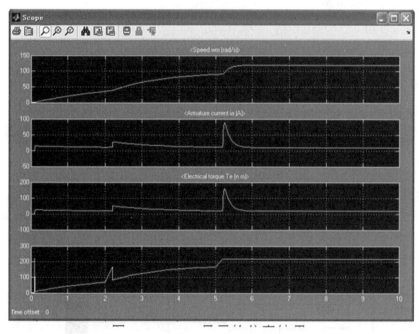

图 4-62 "Scope"显示的仿真结果(1)

4.6.2 直流电动机调速

直流电动机调速方法可以分为两种:电枢电压调速和励磁电流调速。

所谓电枢电压调速,是指在保证直流电动机励磁侧接通电源的情况下,通过改变电动机电枢侧的电枢电压或者改变电动机电枢侧串联的电阻以改变电动机的转速,其中,电枢电压的大小与电动机的转速成正比。所谓励磁电流调速,是指通过改变直流电动机励磁侧通过的电流大小改变电动机的转速。

对于不同励磁方式的直流电动机,其调速过程与变化规律基本相似。本节以他励电动机为例分别讲解直流他励电动机电枢电压调速和励磁电流调速的建模及仿真。

1.电枢电压调速

直流他励电动机电枢电压调速建模及其仿真步骤如下：

（1）选择模块

首先建立一个新的 Simulink 模型窗口，然后根据系统的描述选择合适的模块添加至模型窗口中，模型所需的模块如下：

①选择"SimPowerSystems"模块库的"Machines"子模块库下的"DC Machine"模块作为直流他励励磁电动机。

②选择"SimPowerSystems"模块库的"Elements"子模块库下的"Series RLC Branch"模块作为电阻、"Ground"模块作为接地。

③选择"SimPowerSystems"模块库的"Electrical Sources"子模块库下的"Controlled Voltage Source"模块作为可控直流电源。

④选择"SimPowerSystems"模块库的"Electrical Sources"子模块库下的"DC Voltage Source"模块作为直流电源。

⑤选择"SimPowerSystems"模块库的"Measurements"子模块库下的"Voltage Measurement"模块作为电压测量。

⑥选择"SimPowerSystems"模块库的"Control Blocks"子模块库下的"Timer"模块作为电源开关的给定信号。

⑦选择"Math Operation"模块库下的"Gain"模块作为比例因子。

⑧选择"Signal Routing"模块库下的"Bus Selector"模块作为直流电动机输出信号选择器。

⑨选择"Sinks"模块库下的"Scope"模块。

（2）搭建模块

将所需模块放置在合适的位置，再将模块从输入端至输出端进行相连，搭建完整的电枢电压调速 Simulink 模型，如图 4-63 所示。

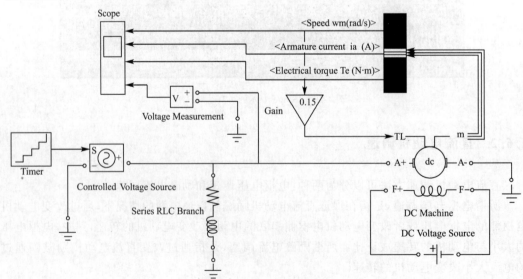

图 4-63　电枢电压调速 Simulink 模型

（3）模块参数设置

①"Timer"模块参数设置 双击"Timer"模块，弹出模块参数设置对话框，模块的具体参数设置如图 4-64 所示。

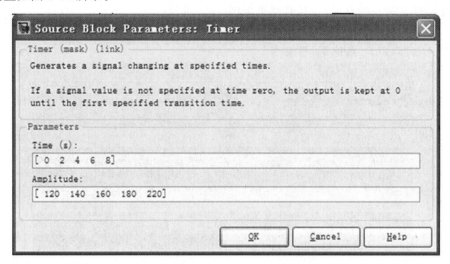

图 4-64 "Timer"模块参数设置对话框（2）

②"Controlled Voltage Source"模块参数设置 双击"Controlled Voltage Source"模块，弹出模块参数设置对话框，模块的具体参数设置如图 4-65 所示。

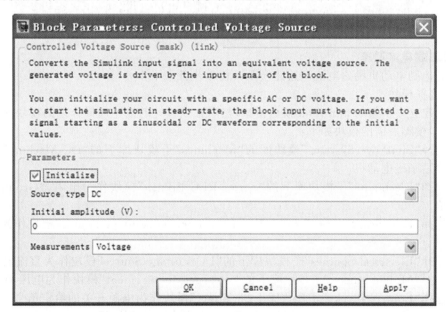

图 4-65 "Controlled Voltage Source"模块参数设置对话框

③其他模块参数设置 "DC Machine"模块、"Series RLC Branch"模块、"DC Voltage Source"模块、"Voltage Measurement"模块、"Gain"模块、"Bus Selector"模块和"Scope"模块的参数设置可以参照直流电动机启动仿真部分的内容，这里不再重复介绍。

（4）仿真参数设置及其运行

设置仿真参数的"Start time"（起始时间）为"0""Stop time"（终止时间）为"10""Solver options"的步长选择变步长"Variable-Step"，解算方法"Solve"选择"ode23s"解算器，然后保存该系统模型并进行仿真运行，仿真结果如图 4-66 所示。

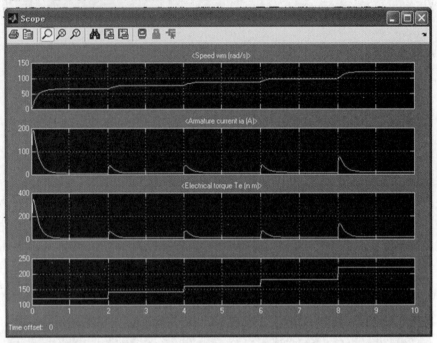

图 4-66 "Scope"显示的仿真结果（2）

2. 励磁电流调速

直流他励电动机励磁电流调速建模及其仿真步骤如下：

（1）选择模块

首先建立一个新的 Simulink 模型窗口，然后根据系统的描述选择合适的模块添加至模型窗口中，模型所需的模块如下：

①选择"SimPowerSystems"模块库的"Machines"子模块库下的"DC Machine"模块作为直流他励励磁电动机。

②选择"Elecments"子模块库下的"Series RLC Branch"模块作为电阻、"Ground"模块作为接地。

③选择"Electrical Sources"子模块库下的"Controlled Voltage Source"模块作为可控直流电源。

④选择"Electrical Sources"子模块库下的"DC Voltage Source"模块作为直流电源。

⑤选择"Measurements"子模块库下的"Voltage Measurement"模块作为电压测量。

⑥选择"Control Blocks"子模块库下的"Timer"模块作为电源开关的给定信号。

⑦选择"Math Operation"模块库下的"Gain"模块作为比例因子。

⑧选择"Signal Routing"模块库下的"Bus Selector"模块作为直流电动机输出信号选择器。

⑨选择"Sinks"模块库下的"Scope"模块。

（2）搭建模块

将所需模块放置在合适的位置，再将模块从输入端至输出端进行相连，搭建完整的励磁电流 Simulink 模型如图 4-67 所示。

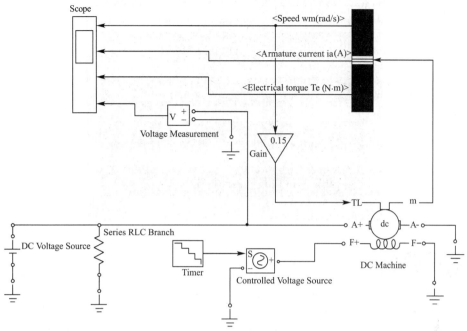

图 4-67 励磁电流调速 Simulink 模型

（3）模块参数设置

①"Timer"模块参数设置 双击 Timer 模块，弹出模块参数设置对话框，模块的具体参数设置如图 4-68 所示。

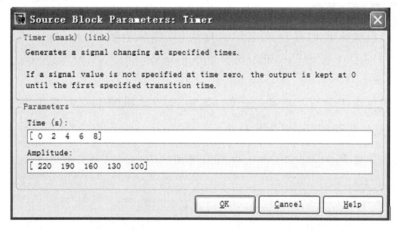

图 4-68 "Timer"模块参数设置对话框

②其他模块参数设置 "Controlled Voltage Source"模块参数设置可以参照电枢电压调速部分，而"DC Machine"模块、"Series RLC Branch"模块、"DC Voltage Source"模块、"Voltage Measurement"模块、"Gain"模块、"Bus Selector"模块和"Scope"模块的参数设置可以参照直流电动机启动仿真部分，这里不再重复介绍。

（4）仿真参数设置及其运行

设置仿真参数的"Start time"（起始时间）为"0""Stop time"（终止时间）为"10""Solver options"的步长选择变步长"Variable-Step"，解算方法"Solve"选择"ode23s"解算器，然后保存该系统模型并进行仿真运行，仿真结果如图 4-69 所示。

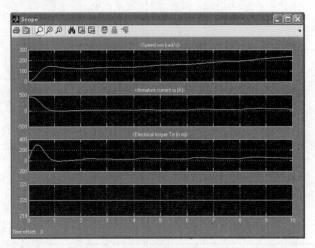

图 4-69   Scope 显示的仿真结果(3)

思政元素

　　直流电动机拖动部分教学紧密围绕课程主线展开,尤其对电机起、制动和调速,利用形象模型化解抽象概念,有效提升课堂参与度和教学效果,以此培育学生的科学精神和学术志趣。通过将理论内容与实际应用、时政热点相结合,既能增进课堂互动、活跃课堂氛围,又能引导学生树立正确的就业观念,引导其投身国家重点行业。

思考题及习题

4-1　某生产机械采用他励直流电动机拖动,其铭牌数据为:$P_N = 18.5$ kW,$U_N = 220$ V,$I_N = 103$ A,$n_N = 500$ r/min,最高转速 $n_{max} = 1\,500$ r/min,$R_a = 0.18$ Ω,电动机采用弱磁调速。求:

(1)在恒转矩负载 $T_L = T_N$ 且 $\Phi = \dfrac{1}{3}\Phi_N$ 条件下,电动机的电枢电流及转速分别是多少? 此时电动机能否长期运行? 为什么?

(2)在恒功率负载 $P_L = P_N$ 且 $\Phi = \dfrac{1}{3}\Phi_N$ 时,电动机的电枢电流及转速是多少? 此时能否长期运行? 为什么?

4-2　电动机的理想空载转速与实际空载转速有何区别?

4-3　电力拖动系统稳定运行的条件是什么? 一般来说,若电动机的机械特性是向下倾斜的,则系统便能稳定运行,这是为什么?

4-4　在图 4-70 中,哪些系统是稳定的? 哪些系统是不稳定的?

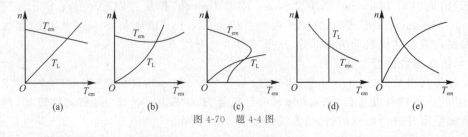

图 4-70   题 4-4 图

4-5　他励直流电动机稳定运行时,其电枢电流与哪些因素有关? 如果负载转矩不变,改变电枢回路的电阻,或改变电源电压,或改变励磁电流,对电枢电流有何影响?

4-6　直流电动机为什么不能直接启动? 如果直接启动会引起什么后果?

4-7　怎样实现他励直流电动机的能耗制动? 试说明在反抗性恒转矩负载下,能耗制动过程中 n、E_a、I_a 及 T_{em} 的变化情况。

4-8　采用能耗制动和电压反接制动进行系统停车时,为什么要在电枢回路中串联制动电阻? 哪一种情况下串联的电阻大? 为什么?

4-9　实现倒拉反转反接制动和回馈制动的条件各是什么?

4-10　当提升机下放重物时:

(1)要使他励电动机在低于理想空载转速下运行,应采用什么制动方法?

(2)若在高于理想空载转速下运行,又应采用什么制动方法?

4-11　试说明电动状态、能耗制动状态、回馈制动状态及反接制动状态下的能量关系。

4-12　什么是静差率? 它与哪些因素有关? 为什么低速时的静差率较大?

4-13　何谓恒转矩调速方式及恒功率调速方式? 他励直流电动机的三种调速方式各属于什么调速方式?

4-14　为什么要考虑调速方式与负载类型的配合? 怎样配合才合理?

4-15　他励直流电动机的 $U_N=220$ V,$I_N=207.5$ A,$R_a=0.067$ Ω,试问:

(1)直接启动时的启动电流是额定电流的多少倍?

(2)如限制启动电流为 $1.5I_N$,电枢回路应串联多大的电阻?

4-16　他励直流电动机的 $P_N=2.5$ kW,$U_N=220$ V,$I_N=12.5$ A,$n_N=1\,500$ r/min,$R_a=0.8$ Ω。试求:

(1)当电动机以 $1\,200$ r/min 的转速运行时,采用能耗制动停车,若限制最大制动电流为 $2I_N$,则电枢回路中应串联多大的制动电阻?

(2)若负载为位能性恒转矩负载,负载转矩为 $T_L=0.9T_N$,采用能耗制动使负载以 120 r/min 转速稳速下降,电枢回路应串联多大的电阻?

4-17　一台他励直流电动机,$P_N=10$ kW,$U_N=110$ V,$I_N=112$ A,$n_N=750$ r/min,$R_a=0.1$ Ω。设电动机带反抗性恒转矩负载处于额定运行。试求:

(1)采用电压反接制动,使最大制动电流为 $2.2I_N$,电枢回路中应串联多大的制动电阻?

(2)在制动到 $n=0$ 时,不切断电源,电机能否反转? 若能反转,试求稳态转速,并说明电机的工作状态。

4-18　他励直流电动机的 $P_N=4$ kW,$U_N=220$ V,$I_N=22.3$ A,$n_N=1\,000$ r/min,$R_a=0.91$ Ω,运行于额定状态,为使电动机停车,采用电压反接制动,串联于电枢回路的电阻为 9 Ω,试求:

(1)制动开始瞬间电动机的电磁转矩;

(2)$n=0$ 时电动机的电磁转矩;

(3)如果负载为反抗性负载,在制动到 $n=0$ 时不切断电源,电动机能否反转? 为什么?

4-19　他励直流电动机的 $P_N=4$ kW,$U_N=110$ V,$I_N=44.8$ A,$n_N=1\,500$ r/min,$R_a=0.23$ Ω,电动机带额定负载运行,若使转速下降为 800 r/min,那么:

(1)采用电枢串联电阻方式时,应串联多大的电阻? 此时电动机的输入功率、输出功率及效率各为多少(不计空载损耗)?

(2)采用降压方式时,电压应为多少? 此时的输入功率、输出功率和效率各为多少(不计空载损耗)?

第5章
变压器

微课

变压器

变压器是一种静止的电磁电器设备，它利用电磁感应作用将一种电压/电流的交流电能转接成同频率的另一种电压/电流的电能。变压器是电力系统中重要的电气设备，众所周知。输送一定的电能时，输电线路的电压愈高，线路中的电流和损耗就愈小。为此需要用升压变压器把交流发电机发出的电压升高到输电电压；通过高压输电线将电能经济地送到用电地区，然后再用降压变压器逐步将输电电压降到配电电压，供用户安全而方便地使用。在其他工业部门中，变压器应用也很广泛。

本章以单相变压器为例讲解变压器的结构原理、工作过程中的特点并分析其等值电路。虽然讨论的对象仅为单相变压器，但所有分析讨论的结果都适用于三相变压器在对称运行时的情况。

5.1 变压器的工作原理和结构

5.1.1 变压器的工作原理及分类

1. 变压器的基本工作原理

如图 5-1 所示为单相变压器的基本工作原理，在同一铁芯上分别绕有匝数为 N_1 和 N_2 的两个高、低压绕组，其中接电源的、从电网吸收电能的绕组称为原绕组（一次绕组），接负载的、向外电路输出电能的绕组称为副绕组（二次绕组）。

当原绕组外加电压 U_1 时，原边就有电流 I_1 流过，并在铁芯中产生与 U_1 同频率的交变主磁通 Φ，主磁通同时链绕原、副绕组，根据电磁感应定律，会在原、副绕组中产生感应电势 e_1、e_2，副边在 E_2 的作用下产生负载电流 I_2，向负载输出电能。

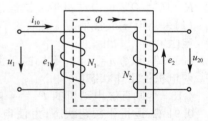

图 5-1 单相变压器的基本工作原理

根据电磁感应定律有

$$\left.\begin{array}{l} e_1 = -N_1 \cdot \dfrac{\mathrm{d}\Phi}{\mathrm{d}t} \\[2mm] e_2 = -N_2 \cdot \dfrac{\mathrm{d}\Phi}{\mathrm{d}t} \end{array}\right\} \qquad \dfrac{E_1}{E_2} = \dfrac{N_1}{N_2} = k \tag{5-1}$$

式中　k——变压器变比。

若忽略绕组内阻和漏磁通,则原、副绕组端电压近似为

$$\left.\begin{array}{l}U_1 \approx E_1\\U_2 \approx E_2\end{array}\right\}\qquad \frac{U_1}{U_2} \approx \frac{E_1}{E_2}=\frac{N_1}{N_2}=k \tag{5-2}$$

2. 变压器的用途与分类

按用途不同,变压器可分为:输配电用的电力变压器,包括升、降压变压器等;供特殊电源用的特种变压器,包括电焊变压器、整流变压器、电炉变压器、中频变压器等;供测量用的仪用变压器,包括电流互感器、电压互感器、自耦变压器(调压器)等;用于自动控制系统的小功率变压器;用于通信系统的阻抗变换器等。

5.1.2　变压器的结构

变压器的主要组成部分有铁芯、绕组、油箱、附件等。铁芯和绕组构成了变压器的器身,它们是变压器中最主要的部件。

1. 铁芯

变压器的铁芯既是磁路,又是套装绕组的骨架。铁芯由芯柱和铁轭两部分组成,芯柱用来套装绕组,铁轭将芯柱连接起来,使之形成闭合磁路。为减少铁芯损耗,铁芯用厚度为0.30～0.35 mm的硅钢片叠成,片上涂以绝缘漆,以避免片间短路。在大型电力变压器中,为提高磁导率和减少铁芯损耗,常采用冷轧硅钢片;为减少接缝间隙和励磁电流,有时还采用由冷轧硅钢片卷成的卷片式铁芯。

按照铁芯的结构不同,变压器可分为芯式和壳式两种。芯式结构的芯柱被绕组所包围,如图5-2(a)所示;壳式结构则是铁芯包围绕组的顶面、底面和侧面,如图5-2(b)所示。芯式结构的绕组和绝缘装配比较容易,因此电力变压器常常采用这种结构。壳式变压器的机械强度较好,常用于低压、大电流的变压器或小容量电信变压器。

2. 绕组及其他部件

(1)绕组

是变压器的电路部分,用纸包或纱包的绝缘扁线或圆线绕成。其中输入电能的绕组称为一次绕组(或原绕组),输出电能的绕组称为二次绕组(或副绕组),它们通常套装在同一芯柱上。一次和二次绕组具有不同的匝数、电压和电流,其中电压较高的绕组称为高压绕组,电压较低的称为低压绕组。对于升压变压器,一次绕组为低压绕组,二次绕组为高压绕组;对于降压变压器,情况恰好相反,高压绕组的匝数多、导线细;低压绕组的匝数少、导线粗。

从高、低压绕组的相对位置来看,变压器的绕组可分成同心式和交叠式两类。同心式绕组的高、低压绕组同心地套装在芯柱上,如图5-2(a)所示。交叠式绕组的高、低压绕组沿芯柱高度方向互相交叠地放置,如图5-2(b)所示。同心式绕组结构简单、制造方便,国产电力变压器均采用这种结构。交叠式绕组用于特种变压器中。

(2)其他部件

除器身外,典型油浸式电力变压器还有油箱、散热器、绝缘套管、分接开关及继电保护装置等部件。如图5-3所示为典型油浸式电力变压器的外形图。

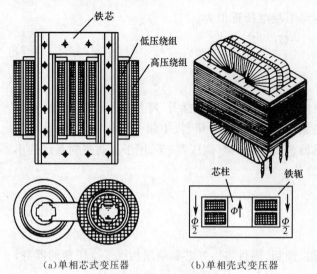

（a）单相芯式变压器　　（b）单相壳式变压器

图 5-2　变压器的结构

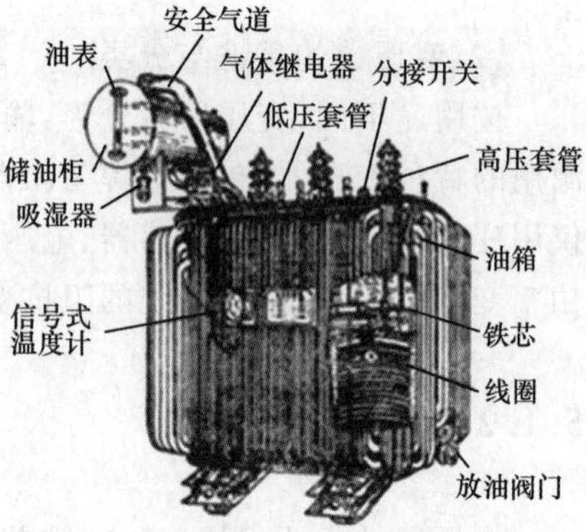

图 5-3　典型油浸式电力变压器

5.1.3　变压器的额定值与标幺值

1. 额定值

额定值是指制造厂对变压器在指定工作条件下运行时所规定的一些量值。在额定状态下运行时，可以保证变压器长期可靠地工作，并具有优良的性能。额定值亦是产品设计和实验的依据。额定值通常标在变压器的铭牌上，亦称为铭牌值，变压器的额定值主要有：

（1）额定容量 S_N

在铭牌规定的额定状态下变压器输出视在功率的保证值，称为额定容量。额定容量单位为 V·A 或 kV·A。对三相变压器，额定容量指三相容量之和。

（2）额定电压 U_N

铭牌规定的各个绕组在空载、指定分接开关位置下的端电压，称为额定电压。额定电压单位为 V 或 kV。对三相变压器，额定电压指线电压。

（3）额定电流 I_N

根据额定容量和额定电压计算出的电流称为额定电流，单位为 A。对三相变压器，额定电流指线电流。对单相变压器，一次和二次额定电流分别为

$$I_{1N}=\frac{S_N}{U_{1N}},I_{2N}=\frac{S_N}{U_{2N}}$$

（4）额定频率 f_N

我国的标准工频规定为 50 Hz。

此外，额定工作状态下变压器的效率、温升等数据亦属于额定值。

2. 标幺值

在工程计算中，各物理量有时用标幺值来表示和计算。所谓标幺值，是指某一物理量的实际值与选定的基值之比。即

$$标幺值=\frac{实际值}{基值} \tag{5-3}$$

在本书中,标幺值用符号加上标"*"来表示。标幺值乘以 100 便是百分值。

应用标幺值时,首先要选定基值(用下标"b"表示)。对于电路计算而言,四个基本物理量 U、I、Z 和 S 中,有两个量的基值可以任意选定,其余两个量的基值可根据电路的基本定律导出。例如对单相系统,若选定电压和电流的基值为 U_b 和 I_b,则功率基值 S_b 和阻抗基值 Z_b 分别为

$$S_b = U_b I_b, Z_b = \frac{U_b}{I_b} \tag{5-4}$$

计算变压器或电机的稳态问题时,常用其额定值作为相应的基值。此时一次和二次电压的标幺值为

$$U_1^* = \frac{U_1}{U_{1b}} = \frac{U_1}{U_{1N\varphi}}, U_2^* = \frac{U_2}{U_{2b}} = \frac{U_2}{U_{2N\varphi}} \tag{5-5}$$

式中 $U_{1N\varphi}$——一次额定相电压;

$U_{2N\varphi}$——二次额定相电压。

一次和二次相电流的标幺值为

$$I_1^* = \frac{I_1}{I_{1b}} = \frac{I_1}{I_{1N\varphi}}, I_2^* = \frac{I_2}{I_{2b}} = \frac{I_2}{I_{2N\varphi}} \tag{5-6}$$

式中 $I_{1N\varphi}$——一次额定相电流;

$I_{2N\varphi}$——二次额定相电流。

归算到一次侧时,等效漏阻抗的标幺值 Z_k^* 为

$$|Z_k^*| = \frac{|Z_k|}{Z_{1b}} = \frac{I_{1N\varphi}|Z_k|}{U_{1N\varphi}} \tag{5-7}$$

当系统中装有多台变压器(电机)时,可以选择某一特定的 S_b 作为整个系统的功率基值。这时系统中各变压器(电机)的标幺值需要换算到以 S_b 为功率基值时的标幺值。由于功率的标幺值与对应的功率基值成反比,在同一电压基值下,阻抗的标幺值与对应的功率基值成正比,所以其换算公式为

$$S^* = S_1^* \cdot \frac{S_{b1}}{S_b}, Z^* = Z_1^* \cdot \frac{S_b}{S_{b1}} \tag{5-8}$$

式中 S_1^*——功率基值选为 S_{b1} 时功率的标幺值;

Z_1^*——功率基值选为 S_{b1} 时阻抗的标幺值;

S^*——功率基值选为 S_b 时功率的标幺值;

Z^*——功率基值选为 S_b 时阻抗的标幺值。

应用标幺值的优点如下:

(1)不论变压器或电机容量的大小,用标幺值表示时,各个参数和典型的性能数据通常都在一定的范围以内,因此便于比较和分析。例如,对于电力变压器,漏阻抗的标幺值 $Z_k^* = 0.03 \sim 0.1 \ \Omega$;空载电流的标幺值 $I_0^* = 0.02 \sim 0.05 \ A$。

(2)用标幺值表示时,归算到高压侧或低压侧时变压器的参数恒相等。因此,用标幺值计算时不必再进行归算。

标幺值的缺点是没有量纲,无法用量纲关系来检查。

5.2 变压器的空载运行

5.2.1 变压器各电磁量的正方向

1.变压器空载运行时的磁场

变压器空载运行也称无载运行,图 5-4 为变压器空载运行的原理图,它是指原边加电源电压、副边开路的运行状况。

$$空载运行 \quad U_1 \rightarrow I_0 \rightarrow \begin{cases} I_0 N_1 = F_0 \rightarrow \Phi_m \rightarrow \begin{cases} E_1 = -N_1 \cdot \dfrac{\mathrm{d}\Phi}{\mathrm{d}t} \\[2mm] E_2 = -N_2 \cdot \dfrac{\mathrm{d}\Phi}{\mathrm{d}t} \rightarrow U_{20} \end{cases} \\[8mm] \Phi_{s1} \rightarrow E_{s1} = -N_1 \cdot \dfrac{\mathrm{d}\Phi_{s1}}{\mathrm{d}t} \end{cases}$$

N_1、N_2 分别为原、副绕组匝数;U_1 为电源电压;I_0 为原边空载电流;Φ_m、Φ_{s1} 分别为主磁通和漏磁通;E_1、E_{s1}、E_2 分别为原边感应电势、漏感电势和副边感应电势;U_{20} 为副边空载电压。

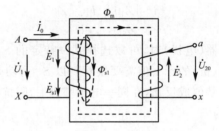

图 5-4　变压器空载运行的原理

漏磁通 Φ_{s1} 只占主磁通的$(0.1\sim0.2)\%$,主磁通 Φ_m 与 $\dot{I}_0$ 之间呈非线性关系,能向副边传递能量;而漏磁通 Φ_{s1} 与 $\dot{I}_0$ 之间呈线性关系,不能向副边传递能量。

2.变压器各电磁量的正方向

规定各电磁量的正方向的原则为:原绕组是电源的负载,则原边各量按电动机惯例;副绕组是电源,则副边各量按发电机惯例。具体规定如下:

(1)由于 U_1 是交流电,所以应先任意规定 $\dot{I}_0$ 的正方向。

(2)$\dot{U}_1$ 的正方向确定了 $\dot{I}_0$ 的正方向。

(3)Φ_m、Φ_{s1} 的正方向与 $\dot{I}_0$ 的正方向之间符合右手螺旋定则。

(4)E_1、E_{s1} 的正方向分别与 Φ_m、Φ_{s1} 的正方向之间符合右手螺旋定则。

(5)E_2 的正方向与 Φ_m 的正方向之间符合右手螺旋定则。

(6)E_2 的正方向与 $\dot{U}_2$ 的正方向相反。

5.2.2　变压器空载电压平衡方程式、空载电流、向量图及等值电路

1. 电压平衡方程

(1)电势与主磁通的关系

电源电压为正弦交流量,则主磁通也是正弦交流量,设主磁通瞬时值为

$$\Phi = \Phi_m \sin\omega t$$

根据电磁感应定律,原边感应电势为

$$E_1 = -N_1 \cdot \frac{\mathrm{d}\varphi}{\mathrm{d}t} = -N_1 \cdot \frac{\mathrm{d}(\Phi_m \sin\omega t)}{\mathrm{d}t} = -N_1 \omega \Phi_m \cos\omega t = E_{1m}\sin(\omega t - 90°)$$

式中　$E_{1m} = N_1 \omega \Phi_m$。

同理,可得副边感应电势为

$$E_2 = -N_2 \cdot \frac{\mathrm{d}\Phi}{\mathrm{d}t} = -N_2 \omega \Phi_m \cos\omega t = E_{2m}\sin(\omega t - 90°)$$

用向量式表示为

$$\left.\begin{aligned}\dot{E}_1 &= -j \cdot \frac{N_1 \omega}{\sqrt{2}} \cdot \dot{\Phi}_m = -j\,4.44 f N_1 \dot{\Phi}_m \\ \dot{E}_2 &= -j \cdot \frac{N_2 \omega}{\sqrt{2}} \cdot \dot{\Phi}_m = -j\,4.44 f N_2 \cdot \dot{\Phi}_m\end{aligned}\right\} \tag{5-9}$$

可见,感应电势的大小与匝数和主磁通幅值成正比,相位滞后于主磁通 90°。

(2)忽略绕组内阻和漏磁通时原、副边电压关系

设忽略原绕组内阻 r_1 和原边漏磁通 Φ_{s1},则有

$$\left.\begin{aligned}\dot{U}_1 &= -\dot{E}_1 \\ \dot{U}_2 &= \dot{U}_{20} = \dot{E}_2\end{aligned}\right\} \qquad \frac{U_1}{U_2} = \frac{U_1}{U_{20}} = \frac{E_1}{E_2} = \frac{N_1}{N_2} = k$$

当 $k > 1$ 时,为降压变压器;当 $k < 1$ 时,为升压变压器。忽略绕组内阻和漏磁通时空载运行向量图如图 5-5 所示。

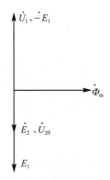

图 5-5　忽略 r_1 和 Φ_{s1} 时变压器空载运行向量图

(3)考虑绕组内阻和漏磁通时的电压方程

设原绕组内阻为 r_1,当绕组内通过电流时会产生压降 $I_0 r_1$,同时考虑漏磁通的影响,原边电压方程为

$$\dot{U}_1 = -\dot{E}_1 - \dot{U}_{s1} + \dot{I}_0 r_1 \tag{5-10}$$

式中　$\dot{E}_{s1}$——漏感电势。

漏感电势计算如下：

根据 $E_1 = -N_1 \cdot \dfrac{\mathrm{d}\Phi_{s1}}{\mathrm{d}t}$ 有

$$\dot{E}_{s1} = -j \cdot \frac{N_1\omega}{\sqrt{2}} \cdot \dot{\Phi}_{s1}$$

又根据电感定义可得

$$L_{s1} = \frac{N_1\Phi_{s1}}{\sqrt{2}\,I_0}$$

式中　L_{s1}——原绕组漏电感，由于漏磁路中存在变压器油和空气这些非导磁物质，所以磁阻基本为常数，即漏磁路为线性磁路，则漏电感也为常数。

$$\dot{E}_{s1} = -j \cdot \frac{N_1\omega}{\sqrt{2}} \cdot \dot{\Phi}_{s1} = -j\omega L_{s1}\dot{I}_0 = -jx_1\dot{I}_0 \tag{5-11}$$

电压方程为

$$\dot{U}_1 = -\dot{E}_1 - \dot{E}_{s1} + \dot{I}_0 r_1 = -\dot{E}_1 + \dot{I}_0(r_1 + jx_1) = -\dot{E}_1 + \dot{I}_0 z_1 \tag{5-12}$$

式中　x_1——原绕组的漏电抗，$x_1 = \omega L_{s1}$，它是一个常数。因此，$z_1 = r_1 + jx_1$ 为原边的漏阻抗，它也是个常数。

一般电力变压器中，存在 $I_0 r_1 \ll E_1$，则 $\dot{U}_1 \approx -\dot{E}_1$，在研究 $\dot{U}_1$ 和 $\dot{E}_1$ 时，为了分析问题方便，往往忽略 $I_0 r_1$ 的影响。

2. 变压器的空载电流

由于电源电压 $\dot{U}_1$ 为正弦交流电，所以在单相变压器中 $\dot{E}_1$ 和 Φ_m 也是按正弦规律变化的。但变压器磁路是由铁磁材料组成的，是非线性磁路。在非线性磁路中铁磁材料具有饱和现象，因此当主磁通为正弦变化时，空载电流的变化可分为以下两种情况考虑：

（1）不考虑空载损耗时的空载电流

在交流磁路中由于磁滞和涡流的存在会产生铁芯损耗，在原绕组内阻上会产生铜损耗，铁损和铜损之和即变压器空载损耗。当不考虑空载损耗时，变压器空载电流 i_0 即建立空载磁场的磁化电流 I_μ，只起励磁作用，不消耗有功功率，它滞后于 $-\dot{E}_1$ 90°，与主磁通同方向。

不考虑空载损耗时，空载电流的一般变压器铁芯工作在具有一定饱和程度的状态下，所以当电源电压为正弦波、感应电势为正弦波、主磁通为正弦波时，磁化电流为尖顶波，读者可通过平均磁化曲线 $\Phi = f(I_\mu)$ 和主磁通曲线 $\Phi = f(\omega t)$，画出磁化电流曲线 $I_\mu = f(\omega t)$，证明磁化电流为尖顶波。

（2）考虑空载损耗时的空载电流

空载损耗中主要是铁损，铜损只占空载损耗的 2%。考虑空载损耗时，变压器的空载电流 I_0 包含两个分量：一个是磁化电流 I_μ，起励磁作用，另一个是铁损电流 I_{Fe}，是有功分量，它与 $-\dot{E}_1$ 同相位。空载电流用向量表示为

$$\left.\begin{array}{l} \dot{I}_0 = \dot{I}_\mu + \dot{I}_{Fe} \\ I_0 = \sqrt{I_\mu^2 + I_{Fe}^2} \end{array}\right\} \tag{5-13}$$

空载电流、主磁通和感应电势的向量图如图 5-6 所示。电力变压器空载电流只占额定电流的 $0.5\%\sim5\%$，随着容量的增大，空载电流减小。空载电流中磁化电流是主要的，它一般约比铁损电流大 10 倍，因此铁损角 α_{Fe} 很小。

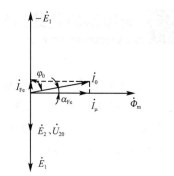

图 5-6　空载电路、主磁通和感应电势向量图

3. 变压器空载运行时向量图与等值电路

（1）向量图

图 5-7 为变压器控制运行向量图，实际上 $\dot{I}_0 r_1$ 和 $j\dot{I}_0 x_1$ 都很小，为了能清楚表示它们之间的相位关系，将这两个向量放大画了，一般漏阻抗压降小于 $0.5\% U_N$，$\dot{U}_1 \approx -\dot{E}_1$，图 5-7 中 φ_0 为 $\dot{I}_0$ 与 $\dot{U}_1$ 之间的夹角，称为空载时的功率因数角，$\varphi_0 \approx 90°$，因此变压器一般不空载运行，因为功率因数很低。

（2）等值电路

变压器中既有电路、磁路问题，又有电与磁之间相互联系问题。为了分析问题方便，在不改变变压器电磁关系条件下，工程上常用一个线性电路来代替变压器这种复杂的电磁关系，这个线性电路称为等值电路。

等值电路的推导，由原边 AX 端看，存在

$$z_0 = \frac{\dot{U}_1}{\dot{I}_0} = \frac{-\dot{E}_1 + \dot{I}_0 z_1}{\dot{I}_0} = \frac{-\dot{E}_1}{\dot{I}_0} + z_1 = z_m + z_1$$

式中　z_m——励磁阻抗，$z_m = \dfrac{-\dot{E}_1}{\dot{I}_0} = r_m + jx_m$；

　　　r_m——励磁电阻，它表示铁芯中的损耗；

　　　x_m——励磁电抗，它表示铁芯中主磁通产生的电抗。

z_m、r_m、x_m 统称为变压器励磁参数。

变压器空载运行时的等值电路如图 5-8 所示。

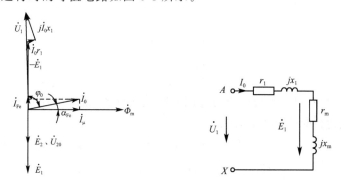

图 5-7　变压器控制运行向量图　　图 5-8　变压器空载运行时的等值电路

励磁参数可通过实验测得，由于铁芯有饱和现象，所以 r_m 和 x_m 不是常数，是随铁芯饱和程度增大而减小的参数，但实际上，电源电压可近似认为稳定，故励磁参数也可近似认为是常数。

5.3 变压器的负载运行

变压器的负载运行是指原边接电源,副边接负载 Z_L 时的工作状态。如图 5-9 所示,这时副边有负载电流 I_2 通过,原边电流为 I_1,各量正方向规定与空载运行时相同。

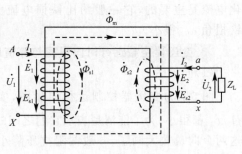

图 5-9 变压器负载运行原理

5.3.1 负载运行时的磁势平衡方程

从负载运行的电磁关系分析可知,由于副边出现了负载电流 I_2,所以在副边要产生磁势 $F_2 = I_2 N_2$,使主磁通发生变化,从而引起 E_1、E_2 的变化,E_1 的变化又使原边从空载电流 I_0 变化为负载电流 I_1,产生的磁势为 $F_1 = I_1 N_1$,它一方面要建立主磁通 Φ_m,另一方面要抵消 F_2 对主磁通的影响。由于负载时的 $I_1 z_1$ 很小,约占 $6\% U_{1N}$,忽略 $I_1 z_1$ 时有 $U_1 \approx -\dot{E}_1$,所以可认为空载时主磁通与负载时主磁通近似相等,则磁势方程为

$$\left. \begin{array}{l} \dot{F}_1 = \dot{F}_0 + (-\dot{F}_2) \\ \dot{I}_1 N_1 = \dot{I}_0 N_1 + (-\dot{I}_2 N_2) \end{array} \right\} \tag{5-14}$$

将式(5-14)两边同除以 N_1,得

$$\dot{I}_1 = \dot{I}_0 + (-\frac{N_2 \dot{I}_2}{N_1}) = \dot{I}_0 + (-\frac{\dot{I}_2}{k})$$

负载时原边负载电流由两部分组成:一部分是励磁分量 $\dot{I}_0$,用以产生负载时的主磁通,它基本不随负载变化;另一部分是负载分量 $-\dot{I}_2/k$,用以抵消副边电流 $\dot{I}_2$ 对主磁通产生的影响,它随负载变化而变化。由于 $\dot{I}_0 \ll \dot{I}_1$,所以忽略 $\dot{I}_0$ 时,原、副边电流关系为

$$\dot{I}_1 \approx -\frac{\dot{I}_2}{k}$$

或用有效值表示为

$$\frac{I_1}{I_2} = \frac{N_2}{N_1} = \frac{1}{k}$$

可见,负载运行时,原、副边电流与它们的匝数成反比,说明变压器在变电压的同时,也能变电流。负载运行时的基本方程为

原边: $\quad \dot{U}_1 = -\dot{E}_1 + (r_1 + jx_1)\dot{I}_1 = -\dot{E}_1 + \dot{Z}_1 \dot{I}_1$

副边: $\quad \dot{U}_2 = \dot{E}_2 - \dot{I}_2(r_2 + jx_2) = \dot{E}_2 - \dot{I}_2 z_2$

原、副边: $\quad \dot{E}_1 = k\dot{E}_2 \quad \dot{I}_2 = \dot{I}_0 + (-I_2/k)$

式中 r_2——副绕组的内阻;

$\quad x_2$——副绕组的漏电抗;

$\quad z_2$——副绕组的漏阻抗;

$\quad Z_L$——负载阻抗。

5.3.2　变压器负载时的基本方程、向量图及等效电路

1. 变压器的参数折算

（1）折算的目的

在对变压器进行定量计算时可用上述方程联立求解，但计算复杂，为了方便计算，引入折算法。变压器折算的目的是：简化定量计算和得出变压器原、副边之间有电联系的等值电路。

（2）折算原则

变压器的折算原则是：保持折算前、后变压器中的主磁通，原、副边的漏磁通的数量和空间分布情况不变，保持输出功率、损耗不变。

（3）折算方法

将原、副边绕组匝数变换成相同匝数，一般是副边向原边折算，即用匝数为 N_1 的原边绕组匝数代替副边绕组匝数，并保持副边绕组的磁势不变，折算后的各物理量右上角都加"'"。

①电压、电势的折算

$$\dot{E}_2 = -J4.44N_2\dot{\Phi}_m,\ \dot{E}'_2 = -j4.44fN_1\dot{\Phi}_m$$

$$\dot{E}'_2 = \dot{E}_1 = k\dot{E}_2$$

同理有
$$\dot{U}'_2 = k\dot{U}_2$$

②电流的折算

保持副边磁势不变，则有

$$\dot{I}'_2 = \frac{N_2}{N_1} \cdot \dot{I}_2 = \frac{\dot{I}_2}{k} \tag{5-15}$$

③阻抗的折算

根据折算前、后功率不变原则有

$$r'_2 = k^2 r_2 \tag{5-16}$$

同理有

$$x'_2 = k^2 x_2 \tag{5-17}$$
$$z'_2 = k^2 z_2$$
$$z'_L = k^2 z_L$$

副边向原边折算时，单位为"V"的折算值等于原值乘变比 k；单位为"A"的折算值等于原值乘变比 k 的倒数；单位为"Ω"的折算值等于原值乘变比 k 的平方。如果原边向副边折算，求折算值时应进行逆运算。

（4）折算后变压器的基本方程

原边：
$$\dot{U}_1 = -\dot{E}_1 + \dot{I}_1 z_1$$
$$-\dot{E}_1 = \dot{I}_0 z_m$$

副边：
$$\dot{U}'_2 = \dot{E}'_2 - \dot{I}'_2 z'_2$$
$$\dot{U}'_2 = \dot{I}'_2 z'_L$$

或
$$\frac{\dot{I}'_2}{\dot{E}'_2} = \frac{\dot{I}'_2}{\dot{E}_1} = \frac{1}{z'_2 + z'_L}$$

原、副边：
$$\left.\begin{array}{l}\dot{I}_1 = \dot{I}_0 + (-\dot{I}'_2) \\ \dot{E}_1 = \dot{E}'_2\end{array}\right\} \tag{5-18}$$

2. 等值电路

（1）T 形等值电路

由原边 AX 端看，存在

$$z=\frac{\dot{U}_1}{\dot{I}_1}=\frac{-\dot{E}_1+\dot{I}_1 z_1}{\dot{I}_1}=z_1+\frac{-\dot{E}_1}{\dot{I}_0+(-\dot{I}_2')}=z_1+\frac{1}{\dfrac{\dot{I}_0}{-\dot{E}_1}+\dfrac{\dot{I}_2'}{\dot{E}_2}}=z_1+\frac{1}{\dfrac{1}{z_m}+\dfrac{1}{z_2'+z_L'}}$$

$$(5\text{-}19)$$

式(5-19)表明，从 AX 端看进去的等效阻抗是由负载阻抗 z_L' 与副边漏阻抗 z_2' 串联后再与励磁阻抗 z_m 并联，最后与原边漏阻抗 z_1 串联。因此，等值电路因为其形状像字母 T，所以称为 T 形等值电路，如图 5-10 所示。

（2）Γ 形简化等值电路

T 形等值电路虽能准确反映变压器内部电磁关系，但它是串、并联电路，计算较复杂。由于 $z_1 \ll z_m$，所以为了简化计算，将励磁支路左移到电源端，使其成为 Γ 形等值电路，由此所引起的误差，工程上允许。Γ 形等值电路如图 5-11 所示。

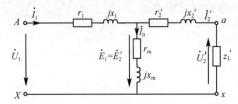

图 5-10　变压器 T 形等值电路　　　　　　　图 5-11　变压器 Γ 形等值电路

（3）简化等值电路

由于 $I_0 \ll I_1$，所以当忽略 I_0 时，励磁支路可忽略，则等值电路变成了一字形，称为简化等值电路，如图 5-12(a)所示。

如果令

$$z_k=r_k+jx_k=z_1+z_2'=(r_1+r_2')+j(x_1+x_2')$$

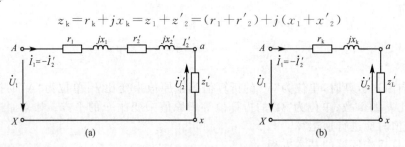

(a)　　　　　　　　　　　　　　(b)

图 5-12　变压器的简化等值电路

式中　z_k——短路阻抗；

　　　r_k——短路电阻；

　　　x_k——短路电抗。

z_k、r_k、x_k 统称为变压器的短路参数，可通过短路实验测得。简化等值电路也可表示为图 5-12(b)所示的形式。

3. 向量图

向量图能直观地表现变压器各物理量之间的相位关系。变压器所带的负载不同，向量图也不同，通常变压器的负载为感性，如已知 U_1、I_2 滞后 U_2 φ_2 角，变比 k，变压器参数 r_1、

x_1、r_2、x_2、r_m、x_m,绘制向量图的步骤如下:

(1)根据变比 k 计算出 U'_2、I'_2、r'_2、x'_2。

(2)按比例画向量 $\dot{U}'_2$、$\dot{I}'_2$,使 $\dot{U}'_2$ 超前 $\dot{I}'_2$ φ_2。

(3)在向量 $\dot{U}'_2$ 上依次画向量 $\dot{I}'_2 r'_2$(使 $\dot{I}'_2 r'_2 // \dot{I}'_2$)和 $\dot{I}'_2 x'_2$(使 $\dot{I}'_2 x'_2 \perp \dot{I}'_2$),得到向量 $\dot{E}_1 = \dot{E}'_2$。

(4)画出超前 $\dot{E}_1$ 90°的主磁通 Φ_m。

(5)根据 $\dot{I}_0 = -\dot{E}_0/z_m$ 画出向量,使它超前 Φ_m(铁损)α_{Fe}。

(6)画出向量 $-\dot{I}'_0$,根据 $\dot{I}_1 = \dot{I}_0 + (-\dot{I}'_2)$ 画出向量 $\dot{I}_1$。

(7)画出向量 $-\dot{E}_1$,在 $-\dot{E}_1$ 上依次画出向量 $\dot{I}_1 r_1$(使 $\dot{I}_1 r_1 // \dot{I}_1$)和 $\dot{I}_1 x_1$(使 $\dot{I}_1 x_1 \perp \dot{I}_1$),便得到向量 $\dot{U}_1$,$\dot{U}_1$ 与 $\dot{I}_1$ 的夹角是原边的功率因数角。变压器带感性负载的向量图如图 5-13 所示,为了清楚起见,其中原、副边的阻抗放大了,但实际存在 $U_1 \approx E_1$,$U_2 \approx E_2$。

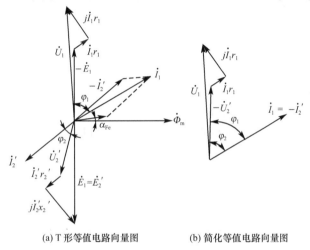

(a) T 形等值电路向量图　　　　(b) 简化等值电路向量图

图 5-13　变压器带感性负载运行时的向量图

5.4　变压器等值电路参数的实验测定

变压器等值电路的参数可以用开路实验和短路实验来确定,它们是变压器的主要实验项目。

5.4.1　空载实验

空载实验亦称开路实验,其接线图与等值线路如图 5-14 所示。实验时,二次绕组开路,一次绕组加以额定电压,测量此时的输入功率 P_0、电压 U_1 和电流 I_0,由此即可计算出励磁阻抗。

变压器二次绕组开路时,一次绕组的电流 I_0 就是励磁电流 I_m。由于一次漏阻抗比励磁阻抗小得多,所以若将它略去不计,可得励磁阻抗 $|Z_m|$ 为

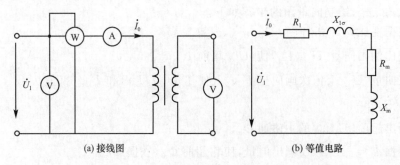

(a) 接线图　　　　　　　　　　　(b) 等值电路

图 5-14　空载实验的接线图与等值电路

$$|Z_m| \approx \frac{U_1}{I_0} \qquad\qquad (5\text{-}20)$$

空载电流很小,它在一次绕组中产生的电阻损耗可以忽略不计,这样空载输入功率可认为基本上是供给铁芯损耗的,故励磁电阻 R_m 应为

$$|R_m| \approx \frac{P_0}{I_0^{\,2}} \qquad\qquad (5\text{-}21)$$

故励磁电抗 X_m 为

$$X_m = \sqrt{|Z_m|^2 - R_m^{\,2}} \qquad\qquad (5\text{-}22)$$

为了实验时的安全和仪表选择的方便,开路实验时通常在低压侧加上电压,高压侧开路,此时测得的值为归算到低压侧时的值。归算到高压侧时,各参数应乘以 k^2,$k = N_{高压}/N_{低压}$。

5.4.2　短路实验

短路实验亦称为负载实验,图 5-15 所示为短路实验时的接线图及等值电路。实验时,把二次绕组短路,一次绕组上加一可调的低电压。调节外加的低电压使短路电流达到额定电流,测量此时的一次电压 U_k、输入功率 P_k 和电流 I_k,由此即可确定等效漏阻抗。

从简化等值电路可见,变压器短路时,外加电压仅用于克服变压器内部的漏阻抗压降,当短路电流为额定电流时,该电压一般只有额定电压的 $5\% \sim 10\%$;因此短路实验时变压器内的主磁通很小。励磁电流和铁耗均可忽略不计;于是变压器的等效漏阻抗即短路时所表现的阻抗 Z_k,即

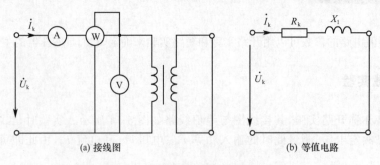

(a) 接线图　　　　　　　　　　　(b) 等值电路

图 5-15　短路实验的接线图及等值电路

$$|Z_k| \approx \frac{U_k}{I_k} \qquad\qquad (5\text{-}23)$$

不计铁耗时,短路时的输入功率 P_k 可认为全部消耗在一次和二次绕组的电阻损耗上,故

$$R_k = \frac{P_k}{I_k^2} \tag{5-24}$$

等效漏抗 X_k 则为

$$X_k = \sqrt{|Z_k|^2 - R_k^2} \tag{5-25}$$

短路实验时,绕组的温度与实际运行时不一定相同;按国家标准规定,测出的电阻应换算到 75 ℃ 时的数值。若绕组为铜线绕组,则电阻为

$$R_{k(75\,℃)} = R_k \cdot \frac{234.5 + 75}{234.5 + \theta} \tag{5-26}$$

式中　θ——实验时的室温。

短路实验常在高压侧加电压,由此所得的参数值为归算到高压侧时的值。

短路实验时,使电流达到额定值时所加的电压 U_{1k},称为阻抗电压或短路电压。阻抗电压用额定电压的百分值表示时,阻抗电压的百分值亦是铭牌数据之一。

$$U_k = \frac{U_{1k}}{U_{1N}} \times 100\% = \frac{I_{1N}|Z_k|}{U_{1N}} \times 100\% \tag{5-27}$$

变压器中漏磁场的分布十分复杂,因此要从测出的 X_k 中把 $X_{1\sigma}$ 和 $X'_{2\sigma}$ 分开是极为困难的。由于工程上大多采用近似或简化等值电路来计算各种运行问题,所以通常没有必要把 $X_{1\sigma}$ 和 $X'_{2\sigma}$ 分开。有时假设 $X_{1\sigma} = X'_{2\sigma}$ 以把两者分离。

5.5　变压器稳态运行特性

变压器的运行特性包含两个方面:外特性和效率特性。

5.5.1　外特性

变压器的外特性即当原边绕组施加额定电压,负载的功率因数保持不变时,副边绕组端电压随负载电流的变化规律 $U_2 = f(I_2)$。

由于原边绕组所加电压始终为额定值,所以主磁通保持不变,副边绕组的感应电动势 E_2 也保持不变。在电源电压 U_1 不变时,次级电流 I_2 变化引起初、次级绕组漏电抗压降变化,进而使次级电压 U_2 变化;同时,负载性质 $\cos\varphi_2$ 不同,虽次级电流 I_2 相同,引起漏阻抗压降的相位不同,也会使次级电压 U_2 大小有所不同。把 U_1 =常值以及 $\cos\varphi_2$ 一定时,$U_2 = f(I_2)$ 的关系曲线称为变压器的外特性。由于变压器原、副边线圈中均有漏阻抗存在,所以在负载运行时,当负载电流流过漏阻抗时,就有电压降,因而变压器副边的输出电压将随负载电流的变化而变化,变化规律与负载的性质有关。

如图 5-16 所示为变压器在不同负载时的外特性。感性负载外特性曲线的 U_2 随 I_2 增加而下降;容性负载的 U_2 下降少,有时甚至可能得到上翘的外特性。在一定程度上,电压调整率可以反映出变压器的供电品质,是衡量变压器性能的一个非常重要的指标。电压调整率 ΔU 可衡量次级电压变化的大小。ΔU 为以空载达到额定负载电流 I_{N2} 时,次级电压数

值的变化量与次级额定电压(空载电压)值之比,即

$$\Delta U = \frac{U_{N2} - U'_2}{U_{N2}} \times 100\% \tag{5-28}$$

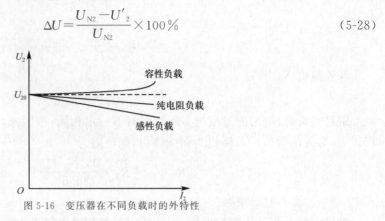

图 5-16 变压器在不同负载时的外特性

5.5.2 效率特性

在负载运行时,在原边绕组所施加的电压不变的前提下,铁耗为一常数,通常称为不变损耗。由于变压器原边绕组所加电压为额定电压,所以负载运行时,变压器存在两种损耗(铁耗与铜耗),变压器的铁耗与原边绕组所施加的电压有关,初级绕组输入功率的小部分消耗于初级绕组铜耗和铁耗,而大部分为电磁功率,由初级传到次级,其铁耗可认为与空载实验时所测的空载损耗相等。在变压器中,电磁功率的本质是由磁场传递的功率,这个功率达到次级后,又有小部分消耗于次级绕组的铜耗,余下便是输出功率,变压器的铜耗为原边、副边绕组电阻上所消耗的功率。变压器的效率指次级输出有功功率 P_2 与初级输入有功功率之比 P_2,即

$$\eta = \frac{P_2}{P_1} \tag{5-29}$$

与旋转电机相比,变压器的损耗小,效率高。经求解,可得效率最高的条件为当不变损耗(铁耗)等于可变损耗(铜耗)时,变压器具有最高效率。效率的高低可以反映变压器运行的经济性能,它也是一项重要指标。由于变压器是一种静止的装置,在能量传递过程中没有机械损耗,所以其效率比同容量的旋转电机要高一些。

5.6 三相变压器

现代工业多采用三相制交流电。三相电力系统中就需要三相变压器。三相变压器可视为三个单相变压器的组合。

5.6.1 三相变压器的磁路

现在的电力系统普遍采用三相制供电,因此三相变压器应用得最为广泛。目前,存在两种形式的三相变压器可供选择,一种是由三个单相变压器所组成的三相组式变压器,如图 5-17 所示;

另一种是由铁轭把三个铁芯芯柱连接在一起而构成的三相芯式变压器,如图 5-18 所示。三相组式变压器磁路系统的特点是三相主磁通沿各自磁路闭合,相互独立,三相磁路彼此无关。三相芯式变压器磁路系统的特点是每相主磁通通过另外两相磁路闭合,三相磁路彼此相关。

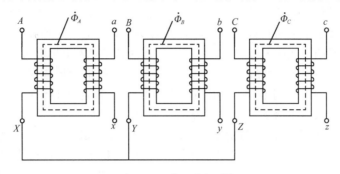

图 5-17　三相组式变压器

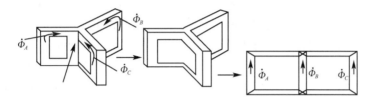

图 5-18　三相芯式变压器

1. 各相磁路彼此独立

各相主磁通以各自铁芯作为磁路,即铁芯独立,磁路互不关联。各相磁路的磁阻相同,当三相绕组接对称的三相电压时,各相的励磁电流和磁通对称。

2. 各相磁路彼此相关

通过中间三个芯柱的磁通等于三相磁通的总和。当外施电压为对称三相电压,三相磁通也对称时,其总和 $\dot{\Phi}_A+\dot{\Phi}_B+\dot{\Phi}_C=0$,即在任意瞬间,中间芯柱磁通为零。在结构上省略了中间的芯柱,称为三相三铁芯芯柱变压器。三相铁芯互不独立、三相磁路互相关联、中间相的磁路较短,令外施电压为对称三相电压,三相励磁电流也不完全对称,中间相励磁电流较其余两相为小。与负载电流相比励磁电流很小,如负载对称,三相电流基本对称。中间相磁路短,磁阻小,励磁电流较小。

三相组式变压器和三相芯式变压器的区别在于:

(1)采用三相芯式变压器供电时,任何一相发生故障,整个变压器都要进行更换;如果采用三相组式变压器,只要更换出现故障的一相即可。因此三相芯式变压器的备用容量为组式变压器的 3 倍。在三相组式变压器中,每个单相变压器体积小、质量轻、便于运输、备用容量小。

(2)对于大型变压器来说,如果采用组式结构,体积较大,运输不便。基于以上考虑,为节省材料,多数三相变压器采用芯式结构。但对于大型变压器而言,为减少备用容量以及确保运输方便,一般都是三相组式变压器。在三相芯式变压器中,由于一般电力变压器的空载电流较小,所以它的不对称对变压器负载运行的影响很小,可不予考虑。

5.6.2　绕组连接法与连接组

　　三相变压器的原、副边绕组都可以根据需要接成星形（Y）或三角形（△）。一旦按规定的接法连接完成，其表示方法便随之确定。常见的变压器绕组有两种接法，即三角形接线和星形接线；在变压器的连接组别中"D"表示三角形接线，"Yn"表示星形带中性线接线，其中，"Y"表示星形，"n"表示带中性线；变压器的两个绕组组合起来就形成了四种接线组别："Y,y""D,y""Y,d"和"D,d"。我国主要采用"Y,y"和"Y,d"。Y 连接时包括带中性线和不带中性线两种；不带中性线则不增加任何符号表示，带中性线则在"Y"后面加"n"表示。"n"表示中性点有引出线。变压器的接线组别是三相绕组变压器原、副边对应的线电压之间的相位关系，采用时钟表示法。"Yn0"接线组别中 U_{AB} 与 U_{ab} 相重合，时针、分针都指在 12 上。"12"在新的接线组别中，就以"0"表示。"Yn,d11"中的"11"表示：当一次侧线电压向量作为分针指在时钟 12 点的位置时，二次侧的线电压向量在时钟的 11 点位置。"11"表示变压器二次侧的线电压 U_{ab} 滞后于一次侧线电压 U_{AB} 330°（或超前 30°）。

　　三相变压器的连接组由两部分组成：一部分表示三相变压器的连接方法；一部分表示连接组标号。连接组标号是由原边、副边线电动势的相位差决定的。当三相绕组 Y 连接时，线电动势的大小为相电动势的 3 倍，相位则超前相应相电动势 30°；当三相绕组△连接时，线电动势与相电动势相等。当原边、副边相电动势的相位关系确定后，线电动势的关系也随之确定，便可根据线电动势的相位关系来确定连接组标号。连接组标号有两层含义：一方面原边、副边线电动势相位差都是 30°的整数倍，该倍数即连接组标号；另一方面代表着时钟的整点数，如果规定原边线电动势作为分针始终指向 12 点不动，副边绕组的线电动势作为时针，沿顺时针方向转动，指向几点，则连接组标号就是几，这就是所谓的时钟表示法。也可以理解为把高压线圈的电势向量看成长针，低压线圈的电势向量看成短针，把长针指到零（12）点，看短针指在哪一个数值上，就把这个数值作为连接组标号。

　　三相变压器的连接组号反映了三相变压器连接方式及原、副边线电动势（或线电压）的相位关系。三相变压器的连接组号不仅与绕组的绕向和首、末端标志有关，而且还与三相绕组的连接方式有关，判断连接组的方法如下：

　　(1)由连接图确定连接方式。

　　(2)在连接图上标出高、低压绕组的线电动势和相电动势。线电动势的方向从双下标的第一个字母的相电动势指向第二个字母的相电动势。

　　(3)画出高压绕组的电动势向量图。

　　(4)画出低压绕组的电动势向量图。先画相电势向量，再画线电势向量。

　　(5)判断连接组号，写出连接组。

　　找出某个对应的高、低压绕组的线电动势的相位差，确定钟点数。

　　三角形连接的两种方式分别如图 5-19 和图 5-20 所示。

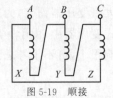

图 5-19　顺接

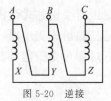

图 5-20　逆接

1. "Y,y"连接的三相变压器的连接组别

(1)以同名端为首端

以同名端为首端的连接组如图 5-21 所示,则

$$\dot{E}_{AB} = \dot{E}_B - \dot{E}_A \tag{5-30}$$

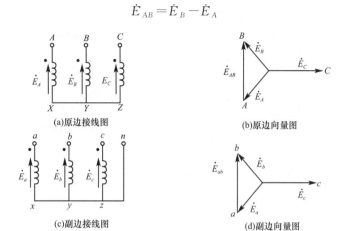

(a)原边接线图　　　　(b)原边向量图

(c)副边接线图　　　　(d)副边向量图

图 5-21　连接组:Y,yn0

(2)以非同名端为首端

以非同名端为首端的连接组如图 5-22 所示,则

$$\dot{E}_{AB} = \dot{E}_B - \dot{E}_A \tag{5-31}$$

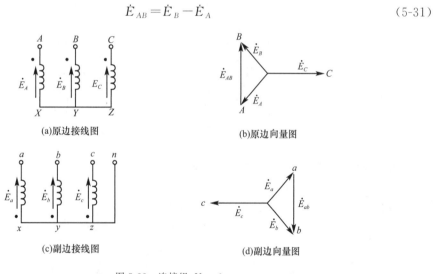

(a)原边接线图　　　　(b)原边向量图

(c)副边接线图　　　　(d)副边向量图

图 5-22　连接组:Y,yn6

2. "D,d"连接的三相变压器的连接组别

(1)原、副边连接不同时

原、副边连接不同时的连接组如图 5-23 所示,则

$$-\dot{E}_A = \dot{E}_{AB} \tag{5-32}$$

$$\dot{E}_b = \dot{E}_{ab} \tag{5-33}$$

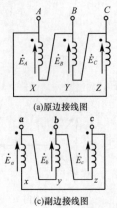
(a)原边接线图

(b)原边向量图

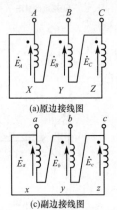
(c)副边接线图

(d)副边向量图

图 5-23   连接组号:D,d10

（2）原、副边连接相同时

原、副边连接相同时的连接组如图 5-24 所示,则

$$\dot{E}_A = \dot{E}_{AB} \tag{5-34}$$

$$-\dot{E} = \dot{E}_{ab} \tag{5-35}$$

(a)原边接线图

(b)原边向量图

(c)副边接线图

(d)副边向量图

图 5-24   连接组号:D,d0

3."Y,d"连接的三相变压器的连接组别

（1）顺接三角形连接时

采用顺接三角形连接时的连接组如图 5-25 所示,则

$$\dot{E}_{AB} = \dot{E}_B - \dot{E}_A \tag{5-36}$$

$$\dot{E}_a = \dot{E}_{ab} \tag{5-37}$$

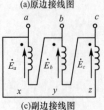
(a)原边接线图

(b)原边向量图

(c)副边接线图

(d)副边向量图

图 5-25   连接组:Y,d1(1)

（2）逆接三角形连接时

采用逆接三角形连接时的连接组如图 5-26 所示,则

$$\dot{E}_{AB} = \dot{E}_B - \dot{E}_A$$

$$\dot{E}_b = \dot{E}_{ab}$$

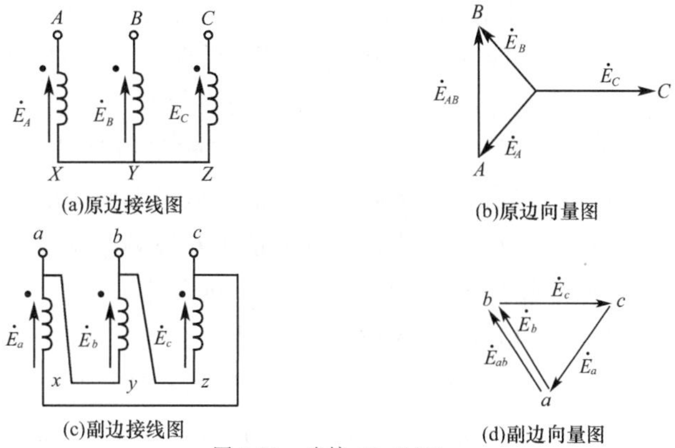

(a)原边接线图　　　　　　　　　(b)原边向量图

(c)副边接线图　　　　　　　　　(d)副边向量图

图 5-26　连接：Y,d1(2)

由以上分析可见,不同的连接方式有不同的连接组别;不论是"Y,y"连接组还是"Y,d"连接组,如果原边绕组的三相标记不变,把副边绕组的三相标记 a、b、c 依次改为 c、a、b（相序不能变）,则副边绕组的各线电动势向量将分别转过 120°,相当于转过 4 个钟点;若改标记为 b、c、a,则相当于转过 8 个钟点。对"Y,y"连接而言,可得 0、4、8、6、10、2 六个偶数组号;对"Y,d"连接而言,可得 11、3、7、5、9、1 六个奇数组号。变压器连接组的种类很多,为了制造和并联运行时的方便;我国规定"Y,yn0""Y,d11""YN,d11""YN,y0"和"Y,y0"作为三相双绕组电力变压器的标准连接组,其中以前三种最为常用。"Y,yn0"连接组的副边可引出中性线,成为三相四线制,作为配电变压器时可兼供动力和照明负载。"Y,d11"连接组用于副边电压超过 400 V 的线路中,这时二次侧接成三角形连接,对运行有利。"YN,d11"连接组主要用于高压输电线路中,使电力系统的高压侧有可能接地。

4. 三相变压器的连接法及磁路结构对电动势波形的影响

变压器的铁芯是由铁磁材料构成的,铁磁材料的磁化曲线是一条呈饱和特性的曲线。在单相变压器中,当外加电压是正弦波时,电动势及产生电动势的主磁通也应是正弦波,但由于磁路饱和的关系,空载电流将是尖顶波,其中除基波外,还含有较强的三次谐波和其他高次谐波。在三相变压器中,由于原、副边绕组的连接方法不同,所以空载电流中不一定能含有三次谐波分量,这就将影响到主磁通和相电动势的波形,并且这种影响还与变压器的磁路系统有关。

（1）"Y,y"连接三相变压器的电势波形

在原边绕组有中线的情况（"YN,y"）下,三次谐波电流会以中线作为自己的回路。三次谐波电流的存在使得励磁电流呈尖顶波,所对应磁通及绕组感应电动势接近于正弦波。但当原边绕组没有中线（"Y/y"）时,三次谐波电流由于没有回路而无法存在,因此励磁电流呈正弦波,所对应磁通便是含有三次谐波分量的平顶波。因而当原边绕组采用星形连接且无中线引出时,空载电流中不可能含有三次谐波分量,空载电流就呈正弦波形（五次及以上的高次谐波,因其值不大,故可不计）。平顶波主磁通中除基波磁通 Φ_1 外,还含有三次谐波磁通 Φ_3。三次谐波磁通的大小及其影响取决于磁路系统的结构,现分三相组式变压器和三相芯式变压器两种情况来讨论。

①三相组式变压器   因为构成三相组式变压器的三个单相变压器磁路彼此独立,所以在每个单相变压器的铁芯中,三次谐波磁通分量都可以流过。每相绕组的电动势由基波磁通和三次谐波磁通共同感应产生。Φ_3可以在铁芯中存在,因此Φ为平顶波,感应电动势为尖顶波,其中的三次谐波幅值可达基波幅值的45%~60%。相电动势的最大值升高很多,可能击穿绝缘绕组,因此,三相组式变压器不采用"Y,y"连接。

②三相芯式变压器 Φ_3不能在铁芯中流过,只能借助于油和油箱壁等形成回路。三相芯式变压器的磁路彼此关联,励磁电流的三次谐波分量因没有回路而在铁芯中无法流通。虽然它仍可以通过油路或空气形成闭合回路,但由于该磁路的磁导率小、磁阻大,所以其数值是不大的。因此,可以忽略三次谐波磁通所产生的感应电动势,认为绕组中的电动势单独由磁通的基波分量所感应产生,呈正弦波。但以三倍于基波频率交变的三次谐波磁通,会在油箱中产生涡流损耗,致使油箱局部过热,降低变压器的效率。

(2)"Y,d"或"D,y"连接三相变压器的电动势波形

在"Y,d"连接的三相变压器中,原边绕组采用没有中线的星形连接,所以励磁电流便呈正弦波,而不存在三次谐波电流分量。当三相变压器采用"D,y"连接时,原边空载电流的三次谐波分量可以流通,于是主磁通和由它感应的相电动势E_1和E_2都是正弦波。原边空载电流中不存在三次谐波分量,因此主磁通和原、副边相电动势中都会有三次谐波分量。由于副边绕组采用三角形(△)连接方式,自身形成一闭合回路,所以便会有$\dot{E}_3$产生的三次谐波电流$\dot{I}_3$流通。原边绕组中不存在三次谐波电流,无法抵消$\dot{I}_3$对铁芯中磁通的影响,$\dot{I}_3$便会在铁芯中产生三次谐波磁通Φ'_{m3}。副边绕组的电阻远小于绕组对三次谐波的电抗,Φ'_{m3}会抵消铁芯中原先存在的三次谐波磁通Φ_{m3},从而大大削弱绕组中的三次谐波电动势,因此合成磁通及其感应的电动势都接近正弦波形。

三相变压器的相电动势波形与绕组接法及磁路系统有密切关系。只要变压器有一侧是三角形连接,就能保证主磁通和电动势为正弦波形,这是因铁芯中的磁通取决于原、副边绕组中的总磁动势。因此,三角形连接的绕组在原边或在副边,其作用是一样的。因此一般三相变压器常采用"Y,d"或"D,y"连接。在大容量高压变压器中,当需要原、副边都是星形连接时,可另加一个接成三角形的小容量的第三绕组,兼供改善电动势波形之用。

5.6.3   并联运行

当负荷容量很大,一台变压器不能满足要求时,可采用变压器并联运行。并联运行是指将两台或多台变压器的一次侧以及二次侧同极性的端子之间,通过同一母线分别互相连接的运行方式。并联运行也可指将几台变压器的原、副边绕组分别接在一、二次侧的公共母线上,共同向负载供电的运行方式。图5-27所示为多台变压器并联运行的情况。

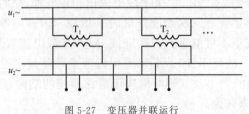

图5-27   变压器并联运行

1. 变压器并联运行的理想情况

并不是任意的变压器都可以组合在一起就能并联运行的,为减少损耗,避免可能出现的危险情况,希望并联运行的变压器能实现以下理想情况:

(1)空载时,为减少绕组铜耗,应保证并联运行的各变压器之间无环流。

(2)负载时,为使各变压器都能得到充分利用,每台变压器应该按其容量成比例地承担负载。

(3)负载时,为了提高带载能力,并联运行各变压器的副边绕组电流相位应相同。

2. 并联运行时必须满足的条件

要达到理想并联运行的要求,应满足下列条件:

(1)各台变压器的额定电压应相等,并且各台变压器的电压比应相等。

(2)各台变压器的连接组别必须相同。

(3)各台变压器的短路阻抗(或短路电压)的标幺值应相等。

3. 并联运行的方式

(1)连接组别不同时变压器的并联运行

若两台变压器的变比和短路阻抗标幺值均相等,但是连接组别不同,则并联运行时其后果更为严重。因为连接组别不同,两台变压器二次侧线电压的相位就不同,至少相差 $30°$,因此会产生很大的电压差。变压器的短路阻抗很小,非常大的电压差将在两台变压器的二次绕组中产生很大的环流,超过额定电流很多倍,使变压器的绕组可能被烧毁。因此,连接组别不同的变压器是绝对不允许并联运行的。

(2)连接组别相同变比不相等时的变压器并联运行

以两台变压器并联为例:设两台变压器的连接组别相同,但变比不同。

将原边各物理量折算到副边,并忽略励磁电流,则可得到并联运行时的简化等值电路,如图 5-28 所示。

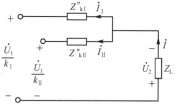

图 5-28　两台变压器并联运行的等值电路

①空载　空载时变压器内部有环流存在。即

$$\dot{I}_C = \frac{\dfrac{\dot{U}_1}{k_{\mathrm{I}}} - \dfrac{\dot{U}_1}{k_{\mathrm{II}}}}{Z''_{k\mathrm{I}} + Z''_{k\mathrm{II}}} \tag{5-38}$$

式中,$Z''_{k\mathrm{I}}$、$Z''_{k\mathrm{II}}$ 为折算到副边的短路阻抗。该环流同时存在于变压器的原、副边线圈中,对副边来说,环流就是式(5-38)所计算出的电流。

第一台变压器原边中的环流为　$I_{\mathrm{I}} = \dfrac{-\dot{I}_C}{k_{\mathrm{I}}}$ \tag{5-39}

第二台变压器原边中的环流为　$I_{\mathrm{II}} = \dfrac{-\dot{I}_C}{k_{\mathrm{II}}}$ \tag{5-40}

因 $k_{\mathrm{I}} < k_{\mathrm{II}}$,故两变压器原边的环流大小不等。当原边电压 U_1 一定时,空载环流的大小正比于变压器变比倒数的差值,反比于两个变压器折算到副边的短路阻抗之和。因一般电力变压器阻抗很小,故即使变比相差不大也能引起相当大的环流。为了保证变压器并联运行,空载电流不应超过额定电流的 10%。

②负载 当变压器带负载运行时,利用等效电路有

$$-\dot{I}_{\mathrm{I}} = \frac{\dfrac{\dot{U}_1}{k_{\mathrm{I}}} - \dfrac{\dot{U}_1}{k_{\mathrm{II}}}}{Z''_{k\mathrm{I}} + Z''_{k\mathrm{II}}} - \frac{Z''_{k\mathrm{II}}}{Z''_{k\mathrm{I}} + Z''_{k\mathrm{II}}} \cdot \dot{I} = \dot{I}_C - \dot{I}_{\mathrm{I\,L}} \tag{5-41}$$

$$-\dot{I}_{\mathrm{II}} = -\frac{\dfrac{\dot{U}_1}{k_{\mathrm{I}}} - \dfrac{\dot{U}_1}{k_{\mathrm{II}}}}{Z''_{k\mathrm{I}} + Z''_{k\mathrm{II}}} - \frac{Z''_{k\mathrm{II}}}{Z''_{k\mathrm{I}} + Z''_{k\mathrm{II}}} \cdot \dot{I} = -\dot{I}_C - \dot{I}_{\mathrm{II\,L}} \tag{5-42}$$

可见,变压器负载运行时,每一台变压器的电流都是由环流和负载分量两部分组成的,其中环流等于空载时的电流,是由于变比不等而引起的;两台变压器的环流大小相等、方向相反,说明两台变压器副方的环流由一台变压器流到另一台变压器。两台变压器的负载分量则按变压器的短路阻抗成反比分配,它们与总电流成正比。

（3）短路抗阻标幺值不等时变压器的并联运行

假设有两台变比相等、连接组别也相同的变压器并联运行。由于变比相等,所以环流不存在,只剩下负载分量,可以利用两台变压器短路阻抗压降相同进行推导。各负载电流的标幺值与各自的短路阻抗的标幺值成反比。若短路阻抗的标幺值相等,则并联运行的变压器同时达到满载;如果不相等,则短路阻抗标幺值小的变压器首先达到满载。

当 n 台变压器并联运行时,第 i 台变压器副边电流的标幺值为

$$I_i^* = \frac{I}{Z_{ki}^* \sum\limits_{i=1}^{n} \dfrac{I_{Ni}}{Z_{ki}^*}} \tag{5-43}$$

其中

$$I = I_{\mathrm{I}} + I_{\mathrm{II}} + \cdots + I_i + \cdots + I_n \tag{5-44}$$

$$\sum_{i=1}^{n} \frac{I_{Ni}}{Z_{ki}^*} = \frac{I_{N\mathrm{I}}}{Z_{k\mathrm{I}}^*} + \frac{I_{N\mathrm{II}}}{Z_{k\mathrm{II}}^*} + \cdots + \frac{I_{Ni}}{Z_{ki}^*} + \cdots + \frac{I_{Nn}}{Z_{kn}^*} \tag{5-45}$$

可用容量代替副边电流,若电压变化率很小可以忽略不计,则变压器并联时,各变压器原、副边电压分别相等,因此各变压器负载容量的标幺值与各负载电流标幺值相等,即

$$S_{\mathrm{I}}^* = \frac{S_{\mathrm{I}}}{S_{N\mathrm{I}}} = \frac{U_2 I_{\mathrm{I}}}{U_{2N} I_{N\mathrm{I}}} = I_{\mathrm{I}}^* \quad (U_2 = U_{2N}) \tag{5-46}$$

因此各变压器负载容量的计算公式为

$$S_{\mathrm{I}}^* = \frac{S}{Z_{ki}^* \sum\limits_{i=1}^{n} \dfrac{S_{Ni}}{Z_{ki}^*}} \text{ 或 } S_i = \frac{S_{Ni}}{Z_{ki}^* \sum\limits_{i=1}^{n} \dfrac{S_{Ni}}{Z_{ki}^*}} \tag{5-47}$$

5.7 电力拖动系统中的特殊变压器

变压器的种类很多,除了主要的单相和三相电力变压器之外,本节研究自耦变压器、电压互感器和电流互感器等特殊用途变压器的基本原理和特点。

5.7.1　自耦变压器

自耦变压器是从双绕组（指初、次级绕组）变压器演变来的，它因用料省、效率高而得到广泛应用。航空上使用的有单相和三相自耦变压器，实验室中更普遍将它作为调压器使用。

图 5-29 所示为单相自耦变压器的电路，铁芯没有画出，只有一个绕组，总匝数为 W_1，中间在匝数为 W_2 处有抽头点 a。当初级 AX 接电源电压 U_1 后，在次级 ax 端即可获到电压 U_2。与双绕组单相变压器一样，其变比为

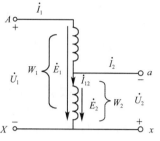

图 5-29　单相自耦变压器的电路

$$k = \frac{W_1}{W_2} = \frac{E_1}{E_2} = \frac{U_1}{U_2} \tag{5-48}$$

其磁势平衡方程为 $I_1 W_1 + I_2 W_2 = I_0 W_1$，其中 $I_0 W_1$ 为建立主磁通所需的励磁磁势，由于它数值很小可忽略，故

$$\dot{I}_1 W_1 + \dot{I}_2 W_1 = 0 \tag{5-49}$$

由自耦变压器的特点可知，在绕组的 W_2 段内实际流过的电流按节点电流平衡方程为

$$\dot{I} = \dot{I}_1 + \dot{I}_2 \tag{5-50}$$

将式（5-50）代入式（5-49），经整理得

$$\dot{I} = \dot{I}_1 (1-k) \tag{5-51}$$

式中 k 一般大于 1，电流 $\dot{I}$ 与 $\dot{I}_1$ 相位相反，k 愈接近 1，则电流 $\dot{I}$ 的数值愈小。上述分析说明，自耦变压器不仅比普通单相变压器省了一个低压绕组，而且保留一个绕组的 W_2 部分通过的电流值小，因此可减少导线的用料（省铜）和减小铜耗。质量减轻、体积缩小是自耦变压器的优越之处。

自耦变压器除了通过 W_2 传递电磁功率以外，电源通过部分绕组（$W_1 - W_2$）直接把部分功率传递给次级绕组，称为传导功率；次级绕组的总功率为电磁功率和传导功率之和。若把图 5-28 中的 a 点做成滑动接触，让匝数 W_2 可变，则输出电压 W_2 可变，可以作为可调电压源用。如实验室常用的自耦调压变压器可把 220 V 电源电压变换成其他电压，调压范围为 0～250 V。

自耦变压器由于初、次级绕组之间有电的直接联系，高压边的高电位会传导到低压边，所以其低压边包括用电负载必须用与高压边同样等级的绝缘和过压安全保护装置。对三相自耦变压器，三相的中点都必须可靠地接地，否则当出现单相短路故障时，另两相的低压边会引起过电压，危及用电设备。自耦变压器的这些缺点限制了它的使用范围。

5.7.2　电压互感器

电压互感器是一种特殊的降压变压器，如图 5-30 所示。它的功用是把高电压变换成便于直接检测的电压值，普遍用于测量装置中，在控制系统和微机检测系统也大量应用。

如图 5-31 所示，将待测高电压 U_1 变换成合适的低电压信号 U_2，如在 110 V 以内，以便使用普通电压表测读。按降压需要，初级匝数 W_1 大于次级匝数 W_2。根据变压器基本原理可知

$$U_2 \approx \frac{U_1}{k} = U_1 \cdot \frac{W_1}{W_2} \tag{5-52}$$

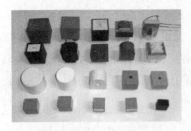
(a)超小型微型精密电压互感器

(b)供应10 kV户外抗谐振电压互感器

(c)电容式电压互感器

图 5-30　电压互感器示例

式(5-52)不能严格成立,因为初、次级绕组有电阻漏抗,有工作电流就存在压降,从而使电压互感器带来误差。作为检测元件的电压互感器有两种误差:一种是电压数值误差,即输出电压偏离变比关系;另一种是电压相位误差,通常以$-\dot{U}_2$偏离$\dot{U}_1$的相位角计。按实际误差大小不同,电压互感器的准确级别分为五个等级:0.1、0.2、0.5、1、3。例如,常用的 0.5 级精度的电压互感器,在额定电压时,数值误差不超过$\pm0.5\%$,相位误差不超过$\pm20'$。使用电压互感器时,绝对不允许短路,因为当次级绕组短路(例如误接入电流表时)时将会在初、次级绕组中产生很大的短路电流,既影响被测系统,又会烧坏电压互感器。为此常在次级绕组或在初、次级绕组中安装熔断器,起

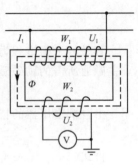
图 5-31　电压互感器电路

短路保护作用。当局部绝缘损坏时,初级绕组高压会传到次级绕组,危及操作人员和设备。因此,为了安全,应将次级绕组和铁芯可靠接地。

5.7.3　电流互感器

电流互感器是一种特殊的升压(减流)变压器,如图 5-32 所示。它的功用是把大电流变换成便于直接检测的电流值。电流互感器普遍用于测量装置中,同时在控制系统和微机检测系统也被大量应用。

如图 5-33 所示,电流互感器匝数很少的初级绕组串联于待测大电流I_1的电路中,其匝数很多的次级绕组可产生合适的小电流信号I_2,一般在 5 A 以内,以便使用普通电流表测读。

注意:被测初级电流I_1是外加的,因此电流互感器是恒流源工作状态,这是它的特点。

根据磁势平衡方程$\dot{I}_1W_1+\dot{I}_2W_2=\dot{I}_0W_1$,当$I_0$很小可忽略时,$\dot{I}_1W_1+\dot{I}_2W_2=0$,可得次级输出电流的数值为$I_2\approx kI_1=I_1(W_1/W_2)$,因$W_1\ll W_2$,故$k\ll1$。

测量要求的理想条件是:数值上I_2与I_1应保持严格变比关系;相位上$-\dot{I}_2$与$\dot{I}_1$同相位。但实际上,由于有励磁电流I_0存在,所以必然引起误差。

电流互感器也有两种误差:一为电流数值误差(偏离线性变比关系);二为电流相位误差($-\dot{I}_2$偏离$\dot{I}_1$的相位角)。根据实际误差值不同,电流互感器的准确级别分为五个等级:0.1、0.2、0.5、1、3。例如常用的 0.5 级精度的电流互感器,在额定电流时,数值误差不超过$\pm0.5\%$;相位误差不超过$\pm40'$。使用电流互感器时,绝对不允许次级绕组开路,因为当$Z'_1=\infty$时,致使$\dot{I}_0=\dot{I}_1$并通过很大的励磁阻抗Z_m,在次级绕组两端会有很高的电压,将造成危险。从物理概念亦可以理解,当次级绕组开路时,$I_2=0$,因此励磁磁势$\dot{I}_0W_1=\dot{I}_1W_1$很大,结果铁芯中磁通很大并进入饱和段,会使匝数的次级绕组电压很高。为此,常在次级

绕组装保护开关,在不测量时保持次级绕组是闭路。当局部绝缘损坏使初级绕组大电流所在的电网电压传到次级绕组时,将危及操作人员和设备,为此应将次级绕组和铁芯接地。

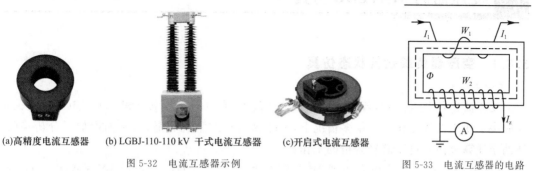

(a)高精度电流互感器　　(b) LGBJ-110-110 kV 干式电流互感器　　(c)开启式电流互感器

图 5-32　电流互感器示例　　　　　　　　　　　图 5-33　电流互感器的电路

5.7.4　其他特殊用途变压器

电焊机在生产中的应用非常广泛,它是利用变压器的特殊外特性(二次侧可以短时短路)的性能而工作的,实际上是一台降压变压器。

1. 磁分路动铁芯电焊变压器

在图 5-34 所示的磁分路动铁芯电焊变压器电路中,原、副边绕组分装于两铁芯柱上,在两铁芯柱之间有一磁分路,即动铁芯,动铁芯通过一螺杆可以移动调节,以改变漏磁通的大小,从而达到改变电抗的大小。

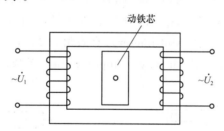

图 5-34　磁分路动铁芯电焊变压器

2. 串联可变电抗器的电焊变压器

在普通变压器副绕组中串联一可变电抗器,电抗器的气隙 δ 通过一螺杆调节其大小,图 5-35 所示为串联可变电抗器的电焊变压器的电路。

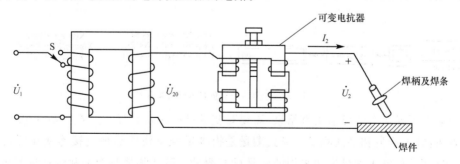

图 5-35　串联可变电抗器的电焊变压器的电路

5.8 变压器的 MATLAB 仿真

5.8.1 变压器负载运行状态仿真

变压器在负载运行时,若忽略励磁阻抗和漏抗,则其一次侧电压和二次侧电压电流关系仅取决于变压器的变比。在很多情况下,不能忽略励磁阻抗和漏抗,从而增加了分析难度。借助于计算机仿真可以减轻分析的工作量。

【例 5-1】 有一台单相变压器,其额定参数:$f_N = 50$ Hz,$s_N = 10$ kV·A,$U_{1N}/U_{2N} = 380/220$ V,一、二次绕组的漏阻抗分别为 $Z_1 = (0.17 + 0.22j)\Omega$,$Z_2 = (0.03 + 0.05j)\Omega$,励磁阻抗 $Z_m = (30 + 310j)\Omega$,负载阻抗 $Z_L = (4 + 5j)\Omega$。使用 SIMULINK 建立仿真模型,计算在高压侧施加额定电压时,一、二次侧的实际电流、励磁电流以及二次侧的电压。

解:在用 SIMULINK 进行仿真时,可以采用变压器的等值电路模型,使用者不用列写变压器方程。使用 SIMULINK 的 Power System Blockset 中的模块能够很方便地构造变压器的仿真模型,对其特性及运行状态进行仿真。

(1)建立仿真模型

在 SIMULINK 仿真窗口中,从 Simulink/SimPowerSystems 库中分别拖入线性变压器(Linear Transformer)、单向电压源(AC Voltage Source)、电压测量(Voltage Measurement)、电流测量(Current Measurement)、万用表(Multimeter)、有效值(RMS)计算、RLC 串联支路(Series RLC Branch)、数值显示(Numeric display of input values)等模块,按照图 5-36 进行连接,建立仿真模型。

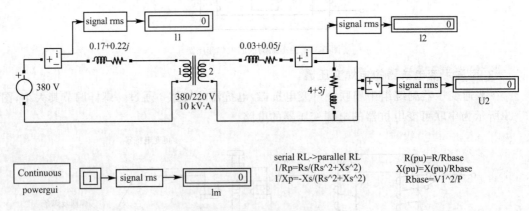

图 5-36　线性变压器负载运行仿真模型

为了以可视化方式显示仿真结果,需要对变量进行测量并显示。在 Simulink 中有两种测量方法:显式测量和隐式测量。显式测量是指测量的模块明显地直接连接在所需测量的位置,例如电流、电压测量模块采用的就是显式测量。隐式测量是指不和仿真模型显示的直接连接,通过内部变量传递,将所需测量的参数提取出来,进行后续计算或者显示,万用表模块采用的就是隐式测量。

(2)模块参数设置

用鼠标双击各个模块可以对模块的参数进行设置。多数模块的参数设置对话框有 Help 按钮,可以在线查看模块使用说明。一些模块的帮助说明中有实例(example),可以单击启用并且联机进行仿真。

①线性变压器模块 线性变压器模块的参数设置如图 5-37 所示。各个参数说明依次为:

Nominal power and frequency [Pn(VA) fn(Hz)]——额定容量和额定频率。

Winding 1 parameters [V1(Vrms) R1(pu) L1(pu)]——绕组 1 参数、电压有效值、电阻标幺值、电抗标幺值。

Winding 2 parameters [V2(Vrms) R2(pu) L2(pu)]——绕组 2 参数、电压有效值、电阻标幺值、电抗标幺值。

Three windings transformer——变压器第三绕组选项。

Magnetization resistance and reactance[R_m(pu) Lm (pu)]——励磁电阻和励磁电抗。

Measurements——测量选项。

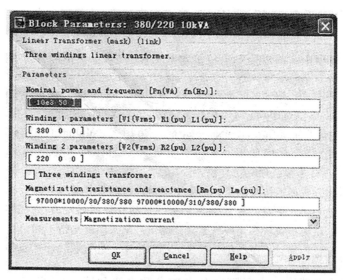

图 5-37 线性变压器模块的参数设置

按照图 5-37 中的数值设置各项参数。本例中绕组的漏抗在原理图中采用显示方式给出,即在原理图中使用串联 RLC 分支模块给出了漏抗的 $R+jX$ 模型。所以设置 $R_1=0$,$L_1=0$,$R_2=0$,$L_2=0$;测量(Measurements)一栏选择测量励磁电流(Magnetization Current)。这样在万用表(Multimeter)的参数中就会出现变压器的励磁电流参数 I_{mag},可以使用万用表进行测量。由于励磁电流不能直接通过电流测量模块测量,所以这里使用万用表模块进行测量。本例中使用的线性变压器模型为两绕组变压器,因此第三绕组变压器选择框为未选定状态。

需要特别说明的是:线性变压器的参数设置中的励磁阻抗值、电力系统模块库(SimPowerSystems)中线性变压器的模型采用的是并联等值电路模型,如图 5-38 所示。

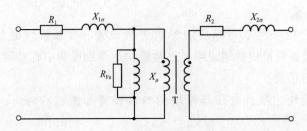

图 5-38　Simulink 中线性变压器模块的等值电路

图 5-38 中励磁阻抗为电阻 R_{Fe} 和电抗 X_{μ} 并联模型,本例中给出的为电阻 R_m 和电抗 X_m 的串联模型,因此在计算仿真时必须将 RL 串联模型转换成 RL 并联模型,转换公式为

$$\frac{1}{R_{Fe}} = \frac{R_m}{R_m^2 + X_m^2} \qquad \frac{1}{X_{\mu}} = \frac{X_m}{R_m^2 + X_m^2} \tag{5-53}$$

式中　R_m——等值串联电阻;

　　　X_m——电抗值。

经过转换后将本例中给出的串联阻抗模型转换成并联阻抗模型后,填写到励磁阻抗参数表中。在填写参数时,这里没有计算出相应的电阻和电抗结果,而采用了表达式的方式给出相应的值。这样做的好处是只要计算参数和方法正确,就可以避免由于手工计算产生误差或者错误。

线性变压器模型中一些电阻和电抗的参数为标幺值,标幺值的计算公式为

$$R(pu) = \frac{R}{R_{base}} = \frac{RP}{V_1^2}, L(pu) = \frac{L}{L_{base}} = \frac{2\pi f_N RP}{V_1^2} \tag{5-54}$$

式中　$R(pu)$——电阻的标幺值;

　　　$L(pu)$——电抗的标幺值;

　　　R——电阻值;

　　　L——电抗值;

　　　P——变压器额定功率;

　　　V_1——变压器第一绕组的额定电压;

　　　f_N——变压器的额定频率。

②串联阻抗分支模块　串联阻抗分支的参数设置如图 5-39 所示。各个参数说明依次为:

Branch type——分支类型选项,包括 R、L、C、RL、RC、LC、RLC 七个备选项,选项不同,随后的参数列表不同。

Resistance（Ohms）——分支电阻。

Inductance（H）——分支电抗。

本例中选择了 RL 选项,因此随后出现电阻和电抗参数设定项。

注意:电抗的单位为亨（H）,需要将本例中给定的单位（Ω）转换成相应的电抗值（H）。

按照图 5-39 中的参数设定相应的值,其他两个 RL 分支参数的设定可以参照进行。

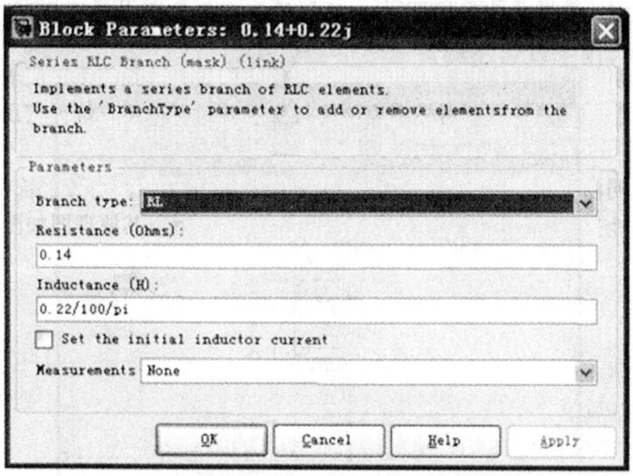

图 5-39　串联阻抗分支的参数设置

③电源模块　理想正弦电压模块的参数设置如图 5-40 所示。

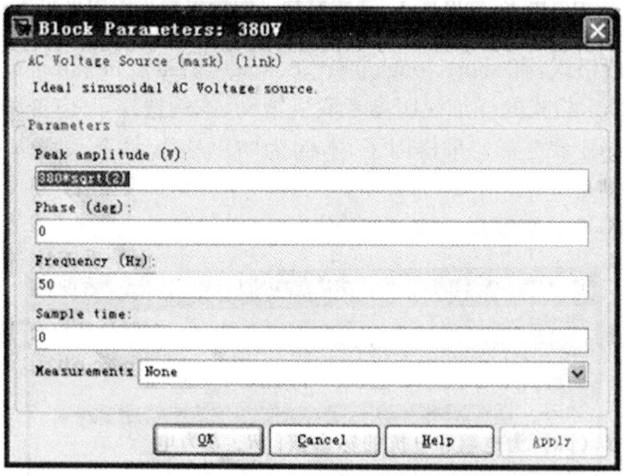

图 5-40　理想正弦电压模块的参数设置

参数表中包括：

Peak amplitude（V）——峰值电压。

Phase（deg）——初相位。

Frequency（Hz）——频率。

Sample time——采样时间。

Measurements——测量选项。

这里应该将本例中给定电压的有效值转换成电压的峰值再填入参数表中，即峰值电压参数为"380 * sqrt(2)"。在 SimPowerSystems 中，模块参数默认的频率为 60 Hz，要更改为 50 Hz。

④万用表模块　万用表模块的参数设定如图 5-41 所示，其中左边一列为已经在 Simulink 仿真模型中所有选中测量（Measurements）功能的参数（Available Measurements），右边一列为选择进行输出处理（例如显示等）的参数（Selected Measurements）。本例中只有线性变压器模型选择了测量励磁电流（I_{mag}），所以在左边一列只有一个参数，选择后单击中间最上面的按钮 >> 可以将选定的参数添加到右边一栏。中间

的其他几个按钮分别为向上 Up 、向下 Down 、移除 Remove 和正负 +/- 调整按钮。下面左侧的按钮为更新 Update 按钮,用于设定左侧备选测量参数功能。

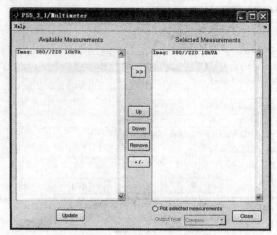

图 5-41　万用表模块的参数设置

⑤数值显示器模块　数值显示器模块的参数设定如图 5-42 所示,其中的参数包括:

Format——数值格式,有 short、long、short_e、long_e、bank、hex、binary、decimal、octal 等显示格式备选。各种显示格式的详细说明参考联机帮助,本例选择了短(short)格式显示。

Decimation——显示更新的采样因子,本例为"1",表示每个采样周期都更新数值显示模块的显示。

Floating display——浮空显示选项。

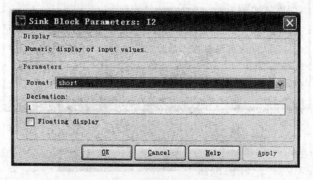

图 5-42　数值显示器模块的参数设置

(3)仿真参数设定

在所有模块参数设定完毕后,进行系统仿真参数设定,单击菜单→Simulation→Configuration Parameter,弹出配置仿真参数对话框。一般 MATLAB 将仿真模型转换成微分方程组进行计算,因此设置模型的仿真参数中包括求解方法(Solver Type)。本例采用了 ode23s 方法进行仿真,使用变步长技术求解微分方程组,仿真的速度较快。本书中的后续仿真实例如果未特殊说明,均采用 ode23s 求解方法。

(4)仿真

单击"菜单"→"Simulation"→"Start"进行仿真,也可以单击工具栏中的"Start Simulation"按钮,在数值显示模块中可以观察到仿真结果,将其与例 5-1 计算结果对比,可知仿真结果和计算结果符合得非常好。

5.8.2 变压器连接组别仿真

变压器采用不同的连接组别时,将影响一次侧电压和二次侧电压之间的相位关系和幅值关系。本节学习使用信号汇总(Mux)模块将不同波形显示在一个示波器窗口。通过将变压器的一次侧和二次侧电压波形显示在同一个窗口,可以很好地比较一次侧和二次侧的电压相位和幅值之间关系。

【例 5-2】 使用 Simulink 建立仿真模型,仿真验证三相变压器的"Yd11"连接组别的一次侧和二次侧电压的幅值和相位关系。

解:(1)建立仿真模型

建立仿真模型如图 5-43 所示,其中主要包括三相 12 端子的线性变压器(Three-phase Transformer 12 Terminals)模块、三相电压源(Three-phase Source)模块和增益(Gain)模块。为了能够更好地比较一次侧和二次侧电压的相位关系,将两个电压信号通过信号汇总模块(Mux)后输出给示波器,这样在示波器中两个波形能够在同一个窗口中显示。增益模块将一次侧的电压测量值经过按照变压器的电压比比例缩小,便于在示波器中比较幅值。仿真模型中使用了一个 XY 显示模块(XY Graph),输出图形以其中的 X 输入为横轴,以其中的 Y 输出为纵轴。

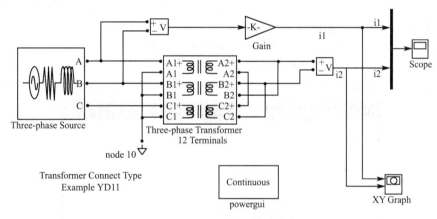

图 5-43　变压器连接组别仿真模型

(2)模块参数设置

①三相变压器模块　三相 12 端子变压器模块对外部电路提供了 12 个可用端子,可以连接成不同的连接组别。其模块参数设置如图 5-44 所示,包括:

[Three-phase rated power(VA) Frequency(Hz)]——三相额定功率和频率。

Winding 1:[phase voltage(Vrms) R(pu) X(pu)]——一次侧绕组参数,相电压有效值、电阻标幺值和电抗标幺值。

Winding 2:[phase voltage(Vrms) R(pu) X(pu)]——二次侧绕组参数,相电压有效值、电阻标幺值和电抗标幺值。

Magnetizing branch:[Rm(pu)Xm(pu)]——励磁分支的阻抗参数。

按照图 5-44 中的参数进行设定,励磁分支阻抗注意转换成阻抗并联模型。

②三相电压源模块　三相电压源模块内部含有串联的阻抗分支,其模块内部可设置的参数如图 5-45 所示,包括:

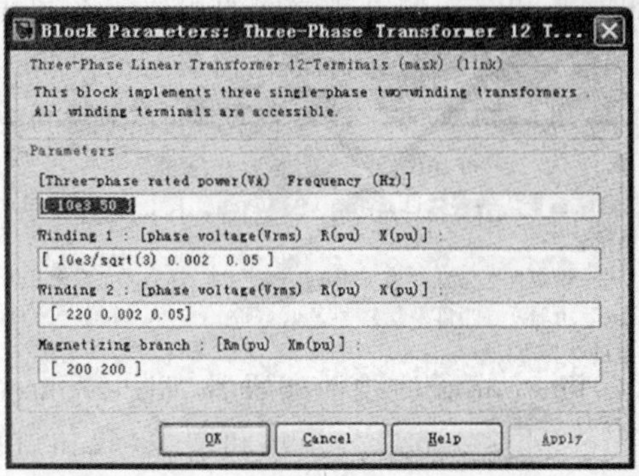

图 5-44　三相变压器模块的参数设置 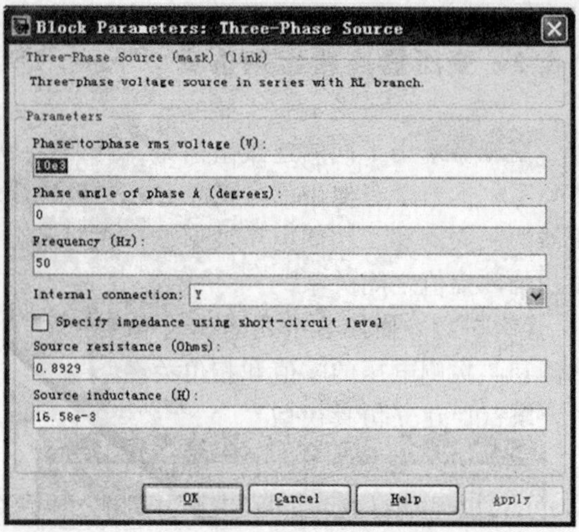　　　　图 5-45　三相电压源模块的参数设置

Phase-to-phase rms voltage（V）——线电压。

Phase angle of phase A（degrees）——A 相初相角。

Frequency（Hz）——频率。

Internal connection——内部连接方式选项。

Specify impedance using short-circuit level——使用短路水平指定短路阻抗选项,选择后会出现短路基础电压值和电抗率参数。

Source resistance（Ohms）——电源内电阻单位（欧姆）。

Source inductance（H）——电源内电抗值单位（亨）。

③增益模块　增益模块的参数设置如图 5-46 所示,其中主标签（Main）中包括:

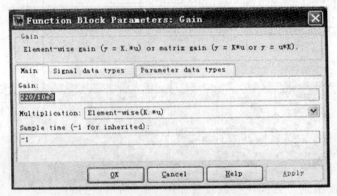

图 5-46　增益模块的参数设置

Gain——增益值。

Multiplication——增益计算方法,有 Element-wise（K.＊u）（元素积）、Matrix（K.＊u）（矩阵积）、Matrix（u.＊K）（矩阵积）和 Matrix（K.＊u）（u vector）（向量积）四个备选项,可以设定增益的计算方法。

Sample time（-1 for inherited）——采样时间使用默认值（-1）,表示其采样时间继承输入数据的采样时间。

Signal data types 标签可设定信号类型。

Parameter data types 标签可设定参数数据类型。一般无须设定,使用默认值即可。其中具体设定参数含义在这里不做详细介绍,请读者自行查阅相关参考书或者寻求在线帮助。

④二维图形显示模块 二维图形显示模块的参数设置如图 5-47 所示,其参数主要包括:

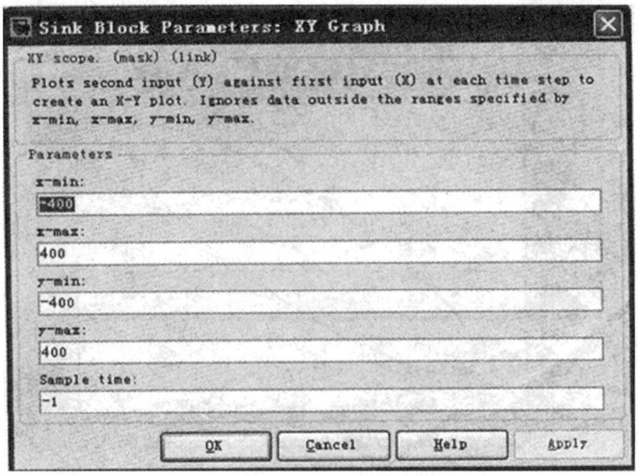

图 5-47 二维图形显示模块的参数设置

x-min——X 最小值;

x-max——X 最大值;

y-min——Y 最小值;

y-max——Y 最大值。

以上参数设定显示器界面的显示范围。

(3)仿真参数设置

设定仿真时间为 0.2 s。

(4)仿真

仿真结果如图 5-48 和图 5-49 所示。图 5-48 给出了变压器的一次侧和二次侧电压波形,通过一次侧和二次侧电压波形的对比,可以清楚地看出一次侧和二次侧电压的相位关系和幅值关系。图 5-49 给出了变压器的一次侧电压相对于二次侧电压李萨如图形。不同连接组别的变压器,一次侧和二次侧电压的相位差不同,其李萨如图的形状也不同,读者可自行仿真验证。

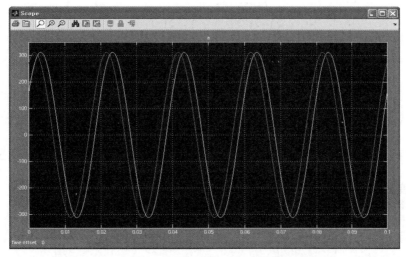

图 5-48 变压器连接组别仿真—一次侧和二次侧电压波形

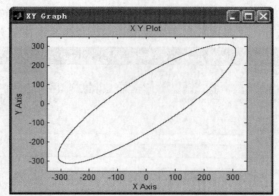

图 5-49 变压器连接组别仿真一次侧和二次侧电压李萨如图形

思政元素

本章从工程案例出发,综述变压器在电力系统中的应用,融入技术创新的重要性思想,从而培养学生技术革新和节能环保意识;掌握变压器的基本电磁关系、运行性能、计算方法,融入事物发展的辩证法,培养学生发现事物的发展科学规律,锻炼科学的思维方式。教学中应明确学生能够用等效电路分析实际工程问题,并启发学生怎样简化该模型,激发学生探索真理的动机。

思考题及习题

5-1 变压器并联运行的理想情况是什么？ 在什么条件下可以实现该理想情况？

5-2 变压器并联运行时,若接线组别不同会出现什么问题？

5-3 变压器并联运行时,若连接组标号不同会出现什么问题？

5-4 根据如图 5-50 所示的绕组连接图确定连接组标号。

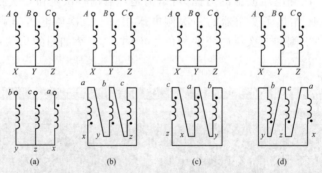

图 5-50 题 5-4 图

5-5 有 A、B 两台变压器并联运行,已知 $S_{NA}=10\ kV\cdot A, U_{kA}=5\%; S_{NB}=30\ kV\cdot A, U_{kB}=3\%$,设总负载为 30 kV·A,问每台变压器各承担多少？

5-6 有两台变压器并联运行,$S_{1N}=1\ 000\ kV\cdot A, Z_{k1}^{*}=0.06; S_{2N}=1\ 250\ kV\cdot A, Z_{k2}^{*}=0.07$,回答下列问题并说明理由:

(1)哪台变压器承担的容量的绝对数量大？

(2)不断增大总的负载,哪台变压器先达到满载？

5-7 为什么三相变压器有一侧绕组应接成三角形接法？

5-8 说明三相变压器组不宜采用"Y,y"连接的原因。

第6章
三相异步电动机

异步电动机是一种旋转电机,它的转速除了与电网频率有关外,还随负载的大小而变化。随着半导体器件及交流调速技术的发展,异步电动机已成为电力拖动系统中的一个极为重要的设备。

本章主要叙述异步电动机的基本结构、基本工作原理、电磁关系、功率和转矩平衡关系、参数测定方法和工作特性。

6.1 异步电动机的主要用途与分类

异步电动机主要作为电动机去拖动各种生产机械。例如,在工业方面,用于拖动中小型轧钢设备、各种金属切削机床、轻工机械、矿山机械等;在农业方面,用于拖动水泵、脱粒机、粉碎机以及其他农副产品的加工机械等;在民用电器方面,电风扇、洗衣机、电冰箱、空调机等也都是用异步电动机拖动的。

异步电动机的特点是结构简单、容易制造、价格低廉、运行可靠、坚固耐用、运行效率较高,它具有适用性强的工作特性。缺点是功率因数较差。异步电动机运行时,必须从电网吸收落后性的无功功率,它的功率因数总是小于1。由于电网的功率因数可以用其他办法进行补偿,所以这并不妨碍异步电动机的广泛使用。

对那些单机容量较大、转速又恒定的生产机械,一般采用同步电动机拖动为好,因为同步电动机的功率因数是可调的(可使 $\cos \varphi = 1$)。但并不是说,异步电动机就不能拖动这类生产机械,而是要根据具体情况进行分析比较,以确定采用哪种电动机。

异步电动机运行时,定子绕组接到交流电源上,转子绕组自身短路,由于电磁感应的关系,在转子绕组中产生电动势、电流,从而产生电磁转矩。因此,异步电动机又称为感应电动机。

异步电动机的种类很多,从不同角度看,有不同的分类方法。

(1)按定子相数不同可分为单相异步电动机、两相异步电动机和三相异步电动机。

(2)按转子结构不同可分为绕线式异步电动机和鼠笼式异步电动机,分别如图 6-1 和图 6-2 所示。其中鼠笼式异步电动机又包括单鼠笼式异步电动机、双鼠笼式异步电动机和深槽式异步电动机。

图 6-1 绕线式异步电动机

图 6-2 鼠笼式异步电动机

（3）按有无换向器不同可分为无换向器异步电动机和有换向器异步电动机。此外,根据电机定子绕组上所加电压不同可分为高压异步电动机和低压异步电动机。

从其他角度看,还可分为高启动转矩异步电动机、高转差率异步电动机和高转速异步电动机等。

异步电动机也可作为异步发电机使用。单机使用时,常用于电网尚未到达且找不到同步发电机的情况,也可用于风力发电等特殊场合。在异步电动机的电力拖动中,有时利用异步电动机回馈制动,即运行在异步发电机状态。

下面我们针对无换向器三相异步电动机进行分析。

6.2 三相异步电动机的基本工作原理

6.2.1 三相定子绕组的旋转磁场

三相异步电动机与直流电动机一样,也是根据磁场和载流导体相互作用产生电磁力的原理而制成的。不同的是,直流电动机为一静止磁场,三相异步电动机却是一旋转磁场。那么,旋转磁场是怎样产生的呢?

1. 三相旋转磁场的产生

三相旋转磁场产生的条件是三相对称绕组通以三相对称电流。

三相电机的特点是三相绕组相同(线圈数、匝数、线径分别相同)、三相绕组在空间按互差 120°电角度排列和三相绕组可以接成星形或三角形。满足上述条件的绕组称为三相对称绕组。

为便于分析,以两极电机为例,用轴线互差 120°电角度的三个线圈来代表三相绕组,三相首端分别用 U_1、V_1、W_1,末端分别用 U_2、V_2、W_2 表示,如图 6-3 所示。

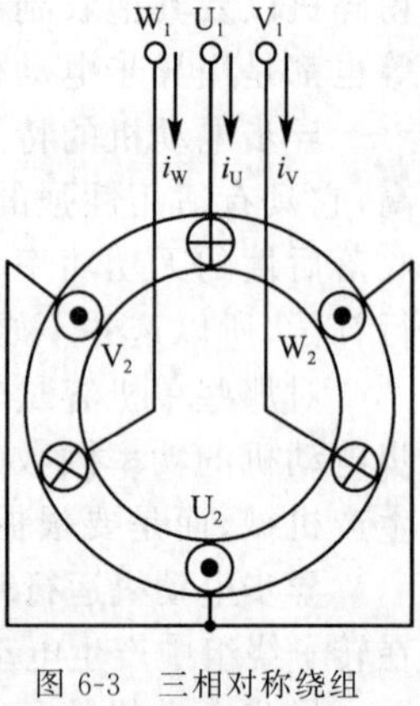

三相对称绕组通以三相对称电流的计算公式为

$$\left.\begin{aligned} i_U &= I_m \sin\omega t \\ i_V &= I_m \sin(\omega t - 120°) \\ i_W &= I_m \sin(\omega t - 240°) \end{aligned}\right\} \qquad (6\text{-}1)$$

图 6-3　三相对称绕组

其电流波形如图 6-4 所示,可见三相电流在时间上互差 120°电角度。

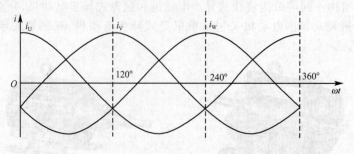

图 6-4　三相对称绕组的电流波形

2. 旋转磁场的产生过程

现将三相对称电流通入三相对称绕组,为简化分析,下面取几个不同瞬时电流通入定子绕组,并规定各相电流为正时,是首端进"⊗",尾端出"⊙",反之则为尾端进、首端出。

当 $\omega t = 0°$ 瞬时,有

$$i_U = I_m$$
$$I_V = i_W = I_m/2$$

可见,U 相电流为正值,应从首端 U_1 流入(用 ⊗ 表示),从尾端 U_2 流出(用 ⊙ 表示);而 V 相和 W 相电流为负值,分别从尾端 V_2、W_2 流入(用 ⊗ 表示),从首端 V_1、W_1 流出(用 ⊙ 表示),如图 6-5(a)所示。可见 1/2 圆周内导体电流流入,余下 1/2 圆周内导体电流流出。根据右手螺旋定则,可判断三相电流在定子绕组中产生合成磁力线的方向如图 6-5(a)所示,定子右边为 N 极,左边为 S 极,即为两极磁场,三相合成磁力线(磁场)的轴线与 U 相线圈轴线 U_1、U_2 之间中心线重合。

在 $\omega t = 120°$ 瞬时(电流随时间变化了 120° 电角度),有

$$i_V = I_m$$
$$i_U = i_W = -I_m/2$$

可见,V 相为正值,电流从首端 V_1 流入(用 ⊗ 表示),从尾端 V_2 流出(用 ⊙ 表示);U 相和 W 相为负值,电流分别从尾端 U_2、W_2 流入(用 ⊗ 表示),从首端 U_1、W_1 流出(用 ⊙ 表示)。三相电流在定子绕组中产生合成磁力线的方向如图 6-5(b)所示,仍为两极磁场。三相合成磁力线(磁场)轴线与 V 相线圈轴线重合。可见,三相合成磁力线的轴线比 $\omega t = 0°$ 时在空间上沿顺时针方向旋转了 120°。

在 $\omega t = 240°$ 和 $\omega t = 360°$ 瞬时,三相电流在定子绕组中产生的合成磁力线方向分别如图 6-5(c)和图 6-5(d)所示。可见,当电流在时间上变化一个周期,即 360° 电角度,合成磁场便在空间刚好转过一周,且任何时刻合成磁场的大小相等,其顶点的轨迹为一个圆,故又称为圆形旋转磁场。

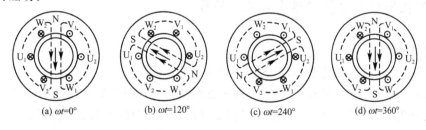

(a) $\omega t=0°$ (b) $\omega t=120°$ (c) $\omega t=240°$ (d) $\omega t=360°$

图 6-5 三相旋转磁场

3. 旋转磁场的转向

从图 6-5 可以看出,三相合成磁场的轴线总是与电流达到最大值的那一相绕组轴线重合。因此,旋转磁场的转向取决于三相电源通入定子绕组电流的相序,而三相交流电达到最大值的变化次序(相序)为:U 相→V 相→W 相。若将 U 相交流电接 U 相绕组,V 相交流电接 V 相绕组,W 相交流电接 W 相绕组,则旋转磁场的转向为 U 相→V 相→W 相,即沿顺时针方向旋转。若将三相电源线的任意两相调接于定子绕组,则旋转磁场即刻反转(沿逆时针方向旋转)。

4.旋转磁场的转速 n_1（又称同步转速）

当 $2p=2$ 极时，如图 6-5 所示，若三相交流电变化一个周期，即 $\omega t=360°$ 电角度，则旋转磁场在空间也转过 $360°$ 电角度（两极电机的机械角度与电角度相同，均为 $360°$），即在空间正好转过一周，故每分钟转速 $n_1=60f_1$。

当 $2p=4$ 极时，将三相定子绕组每个线圈按 $1/4$ 圆周排列，如图 6-6 所示，通以三相对称电流，便产生四极旋转磁场。

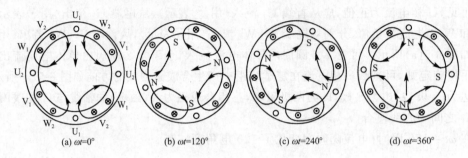

(a) $\omega t=0°$ (b) $\omega t=120°$ (c) $\omega t=240°$ (d) $\omega t=360°$

图 6-6   三相四极旋转磁场

当电流变化一个周期，即 $360°$ 电角度，旋转磁场在空间刚好转过半圈（机械角度 $180°$），即旋转磁场转速的表达式为

$$n_1=60f_1/2$$

同理，若电机为 p 对磁极，则当电流变化一个周期，旋转磁场在空间只转 $1/p$ 周，于是可得旋转磁场转速的表达式为

$$n_1=60f_1/p \tag{6-2}$$

式中 f_1——电源频率，Hz；

p——电机磁极对数，它取决于定子绕组的分布。

6.2.2   三相异步电动机的结构与工作原理

1.基本结构

三相异步电动机的种类很多，但各类三相异步电动机的基本结构是相同的，它们都由定子和转子这两大基本部分组成，在定子和转子之间具有一定的气隙。此外，还有端盖、轴承、接线盒、吊环等其他附件，图 6-7 所示为三相鼠笼式异步电动机及主要部件拆分图。

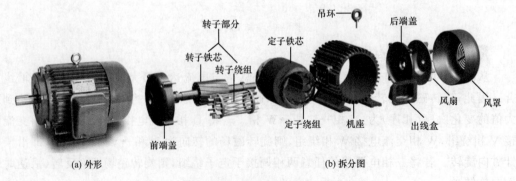

(a) 外形   (b) 拆分图

图 6-7   三相鼠笼式异步电动机及主要部件拆分图

（1）定子

异步电动机的定子主要由定子铁芯、定子绕组、机座三部分组成。

定子铁芯是电机磁路的一部分，为了减少损耗，它通常由涂有绝缘漆的厚度为 0.5 mm 的硅钢片叠压而成，并固定在机座内。在定子铁芯内圆冲出许多形状相同的槽，槽内安放三相对称绕组，如图 6-8 所示。

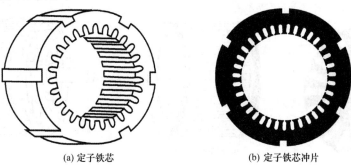

(a) 定子铁芯　　　　　　　　(b) 定子铁芯冲片

图 6-8　定子铁芯及其冲片

定子绕组是电动机的电路部分，为三相对称绕组，其主要作用是通过电流产生主磁场，以实现机电能量的转换。定子绕组一般由带绝缘的铜导线绕制的线圈连接而成。小型异步电动机采用高强度漆包圆线，大型异步电动机采用矩形截面成形线圈。大、中容量的高压电动机常接成星形，引出三根线，中、小容量的低压电动机常把三相绕组的 6 个出线头都引到接线盒中，根据需要，接成 Y 形或△形，如图 6-9 所示。

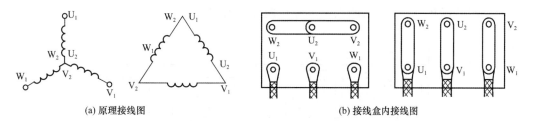

(a) 原理接线图　　　　　　　　　　(b) 接线盒内接线图

图 6-9　定子绕组的连接方法

机座的主要作用是固定和支撑定子铁芯，因此要求其有足够的机械强度和刚度，能够承受运输和运行中的各种作用力。

此外，机座两端装备端盖，端盖由铸铁或钢板制成。有的端盖中央还装有轴承，轴承用来支撑转子。

（2）转子

异步电动机的转子主要由转轴、转子铁芯、转子绕组组成，整个转子靠轴承和端盖支撑。

转轴是用强度和刚度较高的中碳钢加工而成的。它一方面支撑和固定转子铁芯，另一方面起着输出功率的作用。

转子铁芯也是电机主磁路的一部分，通常是用 0.5 mm 厚的硅钢片叠压成圆柱件套装在转轴上，转子铁芯表面均匀分布的槽内嵌放转子绕组。如图 6-10 所示为转子铁芯的硅钢片。

转子绕组是多相对称闭合绕组，其作用是产生感应电动势，流过感应电流。转子绕组分为鼠笼式和绕线式两种。

①鼠笼式绕组　采用鼠笼式绕组的电动机称为鼠笼式异步电动机,其结构较简单,将导条嵌入槽内,两端用导条形成短路环,或者直接用熔铝浇铸而成短路绕组,如果去掉铁芯,仅由导条和端环构成转子绕组,则外形像一个松鼠笼,如图 6-11 所示,所以称其为鼠笼式转子绕组。

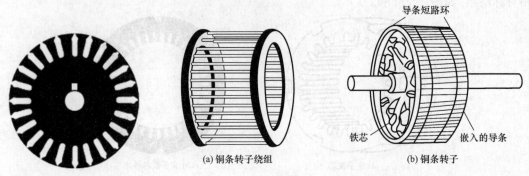

图 6-10　转子铁芯的硅钢片　　　　　　　图 6-11　鼠笼式转子外形图

(a) 铜条转子绕组　　　　　(b) 铜条转子

由于鼠笼式转子导条的两端分别被两个端环短路,形成的绕组在结构上是对称的,所以鼠笼式绕组实质上是一个对称的多相绕组。各导条所感应的电动势或电流相位是各不相同的,其电动势瞬时值的分布由气隙磁密的空间分布决定,如图 6-12 所示。转子的极数等于产生气隙磁密的定子绕组的极数,每一对极下的导条数等于相数,鼠笼式绕组的相数为 $m_2 = Z_2/p$(导条数等于转子槽数 Z_2)。由于每相只有一根导条,相当于半匝,即每相的匝数 $N_2 = 1/2$,所以不存在短距和分布问题。

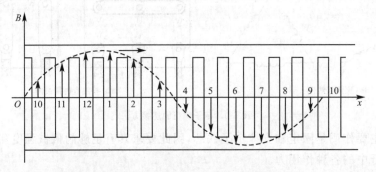

图 6-12　鼠笼式转子导条展开图中的磁密及电动势分布

②绕线式绕组　采用绕线式绕组的电动机称为绕线式异步电动机。绕线式绕组将三相对称绕组安放在转子铁芯槽内,其一端接在一起形成星形,另一端分别引至轴上的三个互相绝缘的铜质滑环上。再经过电刷接在转子回路的可调附加电阻上,然后短接,或直接通过短路环短路。绕线式绕组和定子绕组相似,其极数、相数设计的和定子极数、相数相等。绕线式绕组的结构和接线图分别如图 6-13 和图 6-14 所示。有的绕线式电动机还装有提刷装置,在电动机启动完毕且不需要调节转速时,把电刷提起并同时将三个滑环短路,以减小电刷的磨损和摩擦损耗。

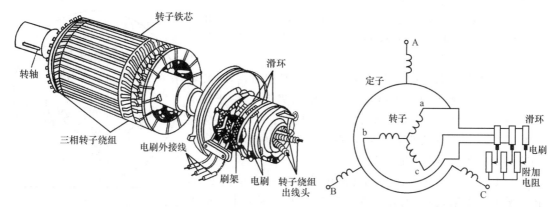

图 6-13　三相异步电动机绕线式转子的结构　　　　图 6-14　三相异步电动机绕线式转子的接线图

对于绕线式电动机,通过改变转子回路串联的附加电阻,可以改善电动机的启动性能或调节电动机的转速。但与鼠笼式异步电动机相比,绕线式电动机的结构复杂,维修较麻烦,造价高等。因此,在对启动性能要求较高和需要调速的场合才选用绕线式电动机。

③改善启动性能的深槽式和双鼠笼式转子绕组　为增大电动机的启动转矩 T,增强启动性能,在容量较大的异步电动机中转子常采用双鼠笼式或深槽式结构,如图 6-15 所示。双鼠笼式的有两套鼠笼绕组,分为上笼和下笼。上笼横截面积小,电阻大;下笼横截面积大,电阻小,如图 6-15(a)所示。对于中、小型异步电动机,鼠笼式转子绕组一般采用铸铝。目前铸铝双鼠笼式转子大多在转子槽中放置上、下笼,铝不仅注入上、下笼,同时也注满了上、下笼之间的缝隙,如图 6-15(b)所示。上笼启动时起主要作用,故又称启动笼;下笼正常工作时起主要功能作用,故称工作笼。深槽式转子槽做得深而窄,如图 6-15(c)所示。

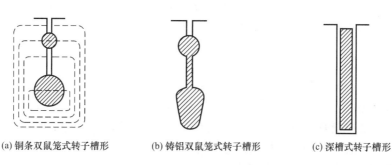

(a) 铜条双鼠笼式转子槽形　　　(b) 铸铝双鼠笼式转子槽形　　　(c) 深槽式转子槽形

图 6-15　双鼠笼式和深槽式转子绕组

（3）气隙

定子和转子之间存在较小的气隙。异步电动机的气隙是均匀的。气隙大小对异步电动机的运行性能和参数影响较大。励磁电流是由电网提供的,气隙越大,励磁电流就越大,它主要影响电网的功率因数。因此,异步电动机的气隙大小往往是机械条件所允许达到的最小数值,中、小型电动机的气隙一般为 $0.1 \sim 1$ mm。

2. 三相异步电动机的工作原理

（1）基本工作原理

如图 6-16 所示为三相异步电动机的转动原理。

微课

三相异步电动
机的工作原理

①电生磁　当异步电动机定子三相对称绕组通入三相对称电流时,在气隙中产生以同步转速 n_1 旋转的圆形旋转磁场。

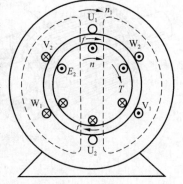

②磁生电　旋转磁场与转子绕组存在着相对运动,旋转磁场切割转子绕组,在转子绕组中感应电动势 E_2。由于转子绕组自成闭合回路,所以就有电流 i_2 流过。转子绕组感应电动势的方向由右手定则确定,若省略转子绕组电抗,则感应电动势的方向即感应电流的方向。

③电磁力　转子绕组中的感应电流与旋转磁场相作用,在转子上产生电磁力,电磁力的方向按左手定则判定。电磁

图 6-16　三相异步电动机的转动原理

力对转轴形成的电磁转矩驱动转子沿着旋转磁场的方向转动。如果转轴带上机械负载,电动机拖动机械负载旋转,对负载做功,将定子绕组输入的三相交流电能转化为轴端输出的机械能。

异步电动机的旋转方向始终与旋转磁场的方向一致,而旋转磁场的转向取决于定子三相电流的相序,因此,三相异步电动机的转向与定子三相电流的相序一致。要想改变电动机的转向,只要改变定子三相电流的相序,即任意对调电动机的两根电源线即可。

(2)转差率

从异步电动机的转动原理分析可知,转子转动的方向虽然与旋转磁场的转动方向相同,但转子的转速 n 不能达到同步转速 n_1,即 $n < n_1$。这是因为,二者如果相等,转子与旋转磁场就不存在相对运动,转子绕组中也就不再感应出电动势和电流,转子不会受到电磁转矩的作用,不可能继续转动。异步电动机转子的转速 n 与旋转磁场的转速 n_1 存在一定的差异,这是异步电动机产生电磁转矩的必要条件。

定子旋转磁场的转速 n_1 与转子的转速 n 之差 $\Delta n = n_1 - n$ 称为转差。通常将转差与旋转磁场的转速之比称为异步电动机的转差率,用 s 表示,即

$$s = \frac{n_1 - n}{n_1} \tag{6-3}$$

转差率是异步电动机的一个重要参数,在很多情况下,用 s 表示电动机的转速比直接用 n 方便得多,使很多计算分析大为简化。由于异步电动机额定转速 n_N 与定子旋转磁场的转速 n_1 接近,所以一般额定转差率 s_N 为 0.01~0.06。当转子静止,即 $n = 0$ 时,$s = 1$;当 $n = n_1$ 时,$s = 0$,因此,异步电动机正常运行时 s 为 0~1。

(3)三相异步电机的三种运行状态

转差率是分析异步电机运行性能的一个重要物理量,根据转差率 s 的大小和正负可确定异步电机的三种运行状态,即电磁制动运行状态、电动机运行状态和发电机运行状态。

①电磁制动运行状态　异步电机定子绕组流入三相交流电流产生转速为 n_1 的旋转磁场,同时,一个外施转矩驱动转子以转速 n 逆着旋转磁场的方向旋转($n < 0,s > 1$),这时定子旋转磁场切割转子导体的方向与电动机状态相同,产生的电磁力和电磁转矩与电动机状态相同,但电磁转矩方向与电机转向相反,是制动性质的,如图 6-17(a)所示。这种由电磁感应产生制动作用的运行状态称为电磁制动运行状态。此时,一方面定子从电网吸收电功率,另一方面驱动转子旋转的外加转矩克服电磁转矩做功,向异步电机输入机械功率,两方面输入的功率都转变为电机内部的热能消耗掉。

可见,当转差率为 $1<s<\infty$ 时,异步电机处于电磁制动运行状态。

②电动机运行状态 从电动机基本工作原理的分析可知,当转子转速小于同步转速且与旋转磁场转向相同($n<n_1,0<s<0$)时,异步电机为电动机运行状态。这时,转子感应电流与旋转磁场相互作用,在转子上产生电磁力,并形成电磁转矩,如图 6-17(b)所示,其中 N、S 表示定子旋转磁场的等效磁极;转子导体中的"$\otimes$"和"$\odot$"表示转子感应电动势及电流的有功分量方向;f 表示转子受到的电磁力。由分析判断可知:电磁转矩方向与转子转向相同,为驱动性质。电机在电磁转矩作用下克服制动的负载转矩做功,向负载输出机械功率。也就是说,电机把从电网吸收的电功率转换为机械功率,输送给转轴上的负载。

可见,当转差率为 $0<s<1$ 时,异步电机处于电动机运行状态。

③发电机运行状态 当原动机驱动异步电机,使其转子转速 n 超过旋转磁场的转速 n_1,且两者同方向($n>n_1$,$-\infty<s<0$)时,定子旋转磁场切割转子导体,产生的转子电流与电动机状态相反。定子旋转磁场与该转子电流相互作用,将产生制动性质的电磁力和电磁转矩,如图 6-17(c)所示。若要维持转子转速 n 大于 n_1,原动机必须向异步电机输入机械功率,克服电磁转矩做功,将输入的机械功率转化为定子侧的电功率输送给电网。此时,异步电机运行于发电机状态。

可见,当转差率为 $-\infty<s<0$ 时,异步电机处于发电机运行状态。

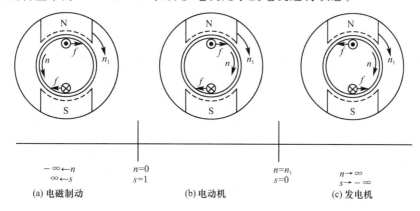

图 6-17 异步电机三种运行状态

异步电机的三种运行状态见表 6-1。

表 6-1   异步电机的三种运行状态

状态	电磁制动	电动机	发电机
实现	外力使电机沿磁场反方向旋转	定子绕组接对称电源	外力使电机快速旋转
转速	$n<0$	$0<n<n_1$	$n>n_1$
转差率	$1<s<\infty$	$0<s<1$	$-\infty<s<0$
电磁转矩	制动	驱动	制动
能量关系	电能转变为机械能	电能和机械能变成内能	机械能转变为电能

6.2.3 三相异步电动机的型号和额定值

在电动机的铭牌上标有电动机的型号、额定值和有关技术数据,这些都是电机运行的依据,电机通常按铭牌所规定的额定值和工作条件运行。

1. 型号

型号是电机名称、规格、类型等的一种产品代号,表明电机的种类和特点。异步电动机的型号由汉语拼音大写字母、国际通用符号和阿拉伯数字三部分组成。三相异步电动机型号中各字母和数字的含义如图 6-18 所示。

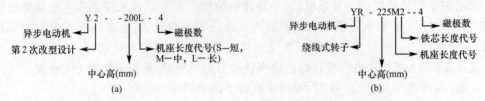

图 6-18　三相异步电动机型号中各字母和数字的含义

Y2 系列电动机是我国 20 世纪 90 年代在 Y 系列基础上更新设计的一般用途的全封闭、自扇冷式鼠笼式三相异步电动机,与 Y 系列电机比较,它具有效率高、启动转矩大、噪声低、结构合理、外形美观等特点。绝缘由 B 级提高到 F 级,温升仍按 B 级考核。安装尺寸和功率等级符合 IEC 标准,与德国 DIN 42673 标准一致,与 Y 系列(IP44)电动机相同。其外壳等级为 IP54,冷却方法为 IC411,连续工作制(S1),3 kW 及以下为 Y 连接,其他功率为 D(△)连接。Y2 系列已达国外同类产品 20 世纪 90 年代先进水平,是 Y 系列的换代产品,现已大批量生产。异步电动机的型号、结构特点及用途见表 6-2。

表 6-2　　　　异步电动机的型号、结构特点及用途

型号	名　称	容量 P_N/kW	结构特点	用　途	取代老产品型号
Y		0.55～160	铸铁外壳,自扇冷式,外壳有散热片,铸铝转子,定子绕组为铜线,均为 B 级绝缘	一般拖动用,适用于尘土飞溅场所,例如球磨机、碾米机、磨粉机及其他农村机械和矿山机械等	J JO JO2
Y2	封闭式三相鼠笼式异步电动机	0.55～315	铸铁外壳,自扇冷式,外壳有散热片,铸铝转子,定子绕组为铜线,均为 F 级绝缘	一般拖动用,适用于尘土飞溅场所,例如球磨机、碾米机、磨粉机及其他农村机械和矿山机械等	JO2 Y
Y3		0.12～315	铸铁外壳,自扇冷式,外壳有散热片,铸铝转子,定子绕组为铜线,均为 F 级绝缘	可广泛用于机床、风机、水泵、压缩机和交通运输、农业食品加工等各类传动设备	Y
YZ YZR	起重冶金用异步电动机	1.5～100	YZ 转子为鼠笼式 YZR 转子为绕线式	适用于各种形式的起重机械及冶金设备中辅助机械的驱动,按断续方式运行	JZ JZR
YLB	深井水泵异步电动机	11～100	防滴立式,自扇冷式,底座有单列向心推力球轴承	专供驱动立式深井水泵,为工矿、农业及高原地带提取地下水用	JLB2 DM JTB
YQS	井用潜水异步电动机	4～115	充水式,转子为铸铝鼠笼式,机体密封	用于井下直接驱动潜水泵,吸取地下水供农业灌溉,工矿用水	JQS
YB	隔爆异步电动机	0.6～100	电机外壳适应隔爆要求	用于有爆炸性混合物的场所	JB JBS

(续表)

型号	名　称	容量 P_N/kW	结构特点	用　途	取代老产品型号
YQ	大启动转矩三相异步电动机	0.6～100	结构与Y系列电动机相同，转子导体电阻较大	用于走动静止负载或惯性较大的机械，例如压缩机、传送机、粉碎机等	JQ JQO
YD	变极式多速三相异步电动机	0.6～100	有双速、三速、四速等	适用于需要分级调速的一般机械设备，可以简化或代替传动齿轮箱	JD JDO2
YH	高速大转差率三相异步电动机	0.6～100	结构与Y系列电动机相同，转子用铝合金浇铸	适用于拖动飞轮、转矩较大，具有冲击力负载的设备，例如剪床、冲床、锻压机械和小型起重、运输机械等	JH JHO2
YR	三相绕线式异步电动机	2.8～100	转子为绕线式，刷握装于后端盖内	适用于需要小范围内调速的传动装置，如当配电网容量小，不足以启动鼠笼式电动机或要求较大启动转矩的场合	JR JRO

2. 额定值

额定值是指制造厂对各种电气设备在指定工作条件下运行时所规定的量值。在额定状态下运行时，可以保证各电气设备长期可靠地工作，并具有优良的性能。额定值也是制造厂和用户进行产品设计或实验的依据。额定值通常标注在各电气设备的铭牌上，故又称铭牌值。

（1）额定功率 P_N(kW)

额定功率是指电动机在额定运行时，转轴上输出的机械功率。

（2）额定电压 U_N(V)

额定电压是指额定运行时，定子绕组所加的线电压。

（3）额定电流 I_N(A)

额定电流是指额定运行时，定子绕组流过的线电流。

（4）额定频率 f_N(Hz)

我国电网频率为 50 Hz，因此，除外销电动机外，国内异步电动机的额定频率均为 50 Hz。

（5）额定功率因数 $\cos\varphi_N$

额定功率因数是指额定运行时，定子电路的功率因数。一般中小型异步电动机 $\cos\varphi_N$ 为 0.8 左右。

（6）额定转速 n_N(r/min)

额定转速是指额定运行时，异步电动机转子的旋转速度。

此外，铭牌上还标有定子绕组的相数 m_1、接线方式（Y连接或△连接）、绝缘等级、温升以及电动机的额定效率、工作方式等，绕线式电动机还标有转子绕组的线电压和线电流。

（7）△连接（图6-19(a)）

相电压 $U_{\Phi N}=U_N$，相电流 $I_{\Phi N}=I_N/\sqrt{3}$。

（8）Y 连接（图 6-19（b））

相电压 $U_{\Phi N}=U_N/\sqrt{3}$，相电流 $I_{\Phi N}=I_N$。

因此，额定电压、额定电流、额定功率的关系为

$$P_N=\sqrt{3}U_N I_N \eta_N \cos\varphi_N \tag{6-4}$$

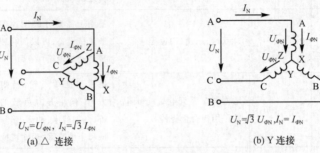

（a）△ 连接　　　　　　　　　（b）Y 连接

图 6-19　异步电机 Y 连接和△连接时的电流电压示意图

【例 6-1】　有一台三相异步电动机，额定功率 $P_N=55$ kW，电网频率为 50 Hz，额定电压 $U_N=380$ V，额定转速 $n_N=570$ r/min，额定效率 $\eta_N=0.79$，额定功率因数 $\cos\varphi_N=0.89$，试求：

（1）同步转速 n_1；

（2）电动机的极对数 p；

（3）电机的额定电流 I_N；

（4）额定转速运行时的转差率 s_N。

解：（1）由于异步电动机额定转速与旋转磁场的转速接近，所以同步转速

$$n_1=600 \text{ r/min}$$

（2）电机的极对数

$$p=\frac{60f_1}{n_1}=\frac{60\times50}{600}=5$$

（3）额定电流

$$I_N=\frac{P_N}{\sqrt{3}U_N\eta_N\cos\varphi_N}=\frac{55\times10^3}{\sqrt{3}\times380\times0.79\times0.89}=119 \text{ A}$$

（4）额定转差率

$$s=\frac{n_1-n_N}{n_1}=\frac{600-570}{600}=0.05$$

6.3　三相交流绕组和感应电动势

　　三相异步电机定子绕组是交流电机结构中的核心部分，也是建立旋转磁场、产生感应电动势和电磁转矩进行能量转换的关键部件，绕组选型是否合理，嵌线、接线是否正确，将直接影响电动机的启动和运行性能。因此，本节主要讨论电机绕组不同形式的连接规律以及绕组产生的感应电动势。

6.3.1 三相交流绕组基本知识

1. 线圈(绕组元件)

线圈是由绝缘铜导线按照一定的形状、尺寸在绕线模上绕制而成的,可以一匝或多匝,如图 6-20 所示。再将线圈嵌入定子铁芯槽内,按一定规律连接成绕组,因此线圈是交流绕组的基本单元,又称绕组元件。线圈放在铁芯槽内的直线部分称为有效边,槽外部分为端接部分,在不影响电机电磁性能和嵌线工艺允许的情况下,端部应尽可能短,以节省材料,减少损耗。

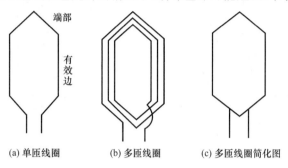

(a) 单匝线圈   (b) 多匝线圈   (c) 多匝线圈简化图

图 6-20 线圈示意图

2. 极距 τ

极距是指每个磁极所占定子铁芯内圆周的距离,可用长度或槽数表示,即

$$\tau = \pi D_1 / (2p) \tag{6-5}$$

或

$$\tau = Z_1 / (2p) \tag{6-6}$$

式中 D_1——定子铁芯内径,mm;

       Z_1——定子槽数;

       p——磁极对数。

3. 节距

一个线圈的两个有效边所跨定子圆周上的距离称为节距 y,一般用槽数表示。

当 $y = \tau = Z_1 / (2p)$ 时,称为整距绕组;当 $y < \tau$ 时,称为短距绕组;当 $y > \tau$ 时,称为长距绕组。为节省铜线,一般采用短距绕组或整距绕组。

4. 机械角度与电角度

一个圆周所对应的几何角度为 $360°$,该几何角度称为机械角度。从电磁观点来看,导体每经过一对磁极,所产生的感应电动势就变化一个周期,即 $360°$电角度,故一对磁极便为 $360°$电角度。若电机有 p 对磁极,则

$$\text{电角度} = p \cdot \text{机械角度} = 360p \tag{6-7}$$

5. 槽距角

相邻两槽间对应的圆心电角度称为槽距角(°),用 α_1 表示,如图 6-21 所示。由于定子槽(定子槽数为 Z_1)在定子圆周内分布是均匀的,所以

$$\alpha_1 = 360p / Z_1 \tag{6-8}$$

式中,α_1 的大小也反映了相邻两槽导体电动势在时间上的相位差。

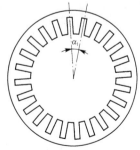

图 6-21 定子铁芯槽距角 α_1

6. 每极每相槽数 q

每极每相槽数的表达式为

$$q = Z_1 / (2pm_1) \tag{6-9}$$

式中 m_1 ——定子绕组相数,三相电机 $m_1 = 3$。

7. 相带

每个磁极下每相绕组所占的区域称为相带。而一个极距占 $180°$ 电角度,三相绕组均分,那么一个相带为 $180°/m_1 = 180°/3 = 60°$ 电角度,故称为 $60°$ 相带,如图 6-22 所示。

(a) 2 级

(b) 4 级

图 6-22 $60°$ 相带绕组

6.3.2 三相绕组的构成原则

三相对称绕组是三相旋转磁场产生的条件之一,即电机三相绕组在空间上应互差 $120°$ 电角度。其排列应遵循以下原则:

(1)每相绕组所占槽数要相等,且均匀分布。把定子总槽数 Z_1 分为 $2p$ 等份,每一等份表示一个极距 $Z_1 / (2p)$,再将每一个极距内的槽数分成 m_1 组(3组),每一组所占槽数即每极每相槽数 q。

(2)每相绕组在每对磁极下的相带排列顺序按 U_1、W_2、V_1、U_2、W_1、V_2 分布,这样各相绕组线圈所在的相带 U_1、V_1、W_1(或 U_2、V_2、W_2)的中心线恰好为 $120°$ 电角度。

(3)从正弦交流电波形(图 6-4)可见,除电流为零值外的任何瞬时,都是一相为正、两相为负,或两相为正、一相为负。

按照以上规律分别画出了 2 极 24 槽、4 极 24 槽和 4 极 36 槽绕组分布状况,且注明当 i_U 为正,i_V、i_W 为负时的电流方向,如图 6-23 所示。

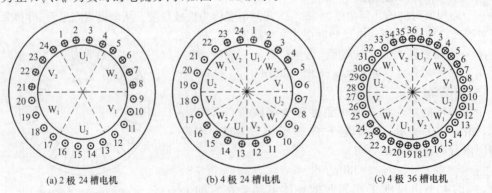
(a) 2 极 24 槽电机   (b) 4 极 24 槽电机   (c) 4 极 36 槽电机

图 6-23 三相绕组端面分布图

6.3.3　三相交流单层绕组和双层绕组

单层绕组的每个槽内只有一个线圈边,整个绕组的线圈数等于定子槽数的一半。小型三相异步电动机常采用单层绕组。单层绕组分为链式、交叉式和同芯式。

双层绕组是在每个槽内嵌放两个不同线圈的两个线圈边,即某一线圈的一个有效边嵌放在这个槽的上层,另一个有效边嵌放在相距 $y \approx \tau$ 的另一个槽的下层。三相绕组总线圈数正好与总槽数相等。双层绕组可分为叠绕组和波绕组两种形式,定子绕组大多数采用叠绕组,转子绕组采用波绕组。双层绕组又有整距和短距之分,但为改善旋转磁场和电动势波形,一般采用短距,使磁场和电动势接近正弦波,以消除高次谐波,增强启动性能,减小电磁噪音。双层绕组可分为双层叠绕组和双层波绕组。

6.3.4　交流绕组的感应电动势

三相定子绕组通以三相对称电流,便产生磁场在气隙中旋转,该磁场必切割定子、转子绕组而产生感应电动势(E_1、E_2)。

1. 线圈感应电动势

(1)导体电动势 E_{c1}

当磁场在气隙中按正弦规律分布,且以恒速 n_1 旋转,那么导体产生的感应电动势也为一正弦波。其最大值为

$$E_{c1m} = B_{m1}Lv \tag{6-10}$$

式中　E_{c1m}——导体电势最大值,V;

　　　L——导体有效长度,m;

　　　B_{m1}——磁密最大值,Wb,它与平均磁密的关系为 $B_{m1} = \pi B_{av}/2$。

因

$$v = \pi D_1 n_0/60 = 2p\tau n_0/60 = 2p\tau(\frac{60f_1}{p})/60 = 2\tau f_1 \tag{6-11}$$

故导体电势有效值为

$$E_{c1} = \frac{E_{c1m}}{\sqrt{2}} = \frac{B_{m1}Lv}{\sqrt{2}} = \frac{\frac{\pi}{2}B_{av}L}{\sqrt{2}} \cdot 2\tau f_1 = \frac{\pi}{\sqrt{2}}B_{av}L\tau f_1 = 2.22\Phi f_1 \tag{6-12}$$

式中　Φ——每极磁通,$\Phi = B_{av}L\tau$,Wb;

　　　$L\tau$——每极下的极弧面积。

若磁通的单位为 Wb,频率的单位为 Hz,则电势 E_{c1} 的单位为 V。

(2)整距线圈电动势 E'_y

①若为单匝整距线圈($y = \tau$),则线圈两有效边相距 $180°$,即当一个有效边处在 N 极轴线下的最大磁密处,另一个有效边则刚好处在 S 极轴线下最大磁密处,如图 6-24(a)中的虚线所示,电势大小相等,方向相反,沿线圈回路正好相加。由于电势按正弦规律变化,可用向量 $\dot{E}_{c1}$、$\dot{E}_{c2}$ 来表示,它们相位上相差 $180°$,如图 6-24(b)所示,所以单匝线圈电势为

$$\dot{E}_c = \dot{E}_{c1} - \dot{E}_{c2} = \dot{E}_{c1} + (-\dot{E}_{c2}) = 2\dot{E}_{c1} \tag{6-13}$$

每匝电势有效值为

$$E_c = 2E_{c1} = 2 \times 2.22\Phi f_1 = 4.44\Phi f_1 \tag{6-14}$$

②若设每个线圈匝数为 N_y，则其整距线圈电势为

$$\dot{E}_y = 4.44\,\Phi f_1 N_y \tag{6-15}$$

(3) 短距线圈电势 E_y

由于短距 $y < \tau$，即线圈缩短了一个 β 角（β 等于槽距角 α 乘以缩短的槽数），即线圈两有效边相距 $(180° - \alpha)$，如图 6-24(a) 中的实线所示。那么，产生的电势 $\dot{E}_{c1}$ 与 $\dot{E}_{c2}$ 也相差 $(180° - \beta)$，如图 6-24(c) 所示，根据几何关系可得短距线圈电势 E_y 为

$$E_y = 2E_{c1}\cos(\beta/2) = \dot{E}_y K_p = 4.44\Phi f_1 N_y K_p \tag{6-16}$$

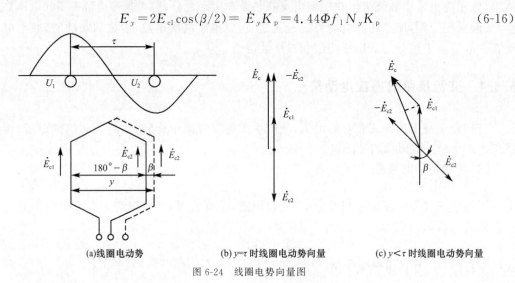

(a) 线圈电动势　　　　(b) $y = \tau$ 时线圈电动势向量　　　　(c) $y < \tau$ 时线圈电动势向量

图 6-24　线圈电势向量图

(4) 短距系数 K_p

短距线圈电动势与整距线圈电动势之比称为短距系数 K_p，即

$$K_p = E_y / E'_y = (2E_{c1}\cos\frac{\beta}{2}) / (2E_{c1}) = \cos\frac{\beta}{2} \tag{6-17}$$

线圈短距时产生的电动势比整距时产生的电动势小，K_p 为应打的折扣，故 $K_p < 1$。

2. 线圈组电动势 E_q 和分布系数 K_d

(1) 采用集中绕组时线圈组电动势 E'_q

线圈组是由 q 个线圈串联组成的。当 q 个线圈集中在一起时，如图 6-25(a) 所示。由于 q 个线圈都处于同极性下相同位置（同一槽内），各线圈产生的电动势大小相等，相位相同，故线圈组电动势应为线圈电动势的代数和，即

$$E'_q = qE_y \tag{6-18}$$

(2) 采用分布绕组时线圈组电动势 E_q

一个线圈组的 q 个线圈都分布在相邻的 q 个槽内，则每槽线圈中产生的电动势大小相等，但相位依次相差一个槽距角 α_1，如图 6-25(b) 所示，这时线圈组电动势应等于 $q(q = 3)$ 个线圈电动势的向量和。由此可见，q 个线圈电动势构成了正多边形外接圆的一部分，如图 6-25(c) 所示。设 R 为外接圆的半径，根据几何关系，正多边形的每个边所对应的圆心角等于相邻两电动势向量之间的夹角 α_1，于是可得

$$E_q = 2R\sin(q\alpha_1/2) \tag{6-19}$$

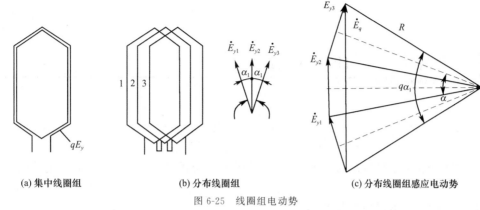

（a）集中线圈组　　　　　　　　（b）分布线圈组　　　　　　　（c）分布线圈组感应电动势

图 6-25　线圈组电动势

（3）分布系数 K_d

将分布时线圈组电动势 E_q 与集中绕组时线圈组电动势 E'_q 之比称为分布系数，并用 K_d 表示为

$$K_d = \frac{E_q}{E'_q} = \frac{2R\sin(q\alpha_1/2)}{2Rq\sin(\alpha_1/2)} = \frac{\sin(q\alpha_1/2)}{q\sin(\alpha_1/2)} \qquad (6\text{-}20)$$

线圈分布后产生的电动势比集中时产生的电动势小，K_d 为应打的折扣，故 $K_d < 1$。线圈组既分布又短距后，线圈组电动势为

$$E_q = K_d E_q = K_d q E_y = 4.44 q f_1 \Phi N_y K_p K_d = 4.44 q f_1 \Phi N_y K_{w1} \qquad (6\text{-}21)$$

式中　K_{w1}——绕组系数，$K_{w1} = K_p K_d$，表示线圈组既短距又分布产生的电动势应打的总折扣。

3. 每相电动势 E_1

每相电动势是指每相每条并联支路电动势，通常每条支路中所串联的几个线圈组的电动势大小相等、相位相同，故可直接相加。

（1）单层绕组匝数 N_1 的计算

单层绕组每相共有 p 个线圈组，经过串联或并联，有 a 条并联支路，则每相每条支路串联匝数为

$$N_1 = \frac{pqN_y}{a} \qquad (6\text{-}22)$$

或

$$N_1 = \frac{Z_1 N_y}{2m_1 a} \qquad (6\text{-}23)$$

（2）双层绕组匝数 N_1 的计算

双层绕组每相共有 $2p$ 个线圈组，并联支路数为 a，则每相每条支路串联匝数为

$$N_1 = \frac{2pqN_y}{a} \qquad (6\text{-}24)$$

或

$$N_1 = \frac{Z_1 N_y}{m_1 a} \qquad (6\text{-}25)$$

（3）定子绕组每相电动势 E_1

$$E_1 = 4.44 f_1 N_1 K_{w1} \Phi \qquad (6\text{-}26)$$

（4）转子静止时转子绕组每相电动势 E_2

$$E_2 = 4.44 f_1 N_2 K_{w2} \Phi \tag{6-27}$$

6.4 三相异步电动机的空载运行

三相异步电动机是利用电磁感应作用把能量从定子侧传递到转子侧的,定子、转子之间仅有磁的耦合,没有电的直接联系,这一点和变压器的电磁关系很相似。定子侧相当于变压器的一次侧,转子侧相当于变压器的二次侧,因此,分析变压器的基本方法适用于异步电动机。

6.4.1 空载运行时的电磁关系

三相异步电动机空载运行是指定子三相绕组接到额定频率、额定电压的三相交流电源上,转子轴上不带任何机械负载而空转的运行状态。

当定子三相绕组接到三相对称电源时,定子绕组中流过三相对称电流,建立定子旋转磁动势 F_0,产生以同步转速 n_1 旋转的旋转磁场。该旋转磁场切割定子绕组,并在其中产生感应电动势。由于转子空载转速 n_0 非常接近于旋转磁场的同步转速 n_1,所以 $\Delta n = n_1 - n_0 \approx 0, s \approx 0$。此时定子旋转磁场几乎不切割转子,转子感应电动势和感应电流近似为零,即 $\dot{E}_2 \approx 0, \dot{I}_2 \approx 0$,转子磁动势可忽略。

和变压器空载运行相似,异步电动机空载运行时,主要由定子旋转磁动势 $\overline{F}_0$ 作用产生主磁通。这时的定子电流即空载电流 $\dot{I}_0$,近似等于励磁电流 $\dot{I}_m$。由于异步电动机存在气隙,所以其空载电流的百分值比变压器要大。

当定子三相绕组流过三相对称电流时,除产生主磁通 $\dot{\Phi}_0$ 外,还要产生定子漏磁通 $\dot{\Phi}_{1\sigma}$,如图 6-26 所示。主磁通是经过气隙且同时交链定子和转子绕组的磁通。主磁通以同步转速 n_1 旋转,并以 n_1 的相对速度切割定子绕组,在其中感应电动势 $\dot{E}_1$。漏磁通是仅与定子绕组交链而不进入转子磁路的那部分磁通,由槽漏磁通和端部漏磁通组成,如图 6-27 所示,定子漏磁通仅在定子绕组中感应漏电动势 $\dot{E}_{1\sigma}$。

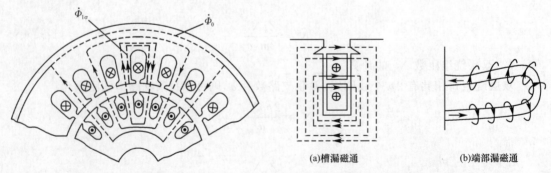

图 6-26 主磁通和漏磁通　　　　(a)槽漏磁通　　(b)端部漏磁通　　图 6-27 槽漏磁通和端部漏磁通

此外,每相定子绕组还有电阻 r_1 存在,当电流 $\dot{I}_0$ 通过定子绕组时,还将引起电阻压降 $\dot{I}_0 r_1$。上述电磁关系可归纳表示如下:

$$\dot{U}_1(三相系统)\to \dot{I}_0(三相系统)\to \overline{F}_0(三相合成)\to \begin{cases} \dot{\Phi}_0 \to \begin{cases} \dot{E}_1 \\ \dot{E}_2 \approx 0 \end{cases} \\ \dot{\Phi}_{1\sigma} \to \dot{E}_{1\sigma} \\ \qquad\qquad\qquad\qquad\longrightarrow \dot{I}_0 r_1 \end{cases}$$

6.4.2　空载运行时的电动势平衡方程、等效电路及向量图

由于空载运行时，$\dot{E}_2 \approx 0$，$\dot{I}_2 \approx 0$，所以只需讨论定子回路。

1. 电动势平衡方程

定子旋转磁场以同步转速 n_1 切割定子绕组产生感应电动势 $\dot{E}_1$，若定子绕组每相串联匝数为 N_1，则其基波感应电动势的表达式为

$$\dot{E}_1 = -j4.44f_1 N_1 k_{w1} \dot{\Phi}_0 \tag{6-28}$$

有效值为

$$E_1 = -4.44f_1 N_1 k_{w1} \Phi_0 \tag{6-29}$$

式中　Φ_0——气隙旋转磁场的每极基波磁通；

　　　k_{w1}——定子的基波绕组系数。

与分析变压器相似，感应电动势 $\dot{E}_1$ 可以用空载电流 $\dot{I}_0$ 在励磁阻抗 Z_m 上的阻抗压降来表示，即

$$\dot{E}_1 = -\dot{I}_0(r_m + jx_m) = -\dot{I}_0 Z_m \tag{6-30}$$

式中　Z_m——励磁阻抗，$Z_m = r_m + jx_m$；

　　　r_m——励磁电阻，与铁芯损耗相对应的等效电阻；

　　　x_m——励磁电抗，与主磁通 Φ_0 相对应的等效电抗。

定子漏磁通感应的漏电动势 $\dot{E}_{1\sigma}$ 也可以用漏电抗压降来表示，即

$$\dot{E}_{1\sigma} = -j\dot{I}_0 x_1 \tag{6-31}$$

式中　x_1——定子每相绕组的漏电抗，与定子漏磁通相对应。

依照变压器一次绕组各电磁量的正方向规定，根据基尔霍夫第二定律，定子每相的电动势平衡方程为

$$\dot{U}_1 = -\dot{E}_1 + j\dot{I}_0 x_1 + \dot{I}_0 r_1 = -\dot{E}_1 + \dot{I}_0 Z_1 \tag{6-32}$$

式中　Z_1——定子绕组的漏阻抗，$Z_1 = r_1 + jx_1$。

由于定子绕组的漏阻抗 $I_0 Z_1$ 与外加电压相比很小，通常为额定电压的 $2\% \sim 5\%$，为了简化分析，可忽略不计，故

$$\dot{U}_1 \approx \dot{E}_1$$

$$U_1 \approx E_1 = 4.44f_1 N_1 k_{w1} \Phi_0 \tag{6-33}$$

对于给定的异步电动机，N_1、k_{w1} 均为常数，当频率一定时，主磁通 Φ_0 与电源电压 U_1 成正比。如果外施电压不变，主磁通 Φ_0 也基本不变，这一特点与变压器相同，对分析异步电动机的运行很重要。

2. 空载运行时的等效电路及向量图

根据式(6-30)和式(6-32)可画出异步电动机理想空载运行时的等效电路和向量图，如图 6-28 和图 6-29 所示。

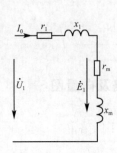

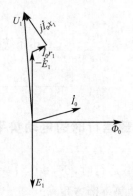

图 6-28　异步电动机空载运行时的等效电路　　　　图 6-29　异步电动机空载运行时的向量图

尽管异步电动机的电磁关系与变压器十分相似,但它们之间仍然存在以下差异:

(1)主磁场性质不同,异步电动机的气隙磁场为旋转磁场,而变压器的磁场为脉动(交变)磁场。

(2)变压器空载运行时,$E_2 \neq 0$,$I_2 = 0$;而异步电动机空载运行时,$E_2 \approx 0$,$I_2 \approx 0$,实际上有微小的数值。

(3)异步电动机存在气隙,主磁路磁阻大,励磁电抗小,同变压器相比,建立同样的磁通需要的励磁电流大。例如大容量电动机,$I_0(\%) = 20 \sim 30$;小容量电动机,$I_0(\%)$ 可达 50;而变压器,$I_0(\%) = 2 \sim 10$,大型变压器,$I_0(\%)$ 在 1 以下。又如,一般电力变压器,$r_m^* = 1 \sim 5$,$x_m^* = 10 \sim 50$;而三相异步电动机,$r_m^* = 0.08 \sim 0.35$,$x_m^* = 2 \sim 5$。

(4)由于存在气隙,加之绕组结构形式不同,所以异步电动机的漏磁通较大,对应的漏电抗也比变压器的大。例如三相异步电动机,$x_1^* = 0.07 \sim 0.15$;而变压器,$x_1^* = 0.014 \sim 0.08$。

(5)异步电动机通常采用短距分布绕组,计算时考虑绕组系数;而变压器则为整距集中绕组,绕组系数为 1。

6.5　三相异步电动机的负载运行

三相异步电动机的负载运行是指定子三相绕组接到额定频率、额定电压的三相交流电源上,转轴上带着机械负载转动的运行方式。

6.5.1　负载运行时的磁动势平衡方程

1. 负载时的转子磁动势

(1)转子磁动势的性质

三相对称绕组流入三相对称电流产生旋转磁动势,同理,由多相对称绕组流入多相对称交流电流产生的也是旋转磁动势。绕线式电动机转子绕组为三相对称绕组,流过绕组的电流是三相对称电流,其转子磁动势是旋转磁动势;鼠笼式异步电动机的转子绕组是多相对称绕组,流过绕组的电流为多相对称电流,其转子磁动势也是旋转磁动势,它所产生的磁场也是旋转磁场。

(2)转子磁动势的转向

如果定子旋转磁动势按 A、B、C 相序沿顺时针方向旋转,转子三相绕组也按 A、B、C 顺序沿顺时针方向嵌放,则转子感应电动势和电流的相序必然是 A、B、C。由于转子磁动势转向取决于转子绕组中电流的相序,始终从超前电流相转向滞后电流相,所以转子旋转磁动势也按顺时针方向旋转,即转子旋转磁动势 $\overline{F_2}$ 与定子旋转磁动势 $\overline{F_1}$ 转向相同。

(3)转子旋转磁动势的转速

定子旋转磁动势的转速是 n_1,负载运行时,转子转速为 n,则气隙旋转磁场以相对速度 $\Delta n = n_1 - n$ 切割转子绕组,在转子绕组中感应出电动势和电流,其频率为

$$f_2 = \frac{p\Delta n}{60} = \frac{p(n_1-n)}{60} = \frac{spn_0}{60} = sf_1 \tag{6-34}$$

当转子静止时,$n=0$,$s=1$,$f_2=f_1$。

由于旋转磁动势的转速取决于其绕组中电流的频率,所以转子磁动势相对于转子的转速为

$$n_2 = \frac{60f_2}{p} = \frac{s60f_1}{p} = sn_1 \tag{6-35}$$

又由于转子本身以转速 n 旋转,所以转子磁动势相对于定子的转速为

$$n_2 + n = sn_1 + n = n_1 \tag{6-36}$$

即转子旋转磁动势 $\overline{F_2}$ 与定子旋转磁动势 $\overline{F_1}$ 在气隙中转速相等。

由上述分析可见,转子旋转磁动势 $\overline{F_2}$ 和定子旋转磁动势 $\overline{F_1}$ 转向相同、转速相等,即 $\overline{F_1}$ 和 $\overline{F_2}$ 在空间相对静止。这样,由 $\overline{F_1}$ 和 $\overline{F_2}$ 共同建立稳定的气隙主磁场 Φ_0。

2. 磁动势平衡方程

电机负载运行时,气隙中的主磁通由 $\overline{F_1}$ 和 $\overline{F_2}$ 共同产生。由于外施电压 $\dot{U}_1$ 不变时,主磁通 Φ_0 基本不变,所以负载运行时的磁动势平衡方程为

$$\overline{F_0} = \overline{F_1} + \overline{F_2} \tag{6-37}$$

或

$$\overline{F_1} = \overline{F_0} + (-\overline{F_2}) = \overline{F_0} + \overline{F_{1L}} \tag{6-38}$$

式中　$\overline{F_0}$——空载时的定子旋转磁动势,也称励磁磁动势;

　　　$\overline{F_{1L}}$——定子磁动势的负载分量,用以抵消转子磁动势的去磁作用,$\overline{F_{1L}} = \overline{F_2}$。

可见,定子磁动势包含两个分量:励磁磁动势 $\overline{F_0}$,用来产生气隙主磁通 Φ_0;负载分量磁动势 $\overline{F_{1L}}$,用以平衡转子磁动势 $\overline{F_2}$,即用来抵消转子磁动势对主磁通的影响。

将多相对称绕组的磁动势 $\overline{F} = \frac{m}{2}0.9\frac{Nk_{w1}}{p}\cdot\dot{I}$ 代入式(6-37),可得

$$\frac{m_1}{2}0.9\frac{N_1k_{w1}}{p}\cdot\dot{I}_0 = \frac{m_1}{2}0.9\frac{N_1k_{w1}}{p}\cdot\dot{I}_1 + \frac{m_2}{2}0.9\frac{N_2k_{w1}}{p}\cdot\dot{I}_2 \tag{6-39}$$

式中　m_1——定子绕组的相数;

　　　m_2——转子绕组的相数。

将式(6-39)除以 $\frac{m_1}{2}0.9\frac{N_1k_{w1}}{p}$,可得到负载运行时的电流关系式为

$$\dot{I}_0 = \dot{I}_1 + \frac{m_2 N_2 k_{w2}}{m_1 N_1 k_{w1}} \cdot \dot{I}_2 = \dot{I}_1 + \frac{1}{k_i} \cdot \dot{I}_2$$

即

$$\dot{I}_1 = \dot{I}_0 + \left(-\frac{1}{k_i} \cdot \dot{I}_2 \right) = \dot{I}_0 + \dot{I}_{1L} \tag{6-40}$$

式中 k_i——电流变比,$k_i = \dfrac{m_1 N_1 k_{w1}}{m_2 N_2 k_{w2}}$;

$\dot{I}_{1L}$——定子电流的负载分量,$\dot{I}_{1L} = -\dfrac{\dot{I}_2}{k_i}$。

由式(6-40)可见,异步电动机定、转子之间的电流关系与变压器一、二次绕组之间的电流关系相似。

6.5.2 负载运行时的电磁关系

当异步电动机负载运行时,定子三相对称绕组通入三相对称电流产生的旋转磁场仍以 n_1 旋转,而转轴上机械负载的阻力矩使转子转速从 n_0 下降到某值 n,$n < n_1$,电动机以低于同步转速 n_1 的速度旋转,其转向仍与气隙旋转磁场的方向相同。这时,定子旋转磁场以相对速度 $\Delta n = n_1 - n$ 切割转子绕组,转子绕组中将感应电动势,由于转子绕组是短路的,所以在转子感应电动势作用下,转子绕组中也将流过电流 $\dot{I}_2$。

电动机负载运行时,除了定子电流 $\dot{I}_1$ 产生一个定子磁动势 $\overline{F_1}$ 外,转子电流 $\dot{I}_2$ 还将建立一个转子旋转磁动势 $\overline{F_2}$,由 $\overline{F_1}$ 和 $\overline{F_2}$ 共同产生气隙主磁通 $\dot{\Phi}_0$。主磁通分别在定子、转子绕组中感应电动势 $\dot{E}_1$、$\dot{E}_{2s}$。同时,定子、转子侧的 $\overline{F_1}$ 和 $\overline{F_2}$ 还分别产生仅交链于本侧绕组的漏磁通 $\Phi_{1\sigma}$、$\Phi_{2\sigma}$,漏磁通在绕组中分别感应相应的漏电动势 $\dot{E}_{1\sigma}$、$\dot{E}_{2\sigma}$。此外,定子、转子电流分别流过各自的绕组,还将引起电阻压降 $\dot{I}_1 r_1$ 和 $\dot{I}_2 r_2$。如图 6-30 所示。

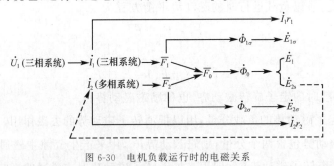

图 6-30 电机负载运行时的电磁关系

6.5.3 负载运行时的电动势平衡方程

1. 定子侧电动势平衡方程

电动机负载运行时,定子侧电动势平衡方程与空载运行时相似,只是此时定子电流为 $\dot{I}_1$,有

$$\dot{U}_1 = -\dot{E}_1 + j\dot{I}_1 x_1 + \dot{I}_1 r_1 = -\dot{E}_1 + \dot{I}_1 Z_1 \tag{6-41}$$

2. 转子侧电动势平衡方程

电动机负载运行时,由于转子绕组中感应电动势的频率为 $f_2 = sf_1$,所以转子感应电动势的有效值为

$$E_{2s} = 4.44 f_2 N_2 k_{w2} \Phi_0 = s4.44 f_1 N_2 k_{w2} \Phi_0 \tag{6-42}$$

当转子静止时,$s=1$,$f_2=f_1$,若此时转子感应电动势用 $f_2=sf_1$ 表示,则

$$E_2 = 4.44 f_1 N_2 k_{w2} \Phi_0 \tag{6-43}$$

将式(6-42)与式(6-43)相比较,可得

$$E_{2s} = sE_2 \tag{6-44}$$

由式(6-42)~式(6-44)可知,正常运行时转差率很小,转子频率很低(0.5~3)Hz,相应的转子电动势就较小,转子静止时其电动势最大。

与定子侧相似,转子漏电动势也可以用漏电抗压降来表示,即

$$\dot{E}_{2\sigma} = -j\dot{I}_2 s_{2s} \tag{6-45}$$

式中 x_{2s}——转子旋转时转子绕组漏电抗,与转子漏磁通相对应的等效电抗。其大小与电流频率有关,即

$$x_{2s} = 2\pi f_2 L_2 = 2\pi f_1 L_2 = sx_2 \tag{6-46}$$

式中 x_2——转子静止时转子绕组漏电抗。

由于转子绕组短路,$U_2=0$,因此,感应电动势全部被转子阻抗压降平衡,则转子侧电动势平衡方程为

$$\dot{E}_{2s} = \dot{I}_2(r_2 + jx_{2s})$$

转子每相电流为

$$\dot{I}_2 = \frac{\dot{E}_{2s}}{r_2 + jx_{2s}} = \frac{s\dot{E}_2}{r_2 + jsx_2} \tag{6-47}$$

每相电流有效值为

$$I_2 = \frac{E_{2s}}{\sqrt{r_2^2 + x_2^2}} = -\frac{sE_2}{\sqrt{r_2^2 + (sx_2)^2}} \tag{6-48}$$

转子回路的功率因数为

$$\cos\varphi_2 = \frac{r_2}{\sqrt{r_2^2 + x_2^2}} = -\frac{r_2}{\sqrt{r_2^2 + (sx_2)^2}} \tag{6-49}$$

式中 φ_2——$\dot{I}_2$ 滞后于 $\dot{E}_2$ 的相位角,即转子回路的功率因数角。

6.5.4 三相异步电动机的等效电路

根据负载运行时的定子、转子电动势平衡方程,可得到旋转异步电动机的定子、转子电路(图6-31)。其中,定子电路与转子电路之间无电的直接联系。为了便于分析和简化计算,可以采用变压器等效电路的做法,将磁耦合的定子、转子电路变为直接电联系的电路。但异步电动机负载运行时,由于定子、转子电流频率不相等,所以先要进行频率折算。此外,异步电动机定子、转子绕组的相数、匝数、绕组系数也不相等,因此在推导等效电路时,还必须进行相应的绕组折算。

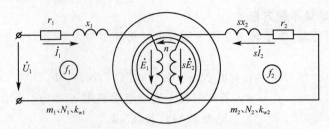

图 6-31　旋转时异步电动机的定子、转子电路

1. 频率折算

所谓频率折算,是指用一个等效转子电路代替实际旋转的转子系统,而且等效转子电路的频率等于定子侧的频率 f_1。由式(6-34)可知,转子静止时,异步电动机的定子、转子侧有相同的频率,因此,等效的转子应该是静止不动的。由于转子侧对定子侧的作用是通过转子磁动势 $\overline{F}_2$ 实现的,所以为了保证折算的等效性,在频率折算时,应使折算前、后的转子磁动势 $\overline{F}_2$ 不变。也就是说,静止的等效转子应与实际旋转的转子具有同样的转子磁动势 $\overline{F}_2$(同转速、同转向、同幅值、同相位)。前面已分析过,无论转子旋转还是静止,定子、转子的磁动势 $\overline{F}_1$、$\overline{F}_2$ 都有相同的转速和转向。因此,频率折算时只需保证折算前、后转子磁动势的幅值和相位相同即可。

转子磁动势 $\overline{F}_2$ 的大小和相位取决于 $\dot{I}_2$ 的大小和相位。式(6-47)表示的异步电动机负载运行时的转子电流计算公式也可写成

$$\dot{I}_2 = \frac{\dot{E}_2}{\dfrac{r_2}{s}+jx_2} = \frac{\dot{E}_2}{r_2+jx_2+\dfrac{(1-s)r_2}{s}} \tag{6-50}$$

显然,式(6-47)和式(6-50)所表示的转子电流具有同样的大小和相位,但是,它们所代表的物理意义却完全不同。式(6-47)对应于转子转动时的情况,$f_2=sf_1$;而式(6-50)对应于转子静止时的情况,$f_2=f_1$。由此可见,一台以转差率 s 旋转的异步电动机,可用一台等效的静止电动机来代替它,只要在静止的转子绕组中串联电阻 $\dfrac{(1-s)r_2}{s}$,使转子绕组的每相总电阻变为 $\dfrac{r_2}{s}=r_2+\dfrac{(1-s)r_2}{s}$,则静止电机转子电流的大小及相位就与旋转时相同。用一个等效静止转子代替实际旋转的转子后,转子侧的频率等于定子侧的频率,完成了频率折算。频率折算后的等效电路如图 6-32 所示。

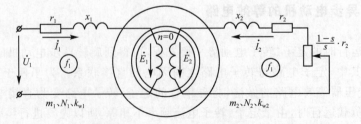

图 6-32　频率折算后(转子静止时)定子、转子电路

由于在进行频率折算时,转子电流的大小及相位均未改变,所以转子磁动势的大小及相位也不会改变。因此,用一个等效静止转子来代替实际旋转的转子,转子磁动势对定子磁动势的

作用不会改变,这样定子中的磁动势和电流均保持原来的数值。换言之,从定子方面看,无论是串联附加电阻 $\frac{(1-s)r_2}{s}$ 的等效静止转子,还是以转差率 s 旋转的实际转子都是一样的。

附加电阻 $\frac{(1-s)r_2}{s}$ 的物理意义可以理解为:在实际旋转电机的转子回路中不存在该电阻,但转轴上产生机械功率。频率折算后,静止的转子回路中有该电阻且要消耗电功率。由于静止的转子回路与实际旋转的转子回路等效,所以由能量守恒定律可知,消耗在该电阻 $\frac{(1-s)r_2}{s}$ 上的电功率应等于旋转转子轴上的总机械功率,即 $\frac{(1-s)r_2}{s}$ 是模拟三相异步电动机轴上总机械功率的等效电阻。从等效电路的角度可以把 $\frac{(1-s)r_2}{s}$ 视为异步电动机的"负载电阻",把转子电流在该电阻上的压降视为转子回路的端电压,即 $\dot{U}_2 = \dot{I}_2 \cdot \frac{(1-s)r_2}{s}$,则转子侧的电动势平衡方程可以写成

$$\dot{U}_2 = \dot{E}_2 - \dot{I}_2 r_2 - j\dot{I}_2 x_2 \tag{6-51}$$

2. 绕组折算

所谓绕组折算,是指用一个和定子绕组具有相同相数 m_1、匝数 N_1 和绕组系数 k_{w1} 的等效转子绕组,来代替具有相数 m_2、匝数 N_2 和绕组系数 k_{w2} 的实际转子绕组。绕组折算的原则仍然是折算前、后转子磁动势不变、转子的各部分功率不变。折算值用原来转子各物理量符号右上角加"'"来表示。

(1)电流的折算

根据折算前、后转子磁动势幅值不变的原则,有

$$\frac{m_2}{2}0.9\frac{N_2 k_{w2}}{p} \cdot I_2 = \frac{m_1}{2}0.9\frac{N_1 k_{w1}}{p} \cdot I_2'$$

求得折算后的转子电流为

$$I_2' = \frac{m_2 N_2 k_{w2}}{m_1 N_1 k_{w1}} \cdot I_2 = \frac{1}{k_i} \cdot I_2 \tag{6-52}$$

(2)电动势的折算

由于折算前、后转子磁动势不变,气隙主磁通也不变,所以折算后的转子电动势 E_2' 与定子电动势 E_1 大小相等,即

$$E_2' = E_1 = 4.44 f_1 N_1 k_{w1} \Phi_0 \tag{6-53}$$

折算前的转子电动势为

$$E_2 = 4.44 f_1 N_2 k_{w2} \Phi_0 \tag{6-54}$$

将式(6-53)和式(6-54)相比较,可得折算后的转子电动势

$$E_2' = \frac{N_1 k_{w1}}{N_2 k_{w2}} \cdot E_2 = k_e E_2 = E_1 \tag{6-55}$$

式中　k_e——电动势变比,$k_e = \frac{N_1 k_{w1}}{N_2 k_{w2}}$。

(3)漏阻抗的折算

据折算前、后转子的电阻上所消耗的功率不变的原则,可得

$$m_1 I_2'^2 r_2' = m_2 I_2^2 r_2$$

即折算后转子的电阻为

$$r'_2 = \frac{m_2 I_2^2}{m_1 I'^2_2} \cdot r_2 = \frac{m_2}{m_1} \cdot \left(\frac{m_1 N_1 k_{w1}}{m_2 N_2 k_{w2}}\right)^2 \cdot r_2 = k_e k_i r_2 \tag{6-56}$$

根据折算前、后转子的漏电抗上所消耗的无功功率不变的原则，可得

$$m_1 I'^2_2 x'_2 = m_2 I_2^2 x_2$$

即折算后转子的漏电抗为

$$x'_2 = \frac{m_2}{m_1} \cdot \left(\frac{I_2}{I'_2}\right)^2 \cdot x_2 = k_e k_i x_2 \tag{6-57}$$

按照上述步骤将转子各量进行折算，并不会改变定子、转子间的能量传递关系。

3. 等效电路及其向量图

经过频率折算和绕组折算的异步电动机定子、转子原理如图 6-33 所示。

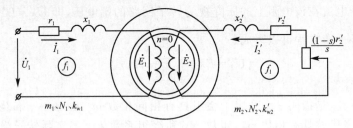

图 6-33 经过频率和绕组折算的异步电动机定子、转子原理

经过两次折算后异步电动机的基本方程式为

$$\left.\begin{array}{l}
\dot{U} = -\dot{E}_1 + \dot{I}_1 Z_1 \\[4pt]
\dot{E}'_2 = I'_2\left(\dfrac{r'_2}{s} + jx'_2\right) \\[4pt]
\dot{I}_1 = \dot{I}_0 + (-\dot{I}'_2) \\[4pt]
\dot{E}_1 = \dot{E}'_2 \\[4pt]
\dot{E}_1 = -\dot{I}_0(R_m + jx_m) = -\dot{I}_0 Z_m
\end{array}\right\} \tag{6-58}$$

根据基本方程，仿照变压器的分析方法，可以画出三相异步电动机的 T 形等效电路，如图 6-34 所示。在实际应用中，为计算方便，可将 T 形等效电路中的励磁支路中模拟机械负载的 $(1-s)r_2/s$ 电阻移至电源端，同时为保证励磁支路电流 I_0 不变，需在励磁支路中串联定子电阻 r_1 和电抗 x_1，便得简化等效电路，如图 6-35 所示。

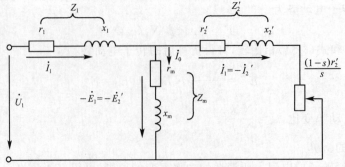

图 6-34 三相异步电动机的 T 形等效电路

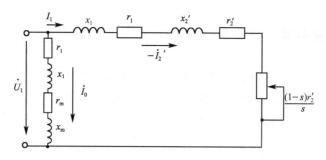

图 6-35　异步电动机简化等效电路

由 T 形等效电路可以分析出以下几点：

(1)异步电动机转子静止(启动瞬间或堵转)时，$n=0$，$s=1$，$\dfrac{(1-s)r'_2}{s}=0$，总机械功率为零，相当于异步电动机短路运行，此时，转子电流、定子电流都很大。

(2)当转子趋于同步转速时，$s\approx0$，$\dfrac{(1-s)r'_2}{s}\approx\infty$，等效电路近似开路，转子电流近似为零，定子电流即励磁电流，相当于异步电动机空载运行。

(3)异步电动机相当于变压器带电阻负载运行，机械负载的变化在等效电路中是由转差率 s 来体现的。负载增加时，转差率 s 增大，模拟总机械功率的等效电阻 $\dfrac{(1-s)r'_2}{s}$ 减小，因此转子电流增加，以产生较大的电磁转矩与负载转矩平衡。根据磁动势平衡关系，定子电流增大，电机从电网吸取更多的电功率供给电机本身损耗和轴上负载，达到功率平衡。

(4)异步电动机可等效成阻感性电路。电机需从电网吸收感性无功电流来激励主磁通和漏磁通，使定子电流总是滞后于定子电压，即功率因数总是滞后的。

此外，经频率折算和绕组折算后，定子、转子的电磁量都变成了同频率的正弦量，因而可以作出 T 形等效电路对应的向量图，如图 6-36 所示，其作图方法与变压器向量图做法类似。

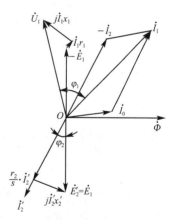

从以上分析可知，运行时的异步电动机与一台二次接电阻负载的变压器相似，异步电动机可以视为一台广义的变压器，不仅可以改变电压、电流和相位，而且可以改变频率。

图 6-36　异步电动机向量图

6.6　三相异步电动机的功率平衡和转矩特性

电磁转矩是旋转电机实现机电能量转换的重要物理量，转矩特性是三相异步电动机的主要特性。在旋转运动中，作用在旋转体上的转矩等于相应的功率除以它的机械角速度，所以在研究电磁转矩及转矩特性之前应先分析功率平衡关系。

6.6.1　功率平衡关系

三相异步电动机拖动机械负载稳定运行时,从电网吸收的电功率为 P_1,经电机内部的电磁感应作用转化为轴端的机械功率为 P_2。在功率的转换和传递的过程中,不可避免地会产生各种损耗。结合电动机的 T 形等效电路,将电动机内部各功率和各损耗的关系用功率流程图表示,如图 6-37 所示。

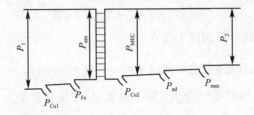

图 6-37　三相异步电动机的功率流程

三相异步电动机定子绕组从电网输入电功率 $P_1=m_1U_1I_1\cos\varphi_1$,定子电流 I_1 在定子绕组上产生铜耗 $P_{\mathrm{Cu1}}=m_1I_1^2r_1$,而且三相电流产生的旋转磁场在定子铁芯中还将产生铁耗 $P_{\mathrm{Fe}}=m_1I_0^2r_{\mathrm{m}}$。由于转子频率很低,所以转子铁耗可忽略。输入的电功率 P_1 去掉这些损耗后,剩下的绝大部分功率通过电磁感应作用由定子侧传递到转子侧,这部分功率称为电磁功率 P_{em},即

$$P_{\mathrm{em}}=P_1-(P_{\mathrm{Cu1}}+P_{\mathrm{Fe}}) \tag{6-59}$$

从图 6-37 中可见,进入转子的电磁功率 P_{em} 全部消耗在转子回路上,即

$$P_{\mathrm{em}}=m_1I_2'^2\cdot\left(r_2'+\frac{(1-s)r_2'}{s}\right)=m_1I_2'^2\cdot\frac{r_2'}{s}=m_2I_2^2\cdot\frac{r_2}{s} \tag{6-60}$$

也可表示为

$$P_{\mathrm{em}}=m_1I_2'^2E_2'\cos\varphi_2=m_2I_2E_2\cos\varphi_2 \tag{6-61}$$

转子绕组流过电流时将产生转子铜耗 $P_{\mathrm{Cu2}}=m_1I_2'^2r_2'=m_2I_2^2r_2$,电磁功率减去转子铜耗余下的就是转子上的总机械功率 P_{MEC},即

$$P_{\mathrm{MEC}}=P_{\mathrm{em}}-P_{\mathrm{Cu2}}=m_1I_2'^2\frac{(1-s)r_2'}{s}=m_2I_2^2\cdot\frac{(1-s)r_2}{s} \tag{6-62}$$

三相异步电动机在运行时,还会产生由轴承及风阻等摩擦产生的机械损耗 P_{mec}。此外,由于定子、转子开槽以及存在着谐波磁场,所以还要产生附加损耗 P_{ad}。P_{ad} 一般不易计算,往往根据经验估算,在大型异步电动机中 P_{ad} 约为额定功率的 0.5%,而在小型电动机中 P_{ad} 可达额定功率的 1%~3%,或更大些。

转子上的机械功率 P_{MEC} 再减去机械损耗 P_{mec} 和附加损耗 P_{ad},就得到电动机轴上输出的机械功率 P_2,即

$$P_2=P_{\mathrm{MEC}}-(P_{\mathrm{mec}}+P_{\mathrm{ad}})=P_{\mathrm{MEC}}-P_0 \tag{6-63}$$

式中　P_0——空载损耗,$P_0=P_{\mathrm{mec}}+P_{\mathrm{ad}}$。

此外,将转子铜耗 P_{Cu2} 和总机械功率 P_{MEC} 分别与式(6-60)相比,可得

$$\frac{P_{\mathrm{Cu2}}}{P_{\mathrm{em}}} = \frac{m_1 I_2'^2 r_2'}{m_1 I_2'^2 \cdot \dfrac{r_2'}{s}} = s \qquad (6\text{-}64)$$

$$\frac{P_{\mathrm{MEC}}}{P_{\mathrm{em}}} = \frac{m_1 I_2'^2 \cdot \dfrac{(1-s)r_2'}{s}}{m_1 I_2'^2 \dfrac{r_2'}{s}} = 1-s \qquad (6\text{-}65)$$

式(6-64)和式(6-65)说明,由定子经气隙传递到转子侧的电磁功率有一部分(sP_{em})转变为转子铜损耗,也称 sP_{em} 为转差功率,其余绝大部分 $(1-s)P_{\mathrm{em}}$ 转变为总的机械功率。转差率 s 越大,转子铜耗在电磁功率中占的比例就越大,总机械功率就越小。

6.6.2　转矩平衡方程

因旋转体上的转矩等于相应的功率除以它的机械角速度,即 $T = \dfrac{P}{\omega}$,故在式(6-63)两边同除以机械角速度 ω($\omega = \dfrac{2\pi n}{60}$ rad/s),可得稳态运行时异步电动机的转矩平衡方程

$$T_2 = T_{\mathrm{em}} - T_0$$

或

$$T_{\mathrm{em}} = T_2 + T_0 \qquad (6\text{-}66)$$

式中　T_{em}——电动机的电磁转矩,为驱动性质的转矩,$T_{\mathrm{em}} = \dfrac{P_{\mathrm{MEC}}}{\omega}$;

　　　　T_2——负载转矩,转子所拖动的负载制动转矩,$T_2 = \dfrac{P_2}{\omega}$;

　　　　T_0——空载转矩,由机械损耗 P_{mec} 和附加损耗 P_{ad} 所引起的制动转矩,$T_0 = \dfrac{P_0}{\omega}$。

可见,三相异步电动机稳态运行时,驱动性质的电磁转矩与制动的负载转矩和空载转矩相平衡。

利用式(6-65)可以推得

$$T_{\mathrm{em}} = \frac{P_{\mathrm{MEC}}}{\omega} = \frac{(1-s)P_{\mathrm{em}}}{\dfrac{2\pi n}{60}} = \frac{P_{\mathrm{em}}}{\dfrac{2\pi n_1}{60}} = \frac{P_{\mathrm{em}}}{\omega_1} \qquad (6\text{-}67)$$

式中　ω_1——同步机械角速度,$\omega_1 = \dfrac{2\pi n_1}{60}$ rad/s。

由此可知,电磁转矩从转子方面看,等于总机械功率除以转子机械角速度;从定子方面看,则等于电磁功率除以同步机械角速度。

【例 6-2】 一台四极异步电动机,$P_{\mathrm{N}} = 200$ kW,$U_{\mathrm{N}} = 380$ V,定子△连接,定子电流频率 $f_1 = 50$ Hz,定子铜耗 $P_{\mathrm{Cu1}} = 5.12$ kW,转子铜耗 $P_{\mathrm{Cu2}} = 2.85$ kW,铁耗 $P_{\mathrm{Fe}} = 3.8$ kW,机械损耗 $P_{\mathrm{mec}} = 0.98$ kW,附加损耗 $P_{\mathrm{ad}} = 3$ kW,试求:

(1)额定负载下的转速 n_{N} 和转差率 s_{N};

(2)额定负载时的电磁转矩 T_{emN}、负载转矩 T_{N} 和空载转矩 T_0;

(3)额定负载下的效率 η_{N}。

解:(1)额定负载下的转速

额定电磁功率

$$P_{emN} = P_N + P_{Cu2} + P_{mec} + P_{ad} = 200 + 2.85 + 0.98 + 3 = 206.83 \text{ kW}$$

额定转差率

$$s_N = \frac{P_{Cu2}}{P_{emN}} = \frac{2.85}{206.83} = 0.013\,8$$

额定负载下的转速

$$n_N = \frac{(1 - s_N)60 f_1}{p} = \frac{(1 - 0.013\,8) \times 60 \times 50}{2} = 1\,479 \text{ r/min}$$

(2)额定负载下的电磁转矩

$$T_{emN} = \frac{P_{emN}}{\omega_1} = \frac{P_{emN}}{\dfrac{2\pi n_1}{60}} = \frac{206.83 \times 10^3}{2\pi \times 1\,500} \times 60 = 1\,317.39 \text{ N} \cdot \text{m}$$

负载转矩

$$T_N = \frac{P_N}{\omega_N} = \frac{P_N}{\dfrac{2\pi n_N}{60}} = \frac{200 \times 10^3 \times 60}{2\pi \times 1\,479} = 1\,291.97 \text{ N} \cdot \text{m}$$

空载转矩

$$T_0 = \frac{P_{mec} + P_{ad}}{\omega_N} = \frac{P_{mec} + P_{ad}}{\dfrac{2\pi n_N}{60}} = \frac{(0.98 + 3) \times 10^3 \times 60}{2\pi \times 1\,479} = 25.71 \text{ N} \cdot \text{m}$$

(3)额定负载下的效率

电动机的总损耗

$$\sum P = P_{Cu1} + P_{Fe} + P_{Cu2} + P_{mec} + P_{ad} = 5.12 + 3.8 + 2.85 + 0.98 + 3 = 15.75 \text{ kW}$$

效率为

$$\eta_N = \frac{P_N}{P_1} \times 100\% = \frac{P_N}{P_N + \sum p} \times 100\% = \frac{200}{200 + 15.75} \times 100\% = 92.7\%$$

6.7 三相异步电动机的工作特性

三相异步电动机的工作特性是指在额定电压和额定频率下,电动机的转速 n、输出转矩 T_2、定子电流 I_1、功率因数 $\cos\varphi_1$ 以及效率 η 等物理量随输出功率 P_2 变化的关系,其工作特性曲线如图 6-38 所示。

1. 转速特性 $n = f(P_2)$

电动机转速 n 与输出功率 P_2 之间的关系 $n = f(P_2)$ 称为转速特性。

空载时,输出功率 $P_2 = 0$,转子转速接近于同

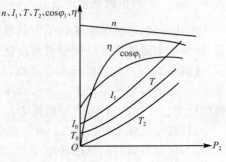

微课

三相异步电动机的工作特性

图 6-38 异步电动机的工作特性曲线

步转速,$s=0$;当负载增加时,随着负载转矩的增加,转速 n 下降。额定运行时,转差率很小,一般为 $0.01\sim0.06$,相应的转速 n 随负载变化不大,与同步转速 n_1 接近,因此曲线 $n=f(P_2)$ 是一条稍微向下倾斜的曲线。

2. 转矩特性 $T_2=f(P_2)$

输出转矩 T_2 与输出功率 P_2 之间的关系 $T_2=f(P_2)$ 称为转矩特性。

异步电动机输出转矩为

$$T_2=\frac{P_2}{\omega}=\frac{P_2}{\dfrac{2\pi n}{60}}$$

空载时,$P_2=0$,$T_2=0$。负载增加时,由于电动机从空载到额定负载之间转速 n 变化很小,所以随着负载的增加,T_2 近似成正比增加,即转矩特性曲线 $T_2=f(P_2)$ 近似为一稍微上翘的直线。

3. 定子电流特性 $I_1=f(P_2)$

异步电动机定子电流 I_1 与输出功率 P_2 之间的关系 $I_1=f(P_2)$ 称为定子电流特性。

空载时,转子电流 $I_2\approx0$,定子空载电流 I_0 较小;当负载增加时,转子转速下降,转子电流增大,据 $\dot{I}_1=\dot{I}_0+(-\dot{I}'_2)$ 可知,定子电流 I_1 也相应增加。因此定子电流 I_1 随着输出功率 P_2 的增加而增加,定子电流特性曲线 $I_1=f(P_2)$ 是上升的。

4. 功率因数特性 $\cos\varphi_1=f(P_2)$

异步电动机功率因数 $\cos\varphi_1$ 与输出功率 P_2 之间的关系 $\cos\varphi_1=f(P_2)$ 称为功率因数特性。

空载时,定子电流基本为无功励磁电流,其功率因数很低,约为 0.2。负载运行时,随着负载的增加,转子电流增加,定子电流有功分量增加,功率因数逐渐上升。在额定负载附近,功率因数达到最高值,一般为 $0.8\sim0.9$。负载超过额定值后,由于转速下降,转差率 s 增大较多,转子频率、转子漏抗增加,转子功率因数下降,转子电流无功分量增大,与之相平衡的定子电流无功分量增大,致使电动机功率因数下降。功率因数特性是异步电动机的一个重要性能指标。

5. 效率特性 $\eta=f(P_2)$

电动机效率 η 与输出功率 P_2 之间的关系 $\eta=f(P_2)$ 称为效率特性。效率等于输出功率 P_2 与输入功率 P_1 之比,即

$$\eta=\frac{P_1}{P_2}=\frac{P_2}{P_2+\sum p} \tag{6-68}$$

式中　$\sum P$——异步电动机总损耗,$\sum p=P_{\mathrm{Cu1}}+P_{\mathrm{Fe}}+P_{\mathrm{Cu2}}+P_{\mathrm{mec}}+P_{\mathrm{ad}}$。

异步电动机从空载到额定运行,电源电压一定时,主磁通变化很小,所以铁损耗 P_{Fe} 和机械损耗 P_{mec} 基本不变,称为不变损耗;而铜损耗 $P_{\mathrm{Cu1}}+P_{\mathrm{Cu2}}$ 和附加损耗 P_{ad} 随负载变化,称为可变损耗。

空载时,$P_2=0$,$\eta=0$,随着负载的增加,效率随之增加,当负载增加到可变损耗与不变损耗相等时,效率达最大值。此后负载增加,由于定子、转子电流增加,可变损耗增加很快,效率反而降低。对中小型异步电动机,通常在额定负载范围($0.75\sim1$)内,效率最高。效率特性也是异步电动机的一个重要性能指标。

由以上分析可知,三相异步电动机的功率因数和效率均在额定负载附近达到最大值。因此选用电动机时,应使电动机容量与负载容量相匹配。若电动机容量选择过大,则电动机长期处于轻载运行,投资、运行费用高,不经济;若电动机容量选择过小,则将使电动机过载而造成发热,影响其寿命,甚至损坏。

三相异步电动机的工作特性通常通过电动机直接加负载测出,或间接计算得出。利用工作特性曲线,既可以掌握负载变动时运行量的变化规律,便于分析电动机运行的安全性和经济性,又可判断电动机的工作性能好坏。

6.8 三相异步电动机的参数测定

利用等效电路计算异步电动机运行特性时,必须首先知道电机的励磁参数 r_m、x_m 和短路参数 r_1、r'_2、x_1 和 x'_2,这些参数可通过空载实验和短路实验求得。

三相异步电动机等效电路中的参数可以由制造厂家提供,也可以通过实验方法求得,由于异步电动机的等效电路与变压器的等效电路相似,所以实验方法也十分相似。由空载实验测定励磁参数,由短路实验测定短路参数。

6.8.1 空载实验

空载实验的主要目的是测定电机的励磁电阻 r_m、励磁电抗 x_m、机械损耗 P_{mec} 和铁损耗 P_{Fe},其实验接线如图 6-39 所示。实验时电机转轴上不加任何负载,定子绕组通过调压器 TC 接三相电源。加电压后电机空载运行,使电机运转一段时间,让机械损耗达到稳定。然后调节电机的输入电压,使其从 $1.2U_N$ 逐渐降低,直到电机的转速明显下降、电流开始回升为止。此过程记录数点电压 U_1、电流 I_0、空载功率 P_0 和转速 n。根据记录数据绘出曲线 $P_0 = f(U_1)$ 和 $I_0 = f(U_1)$,即电动机的空载特性曲线,如图 6-40 所示。

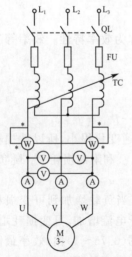

图 6-39　三相异步电动机空载实验接线

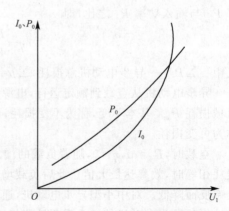

图 6-40　三相异步电动机空载特性

异步电动机空载时转子电流很小,转子铜损耗可以忽略,在这种情况下,定子输入的功

率就转化为定子铜损、铁损、机械损耗和附加损耗,即

$$P_0 = 3I_0^2 r_1 + P_{Fe} + P_{mec} + P_{ad}$$

令

$$P'_0 = P_0 - 3I_0^2 r_1 = P_{Fe} + P_{mec} + P_{ad} \qquad (6\text{-}69)$$

上述损耗中,机械损耗 P_{mec} 的大小与电源电压 U_1 无关,只要电动机的转速不变,可以认为是常数。铁耗 P_{Fe} 和附加损耗 P_{ad} 可近似认为与磁感应强度的平方成正比,这样 P'_0 与 U_1^2 的关系是线性的,如图 6-41 所示。把这一曲线延长到纵轴 $U_1 = 0$ 处,得到交点 O',过 O' 作平行于横轴的虚线,虚线以下为与电压无关的机械损耗,以上部分是与电压平方成正比的铁耗和附加损耗之和。空载时附加损耗 P_{ad} 很小,将其忽略,于是可以计算异步电动机的励磁参数。

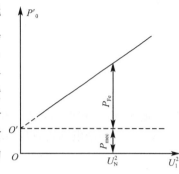

图 6-41 三相异步电动机机械损耗求法

对应额定电压,查出 P_0 和 I_0,则可求出空载参数

$$Z_0 = \frac{U_1}{I_0}$$

$$r_0 = \frac{P_0 - P_{mec}}{I_0^2}$$

$$x_0 = \sqrt{Z_0^2 - r_0^2}$$

式中的电压、电流和功率均为一相的值。由于 r_1 和 x_1 可以通过实验求取,所以励磁参数

$$r'_m = r_0 - r_1$$

$$x_m = x_0 - x_1$$

6.8.2 短路实验

短路实验接线如图 6-42 所示。

异步电动机的短路实验时在定子接电源,把转子堵住不动,$n = 0$,$s = 1$,$(1-s)r'_2/s \approx 0$ 的情况下进行。

短路实验时,等效电路中附加电阻 $\dfrac{(1-s)r'_2}{s} = 0$,对应的总机械功率 $P_{MEC} = 0$。在转子不转时,定子加额定电压,相当于变压器的短路状态,这时的电流为短路电流,这个电流可达额定电流的 4~7 倍,这是不允许的。为了降低堵转电流,可降低电压进行实验。调节电源电压,从零开始增大到电动机的短路电流达到额定电流的 1.2 倍时为止,开始记录数据,然后逐渐降低电源电压,短路电流随之降低,降到短路电流为额定电流的

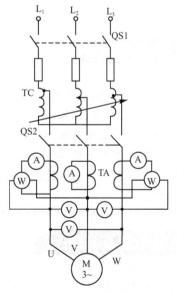

图 6-42 三相异步电动机短路实验接线图

30% 时停止实验,在此期间记录 5~7 组实验数据;短路电压 U_k、短路电流(堵转电流)I_k 和堵转功率 P_k,做出短路特性曲线 $I_k = f(U_k)$、$P_k = f(U_k)$,如图 6-43 所示。

短路时电压很低,磁通较小,励磁电流很小,$I_0 \approx 0$,可认为励磁支路开路,$I_1 = I'_2 = I_k$,短路时等效电路如图 6-44 所示。此时,输入的功率全变成定子铜损耗和转子铜损耗,即

$$P_k = m_1 I_k^2 (r_1 + r'_2) = m_1 I_k^2 r_k \tag{6-70}$$

由短路特性曲线查出对应 $I_k = I_N$ 时的短路电压 U_k 和短路功率 P_k,可求出短路参数

$$Z_k = \frac{U_k}{I_k}$$

$$r_k = \frac{P_k}{I_k^2}$$

$$x_k = \sqrt{Z_k^2 - r_k^2}$$

式中,电流、电压和功率均为一相的值。

对于大、中型电动机,可以认为

$$r_1 = r'_2 = \frac{1}{2} r_k$$

$$x_1 = x'_2 = \frac{1}{2} x_k$$

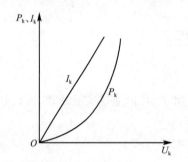

图 6-43   异步电动机的短路特性

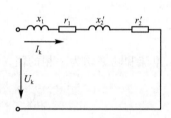

图 6-44   异步电动机短路实验等效电路

思政元素

本章教学内容是三相交流异步电动机,三相交流异步电动机是一种将电能转化为机械能的电力拖动装置。三相交流异步电动机具有结构简单、运行可靠、价格便宜、过载能力强及使用、安装、维护方便等优点,被广泛应用于各个领域。讲解本章教学内容应与时俱进,通过润物细无声、滴水穿石的方式,充分挖掘课程的抽象及理论较深的特点,尤其是电机电势、磁势及定转子绕组绕线方式,结合实物或下厂观摩等形式不断优化课程建设,从知识传授是否明晰、能力提升是否落实、育德功能是否实现等方面做出新的改进。

思考题及习题

6-1   三相异步电动机的转子绕组如果是断开的,是否还能产生电磁转矩?

6-2   某些国家的工业标准频率为 60 Hz,这种频率的三相异步电动机在 $p = 1$ 和 $p = 2$ 时的同步转速分别是多少?

6-3   某三相异步电动机,$p = 2$,$f_1 = 50$ Hz,$n = 1\,440$ r/min,试问该电动机的转差率是多少?

6-4　有一台三相异步电动机,如何从结构特点来判断它是鼠笼式还是绕线式?

6-5　380 V、星形连接的三相异步电动机,电源连接电压为何值时才能采用△连接? 380 V、△连接的电动机,电源电压为何值时才能采用星形连接?

6-6　$n_N = 2\,980$ r/min 的三相异步电动机,同步转速 n_0 是多少? 极对数 p 是多少?

6-7　在 Φ_m、N 和 f 相同的情况下,整距集中绕组与短距分布绕组中,哪个电动势大?

6-8　某三相绕组,$K_p = 0.89$,$K_s = 0.96$,试问该绕组是整距绕组还是短距绕组? 是集中绕组还是分布绕组?

6-9　一台三相异步电动机在额定电压下运行,试问由于负载变化转子转速降低时,转子电流和定子电流是增加还是减小?

6-10　三相异步电动机的转子转速变化时,转子磁通势在空间的转速是否改变?

6-11　为什么异步电动机定子与转子之间有气隙存在时的空载电流会比较大?

6-12　三相异步电动机有星形和△两种连接方式。连接方式不同时,等效电路、基本方程式和向量图是否有所不同?

6-13　等效电路中的 $\dfrac{(1-s)r'_2}{s}$ 代表什么? 能否不用电阻而用电容和电感来代替?

6-14　6.6 中所讨论的功率和损耗是三相的功率和损耗还是每相的功率和损耗?

6-15　电动机在稳定运行时,为什么负载转矩 T_L 增加,电磁转矩 T 也会随之增加?

6-16　T_0、T_L、T_2 与 T 的作用方向是相同还是相反?

6-17　为什么三相异步电动机断了一根电源线即成为单相状态而不是两相状态?

6-18　判断

(1)不管异步电机转子是旋转的还是静止的,定子、转子磁动势都是相对静止的。

（　　　）

(2)三相异步电动机转子不动时,经由空气隙传递到转子侧的电磁功率全部转化为转子铜损耗。（　　　）

(3)要改变三相异步电动机的转向,只要任意对调三相电源线中的两相即可。（　　　）

(4)通常三相鼠笼式异步电动机定子绕组和转子绕组的相数不相等,而三相绕线式转子异步电动机的定子、转子相数则相等。（　　　）

6-19　选择

(1)三相异步电动机空载时气隙磁通的大小主要取决于(　　　)。

A. 电源电压　　　　　　　B. 气隙大小

C. 定子、转子铁芯材质　　D. 定子绕组的漏阻抗

(2)异步电动机等效电路中的电阻 r'_2/s 上消耗的功率为(　　　)。

A. 轴端输出的机械功率　　B. 总机械功率

C. 电磁功率　　　　　　　D. 转子铜损耗

6-20　在三相绕线式转子异步电动机中,如将定子三相绕组短接,并且通过滑环向转子绕组通入三相交流电流,转子旋转磁场若为顺时针方向,则此时电动机能旋转吗? 如能旋转,其转向如何?

6-21　试述短距系数 K_{y1} 和分布系数 K_{q1} 的物理意义。

6-22　异步电动机在启动及空载运行时,为什么功率因数较低? 当满载运行时,功率因数为什么会较高?

6-23   为什么三相异步电动机的励磁电流比相应的三相变压器的大很多?

6-24   当三相异步电动机在额定电压下正常运行时,如果转子突然被卡住,会产生什么后果? 为什么?

6-25   三相异步电动机带额定负载运行时,如果负载转矩不变,当电源电压降低时,电动机的 Φ_0、I_1、I_2 和 n 如何变化? 为什么?

6-26   增大异步电动机的气隙时,对空载电流、漏抗有何影响?

6-27   一台异步电动机额定运行时,通过气隙传递的电磁功率约有 3% 转化为转子铜损耗,试问这时电动机的转差率是多少? 有多少转化为总机械功率?

6-28   在异步电动机等效电路图中,Z_m 反映什么物理量? 是否为变量? 在额定电压下电动机由空载到满载的过程中,Z_m 如何变化?

6-29   一台三相异步电动机,定子频率 $f_1=50$ Hz,极对数 $p=2$,在带负载运行时,转差率 $s=0.03$,求该电机的同步转速 n_0 和转子转速 n。

6-30   有一台三相异步电动机,定子绕组为三相双层绕组。已知定子槽数 $z=24$,极对数 $p=2$,线圈节距 $y=5$ 槽。试问该绕组是整距绕组还是短距绕组? 是集中绕组还是分布绕组?

6-31   Y180M-2 型三相异步电动机,$P_N=22$ kW,$U_N=380$ V,△连接,$I_N=42.2$ A,额定输入功率 $P_{1N}=24.7$ kW,额定转差率 $s_N=0.02$。求该电机的额定转速 n_N、额定功率因数 λ_N 和额定效率 η_N。

6-32   某三相异步电动机,$P_N=5.5$ kW,Y/△连接,$U_N=660/380$ V,$\eta_N=82\%$,$\lambda_N=0.88$。求:

(1)当电源电压为 380 V 时,定子绕组应采用什么连接? 这时的额定线电流和额定相电流分别是多少?

(2)当电源电压为 660 V 时,定子绕组应采用什么连接? 这时的额定线电流和额定相电流分别是多少?

(3)上述两种情况下的额定线电流的比值和额定相电流的比值分别是多少?

6-33   一台绕线式三相异步电动机,极对数 $p=3$,定子每相绕组的匝数 $N_1=320$,绕组因数 $k_{w1}=0.945$。定子绕组相电流 $I_1=35$ A,频率 $f_1=50$ Hz,转子每相绕组的匝数 $N_2=320$,绕组因数 $k_{w2}=0.93$,转子绕组的相电流 $I_2=60$ A,频率 $f_2=2$ Hz。旋转磁场的磁通最大值 $\Phi_m=0.003\ 28$ Wb。求:

(1)定子和转子每相绕组中的电动势;

(2)定子和转子旋转磁通势的幅值。

6-34   一台三相鼠笼式异步电动机,$U_N=380$ V,$I_N=63$ A,△连接。$r_1=0.7\ \Omega$,$x_1=0.7\ \Omega$,$r'_2=0.4\ \Omega$,$x'_2=3\ \Omega$,$r_m=6\ \Omega$,$x_m=75\ \Omega$。试用简化等效电路分析该电机运行在 $s=0.04$ 时是否过载?

6-35   一台三相绕线型异步电动机,$U_N=380$ V,△连接。$f_1=50$ Hz,$r_1=0.5\ \Omega$,$r_2=0.2\ \Omega$,$r_m=10\ \Omega$。当该电机输出功率 $P_2=10$ kW 时,$I_1=12$ A,$I_{2s}=30$ A,$I_0=4$ A,$P_0=100$ W。求该电机的总损耗 P_{aL}、输入功率 P_1、电磁功率 P_e、机械功率 P_m 以及功率因数 λ 和效率 η。

6-36   Y112M-2 型三相异步电动机,输出转矩 $T_2=13$ N·m,空载转矩 $T_0=1$ N·m,转速 $n=2\ 880$ r/min,效率 $\eta=88\%$。求该电机的输出功率 P_2、输入功率 P_1、总机械功率 P_{MEC}、电磁功率 P_{em} 以及总损耗功率 P_{al}。

第7章

三相异步电动机的电力拖动

本章首先讨论三相异步电动机的机械特性,然后以机械特性为理论基础,分析研究三相异步电动机的启动、制动和调速等问题。

7.1 三相异步电动机的机械特性

7.1.1 三相异步电动机机械特性的表达式

电动机的机械特性是指在电源电压 U_1、电源频率 f_1、电动机参数一定的条件下,电动机的转速与电磁转矩之间的关系,即 $n=f(T_{em})$。由于转差率与转速之间满足 $n=(1-s)n_1$,所以可以利用 $s=f(T_{em})$ 表示机械特性。用曲线表示三相异步电动机机械特性时,常取 T_{em} 为横坐标,以 s 和 n 为纵坐标。

三相异步电动机的机械特性有三种表达式:物理表达式、参数表达式和实用表达式。

1. 物理表达式

电动机的电磁转矩是由旋转磁场的每极磁通 Φ_0 与转子电流 I_2 相互作用产生的。电磁转矩为

$$T_{em}=\frac{P_{em}}{\omega_1}=\frac{m_2 E_2 I_2 \cos\varphi_2}{\frac{2\pi n_1}{60}}=\frac{m_2 4.44 f_1 N_2 k_{w2}}{\frac{2\pi f_1}{p}} \cdot \Phi_0 I_2 \cos\varphi_2 = C_T \Phi_0 I_2 \cos\varphi_2 \qquad (7\text{-}1)$$

式中 C_T——转矩常数,与电机结构有关,$C_T=\dfrac{4.44 m_2 p N_2 k_{w2}}{2\pi}$。

式(7-1)表明:电磁转矩是转子电流有功分量与气隙基波主磁场共同作用产生的。电源电压不变,每极基波磁通量为定值时,电磁转矩和转子电流的有功分量成正比。由于式(7-1)是从物理意义出发得到的,所以称为机械特性的物理表达式。

物理表达式清楚地反映了电动机电磁转矩的物理意义,但是实际使用时却比较困难。这是因为在工程上,磁通难以计算,转子电流也不易确定。因此,分析或计算异步电动机机械特性时一般不采用物理表达式,而采用参数表达式。

2. 参数表达式

电磁转矩可表示为

$$T_{em}=\frac{P_{em}}{\omega_1}=\frac{m_1 I_2'^2 \cdot \dfrac{r_2'}{s}}{\dfrac{2\pi n_1}{60}}=\frac{m_1 I_2'^2 \cdot \dfrac{r_2'}{s}}{\dfrac{2\pi f_1}{p}}$$

将转子电流的关系式 $I'_2 = \dfrac{U_1}{\sqrt{(r_1 + \dfrac{r'_2}{s})^2 + (x_1 + x'_2)^2}}$ 代入可得参数表达式

$$T_{em} = \frac{m_1 p U_1^2 \cdot \dfrac{r'_2}{s}}{2\pi f_1 \left[(r_1 + \dfrac{r'_2}{s})^2 + (x_1 + x'_2)^2 \right]} \tag{7-2}$$

式(7-2)表明了电机的电磁转矩 T_{em} 与电源参数 U_1 和 f_1、运行参数 s 及其结构参数 m_1、p、r_1、x_1、r'_2、x'_2 之间的函数关系,因此也称为电磁转矩的参数表达式,这一表达式比物理表达式在应用上更方便。

参数 m_1、p、r_1、x_1、r'_2、x'_2 都与转差率 s 无关,当转差率 s 或转速 n 变化时,机械特性曲线如图 7-1 所示。

当同步转速 n_1 为正值时,机械特性曲线跨越第一、二、四象限。在第一象限时,$0 < n < n_1$,$0 < s < 1$,n、T_{em} 均为正值,电机处于电动机运行状态;在第二象限时,$n > 0$,$s < 0$,n 为正值,T_{em} 为负值,电机处于发电机运行状态;在第四象限时,$n < 0$,$s > 1$,n 为负值,T_{em} 为正值,电机处于电磁制动运行状态。

从机械特性曲线上可以看出,电磁转矩有两个最大值,一个出现在第一象限(电动机状态),另一个出现在第二象限(发电机状态)。将最大电磁转矩 T_m 对应的转差率称为临界转差率,用 s_m 表示。

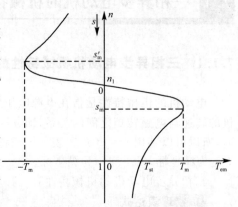

图 7-1　三相异步电动机的机械特性

对式(7-2)求导 $\dfrac{dT_{em}}{ds}$,并令 $\dfrac{dT_{em}}{ds} = 0$,得到临界转差率

$$s_m = \pm \frac{r'_2}{\sqrt{r_1^2 + (x_1 + x'_2)^2}} \approx \pm \frac{r'_2}{x_1 + x'_2} \tag{7-3}$$

将式(7-3)代入式(7-2),得到最大电磁转矩

$$T_m = \pm \frac{m_1 p U_1^2}{4\pi f_1 \left[\pm r_1 + \sqrt{r_1^2 + (x_1 + x'_2)^2} \right]} \approx \frac{m_1 p U_1^2}{4\pi f_1 (x_1 + x'_2)} \tag{7-4}$$

由式(7-3)和式(7-4)可得出如下结论:

(1)最大电磁转矩 T_m 与外加相电压的平方成正比,临界转差率 s_m 与外加电压无关。

(2)临界转差率 s_m 与转子电阻 r'_2 成正比,最大电磁转矩 T_m 与转子电阻 r'_2 无关。

(3)最大电磁转矩 T_m 和临界转差率 s_m 都近似与 $(x_1 + x'_2)$ 成反比。

最大电磁转矩对电动机运行具有重要意义,当电动机负载转矩突然增大且大于最大电磁转矩时,电动机将因承载不了负载而停转。为了保证电动机不会由于短时过负荷而停转,电动机需要具有一定的过载能力。最大电磁转矩越大,电动机短时过载能力越强。一般把最大电磁转矩 T_m 与额定转矩 T_N 之比称为电动机的过载系数(过载能力),即

$$\lambda_m = \frac{T_m}{T_N} \tag{7-5}$$

过载系数是异步电动机运行的重要性能指标,它可以衡量电动机的短时过载能力和运行稳定性。一般电动机 $\lambda_m = 1.6 \sim 2.2$,起重、冶金机械专用电动机 $\lambda_m = 2.2 \sim 2.8$。

在电动机机械特性上,还有一个电动机的重要参数,即启动转矩 T_{st},它是电动机接入电源瞬间的电磁转矩,此刻电动机尚未转动,$n = 0$,$s = 1$。将 $s = 1$ 代入式(7-2),可得到电动机的启动转矩

$$T_{st} = \frac{m_1 p U_1^2 r_2'}{2\pi f_1 \left[(r_1 + r_2')^2 + (x_1 + x_2')^2\right]} \qquad (7\text{-}6)$$

启动转矩具有以下特点:

(1)启动转矩 T_{st} 与电源相电压的平方成正比。

(2)启动转矩 T_{st} 与转子回路电阻 r_2' 有关,转子回路串联适当电阻可以增大启动转矩 T_{st}。

从前面的分析可知,当增加转子回路电阻使 $s_m = 1$ 时,则可获得最大启动转矩,即 $T_{st} = T_m$。若再继续增加转子回路电阻,则 $s_m > 1$,启动转矩反而会减小。

通常用 T_{st} 与 T_N 的比值 k_{st} 表示电动机的启动转矩倍数,即

$$k_{st} = \frac{T_{st}}{T_N} \qquad (7\text{-}7)$$

启动转矩倍数是衡量异步电动机启动性能好坏的重要指标,只有 $k_{st} > 1$,电动机才能带负载启动起来,k_{st} 越大,电动机启动得就越快。一般鼠笼式电动机 $k_{st} = 1.0 \sim 2.0$;Y系列鼠笼式电动机 $k_{st} = 1.7 \sim 2.2$。

3. 实用表达式

利用参数表达式计算电动机的机械特性时,需要知道电动机的绕组参数。有些参数用户在产品目录中是查不到的,通过实验才能得到。如果利用电动机的铭牌数据和相关的手册提供的额定值进行计算,就比较实用和方便了。因此,如果用式(7-2)除以式(7-4),并考虑式(7-3),化简且忽略 r_1 后,就可得到电动机机械特性的实用表达式

$$\frac{T_{em}}{T_m} = \frac{2}{\dfrac{s}{s_m} + \dfrac{s_m}{s}} \qquad (7\text{-}8)$$

式(7-8)是工程计算中非常实用的机械特性实用表达式。

当三相异步电动机在额定负载范围内运行时,转差率 s 很小,额定转差率 s_N 仅为 $0.01 \sim 0.06$。这时

$$\frac{s}{s_m} \ll \frac{s_m}{s}$$

将式(7-8)进一步简化,忽略分母中的 $\dfrac{s}{s_m}$,可得到

$$T_{em} = \frac{2 T_m s}{s_m} \qquad (7\text{-}9)$$

这说明当 $0 < s < s_m$ 时,三相异步电动机的机械特性呈线性关系,具有与他励直流电动机相似的特性。

最大电磁转矩 T_m 和临界转差率 s_m 可由电动机额定数据求得。已知电动机的额定功率 P_N、额定转速 n_N、过载系数 λ_m(可以在产品目录中查出),则额定转矩为

$$T_N = \frac{P_N}{\omega_N} = \frac{P_N \times 10^3}{\frac{2\pi n_N}{60}} = 9\,550\frac{P_N}{n_N}$$

式中，额定功率 P_N 的单位为 kW。

最大电磁转矩 $\qquad\qquad T_m = \lambda_m T_N$

额定转差率

$$s_N = \frac{n_1 - n_N}{n_1}$$

在工程计算时，常因空载转矩 T_0 远小于电磁转矩 T_{em} 而将 T_0 忽略，这样，当 $s = s_N$ 时，$T_{em} = T_N$，代入式(7-8)，有

$$\frac{T_N}{T_m} = \frac{2}{\frac{s_N}{s_m} + \frac{s_m}{s_N}}$$

将 $T_m = \lambda_m T_N$ 代入可得

$$s_m^2 - 2\lambda_m s_N s_m + s_N^2 = 0$$

解得

$$s_m = s_N(\lambda_m \pm \sqrt{\lambda_m^2 - 1})$$

因为 $s_m > s_N$，所以应取"+"号，于是

$$s_m = s_N(\lambda_m + \sqrt{\lambda_m^2 - 1}) \qquad\qquad (7\text{-}10)$$

求出 T_m 和 s_m 后，式(7-8)就成为机械特性方程，只要给定 s 值，就可以求出 T_{em} 值，画出机械特性曲线。

上述三种机械特性表达式，虽然都能用来表征电动机的运行性能，但应用的场合各有不同。一般来说，物理表达式适用于对电动机的运行性能进行定性分析；参数表达式适用于分析各种参数变化对电动机运行性能的影响；实用表达式适用于电动机机械特性的工程计算。

【例 7-1】 一台三相四极绕线式异步电动机，$f_N = 50$ Hz，$U_N = 380$ V，$P_N = 150$ kW，$n_N = 1\,460$ r/min，$\lambda_m = 2$，求：

(1)电动机的机械特性实用表达式；

(2)电动机的启动转矩；

(3)当负载为恒转矩负载，且 $T_L = 755$ N·m 时电动机的转速。

解：旋转磁场的转速

$$n_1 = \frac{60f_1}{p} = \frac{60 \times 50}{2} = 1\,500 \text{ r/min}$$

额定转差率

$$s_N = \frac{n_1 - n_N}{n_1} = \frac{1\,500 - 1\,460}{1\,500} = 0.027$$

临界转差率

$$s_m = s_N(\lambda_m + \sqrt{\lambda_m^2 - 1}) = 0.027 \times (2 + \sqrt{2^2 - 1}) = 0.1$$

额定转矩

$$T_N = 9\,550\frac{P_N}{n_N} = 9\,550 \times \frac{150}{1\,460} = 981.2 \text{ N·m}$$

最大电磁转矩

$$T_m = \lambda_m T_N = 2 \times 981.2 = 1\ 962.4\ \text{N} \cdot \text{m}$$

（1）实用机械特性表达式

$$T_{em} = \frac{2T_m}{\dfrac{s}{s_m} + \dfrac{s_m}{s}} = \frac{2 \times 1\ 962.4}{\dfrac{s}{0.1} + \dfrac{0.1}{s}}$$

（2）将 $s=1$ 代入实用机械特性表达中可得到启动转矩

$$T_{st} = T_{em} = \frac{2T_m}{\dfrac{1}{s_m} + \dfrac{s_m}{1}} = \frac{2 \times 1\ 962.4}{\dfrac{1}{0.1} + \dfrac{0.1}{1}} = 388.6\ \text{N} \cdot \text{m}$$

（3）将 T_L 代入实用机械特性表达中，有

$$755 = T_L = \frac{2T_m}{\dfrac{s}{s_m} + \dfrac{s_m}{s}} = \frac{2 \times 1\ 962.4}{\dfrac{s}{0.1} + \dfrac{0.1}{s}}$$

解得

$$s = \begin{cases} 0.02 \\ 0.5 \end{cases}$$

由于 $s=0.5 > 0.1 = s_m$，所以舍去此解，则电动机的转速

$$n = n_1(1-s) = 1\ 500 \times (1-0.02) = 1\ 470\ \text{r/min}$$

7.1.2　三相异步电动机的固有机械特性

固有机械特性是指当电动机的定子电压和频率为额定值、定子绕组按规定方式接线、定子和转子回路不外接电阻或电抗时的机械特性。

当电机处于电动机状态时，固有机械特性如图 7-2 所示，机械特性上有四个特征点：

1. 理想空载点 A

在 A 点，$n = n_1 = \dfrac{60f_1}{p}$，$s=0$，$T_{em}=0$，转子电流 $I_2=0$，电动机不进行机电能量转换。三相异步电动机没有外力作用不能达到 A 点运行，该点也称为同步转速点。

2. 额定运行点 N

在 N 点，$n = n_N$，$s = s_N$，$T_{em} = T_N$，$I_1 = I_N$，额定运行时，s_N 很小，一般为 $0.01 \sim 0.06$，因此电动机的额定转速 n_N 略小于同步转速 n_1，这说明了固有机械特性的线性段是硬特性。

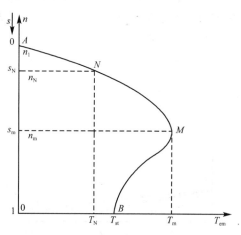

图 7-2　三相异步电动机的固有机械特性

3. 最大转矩点（临界点）M

在 M 点，$s = s_m$，$T_{em} = T_m$。M 点是机械特性曲线中线性段（A—N—M）和非线性段（M—B）的分界点。如果电动机带恒转矩负载，根据电力拖动系统稳定运行条件可知，在线性段，电动机工作是稳定的；在非线性段，电动机工作是不稳定的。因此，M 点也是电动机稳定运行的临界点，临界转差率 s_m 也由此而得名。

4. 启动点 B

B 点是电动机接通电源开始启动瞬间工作点,在 B 点,$n=0$,$s=1$,$T_{em}=T_{st}$,$I_1=I_{st}=(4\sim7)I_N$。

7.1.3　三相异步电动机的人为机械特性

人为机械特性是指人为地改变电源参数或电动机结构参数而得的机械特性。可以改变的电源参数是电源电压 U_1 和电源频率 f_1;可以改变的结构参数是电机的磁极对数 p,定子电路参数 r_1、x_1,转子电路参数 r_2、x_2 等。

1. 改变电源电压的人为机械特性

改变电源电压的人为机械特性是指保持电动机其他参数不变,只改变电动机定子电压的机械特性。改变定子电压可以升高,也可以降低,但由于电动机的磁路在额定电压时已经接近饱和,所以升高电压会带来更多的能量损耗,一般只降低定子电压。降低定子电压后的人为机械特性曲线如图 7-3 所示。由式(7-3)～式(7-6)可知,降低定子电压时的机械特性有以下特点:

(1)电压降低后,同步转速 n_1 不变。

(2)电压降低后,电动机的最大电磁转矩 T_m 会减小很快,临界转差率 s_m 不变。

(3)电压降低后,电动机的启动转矩 T_{st} 会减小很快。

(4)在同一转速下,降低电压后的电磁转矩比降压前的电磁转矩小。

如果电动机带恒转矩负载,则降低定子电压时,电机的转速 n 下降,转差率 s 增大,转子电流因转子电动势的增大而增大,引起定子电流增大,导致电动机过载运行。长时间欠压过载运行必然使电动机过热,缩短电动机的使用寿命。此外,电压下降过多,可能使 $T_m<T_L$,电机将停转。

2. 改变转子电阻的人为机械特性

改变转子电阻的人为机械特性是指保持电动机的其他参数不变,只改变绕线式电动机转子电阻的机械特性。若要改变转子电阻,只要在转子绕组中串联三相对称电阻即可,其人为机械特性曲线如图 7-4 所示,其中 $r_2<r'_2<r''_2$。由式(7-3)～式(7-6)可知,转子电路串联电阻的人为机械特性有如下特点:

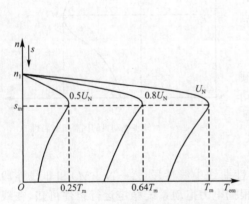

图 7-3　三相异步电动机降压时的人为机械特性

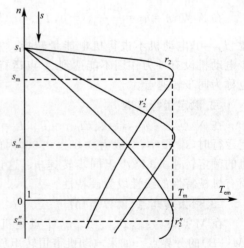

图 7-4　绕线式三相异步电动机转子串联电阻时的人为机械特性

(1)同步转速 n_1 不变化。

(2)最大电磁转矩 T_m 不变化,但与之对应的临界转差率 s_m 随着转子电阻的增大而不断增大。

(3)启动转矩 T_{st} 与转子电阻的关系不是单调的,在 $s_m<1$ 区间,T_{st} 随 r_2 的增加逐渐增大;$s_m=1$ 时,$T_{st}=T_m$,达到最大值;在 $s_m>1$ 区间,T_{st} 随 r_2 的增加逐渐减小。

(4)在电动机运行状态,同一转速下,串联电阻后的电磁转矩与串联电阻之前相比不是单调变化。

(5)转子串联电阻后,机械特性曲线线性段的斜率增大,机械特性变软。

3. 改变定子阻抗的人为机械特性

改变定子阻抗的人为机械特性是指保持电动机其他参数不变,只改变电动机定子的电阻或电抗时的机械特性。改变定子的电阻或电抗是在定子绕组三相电路中串联电阻或电抗。如图 7-5 所示为定子串联电阻时的人为机械特性曲线,其中 $r_1<r_1'<r_1''$。由式(7-3)~式(7-6)可知,改变定子阻抗的人为机械特性有如下特点:

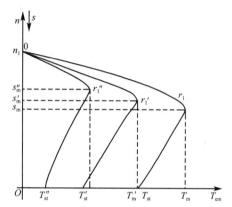

图 7-5　三相异步电动机改变定子电阻时的人为机械特性

(1)同步转速 n_1 不变化。

(2)最大电磁转矩 T_m 和临界转差率 s_m 减小。

(3)启动转矩 T_{st} 减小。

(4)同一转速下,串联电阻后的电磁转矩比串联电阻前的电磁转矩小。

三相异步电动机定子串联电抗和绕线式异步电动机转子串联电抗的两种人为机械特性与定子串联电阻的人为机械特性相似,这里不再叙述。

对于改变电源频率、改变电动机磁极对数的人为机械特性,将在调速部分介绍。

7.2 三相异步电动机的启动

电动机的启动是指电动机接通电源后,从静止状态加速到稳定运行状态的过程。

为了使电动机能够转动并快速达到稳定运行转速,对异步电动机的启动有以下要求:

(1)启动电流倍数 $k_1=\dfrac{I_{st}}{I_N}$ 要小,以减少 I_{st} 对电网的冲击。

(2)启动转矩倍数 $k_{st}=\dfrac{T_{st}}{T_N}$ 要足够大,以加速启动过程,缩短启动时间。

(3)启动设备要简单、经济、可靠且操作、维护方便。

普通三相异步电动机直接接到额定电压的电源上启动时,启动电流很大,启动转矩却不大。

启动电流很大的原因是：电动机刚启动时，$n=0$，$s=1$，气隙旋转磁场切割转子的相对速度最大，转子绕组中感应的电动势最大，转子电流也达到最大值。根据磁动势平衡关系，定子电流随转子电流而相应变化，故定子电流（启动电流）I_{st} 也很大，可达额定电流的 $4\sim7$ 倍。过大的启动电流由供电变压器提供，使得供电变压器的输出电压降低，对供电电网产生影响。

启动转矩不大的原因可以用公式 $T_{em}=C_T\Phi_0 I_2\cos\varphi_2$ 来分析。一方面，电动机启动时，$s=1$，$f_2=f_1$，$x_2\gg r_2$，转子功率因数角 $\varphi_2=\tan^{-1}\dfrac{x_2}{r_2}\approx90°$，功率因数 $\cos\varphi_2$ 很低，尽管启动时转子电流 I_2 很大，但是 $I_2\cos\varphi_2$ 并不大；另一方面，很大的启动电流将引起定子漏阻抗压降 $I_{st}Z_1$ 增大，造成 E_1 减小，使气隙磁通 Φ_0 减小。这两方面的原因使得三相异步电动机的启动转矩不大。

由此可见，在保证一定启动转矩的情况下，应采取措施限制启动电流。

7.2.1　三相鼠笼式异步电动机的启动

三相鼠笼式异步电动机的启动有直接启动（全压启动）、降压启动和软启动三种方法。

1. 直接启动

直接启动是指利用刀闸或者接触器把电动机直接接到具有额定电压的电源上使电动机启动的方法，又称全压启动。这种启动方法的优点是启动设备简单、操作方便，启动迅速；缺点是启动电流大。

异步电动机能否采用直接启动应由电网的容量、启动频繁程度、电网允许干扰的程度以及电动机的容量、类型等因素决定。一般规定，异步电动机的额定功率小于 7.5 kW 时允许直接启动。若额定功率大于 7.5 kW 且电网容量较大，则符合式（7-11）要求的电动机也允许直接启动。

$$k_1\leqslant\frac{1}{4}\left[3+\frac{电源总容量(kV\cdot A)}{启动电动机功率(kW)}\right]\qquad(7\text{-}11)$$

如果不能满足式（7-11）的要求，则必须采用降压启动方法。

2. 降压启动

降压启动的目的是降低启动电流。降压启动时，通过启动设备使加到电动机上的电压小于额定电压，等到电动机的转速达到一定数值后，再让电动机承受额定电压，保证电动机在额定电压下稳定运行。一般降压启动有以下几种方法：

（1）定子回路串联电阻或电抗启动

定子回路串联电阻或电抗启动如图 7-6 所示。启动时，接触器触点 KM1 闭合，KM2 断开，电源电压经电阻 R_{st} 或电抗 X_{st} 降低后，加在电动机上，电动机降压启动。待电动机转速升高后，接触器触点 KM2 闭合，切除电阻 R_{st} 或电抗 X_{st}，使电动机在全电压下正常运行。

电阻降压启动时耗能较大，一般只在低压小功率电动机上采用，高压大功率电动机多采用串联电抗降压启动。

定子回路串联电阻 R_{st} 或电抗 X_{st} 降压启动时，由于启动电流与启动电压成比例减小，所以若加在电动机上的电压减小到额定电压的$\dfrac{1}{k}$，则启动电流也减小到直接启动电流的$\dfrac{1}{k}$。

由于启动转矩与电源电压的平方成正比，所以启动转矩减小到直接启动转矩的$\dfrac{1}{k^2}$。因此，定子回路串联电阻R_{st}或电抗X_{st}降压启动只适用于电动机轻载或空载启动。

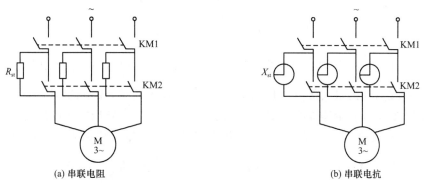

(a) 串联电阻   (b) 串联电抗

图 7-6 定子回路串联电阻或电抗降压启动时的接线

（2）Y—△换接启动

Y—△换接启动只适用于正常运行时定子绕组为△连接并有 6 个出线端头的鼠笼式电动机。为了减小启动电流，启动时将定子绕组改接成 Y 连接，以降低每相电压，当电动机转速上升到接近额定转速时再改成△连接，其接线如图 7-7 所示。

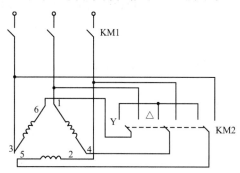

图 7-7 Y—△换接启动的接线

启动时，合上接触器触点 KM1，再把 KM2 合到 Y 端，定子绕组接成 Y 连接，每相绕组加的相电压为线电压的$\dfrac{1}{\sqrt{3}}$，启动电流减小。待电动机转速升高到接近额定转速，再把 KM2 合到△端，定子绕组改接成△连接，所加电压为线电压，电动机在额定电压下正常运行。

若电动机每相阻抗为Z，三相绕组 Y 连接启动，则电网提供电动机的启动电流为

$$I_{stY}=\frac{U_N}{\sqrt{3}\,Z} \tag{7-12}$$

若电动机三相绕组△连接时直接启动，则绕组相电压为电源电压，定子绕组每相启动电流为$\dfrac{U_N}{Z}$，电网提供电动机的启动电流为

$$I_{st\triangle}=\frac{\sqrt{3}\,U_N}{Z} \tag{7-13}$$

将式(7-12)与式(7-13)相比,得到两种启动电流之比为

$$\frac{I_{stY}}{I_{st\triangle}} = \frac{1}{3}$$ （7-14）

由于启动转矩与相电压的平方成正比,所以 Y 连接时与△连接时启动转矩之比为

$$\frac{T_{stY}}{T_{st\triangle}} = \frac{\left(\frac{U_N}{\sqrt{3}}\right)^2}{U_N^2} = \frac{1}{3}$$ （7-15）

可见,采用 Y-△换接启动时,启动电流和启动转矩都减小到直接启动时的 $\frac{1}{3}$。

Y-△换接启动的最大优点是启动电流小,启动设备简单,成本低,体积小、质量轻、操作方便,所以 Y 系列容量等级在 4 kW 以上的小型三相鼠笼式异步电动机都设计成△连接,以便采用 Y-△换接启动。其缺点是只适用于正常运行时定子绕组为△连接的电动机,并且只有一种固定的降压比;启动转矩只有△连接直接启动时的 $\frac{1}{3}$。因此,只适用于电动机轻载或空载启动。

(3)自耦变压器降压启动

自耦变压器作为电动机降压启动时,称为自耦补偿启动器。自耦变压器降压启动的接线如图 7-8 所示,TA 为自耦变压器。电动机启动时,KM2 闭合,电源电压经过自耦变压器降压后加在电动机上,限制了启动电流。当转速升高到接近稳定转速时,KM2 断开,KM1 闭合,自耦变压器被切除,电动机在额定电压下正常运行。自耦变压器二次侧通常有几组抽头(如 40%、60%、80%)可供选用。

对电动机采用自耦变压器降压启动与全压启动比较如下:

设电网电压为 U_N,自耦变压器的变比为 $k_a(k_a > 1)$,经自耦变压器降压后,加在电动机上的电压(自耦变压器二次侧电压)为 $\frac{1}{k_a} \cdot U_N$。通过电动机定子绕组的电流(自耦变压器二次侧电流)为 I_{2st},即

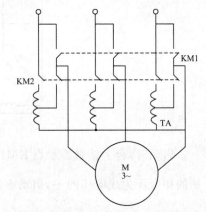

$$I_{2st} = \frac{1}{k_a} \cdot I_{stN}$$

式中 I_{stN}——额定电压下直接启动时的启动电流。

电网提供给电动机的启动电流为

图 7-8 自耦变压器降压启动的接线

$$I_{1st} = \frac{1}{k_a} \cdot I_{2st} = \frac{1}{k_a} \cdot \left(\frac{1}{k_a} \cdot I_{stN}\right) = \frac{1}{k_a^2} \cdot I_{stN}$$ （7-16）

由于启动转矩与电源电压的平方成正比,所以采用自耦变压器降压启动时,启动转矩为直接启动时的 $\frac{1}{k_a^2}$,即

$$T_{st} = \frac{1}{k_a^2} \cdot T_{stN}$$ （7-17）

式中 T_{stN}——直接启动时的启动转矩。

可见,利用自耦变压器降压启动,虽然定子电压下降到直接启动时的 $\dfrac{1}{k_a}$,但电网提供的启动电流及电动机的启动转矩都减小到直接启动时的 $\dfrac{1}{k_a^2}$。

自耦变压器降压启动的优点是不受电动机绕组连接方式的影响,可以根据需要选择自耦变压器抽头,选择对应的启动电压。其缺点是设备体积大、投资高。该方法适用于无须频繁启动的大容量电动机。

(4)延边三角形降压启动

延边三角形降压启动是结合自耦变压器降压启动和 Y—△换接启动的特点发展而来的。这种启动方法要求电机每相绕组中间多一个抽头,三相共有 9 个出线头,都引到接线盒,接线盒中共有 9 个接线头。

图 7-9 所示是延边三角形降压启动的接线。电动机正常工作时,将图 7-9(a)中的 1、6,3、5、2、4 端头分别接在一起,作为△连接,将三个端头接到额定电压电源上。启动时,一相绕组的一个端头与另一相绕组的中心抽头接在一起,另一个端头引出,接到电源,如图 7-9(b)所示,A 相绕组的一个端头 4 与 B 相绕组中间抽头 8 连接,A 相另一端头 1 作为 A 相的引出端,其余以此类推。整个绕组的连接好像将三角形的每个边延长了一段,所以称为延边三角形降压启动。当电动机转速接近稳定转速后,将图 7-9(b)所示连接切换到图 7-9(a)所示的连接,启动过程完成。

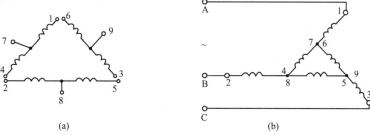

(a)　　　　　　　　　　　　(b)

图 7-9　延边三角形降压启动的接线

通过调节抽头的位置,使绕组的 Y 部分绕组(如 A 相的 1—7 部分)和△部分绕组(如 A 相的 7—4 部分)的匝数比 $\dfrac{N_Y}{N_\Delta}$ 产生变化,可以满足不同转矩和启动电流的要求。$\dfrac{N_Y}{N_\Delta}$ 越大,启动性能越接近 Y—△换接启动;反之,$\dfrac{N_Y}{N_\Delta}$ 越小,越接近直接启动。若电源电压为电动机额定电压,则延边三角形降压启动的定子每相电压为 $\dfrac{U_N}{\sqrt{3}} \sim U_N$,每相启动电流与启动转矩也介于直接启动的值和 Y—△换接启动的值之间。

延边三角形降压启动虽然结合了自耦变压器降压启动和 Y—△换接启动的特点,但在电动机结构上必须留有抽头,制造复杂,而且不能随意改变抽头的位置,因此其应用受到限制。

3. 软启动

前述降压启动方法属于有级启动,启动的平滑性不高。应用软启动器可以实现鼠笼式异步电动机的无级平滑启动,这种启动方法称为软启动。软启动是由软启动器来实现的,软启动器分为磁控式和电子式两种。磁控式软启动器由一些磁性自动化元件如磁放大器、饱

和电抗器等组成,由于它们体积大、故障率高,所以现已被电子式软启动器取代。下面简单介绍电子式软启动器的常用启动方法:

（1）斜坡电压启动

用电子式软启动器可实现电动机启动时定子电压由小到大斜坡线性上升,这种方法用于重载软启动。

（2）限流或恒流启动

用电子式软启动器可实现电动机启动时限制启动电流或保持恒定的启动电流,这种方法用于轻载软启动。

（3）电压控制启动

用电子式软启动器控制电压可保证电动机启动时产生较大的启动转矩,这是一种较好的轻载软启动法。

（4）转矩控制启动

用电子式软启动器可实现电动机启动时启动转矩由小到大线性上升,这种方法启动的平滑性好,能够降低启动时对电网的冲击,是较好的重载软启动方法。

目前,一些生产厂家已经生产出各种类型的电子式软启动装置,供不同类型的用户选用,在实际应用中,当鼠笼式异步电动机不能采用全压启动时,应首先考虑选用电子式软启动。

【例 7-2】 一台三相鼠笼式电动机的铭牌数据: $P_N = 1\ 000$ kW, $U_N = 3$ kV, $I_N = 235$ A, $n_N = 593$ r/min,启动电流倍数 $k_1 = 6$,启动转矩倍数 $k_{st} = 1$,最大允许冲击电流为 950 A,负载要求启动转矩不小于 7 500 N·m,计算采用下列启动方法时的启动电流和启动转矩,并判断每一种启动方法是否满足要求:

（1）直接启动;

（2）定子串联电抗降压启动;

（3）Y—△换接启动;

（4）自耦变压器(分接头为 64%、73%)降压启动。

解:电动机的额定转矩

$$T_N = 9\ 550\ \frac{P_N}{n_N} = 9\ 550 \times \frac{1\ 000}{593} = 16\ 104.55\ \text{N·m}$$

（1）直接启动时的电流

$$I_{st} = k_1 I_N = 6 \times 235 = 1\ 410\ \text{A} > 950\ \text{A}$$

启动转矩

$$T_{st} = k_{st} T_N = 1 \times 16\ 104.55 = 16\ 104.55\ \text{N·m} > 7\ 500\ \text{N·m}$$

启动电流大于允许电流,不满足要求。

（2）定子串联电抗启动,设启动电流为最大冲击电流

$$I'_{st} = 950\ \text{A}$$

有

$$\frac{U'}{U_N} = \frac{1}{k} = \frac{I'_{st}}{I_{st}} = \frac{950}{1\ 410} = 0.674$$

则

$$T'_{st} = \frac{1}{k^2} \cdot T_{st} = 0.674^2 \times 16\ 104.55 = 7\ 315.9\ \text{N·m} < 7\ 500\ \text{N·m}$$

启动转矩小于负载转矩,电动机不能启动。

（3）Y－△换接启动

启动电流

$$I_{stY} = \frac{1}{3} I_{st} = \frac{1}{3} \times 1\,410 = 470\ \text{A} < 950\ \text{A}$$

启动转矩

$$T_{stY} = \frac{1}{3} T_{st} = \frac{1}{3} \times 16\,104.55 = 5\,368.18\ \text{N} \cdot \text{m} < 7\,500\ \text{N} \cdot \text{m}$$

启动转矩小于负载转矩,电动机不能启动。

（4）自耦变压器降压启动

①分接头为 64%

启动电流

$$I''_{st} = \frac{1}{k_a^2} \cdot I_{st} = 0.64^2 \times 1\,410 = 577.5\ \text{A} < 950\ \text{A}$$

启动转矩

$$T''_{st} = \frac{1}{k_a^2} \cdot T_{st} = 0.64^2 \times 16\,104.55 = 6\,596.4\ \text{N} \cdot \text{m} < 7\,500\ \text{N} \cdot \text{m}$$

启动转矩小于负载转矩,电动机不能启动。

②分接头为 73%

启动电流

$$I''_{st} = \frac{1}{k_a^2} \cdot I_{st} = 0.73^2 \times 1\,410 = 751.4\ \text{A} < 950\ \text{A}$$

启动转矩

$$T''_{st} = \frac{1}{k_a^2} \cdot T_{st} = 0.73^2 \times 16\,104.55 = 8\,582.1\ \text{N} \cdot \text{m} > 7\,500\ \text{N} \cdot \text{m}$$

启动电流和启动转矩都满足要求,电动机可以启动。

7.2.2　绕线式异步电动机的启动

绕线式异步电动机的特点是转子三相绕组中可以串联附加电阻。转子串联适当启动电阻 R_{st},可以增加启动转矩 T_{st},当 $r'_2 + R'_{st} = x_1 + x'_2$ 时,可以获得最大启动转矩（$T_{st} = T_m$）。转子电阻增大还可以降低启动电流 I_{st}。

1.转子串联启动变阻器启动

为了在整个启动过程中能够保持较大的加速转矩,并使启动过程平滑,可以在绕线式异步电动机转子绕组中串联多级对称电阻。启动时,在转子绕组中串联大电阻,随着转速的上升逐级切除,直到电动机稳定运行,这就是绕线式异步电动机转子串联电阻分级启动。如图 7-10 所示为三相绕线式异步电动机转子串联电阻分级启动的接线和对应三级启动时的机械特性。

（1）具体的启动过程

如图 7-10 所示,将接触器触点 KM1、KM2、KM3 断开,电动机的转子中串联了电阻

R_{st1}、R_{st2}、R_{st3}，合上 KM，定子接在额定电压的电源上，此时电动机的机械特性为斜率最大的一条曲线 ab，启动点在 a 点，启动转矩为 $T_1 > T_L$（T_L 称为最大加速转矩），电动机开始启动。

当转速上升到 b 点时，电磁转矩减小为 T_2（称为切换转矩）。为了保持较大的加速转矩，合上接触器触点 KM3，切除电阻 R_{st3}，电磁转矩增大为 T_1（c 点），沿机械特性曲线 cd 转速继续上升。

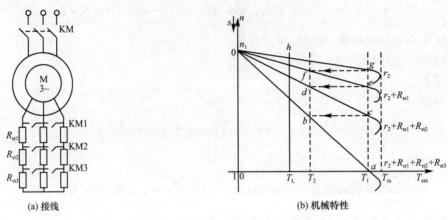

(a) 接线　　　　　　　　　　　　(b) 机械特性

图 7-10　三相绕线式异步电动机转子串联电阻分级启动

当转速上升到 d 点时，电磁转矩减小为 T_2。合上接触器触点 KM2，切除电阻 R_{st2}，电磁转矩增大为 T_1（e 点），沿机械特性曲线 ef 转速继续上升。

当转速上升到 f 点时，电磁转矩减小为 T_2。合上接触器触点 KM1，切除电阻 R_{st1}，电磁转矩增大为 T_1（g 点），沿固有机械特性曲线 gh 转速继续上升，直到 h 点，$T_{em} = T_L$，启动过程结束。

在启动过程中，一般最大加速转矩 $T_1 = (0.7 \sim 0.8)T_m$，切换转矩 $T_2 = (1.1 \sim 1.2)T_L$。

(2) 启动电阻的计算

在异步电动机转子串联电阻分级启动的过程中，保持了较大的启动转矩，可以快速启动。由于启动过程中电动机基本运行在机械特性的线性区域，机械特性可以近似看成是直线，所以可以采用机械特性的线性表达式 $T_{em} = \dfrac{2T_m s}{s_m}$ 来计算启动电阻。改变转子回路电阻时，最大电磁转矩 T_m 不变，临界转差率 s_m 与转子电阻成正比变化。根据式(7-18)，在图 7-10(b) 中的 b、c 两点处，可以得到

$$T_{emb} = T_2 \propto \frac{2T_m}{r_2 + R_{st1} + R_{st2} + R_{st3}} \cdot s_b$$

$$T_{emc} = T_1 \propto \frac{2T_m}{r_2 + R_{st1} + R_{st2}} \cdot s_c$$

由于 $s_b = s_c$，所以

$$\frac{T_1}{T_2} = \frac{r_2 + R_{st1} + R_{st2} + R_{st3}}{r_2 + R_{st1} + R_{st2}}$$

同理，通过 d、e 两点和 f、g 两点分别可以得到

$$\frac{r_2+R_{st1}+R_{st2}+R_{st3}}{r_2+R_{st1}+R_{st2}}=\frac{r_2+R_{st1}+R_{st2}}{r_2+R_{st1}}=\frac{r_2+R_{st1}}{r_2}=\frac{T_1}{T_2}=\alpha$$

式中 α——启动转矩比，$\alpha=\dfrac{T_1}{T_2}$。

化简后为

$$r_2+R_{st1}=\alpha r_2$$
$$r_2+R_{st1}+R_{st2}=\alpha(r_2+R_{st1})$$
$$r_2+R_{st1}+R_{st2}+R_{st3}=\alpha(r_2+R_{st1}+R_{st2})$$

故各级启动电阻为

$$R_{st1}=(\alpha-1)r_2$$
$$R_{st2}=\alpha(\alpha-1)r_2$$
$$R_{st3}=\alpha^2(\alpha-1)r_2$$
$$\cdots$$
$$R_{stm}=\alpha^{m-1}(\alpha-1)r_2 \tag{7-19}$$

在图 7-10（b）中的 h 点（额定点）和 a 点（启动点）可以有

$$T_N\propto\frac{2T_m}{r_2}\cdot s_N$$

$$T_1\propto\frac{2T_m}{r_2+R_{st1}+R_{st2}+\cdots+R_{stm}}$$

这里，$R_{stm}=R_{st3}$，因此

$$\frac{r_2+R_{st1}+R_{st2}+\cdots+R_{stm}}{r_2}=\frac{T_N}{s_N T_1} \tag{7-20}$$

将式（7-19）代入式（7-20），整理可得启动转矩比

$$\alpha=\sqrt[m]{\frac{T_N}{s_N T_1}} \tag{7-21}$$

当转子绕组为 Y 连接时，转子电阻 $r_2=\dfrac{s_N E_{2N}}{\sqrt{3}\,I_{2N}}$

若已知或要求一定的启动级数 m，则可先计算出 s_N、r_2、T_N、T_m，再选取适当的最大加速转矩 T_1，由式（7-21）计算启动转矩比 α，再由式（7-19）计算各级启动电阻。

若不知启动级数 m，则要先计算出 s_N、r_2、T_N、T_m，选取最大加速转矩 T_1 和切换转矩 T_2，计算出启动转矩比 $\alpha=\dfrac{T_1}{T_2}$，再计算启动级数，即

$$m=\frac{\lg\left(\dfrac{T_N}{s_N T_1}\right)}{\lg\alpha} \tag{7-22}$$

需要说明的是，由于 T_1 和 T_2 是在一定范围内选取的，所以当启动级数 m 不能满足要求时，需对 α 进行修正，重新计算启动级数 m，然后再利用式（7-19）计算各级启动电阻。

转子回路串联电阻启动时，若启动级数少，则在切除电阻时会产生较大的冲击电流和转

矩,电动机启动不平稳;若启动级数多,则线路复杂,变阻器的体积大,同时增加了设备投资和维修工作量。

2. 转子串联频敏变阻器启动

频敏变阻器的结构如图 7-11(a)所示,类似于只有一次绕组的三相变压器,其铁芯是由几片到十几片厚钢板或铁板叠成的。忽略频敏变阻器绕组的漏阻抗时,其等效电路如图 7-11(b)所示,x_m 是励磁电抗,r_m 是代表频敏变阻器铁损耗的等效电阻。

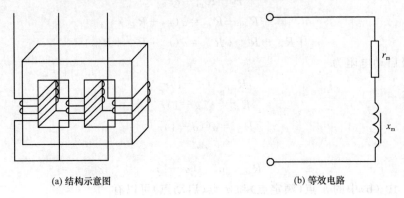

(a) 结构示意图　　　　　　　　　　　　(b) 等效电路

图 7-11　频敏变阻器

频敏变阻器是串联在转子绕组上的,由于转子的频率在启动过程中变化很大,所以频敏变阻器等效电路中的 x_m 和 r_m 在启动过程中也要发生很大变化。其中,$x_m \propto f_2$ 并与铁芯饱和程度有关;r_m 则取决于铁芯损耗,主要是涡流损耗,它正比于铁芯磁密幅值 B_m^2 以及 f_2^2。电动机接通电源的瞬间,$m=0$,转子频率 $f_2 = f_1 = 50\ \mathrm{Hz}$,频敏变阻器铁芯中涡流损耗大,因此 r_m 也大;而 x_m 则因磁路高度饱和,且绕组匝数又少,故其值很小,有 $r_m > x_m$。由于 r_m 远大于转子电阻,所以限制了启动电流,增大了启动转矩。随着转速的升高,f_2 逐渐降低,频敏变阻器铁芯损耗随之逐渐减小,串联转子回路的电阻 r_m 自动减小,因此不需要分级切换电阻就能使电动机迅速而平稳地升至额定转速。启动结束,将频敏变阻器切除。

频敏变阻器的铁芯和磁轭之间有气隙,绕组中也有几个抽头,改变气隙大小和绕组匝数使其等效阻抗改变,可以调整电动机的启动电流和启动转矩的大小。

转子串联频敏变阻器启动的优点是启动性能好,可以平滑启动,不会引起电流和转矩的冲击;频敏变阻器结构简单,运行可靠,成本低。缺点是功率因数低。这种方法适用于频繁启动的生产机械,对于要求启动转矩很大的生产机械不宜采用。对于单纯为了限制启动电流而又要求转矩上、下限十分接近的快速启动设备,采用频敏变阻器具有明显的优势。

7.2.3　深槽式和双鼠笼式异步电动机

普通鼠笼式异步电动机具有结构简单、造价低、运行稳定、效率高等优点,但其启动性能较差;而绕线式异步电动机能通过转子回路串联电阻改善启动性能,但其结构复杂、成本高。为了使异步电动机既结构简单又具有良好的启动性能,通过改进电动机的内部结构,采用特殊槽形的转子,制成了深槽式和双鼠笼式异步电动机。

1. 深槽式异步电动机

深槽式异步电动机的定子与普通异步电动机的定子完全相同,不同之处是转子的槽深而窄,通常槽深 h 与槽宽 b 之比为 $10\sim20$,相应的转子导条截面也高而窄。当转子导条中通过电流时,槽漏磁通的分布是不均匀的,如图7-12(a)所示。与导条底部相交链的漏磁通比槽口部分所交链的漏磁通要多得多,所以槽底部漏电抗大,槽口漏电抗小。

启动时,$s=1$,转子电流频率最高,$f_2=f_1$,转子漏电抗较大,远远大于转子电阻,因此转子电流分布主要取决于漏电抗的大小。由于槽口漏电抗小于槽底漏电抗,所以靠近槽口处的导条中电流密度较大,靠近槽底处则很小。沿槽高的电流密度 j 分布如图7-12(b)所示,大部分电流集中在槽口部分的导体中,这种现象称为电流的集肤效应。电流集中到槽口,其效果相当于减小了导条的有效截面积,转子有效电阻增大,如同启动时转子回路串联了一个附加电阻,达到了限制启动电流、增大启动转矩的作用。

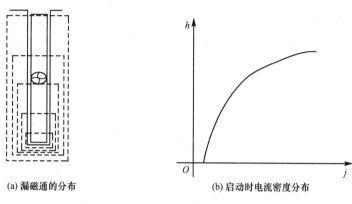

(a) 漏磁通的分布　　　　　　(b) 启动时电流密度分布

图7-12　深槽转子导条中电流的集肤效应

随着转速的不断升高,转差率减小,转子电流频率 $f_2=sf_1$ 逐渐减小,集肤效应逐渐减弱,转子有效电阻自动减小。当启动完毕,电动机正常运行时,转差率 s 很小,转子电流频率很低(仅为 $0.5\sim3$ Hz),转子漏电抗很小,远小于转子电阻,转子电流分布主要取决于电阻的大小,转子导条内电流按电阻均匀分布,集肤效应基本消失,相当于转子导条截面自动增大,转子电阻自动减小。这样,正常运行时也不会增加转子的铜耗。

可见,深槽式异步电动机与普通电动机相比,具有较大的启动转矩和较小的启动电流,但深槽会使槽漏磁通增多,致使电动机的功率因数、最大转矩及过载能力稍低。

2. 双鼠笼式异步电动机

双鼠笼式异步电动机的定子与普通异步电动机的定子完全相同,主要区别也在于转子,转子上具有两套鼠笼式绕组,如图7-13(a)所示。外笼的导条截面积较小,并用电阻系数较大的材料制成(黄铜或铝青铜等),因此外笼的电阻较大。内笼导条的截面积大,并用电阻系数较小的材料制成(紫铜),因此内笼的电阻较小。由于内笼处于铁芯内部,交链的漏磁通多,外笼靠近转子表面,交链的漏磁通较少,故内笼的漏电抗较外笼的漏电抗大得多。

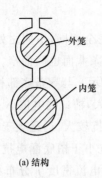

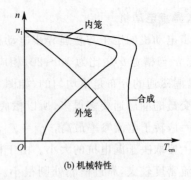

(a) 结构　　　　　　　　　　　　　　(b) 机械特性

图 7-13　双鼠笼式转子的结构及机械特性

　　双鼠笼式电动机与深槽式电动机的启动原理相似。启动时,转子电流频率较高,转子漏电抗大于电阻,转子电流分布主要取决于漏电抗。由于内笼漏电抗大于外笼,所以电流主要在外笼中流过,又因外笼电阻大,故可以降低启动电流,增大启动转矩。由于启动时外笼起主要作用,所以称外笼为启动笼。

　　启动过程结束后,电动机正常运行、转差率很小,转子电流频率很低,转子漏电抗远小于电阻。转子电流分布主要取决于电阻,于是电流就从电阻较小的内笼流过,相当于转子电阻自动减小,正常运行时转子铜耗较小。由于内笼在运行时起主要作用,故称内笼为运行笼或工作笼。

　　事实上,双鼠笼式异步电动机的内笼和外笼同时流过大小不等的电流,总的电磁转矩由两个笼共同产生,其转矩特性曲线如图 7-13(b)所示。

　　从该曲线可见,双鼠笼式异步电动机具有较大的启动转矩和较好的运行性能。但其工作绕组嵌于铁芯深处,漏电抗较大,且结构复杂,价格较贵。

　　由以上分析可知,深槽式和双鼠笼式异步电动机都是利用电流的集肤效应来增大启动时的转子电阻,以减小启动电流,增大启动转矩来改善启动性能的。这两种电动机启动性能优良,一般都能带额定负载启动,双鼠笼式电动机可以重负载启动。因此,大容量、高转速电动机一般都制成深槽式或双鼠笼式。

7.3　三相异步电动机的制动

　　当三相异步电动机的电磁转矩方向与转速方向相反时,电机进入制动状态,此时电动机的机械特性曲线位于第二和第四象限。制动的作用是使电力拖动系统迅速停车、反转或将转速限制在某一范围内。电力拖动系统对制动性能的要求是:制动电流小、制动转矩大。根据实现制动运行的条件和能量传送情况的不同,异步电机的制动状态分为能耗制动、反接制动和回馈制动。

7.3.1　能耗制动

　　实现能耗制动的方法是将电动机的定子绕组从三相交流电源断开,然后立即加上直流电源。

图 7-14(a)是三相异步电动机能耗制动的接线图,KM2 断开,KM1 闭合时,电动机处于正向电动机稳定运行状态。设转子以转速 n 沿顺时针方向旋转,则电磁转矩 T_{em} 与转速 n 同向,负载转矩与转速 n 反向。

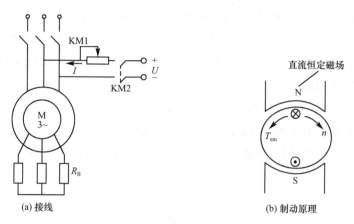

图 7-14　三相异步电动机的能耗制动

能耗制动时,断开 KM1,闭合 KM2,定子绕组脱离三相交流电源而接到直流电源上,通入直流电流 I,直流电流 I 在空间产生一个恒定磁场,由于惯性作用继续按原方向旋转的转子绕组与恒定磁场磁力线相切产生感应电动势和电流,该电流再与磁场相互作用,在转子绕组上产生电磁力,并对转轴形成电磁转矩 T_{em}。T_{em} 与转速 n 反向,起制动作用,如图 7-14(b)所示。如果电动机拖动的是反抗性负载,则在电磁转矩 T_{em} 和负载转矩 T_L 的制动作用下,电机减速运行,直到 $n=0$ 时,转子不切割磁力线,感应电动势和电流为零,$T_{em}=0$,制动过程结束。在制动过程中,电力拖动系统原来储存的机械能(动能)被电机转化为电能消耗在转子的电阻上,因此这种制动称为能耗制动。

处于能耗制动状态的异步电机实质上是一台交流发电机,其输入是电动机储存的机械能,其负载是电动机转子电阻,因此能耗制动的机械特性与发电机的机械特性相似(推导过程见有关参考书),位于第二象限,而且 $n=0$ 时 $T_{em}=0$,如图 7-15 所示。曲线 1 是转子不串联电阻时的固有机械特性;曲线 2 是增大直流电流 I 时的机械特性,最大制动转矩增大,对应最大制动转矩的转速不变;曲线 3 是增大转子电阻时的机械特性,最大制动转矩不变,但对应最大制动转矩的转速增大。由图 7-15 可知,外加直流电压或直流电流越大,

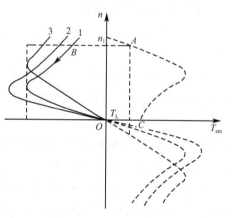

图 7-15　三相异步电动机能耗制动时的机械特性

初始制动转矩越大,制动时间越短。对于鼠笼式异步电动机,为了增大初始制动转矩,必须增大直流电流(如图 7-15 中的曲线 2),但不能过大,以免造成电机过热。对绕线式异步电动机,可以采用增加转子电阻的方法来增大初始制动转矩。

利用机械特性分析能耗制动过程如下:制动前,电动机运行于固有机械特性曲线 A 点。能耗制动瞬间,电机转速不变,工作点由 A 点平移到能耗制动特性曲线(如图7-15中的曲线1)B 点,在制动转矩作用下,电动机开始减速,工作点沿曲线1变化,直到 $n=0$,$T_{em}=0$。如果电动机拖动的是反抗性负载,则电动机停转,实现快速停车。如果电动机拖动的是位能性负载,当转速降到零时,若要停车,必须立即用外力将电动机轴刹住,否则电动机将在位能性负载转矩作用下反转,直到进入第四象限中的 C 点,$T_{em}=T_L$,系统处于稳定的能耗制动运行状态,重物保持匀速下降。

能耗制动过程中,定子绕组外加直流电流可按照下列数据选择:

(1)对鼠笼式异步电动机,可按 $I=(4\sim5)I_0$ 选取。

(2)对绕线式异步电动机,可按 $I=(2\sim3)I_0$ 选取,转子外串联电阻按 $R_B=(0.2\sim0.4)$ $\dfrac{E_{2N}}{\sqrt{3}I_{2N}}-r_2$ 计算。

由以上分析可知,三相异步电动机的能耗制动具有以下特点:

(1)能够使反抗性负载准确停车。

(2)制动平稳,但制动至转速较低时,制动转矩较小,制动效果不理想。

(3)由于制动时不从电网吸取交流电能,只吸取少量直流电能,所以制动比较经济。

7.3.2 反接制动

反接制动的特点是电动机的旋转磁场方向与转子的转向相反,电动机的电磁转矩方向与转速方向相反,成为制动转矩。实现反接制动的方法有以下两种:

1.定子两相反接制动

实现定子两相反接制动的方法是将三相异步电动机任意两相定子绕组的电源进线对调。

定子两相反接制动的接线如图7-16(a)所示。制动前,接触器触头 KM1 闭合,KM2 断开,电动机正向旋转,其机械特性如图7-16(b)所示,电机稳定运行于曲线1的 A 点。

反接制动时,断开 KM1,合上 KM2。由于定子绕组两相反接,定子电流相序改变,旋转磁场的转向改变,电磁转矩的方向也随之改变,变为制动性质,其机械特性变为图7-16(b)中的曲线2,对应的同步转速变为 $-n_1$。

在定子两相反接制动瞬间,电机转速来不及变化,工作点由曲线1的 A 点平移到曲线2的 B 点,系统在制动的电磁转矩和负载转矩作用下迅速减速,工作点沿曲线2移动,当到达 C 点时,$n=0$,制动过程结束。若要停机,应立刻切断电源,否则电动机将反向旋转。

对于绕线式异步电动机,为了限制制动电流,增大制动转矩,通常在定子两相反接的同时,在转子绕组中串联制动电阻 R_C,对应的机械特性如图7-16(b)中的曲线3所示。

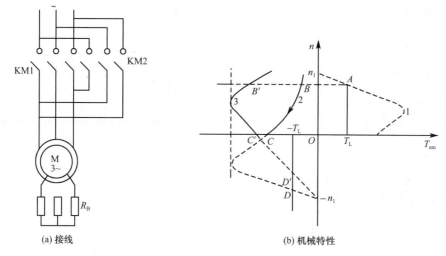

(a) 接线　(b) 机械特性

图 7-16　三相异步电动机定子两相反接制动

2. 倒拉反接制动

倒拉反接制动只适用于绕线式异步电动机拖动位能性负载的情况,它能够使重物获得稳定的下放速度。

图 7-17 所示为绕线式异步电动机倒拉反接制动的接线图和机械特性,电动机状态时电机运行于固有机械特性曲线 A 点提升重物。当转子回路串联电阻 R_B 时,机械特性曲线变为曲线 2,在串联电阻 R_B 的瞬间,转速来不及变化,工作点由曲线 1 的 A 点平移到曲线 2 的 B 点,此时电动机的提升转矩 $T_B < T_L$,提升速度减小,工作点沿曲线 2 由 B 点向 C 点移动,这一过程电机仍然是电动运行状态。到达 C 点时,$n = 0$,对应的电磁转矩 T_C 仍然小于负载转矩 T_L。电动机在重物的倒拉下反向旋转,并加速到 D 点,此时 $T_D = T_L$,拖动系统以转速 n_D 稳定下放重物。在 C 点到 D 点这一区间,转速 $n < 0$,与定子旋转磁场转速 n_1 方向相反,电磁转矩成为制动转矩,负载转矩成为驱动转矩,拉着电机反向旋转,因此称这种制动为倒拉反接制动。

无论是定子两相反接制动还是倒拉反接制动,都有一个共同点,就是定子旋转磁场的转向与转子的转向相反,即 $s > 1$,因此异步电动机等效电路中表示机械负载的等效电阻 $\dfrac{(1-s)r'_2}{s} < 0$,总的机械功率

$$P_\Sigma = m_1 I'^2_2 \cdot \frac{(1-s)r'_2}{s} < 0$$

由定子传递到转子的电磁功率

$$P_{em} = m_1 I'^2_2 \cdot \frac{r'_2}{s} > 0$$

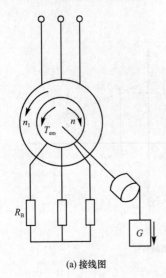

(a) 接线图

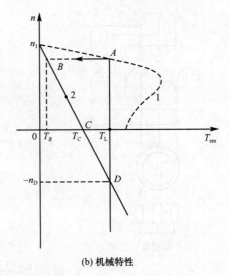

(b) 机械特性

图 7-17   三相异步电动机倒拉反接制动

P_{Σ} 为负值,表明电动机从轴上输入机械功率;P_{em} 为正值,表明电源向定子输入功率,并向转子传递。将 $|P_{\Sigma}|$ 和 P_{em} 相加得到

$$|P_{\Sigma}| + P_{em} = m_1 I_2'^2 \cdot \frac{(1-s)r_2'}{s} + m_1 I_2'^2 \cdot \frac{r_2'}{s} = m_1 I_2'^2 r_2'$$

可见,电动机轴上输入的机械功率与定子传递到转子的电磁功率一同消耗在转子电阻上,因此反接制动的能量损耗较大。

由以上分析可知,三相异步电动机的反接制动具有以下特点:

(1)制动转矩即使在转速较低时仍较大,因此制动强烈而迅速。

(2)能够使反抗性负载快速实现正/反转,若要停转,在 $n=0$ 时应立即切断电源。

(3)由于制动时电动机既要从电网吸取电能,又要从转轴上吸取机械能并转化为电能,且这些电能全部消耗在转子电阻上,所以制动时能耗大,经济性差。

7.3.3 回馈制动

处于电动状态的三相异步电机,在转向不变条件下,由于某种原因,使转子转速 n 大于同步转速 n_1,即 $n > n_1$,电动机就进入回馈制动状态。

要实现电动机的转速超过同步转速($n > n_1$),转子必须依靠外力作用,即转轴上必须输入机械功率。由于 $n > n_1$,$s < 0$,所以转子电流的有功分量为

$$I_2 \cos\varphi_2 = \frac{E_2}{\sqrt{\left(\frac{r_2}{s}\right)^2 + x_2^2}} \cdot \frac{\frac{r_2}{s}}{\sqrt{\left(\frac{r_2}{s}\right)^2 + x_2^2}} = \frac{\frac{r_2}{s}}{\left(\frac{r_2}{s}\right)^2 + x_2^2} \cdot E_2 < 0$$

$I_2 \cos\varphi_2$ 为负值,电磁转矩 $T_{em} = C_T \Phi_0 I_2 \cos\varphi_2$ 也为负值,电磁转矩方向与转速方向相反,说明电机处于制动状态。

转子电流的无功分量为

$$I_2\cos\varphi_2 = \frac{E_2}{\sqrt{\left(\frac{r_2}{s}\right)^2 + x_2^2}} \cdot \frac{x_2}{\sqrt{\left(\frac{r_2}{s}\right)^2 + x_2^2}} = \frac{x_2}{\left(\frac{r_2}{s}\right)^2 + x_2^2} \cdot E_2 > 0$$

$I_2\cos\varphi_2$ 为正值,说明回馈制动时,电动机仍然从电网吸取无功功率建立磁场。
电动机的机械功率

$$P_\Sigma = m_2 I_2^2 \cdot \frac{(1-s)r_2}{s} < 0$$

从定子传递到转子的电磁功率

$$P_{em} = m_2 I_2^2 \cdot \frac{r_2}{s} < 0$$

$P_\Sigma < 0$ 及 $P_{em} < 0$,说明电动机从轴上输入机械功率,转变成电磁功率传递到定子,然后送到电网,即回馈制动状态实际上是异步发电机状态,因此回馈制动也称再生发电制动。回馈制动有以下两种情况。

1. 变极或变频调速过程中的回馈制动——正向回馈制动

正向回馈制动可用图 7-18 所示的机械
特性来说明。假设电动机工作在固有机械
特性曲线 1 的 A 点,当电动机采用变极(增
加磁极数)或变频(降低频率)进行调速时,
机械特性曲线变为曲线 2,同步转速变为
n_1'。在变极或变频瞬间,转速不变,工作点
由 A 点移到 B 点。在 B 点,转速 $n_B > 0$,且
$n_B > n_1'$,电磁转矩 $T_B < 0$,电机处于回馈制
动状态。由 B 点到 n_1' 点变化过程为回馈
制动状态,从 n_1' 点到 C 点的变化过程为电
动状态的减速过程,C 点是调速后的稳定工
作点。

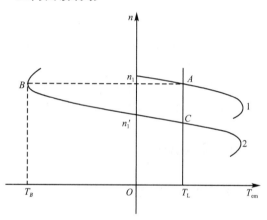

图 7-18　三相异步电动机正向回馈制动机械特性

由于回馈制动过程中,$n > n_1$,T_{em} 与 n 反向,机械特性是第一象限正向电动机状态特性曲线在第二象限的延伸,所以也称这种回馈制动为正向回馈制动。

2. 下放重物时的回馈制动——反向回馈制动

改变定子电源相序的反向回馈制动下放重
物的机械特性如图 7-19 所示。A 点是电动机
提升重物的工作点,定子两相反接瞬间,定子旋
转磁场的转速为 $-n_1$,工作点由 A 点移到 B
点,电动机经过反接制动过程($B \rightarrow C$)和反向电
动加速过程($C \rightarrow -n_1$),最后在位能性负载作
用下反向加速并超过同步转速,直到 D 点保持
稳定运行,即匀速下放重物。$-n_1 \rightarrow D$ 过程就
是回馈制动过程,在该过程中,$n < 0$,T_{em} 与 n
反向,机械特性是第三象限反向电动状态特性

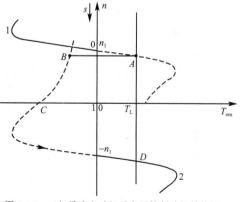

图 7-19　三相异步电动机反向回馈制动机械特性

曲线在第四象限的延伸,因此称这种回馈制动为反向回馈制动。

综合以上分析,回馈制动有以下特点:

(1)电动机转子的转速高于同步转速,即 $n > n_1$。

(2)由于制动时电动机不从电网吸取电能,反而向电网回馈电能,因此制动很经济。

7.4 三相异步电动机的调速

在生产过程中人为地改变电动机的转速称为调速。改变电动机参数进行调速称为电气调速。

随着电力电子技术和计算机技术的发展,异步电动机交流调速技术也得到了很大的发展。目前,高性能异步电动机调速系统的性能指标已经达到直流电动机调速系统的水平。

三相异步电动机运行时的转速为

$$n = (1-s)n_1 = (1-s) \cdot \frac{60f_1}{p} \tag{7-23}$$

可见,要调节异步电动机的转速,可从以下几个方面入手:

(1)变极调速,通过改变电动机定子绕组的磁极对数 p 来改变同步转速 n_1,以进行调速。

(2)变频调速,通过改变电动机所接电源的频率 f_1 来改变同步转速 n_1,以进行调速。

(3)变转差率调速,保持同步转速 n_1 不变,改变转差率 s 进行调速,包括改变定子电压、转子串联电阻和转子串联电动势(串级调速)。

7.4.1 变极调速

1. 变极调速的原理

在保持电源频率 f_1 不变的条件下,改变电动机定子绕组的极对数 p,电动机的同步转速 n_1 发生变化,若电动机极对数 p 增加1倍,同步转速 n_1 下降1/2,电动机的转速 n 也几乎下降1/2,即改变磁极对数 p 可以实现电动机的有级调速。

鼠笼式异步电动机转子的磁极对数能自动随定子磁极对数相应变化,定子、转子极对数 p 始终相等;而绕线式异步电动机转子绕组的磁极对数 p 在转子嵌线时就已确定了,在改变定子磁极对数时,转子绕组必须相应改变接法,才能得到与定子相同的磁极对数,不容易实现,因此变极调速只适用于鼠笼式异步电动机。

要改变电动机的极对数,可以在定子铁芯槽内嵌放两套不同极对数的定子绕组,但从制造的角度看,很不经济。通常采用的方法是在定子铁芯内只装一套绕组,通过改变定子绕组的接线方式来获得不同的磁极对数和电动机的转速,这种方法称为单绕组变极调速。下面以双速电机为例说明变极调速的原理。

如图 7-20 所示为定子 A 相绕组,由两个线圈组串联组成,每个线圈组用一个集中线圈来表示。若把 A 相两组线圈 A1X1 和 A2X2 顺向串联,如图 7-20(a)所示,则气隙中形成四极磁场,即 $2p=4$。若将绕组中的一组线圈 A1X1 和 A2X2 反向串联或反向并联,如图 7-20(b)、图 7-20(c)所示,则气隙中形成两极磁场,即 $2p=2$。

可见,改变每相定子绕组的接线方式,使其中 1/2 绕组中的电流反向,可使极对数 p 发

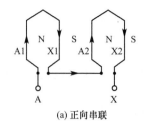 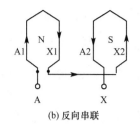 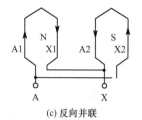

(a) 正向串联	(b) 反向串联	(c) 反向并联

图 7-20 绕组变极原理图

生改变,这种通过改变绕组连接来实现变极的方法称为反向变极法,它使得一套绕组能够产生两种同步转速。

三相异步电动机的定子三相绕组一般采用单星形(Y)、双星形(YY)和三角形(△)连接方式,从多极数到少极数可以有 Y—YY、△—YY、顺串 Y—反串 Y 连接方式。图 7-21(a)所示为由单星形连接改接成双星形连接;图 7-21(b)所示为由三角形连接改接成双星形连接;图 7-21(c)所示为由单星形连接改接成反向串联的单星形连接。三种接线方式都使每相绕组有 1/2 绕组内的电流改变了方向,定子磁场的极对数减少了 1/2。

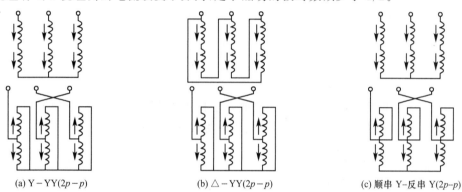

图 7-21 双速电动机常用的变极调速接线方式

在电机定子圆周上,电角度=p·机械角度,当 $p=1$ 时,A、B、C 三相绕组在空间分布的电角度依次为 $0°$、$120°$、$240°$;当 $p=2$ 时,A、B、C 三相绕组在空间分布的电角度依次为 $0°$、$120°×2=240°$、$240°×2=480°$,变极前、后三相绕组的相序发生了变化,因此改变定子绕组接线时,必须同时改变定子绕组的相序(对调任意两相绕组的出线端),以保证调速前、后电动机的转向不变。

2. Y—YY 连接

如图 7-21(a)所示,设变极前、后电源电压 U_N、每相电流 I_N 不变化,并忽略变极前、后定子功率因数和效率的变化。变极前定子绕组为 Y 连接,极对数为 $2p$,同步转速为 n_1,输出功率和转矩为

$$P_Y = \sqrt{3}U_N I_N \eta_N \cos\varphi_N$$

$$T_Y = 9\,550\frac{P_Y}{n_Y} \tag{7-24}$$

变极后,定子绕组为 YY 连接,极对数为 p,同步转速为 $2n_1$,转速增大 1 倍,即 $n_{YY} = 2n_Y$,若保持绕组电流 I_N 不变,则每相电流为 $2I_N$,即

$$P_{YY} = \sqrt{3}U_N(2I_N)\eta_N\cos\varphi_N = 2P_Y$$

$$T_{YY} = 9\ 550\ \frac{P_{YY}}{n_{YY}} = 9\ 550\ \frac{2P_Y}{2n_Y} = T_Y \tag{7-25}$$

可见，Y－YY 连接时，输出转矩保持不变，说明这种调速方式属于恒转矩调速，适用于恒转矩负载。

异步电动机的最大电磁转矩 T_{mY}、临界转差率 s_{mY} 和启动转矩 T_{stY} 分别为

$$\left.\begin{aligned} T_{mY} &= \frac{m_1 p U_1^2}{4\pi f_1\left[r_1 + \sqrt{r_1^2 + (x_1 + x'_2)^2}\right]} \\ s_{mY} &= \frac{r'_2}{\sqrt{r_1^2 + (x_1 + x'_2)^2}} \\ T_{stY} &= \frac{m_1 p U_1^2 r'_2}{2\pi f_1\left[(r_1 + r'_2)^2 + (x_1 + x'_2)^2\right]} \end{aligned}\right\} \tag{7-26}$$

由 Y 连接改变成 YY 连接后，极对数减少 $1/2$，定子每相两个半绕组由串联改为并联，所以 YY 连接时的阻抗为 Y 连接时的 $\dfrac{1}{4}$，根据式（7-26）可得

$$T_{mYY} = 2T_{mY}$$

$$s_{mYY} = s_{mY}$$

$$T_{stYY} = 2T_{stY}$$

可见 Y 连接改变成 YY 连接时，最大电磁转矩和启动转矩均为 Y 连接时的 2 倍，但临界转差率不变，同步转速为 n_1 变为 $2n_1$，其机械特性如图 7-22 所示。

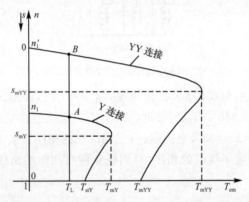

图　7-22　三相异步电动机 Y－YY 变极调速的机械特性

3. △－YY 连接

如图 7-21(b) 所示，设变极前、后电源电压 U_N、每相绕组电流 I_N 不变化，并忽略变极前、后定子功率因数和效率的变化。变极前定子绕组为 △ 连接，极对数为 $2p$，同步转速为 n_1，输出功率和转矩为

$$P_{\triangle} = \sqrt{3}U_N(\sqrt{3}I_N)\eta_N\cos\varphi_N$$

$$T_{\triangle} = 9\ 550\ \frac{P_{\triangle}}{n_{\triangle}} \tag{7-27}$$

变极后，定子绕组为 YY 连接，极对数为 p，同步转速为 $2n_1$，转速增大一倍，即 $n_{YY} =$

$2n_Y$,若保持绕组电流 I_N 不变,则每相电流为 $2I_N$,即

$$P_{YY}=\sqrt{3}U_N(2I_N)\eta_N\cos\varphi_N=\frac{2}{\sqrt{3}}P_{\triangle}=1.15P_{\triangle}$$

$$T_{YY}=9\,550\frac{P_{YY}}{n_{YY}}=9\,550\frac{1.15P_{\triangle}}{2n_{\triangle}}=0.58T_{\triangle} \qquad (7-28)$$

可见,$\triangle-YY$ 连接时,输出转矩约减少 1/2,输出功率几乎不变,说明这种调速方式可近似认为是恒功率调速,适用于恒功率负载。

由 $\triangle$ 连接改成 YY 连接时,极对数减少 1/2,阻抗为 Y 连接时的 $\frac{1}{4}$,相电压变为 $U_{YY}=\frac{U_{\triangle}}{\sqrt{3}}$,根据式(7-26)可得到

$$T_{mYY}=\frac{2}{3}T_{m\triangle}$$

$$s_{mYY}=s_{m\triangle}$$

$$T_{stYY}=\frac{2}{3}T_{st\triangle}$$

可见 $\triangle$ 形连接改变成 YY 连接时,最大电磁转矩和启动转矩均为 $\triangle$ 连接时的 $\frac{2}{3}$,但临界转差率不变,机械特性如图 7-23 所示。

同理,可以分析顺串 Y—反串 Y 调速为恒功率调速方式。

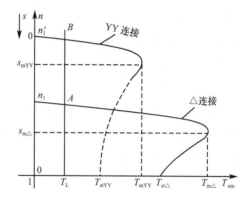

图 7-23 三相异步电动机 $\triangle-YY$ 变极调速的机械特性

变极调速的优点是设备简单、运行可靠、机械特性硬、损耗小,采用不同连接方法可以得到恒转矩或恒功率调速特性,满足不同生产机械的要求。缺点是只能分级调节转速,而且只有两个或三个转速,平滑性差。此外,多速电动机体积大、价格高。对不需要平滑调速的场合,变极调速还是一种较为经济的调速方法。

7.4.2 变频调速

当极对数一定时,三相异步电动机的同步转速 n_1 与定子电源的频率 f_1 成正比,改变 f_1 可以改变同步转速 n_1,从而达到调速的目的。

1. 变频调速时的频率与电压之间的关系

三相异步电动机定子每相电压 $U_1\approx E_1$,每极气隙磁通量为

$$\Phi_0=\frac{E_1}{4.44f_1N_1k_{w1}}\approx\frac{U_1}{4.44f_1N_1k_{w1}} \qquad (7-29)$$

在变频调速时,如果单独降低频率而保持定子每相电压 U_1 不变,则 Φ_1 会增大。当 $U_1=U_N$,$f_1\approx f_N$ 时,电动机的主磁路已接近饱和,Φ_0 再增大,主磁路会过饱和,这将使励磁电流急剧增大,铁损耗增加,功率因数 $\cos\varphi_1$ 下降,从而使电动机的负载能力减小,电动机的容量得不到充分利用。因此,在调节 f_1 的同时,要求改变定子电压 U_1,维持 Φ_0 不变化,或

者保持电动机的过载能力不变。由式(7-5)可知,电动机的过载能力(过载系数)为 $\lambda_m = \dfrac{T_m}{T_N}$,将最大电磁转矩参数表达式代入并忽略定子电阻 r_1,可得

$$\lambda_m = \frac{m_1 p U_1^2}{4\pi f_1(x_1 + x_2')T_N} = c \cdot \frac{U_1^2}{f_1^2 T_N} \tag{7-30}$$

式中 c——常数,$c = \dfrac{m_1 p}{8\pi^2(L_1 + L_2')}$($L_1$、$L_2'$ 分别为定子、转子绕组的漏电感)。

为了保持变频前、后 λ_m 不变,要求

$$\frac{U_1^2}{f_1^2 T_N} = \frac{U_1'^2}{f_1'^2 T_N'}$$

即

$$\frac{U_1'}{U_1} = \frac{f_1'}{f_1}\sqrt{\frac{T_N'}{T_N}} \tag{7-31}$$

式中 U_N'——变频后定子电压;

T_N'——负载额定转矩;

f_1'——频率。

满足式(7-31)变频调速时,λ_m 保持不变。

变频调速时,U_1 随 f_1 变化的规律与负载的性质有关。

(1)恒转矩变频调速

对于恒转矩负载,$T_N = T_N'$,则式(7-31)变为

$$\frac{U_1'}{U_1} = \frac{f_1'}{f_1} = 常数 \tag{7-32}$$

即在恒转矩负载下,若在调速过程中保持电压和频率成正比例调节,则电动机既保证了过载能力 λ_m 不变,又满足了气隙磁通 Φ_0 不变的要求,这也充分说明变频调速特别适用于恒转矩负载。

(2)恒功率变频调速

对恒功率负载,要求变频调速时电动机的输出功率不变,即

$$P_N = \frac{T_N n_N}{9\,550} = \frac{T_N' n_N'}{9\,550} = 常数$$

有

$$\frac{T_N'}{T_N} = \frac{n_N}{n_N'} = \frac{f_1}{f_1'} \tag{7-33}$$

将式(7-33)代入式(7-31)得

$$\frac{U_1}{\sqrt{f_1}} = \frac{U_1'}{\sqrt{f_1'}} = 常数 \tag{7-34}$$

即在恒功率负载下,如果能保持 $\dfrac{U_1}{\sqrt{f_1}} = 常数$ 进行调节,则电动机的过载能力 λ_m 不变化,但是气隙磁通 Φ_0 将发生变化。

2. 变频调速时的机械特性

变频调速的机械特性用式(7-35)(忽略 r_1、r_2')来分析,即

$$\left.\begin{array}{l} \text{最大转矩：} T_{\mathrm{m}} = \dfrac{m_1 p U_1^2}{4\pi f_1\left[r_1 + \sqrt{r_1^2 + (x_1 + x_2')^2}\right]} \approx \dfrac{m_1 p}{8\pi^2(L_1 + L_2')} \cdot \left(\dfrac{U_1}{f_1}\right)^2 \\[4mm] \text{启动转矩：} T_{\mathrm{st}} = \dfrac{m_1 p U_1^2 r_2'}{2\pi f_1\left[(r_1 + r_2')^2 + (x_1 + x_2')^2\right]} \approx \dfrac{m_1 p r_2'}{8\pi^3(L_1 + L_2')} \cdot \left(\dfrac{U_1}{f_1}\right)^2 \cdot \dfrac{1}{f_1} \\[4mm] \text{临界点转速降：} \Delta n_{\mathrm{m}} = s_{\mathrm{m}} n_1 = \dfrac{r_2'}{\sqrt{r_1^2 + (x_1 + x_2')^2}} \cdot \dfrac{60 f_1}{p} \approx \dfrac{r_2'}{x_1 + x_2'} \cdot \dfrac{60 f_1}{p} = \dfrac{30 r_2'}{\pi p(L_1 + L_2')} \end{array}\right\}$$

$$(7\text{-}35)$$

以电动机的额定频率为基准频率，简称基频，在生产实践中，变频调速时电压随频率的调节规律以基频为分界线，有以下两种情况：

(1)在基频以下调速时，保持 U_1/f_1 不变，即恒转矩调速，由式(7-35)可知，f_1 减小时，T_{m} 不变，T_{st} 增大，Δn_{m} 不变化，因此机械特性随频率 f_1 降低而向下平移，如图 7-24 中的虚线所示。实际上由于定子电阻 r_1 的存在，随着频率 f_1 的下降，T_{m} 将有所减小，当 f_1 下降至很低时，T_{m} 将减小很多，如图 7-24 中的实线所示。为了保证电动机在低速时有足够大的 T_{m} 值，U_1 应比 f_1 降低比例小一些，使 U_1/f_1 的值随 f_1 的降低而增大。

(2)在基频以上调速时，频率从基频向上增高，但是电压却不能比额定电压大，最大保持 $U_1 = U_{\mathrm{N}}$。由式(7-29)可知，气隙磁通 Φ_0 将随频率 f_1 的增大而降低。由式(7-35)可知，T_{m} 和 T_{st} 随 f_1 的增大而减小，Δn_{m} 不变化，机械特性如图 7-25 所示，近似为恒功率调速。

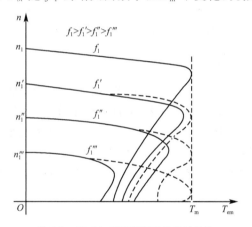

图 7-24　U_1/f_1 时降频调速的机械特性

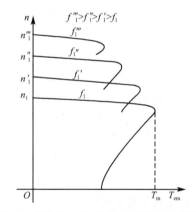

图 7-25　保持 $U_1 = U_{\mathrm{N}}$ 恒定时升频调速的机械特性

把基频以下和基频以上两种情况结合起来，可以得到如图 7-26 所示的电动机变频调速控制特性。其中曲线 1 为无电压补偿时的控制特性，曲线 2 为有电压补偿时的控制特性。如果电动机在不同转速下都具有额定电流，则电动机能在温升允许条件下长期运行，这时转矩基本上随磁通变化而变化，即在基频以下属于恒转矩调速，在基频以上属于恒功率调速。

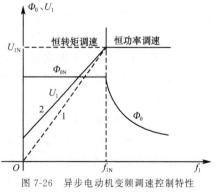

图 7-26　异步电动机变频调速控制特性

7.4.3　变转差率调速

变转差率调速包括改变定子电压、转子电路串联电阻和转子电路串联电动势(串级调速)调速。

1. 转子回路串联电阻调速

绕线式异步电动机转子串联电阻后，n_1 和 T_m 不变化，s_m 增大，机械特性变软，如图 7-27 所示。

转子串联电阻后最大电磁转矩不变，由机械特性的实用表达式可得

$$\frac{s_m}{s} \cdot T_{em} = 2T_m = \frac{s'_m}{s'} \cdot T'_{em} \quad (7\text{-}36)$$

式中 s、s_m、T_{em}——串联电阻 R_C 前的量；

s'、s'_m、T'_{em}——串联电阻 R_C 后的量。

又因临界转差率与转子电阻成正比，故

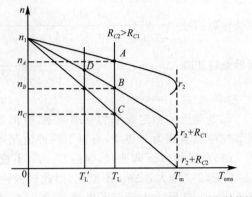

图 7-27　绕线式异步电动机转子串联电阻调速的机械特性

$$\frac{r_2}{s} \cdot T_{em} = \frac{r_2 + R_C}{s'} \cdot T'_{em}$$

于是，转子所串联电阻为

$$R_C = \left(\frac{s' T_{em}}{s T'_{em}} - 1 \right) r_2 \quad (7\text{-}37)$$

当负载转矩不变，即恒转矩调速时，$T_{em} = T'_{em}$，如图 7-27 中的 A、B 两点，则

$$R_C = \left(\frac{s'}{s} - 1 \right) r_2 \quad (7\text{-}38)$$

转子串联电阻调速是消耗转差功率 sP_{em} 的调速方法，转速越低，消耗在转子中转差功率就越大，效率越低。由于转子串联电阻后电动机的机械特性的硬度下降，低速运行时机械特性很软，负载转矩的变化就会引起很大的转速波动，稳定性不好，所以调速范围不能太宽。转子串联电阻一般采用金属电阻器，只能分级调速。转子串联电阻调速的优点是设备简单、初投资低，它适用于对调速性能要求不高的生产机械，如桥式起重机、通风机等。

2. 改变定子电压调速

改变异步电动机定子电压时的机械特性如图 7-28 所示，当定子电压从 U_1 降低到 U'_1 或 U''_1 时，同步转速 n_1 和临界转差率 s_m 不变，最大电磁转矩 T_m 和启动转矩 T_{st} 随电压平方关系下降。若电动机负载是恒转矩负载 T_{L1}，则电动机的转速从 n_A 下降到 n_B 或 n_C，但转速变化的范围很小。若电动机拖动通风机类负载，电动机将分别稳定运行于 A' 点、B' 点或 C' 点，调速范围比较大，且电动机能稳定运行于 $s > s_m$ 区域，如 C' 点。但是电动机低速运行时存在转子电流过大和功率因数过低的问题。

若要求电动机拖动恒转矩负载并且有较宽的调速范围，则应选用转子电阻较大的高转差率鼠笼式异步电动机，这种电动机降低电压时的人为机械特性如图 7-29 所示，改变电压能获得较宽的调速范围。但是这种电动机的机械特性很软，其静差率和运行稳定性往往不能满足要求。因此，现代调压调速系统通常采用具有转速负反馈的调压调速闭环控制系统，以提高机械特性的硬度，在满足一定的静差率的条件下，获得较宽的调速范围。

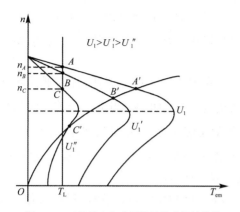

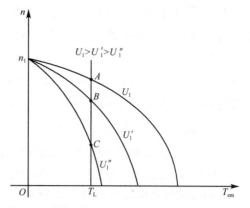

图 7-28　三相异步电动机降压调速机械特性　　图 7-29　高转差率电动机改变定子电压时的机械特性

调压调速既不是恒转矩调速也不是恒功率调速,它最适用于转矩随转速降低而减小的负载,如通风机类负载,也可用于恒转矩负载,最不适用于恒功率负载。

3.绕线式转子电动机的串级调速

串级调速就是在绕线式异步电动机的转子回路串联一个与转子电动势 $s\dot{E}_2$ 频率相同、相位相同或相反的附加电动势 $\dot{E}_{ad}$,改变附加电动势 $\dot{E}_{ad}$ 的大小和相位来调节转速的调速方法,如图 7-30 所示。电动机在低速时,转子中转差功率只有少部分被转子电阻消耗,大部分被附加电动势 $\dot{E}_{ad}$ 吸收,利用产生 $\dot{E}_{ad}$ 的装置可以把这部分转差功率回馈到电网,使电动机在低速运行时仍具有较高的效率。

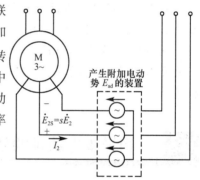

图 7-30　三相异步电动机串级调速原理图

串级调速的基本原理如下:

未串联 $\dot{E}_{ad}$ 时,转子电流为

$$I_2 = \frac{sE_2}{\sqrt{r_2^2 + (sx_2)^2}}　　　　（7-39）$$

当转子串联 $\dot{E}_{ad}$,且 $\dot{E}_{ad}$ 与 $\dot{E}_{2s} = s\dot{E}_2$ 反相位时,电动机的转速下降,这是因为串联反相位的 $\dot{E}_{ad}$ 后,将引起转子电流 I_2 减小,即

$$I_2 = \frac{sE_2 - E_{ad}}{\sqrt{r_2^2 + (sx_2)^2}}　　　　（7-40）$$

电磁转矩 $T_{em} = C_T \Phi_0 I_2 \cos\varphi_2$ 也随 I_2 减小,于是电动机开始减速,转差率 s 增大,由式 (7-40)可知,随着 s 的增大,转子电流 I_2 开始回升,电磁转矩 T_{em} 也开始回升,直至转速降到某个值,使电磁转矩 T_{em} 与负载转矩重新平衡,减速过程结束。电动机就在该低速下稳定运行,这就是向低于同步转速的方向调速的原理,$\dot{E}_{ad}$ 的幅值越大,稳定转速越低。

当转子串联 $\dot{E}_{ad}$,且 $\dot{E}_{ad}$ 与 $\dot{E}_{2s} = s\dot{E}_2$ 同相位时,电动机的转速上升,因为串联同相位的 $\dot{E}_{ad}$ 后,立即引起转子电流 I_2 增大,即

$$I_2 = \frac{sE_2 + E_{ad}}{\sqrt{r_2^2 + (sx_2)^2}}　　　　（7-41）$$

电磁转矩 $T_{em} = C_T \Phi_0 I_2 \cos\varphi_2$ 也随 I_2 增大,于是电动机开始加速,转差率 s 下降。随

着 s 的下降,转子电流 I_2 开始减小,电磁转矩 T_{em} 也下降,直至转速升到某个值,使电磁转矩 T_{em} 与负载转矩重新平衡,加速过程结束。电动机就在该高速下稳定运行。$\dot{E}_{ad}$ 的幅值越大,稳定转速越高。

由以上分析可知,当 $\dot{E}_{ad}$ 与 $\dot{E}_{2s}$ 反相位时,电动机在同步转速以下调速,称为低同步转速串级调速,这时提供 $\dot{E}_{ad}$ 的装置从转子电路吸收电能并回馈电网;当 $\dot{E}_{ad}$ 与 $\dot{E}_{2s}$ 同相位时,可使电动机朝着同步转速方向加速。当 $\dot{E}_{ad}$ 的幅值足够大时,电动机的转速将达到甚至超过同步转速,这就是超同步转速串级调速,这时提供 $\dot{E}_{ad}$ 的装置向转子电路输入电能,同时电源还向定子电路输送电能,因此又称为电动机的双馈运行。

串级调速时的机械特性如图 7-31 所示,当 $\dot{E}_{ad}$ 与 $\dot{E}_{2s}$ 同相位时,机械特性基本是向右上方移动;当 $\dot{E}_{ad}$ 与 $\dot{E}_{2s}$ 反相位时,机械特性基本是向左下方移动,机械特性硬度基本不变,但低速时的最大电磁转矩 T_m 和过载能力 λ_m 降低,启动转矩 T_{st} 也减少。

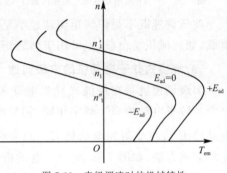

串级调速的调整性能比较好,但获得附加电动势 $\dot{E}_{ad}$ 的装置比较复杂,成本较高,并且在低速时电动机的过载能力较低。因此串级调速适用于调速范围不太大的场合,例如通风机和提升机等。

图 7-31　串级调速时的机械特性

<h2>7.5　三相异步电动机的建模及仿真</h2>

三相异步电动机又称感应电动机,当其定子侧通入电流以后,部分磁通将穿过短路环,并在短路环内产生感应电流。短路环内的电流阻碍磁通的变化,致使有短路环部分和没有短路环部分产生的磁通有了相位差,从而形成旋转磁场。转子绕组因与磁场间存在着相对运动而感生电动势和感应电流,即旋转磁场与转子存在相对转速,并与磁场相互作用产生电磁转矩,使转子旋转起来,因而实现能量转换。三相异步电动机具有结构简单,成本较低,制造、使用和维护方便,运行可靠以及质量较小等优点,因而被广泛应用于家用电器、电动缝纫机、食品加工机以及各种电动工具、小型机电设备中。因此,研究三相异步电动机的建模与仿真具有重要意义。

下面将对三相异步电动机进行建模与仿真,其中,三相异步电动机的基本参数如下:工作电压为 380 V;工作频率为 50 Hz;功率为 15 kW;额定转速为 1 460 r/min。

三相异步电动机的建模及其仿真步骤如下:

1.选择模块

首先建立一个新的"Simulink"模型窗口,然后根据系统的描述选择合适的模块添加至模型窗口中。建立模型所需的模块如下:

(1)选择"SimPowerSystems"模块库的"Machines"子模块库下的"Asynchronous

Machine SI Units"模块作为交流异步电机。

（2）选择"SimPowerSystems"模块库的"Electrical Sources"子模块库下的"Three-Phase Programmable Voltage Source"模块作为三相交流电源。

（3）选择"SimPowerSystems"模块库的"Three-Phase Library"子模块库下的"Three-Phase Series RLC Load"模块作为串联"RLC"负载。

（4）选择"SimPowerSystems"模块库的"Elements"子模块库下的"Three-Phase Breaker"模块作为三相断路器、"Ground"模块作为接地。

（5）选择"SimPowerSystems"模块库的"Measurements"子模块库下的"Voltage Measurement"模块作为电压测量。

（6）选择"Sources"模块库下的"Constant"模块作为负载输入。

（7）选择"Signal Routing"模块库下的"Bus Selector"模块作为直流电动机输出信号选择器。

（8）选择"Sinks"模块库下的"Scope"模块。

2. 搭建模块

将所需模块放置在合适的位置，再将模块从输入端至输出端进行相连，搭建完的串联电阻启动"Simulink"模型如图 7-32 所示。

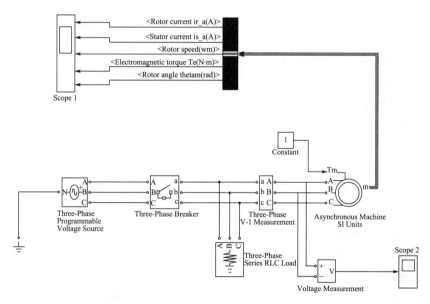

图 7-32　三相异步电动机"Simulink"仿真模型

3. 模块参数设置

（1）"Asynchronous Machine SI Units"模块参数设置

双击"Asynchronous Machine SI Units"模块，弹出"Asynchronous Machine SI Units"模块参数设置对话框。三相异步电动机模块的具体参数设置如图 7-33 所示。

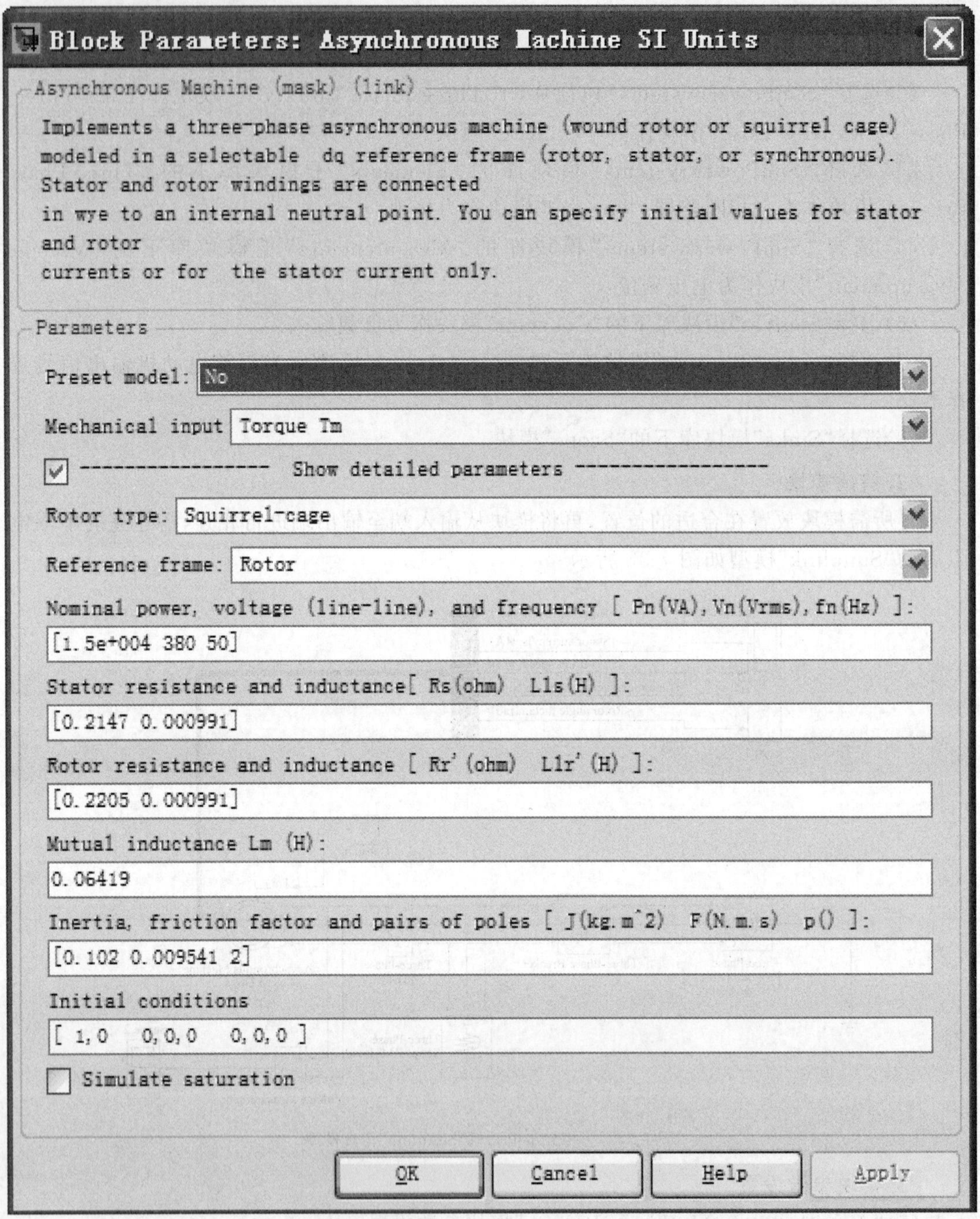

```
┌──────────────────────────────────────────────────────────────────────┐
│ ▣ Block Parameters: Asynchronous Machine SI Units               [X]   │
├──────────────────────────────────────────────────────────────────────┤
│ ─ Asynchronous Machine (mask) (link) ──────────────────────────────── │
│  Implements a three-phase asynchronous machine (wound rotor or        │
│  squirrel cage) modeled in a selectable dq reference frame (rotor,     │
│  stator, or synchronous). Stator and rotor windings are connected     │
│  in wye to an internal neutral point. You can specify initial values  │
│  for stator and rotor                                                  │
│  currents or for the stator current only.                             │
│                                                                        │
│ ─ Parameters ──────────────────────────────────────────────────────── │
│  Preset model: │No                                            ▼│      │
│  Mechanical input │Torque Tm                                  ▼│      │
│  ☑ ----------------- Show detailed parameters -----------------       │
│  Rotor type: │Squirrel-cage                                   ▼│      │
│  Reference frame: │Rotor                                      ▼│      │
│  Nominal power, voltage (line-line), and frequency [ Pn(VA),Vn(Vrms),fn(Hz) ]: │
│  [1.5e+004 380 50]                                                     │
│  Stator resistance and inductance[ Rs(ohm)  Lls(H) ]:                 │
│  [0.2147 0.000991]                                                     │
│  Rotor resistance and inductance [ Rr'(ohm)  Llr'(H) ]:               │
│  [0.2205 0.000991]                                                     │
│  Mutual inductance Lm (H):                                            │
│  0.06419                                                               │
│  Inertia, friction factor and pairs of poles [ J(kg.m^2)  F(N.m.s)  p() ]: │
│  [0.102 0.009541 2]                                                    │
│  Initial conditions                                                    │
│  [ 1,0   0,0,0   0,0,0 ]                                               │
│  ☐ Simulate saturation                                                │
│                                                                        │
│          [  OK  ]  [ Cancel ]  [ Help ]  [ Apply ]                    │
└──────────────────────────────────────────────────────────────────────┘
```

图 7-33 "Asynchronous Machine SI Units"模块参数设置对话框

（2）"Three-Phase Programmable Voltage Source"模块参数设置

双击"Three-Phase Programmable Voltage Source"模块，弹出"Three-Phase Programmable Voltage Source"模块参数设置对话框。三相可调交流电压源的具体参数设置如图 7-34 所示。

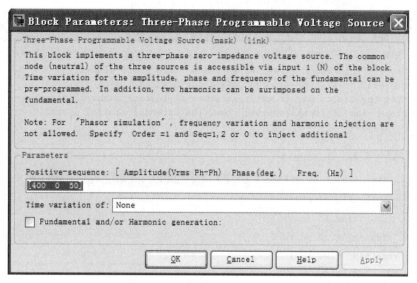

图 7-34　"Three-Phase Programmable Voltage Source"模块参数设置对话框

（3）"Three-Phase Series RLC Load"模块参数设置

双击"Three-Phase Series RLC Load"模块，弹出"Three-Phase Series RLC Load"模块
参数设置对话框。模块的具体参数设置如图 7-35 所示。

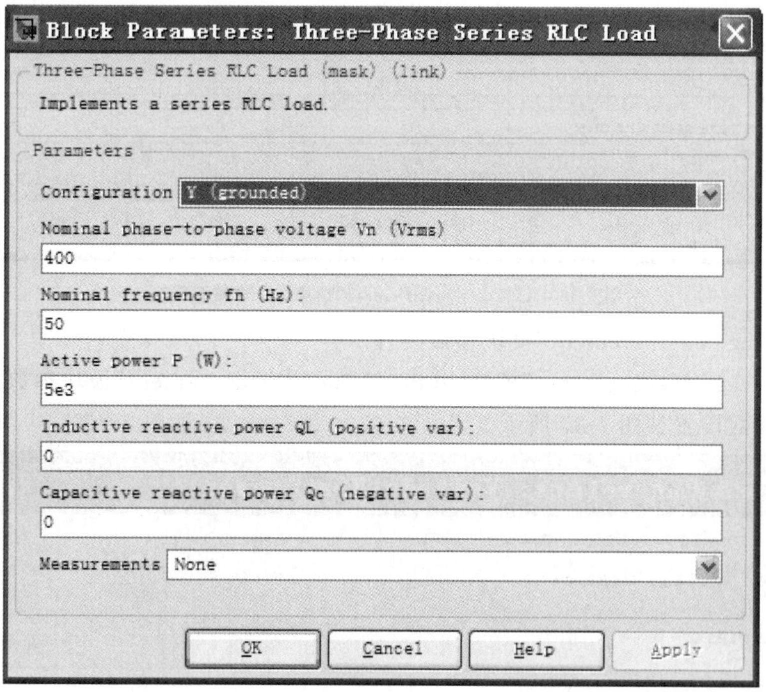

图 7-35　"Three-Phase Series RLC Load"模块参数设置对话框

（4）"Three-Phase Breaker"模块参数设置

双击"Three-Phase Breaker"模块，弹出"Three-Phase Breaker"模块参数设置对话框。
三相断路器模块的具体参数设置如图 7-36 所示。

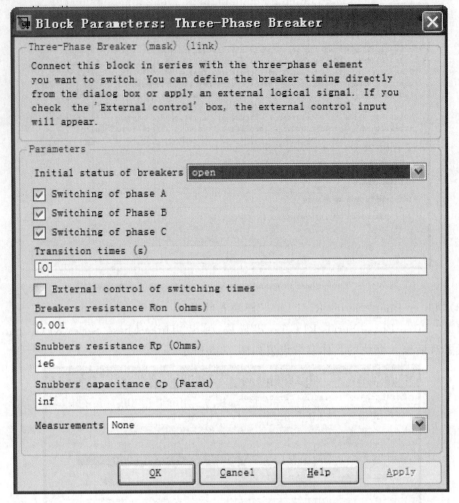

图 7-36　"Three-Phase Breaker"模块参数设置对话框

（5）"Voltage Measurement"模块参数设置

双击"Voltage Measurement"模块，弹出"Voltage Measurement"模块参数设置对话框。模块的具体参数设置如图 7-37 所示。

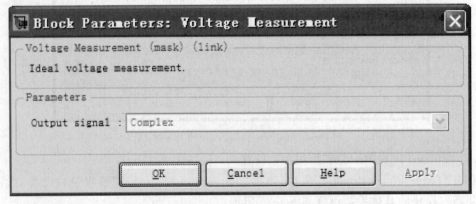

图 7-37　"Voltage Measurement"模块参数设置对话框

（6）"Constant"模块参数设置

双击系统模型窗口中的"Constant"模块，弹出"Constant"模块参数设置对话框，将对话框中的常数值设置为"1"，即异步电机的负载为1。

（7）"Bus Selector"模块参数设置

在模型搭建完之后，运行一次"Simulink"，此时再双击"Bus Selector"模块，弹出如图7-38所示的对话框，用户将只需将待输出的信号从对话框左侧的"Signals in the bus"列表框内的信号选择到右侧的"Selected signals"列表框内便可。

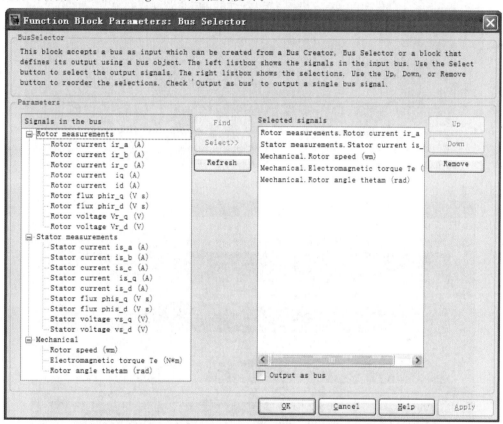

图7-38　设置参数之后的"Bus Selector"模块参数设置对话框

（8）"Scope"模块参数设置

单击"Scope"示波器窗口中的"Parameters"属性图标，弹出"Scope"模块参数设置对话框。用户不仅可以在其中设置输出端口数量，还可以在该窗口的任意一个坐标系内单击鼠标右键，然后在弹出的快捷菜单中选择"Axes properties"命令，单独对每个坐标系的 y 轴的范围进行设置。

4. 仿真参数设置及其运行

设置仿真参数的"Start time"（起始时间）为"0""Stop time"（终止时间）为"0.5""Solver options"的步长选择变步长"Variable-Step"，解算方法"Solve"选择"ode23tb"解算器，然后保存该系统模型并进行仿真运行，仿真结果如图7-39和图7-40所示。

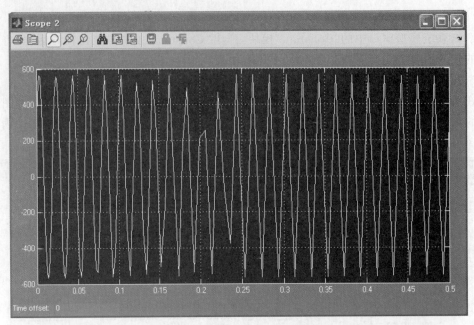

图 7-39　三相交流电源 AB 相电压显示

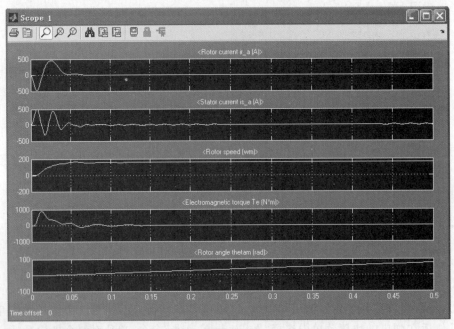

图 7-40　频率为 50 Hz 异步电动机 m 端输出的"Scope 1"仿真结果

7.6　三相异步电动机变频调速的建模及仿真

　　三相异步电动机的调速方式有很多种,本节主要讲解频率对三相异步电动机速度的影响。其仿真模型、模块参数设置以及仿真运行参数设置与三相异步电动机建模部分相同,这里不再赘述。下面分别将三相交流电源"Three-Phase Programmable Voltage Source"模块
的频率改为 20 Hz 和 100 Hz 后重新运行仿真模型,得到的仿真结果如图 7-41 和图 7-42
所示。

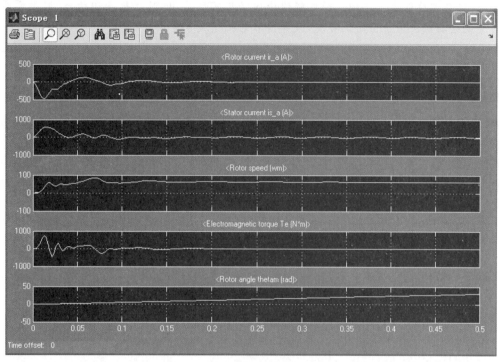

图 7-41 频率为 20 Hz 异步电动机 m 端输出的"Scope 1"仿真结果

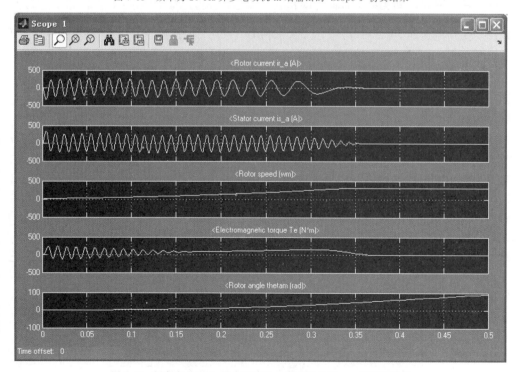

图 7-42 频率为 100 Hz 异步电动机 m 端输出的"Scope 1"仿真结果

思政元素

本章知识讲解应紧密围绕交流电机起、制动和调速展开,有效提升课堂质量和教学效果,培育学生的学术志趣。通过将理论内容与实际应用、时政热点相结合,引导学生对交流电动机应用价值的认可度,投身国家电机领域等重点行业。

思考题及习题

7-1   三相鼠笼式异步电动机,在 $f_1 = f_N$、$U_1 = U_N$ 的情况下运行。若 $s > s_N$,试问该电机是工作在过载、满载还是欠载状态?

7-2   电动机在短时过载运行时,过载越多,允许过载的时间越短,为什么?

7-3   三相绕线式异步电动机中,转子电路串联的电阻越大,是否启动转矩也越大?

7-4   三相异步电动机在空载和满载启动时,启动电流和启动转矩是否相同?

7-5   高炉卷扬机在拖动料车沿着倾斜的轨道向炉顶送料时,该生产机械的负载属于反抗性恒转矩负载还是属于位能性恒转矩负载? 还是两者兼有之?

7-6   星形—三角形启动降低了定子线电压还是定子相电压? 自耦变压器启动呢?

7-7   380 V、星形连接的电动机,能否采用星形—三角形启动?

7-8   鼠笼式和绕线式两种电动机中,哪一种启动性能好?

7-9   为什么鼠笼式异步电动机启动电流很大,而启动转矩不大?

7-10   在绕线式异步电动机转子电路中串联电抗是否也能起到减小启动电流,增大启动转矩的作用?

7-11   静差率 δ 与转差率 s 有何异同?

7-12   变频调速时,可否在 $f_1 < f_N$ 时,保持 $U_1 = U_N$,而在 $f_1 > f_N$ 时,保持 $\dfrac{U_1}{f_1}$ = 常数?

7-13   从理论上讲,$f_1 < f_N$ 调速时,是保持 $\dfrac{E_1}{f_1}$ = 常数好,还是保持 $\dfrac{U_1}{f_1}$ = 常数好?

7-14   鼠笼式异步电动机调速中哪种调速方式性能最好? 绕线式异步电动机的调速方式中哪种性能最好?

7-15   绕线式异步电动机转子串联电阻启动时,随着 r_2 的增大,启动转矩由小增大,而后又会由大变小,那么绕线式异步电动机转子串联电阻调速时,是否会出现随着 r_2 的增大,转速由高变低,而后又由低变高呢?

7-16   用能耗制动使系统迅速停机,当转速 $n = 0$ 时,若不断开电源,电机是否会自行启动? 利用反接制动迅速停机,当 $n = 0$ 时,若不断开电源,电机是否会自行启动?

7-17   绕线式异步电动机拖动位能性恒转矩负载运行,在电动状态下提升重物时,r_2 增大,n 增加还是下降? 在转子反向的反接制动状态下下放重物时,r_2 增大,n 增加还是减小?

7-18   反接制动运行和回馈制动运行时,它们的转差率有何区别?

7-19　能耗制动、反接制动和回馈制动用来稳定下放重物,转子电阻 r_2 增加,下放转速是增加还是减小?

7-20　某三相异步电动机,$P_N = 4$ kW,$n_0 = 750$ r/min,$n_N = 720$ r/min,$\alpha_{MT} = 2.0$。求:

(1)当 $s = 0.03$ 时,$T = ?$

(2)当 $T = 50$ N·m 时,$s = ?$

7-21　某三相异步电动机,$P_N = 15$ kW,$U_N = 380$ V,$n_N = 2\,930$ r/min,$\eta_N = 88.2\%$,$\lambda_N = 0.88$,$\alpha_{sc} = 7$,$\alpha_{st} = 2$,$\alpha_{MT} = 2.2$,启动电流不允许超过 150 A。若 $T^* = 60$ N·m,试问能否带此负载:

(1)长期运行;

(2)短时运行;

(3)直接启动?

7-22　题 7-21 中的电动机,求在下述情况下的最大转矩:

(1)$U_1 = 0.8U_N$;

(2)$f_1 = 1.25f_N$;

(3)$U_1 = 0.8U_N$,$f_1 = 0.8f_N$。

7-23　一台冲天炉鼓风机,其异步电动机的 $P_N = 75$ kW,$U_N = 380$ V,$I_N = 137.5$ A,△连接,$\alpha_{sc} = 6$,已知车间变压器(电源)的容量 $s_N = 200$ kV·A。问:

(1)能否直接启动该异步电动机?

(2)如果采用星形—三角形启动,启动电流为多少?

7-24　某三相异步电动机,$U_N = 380$ V,$I_N = 15.4$ A,$\alpha_{sc} = 7$,已知电源电压为 380 V,要求将电压降低至 220 V 启动,试求:

(1)采用定子电路串联电阻减压启动,电动机从电源取用的电流是多少?

(2)采用自耦变压器启动,电动机从电源取用的电流是多少?

7-25　某三相异步电动机,$P_N = 30$ kW,$U_N = 380$ V,采用三角形连接。$I_N = 63$ A,$n_N = 740$ r/min,$\alpha_{st} = 1.8$,$\alpha_{sc} = 6$,$T_L = 0.8T_N$。由 $s_N = 200$ kV·A 的三相变压器供电。电动机启动时,要求从变压器取用的电流不得超过变压器的额定电流。试问能否:

(1)直接启动;

(2)选用星形—三角形启动;

(3)选用 $K_A = 0.73$ 的自耦变压器启动。

7-26　某三相绕线式异步电动机,$P_N = 7.5$ kW,$n_N = 950$ r/min,$U_{2N} = 255$ V,$I_{2N} = 18$ A,$\alpha_{MT} = 1.8$,$T_L = 28$ N·m。想要采用转子电路串联二级电阻启动,试求其各级启动电阻。

7-27　Y225M-2 三相鼠笼式异步电动机,$P_N = 45$ kW,$U_N = 380$ V,$n_N = 2\,970$ r/min,$\alpha_{MT} = 2.2$,求:

(1)$U_1 = U_N$,$T = 120$ N·m 时的转速;

(2)$U_1 = 0.8U_N$,$T = 120$ N·m 时的转速。

7-28　一台三相绕线式异步电动机,$n_N = 960$ r/min,$U_{2N} = 244$ V,$I_{2N} = 14.5$ A。求转子电路中串联电阻 $R_C = 2.611$ Ω 后的满载转速、调速范围和静差率。

第8章
其他交流电动机

微课

其他
交流电动机

8.1 三相同步电动机

同步电动机也是一种交流电机。主要作为发电机,也可作为电动机,一般用于功率较大,转速不要求调节的生产机械,例如,大型水泵、空压机和矿井通风机等。世界上各发电厂和发电站所发送的三相交流电能,都是由三相同步发电机发出的。

同步电机按照其结构形式不同可分为同步发电机、同步电动机、同步调相机。

(1)与发电机类似,同步电动机的功率因数可以通过改变励磁电流的大小来调节。如果增大励磁电流使电动机处于过励状态,则励磁磁势 F_f 增大,而合成磁势 F 的大小是不变的。

(2)按照磁势平衡原理,电网将输出给电动机一超前电流 I_a,该电流在电动机内部将产生去磁性的电枢反应,使得磁势得到平衡。电网输出给电动机超前电流相当于电网从电动机处吸取了滞后电流,正好满足了附近电感性负载的需要,使得电网的功率因数得到补偿。

(3)如果减小励磁电流使电动机处于欠励状态,则励磁磁势 F_f 也减小,电网必须输出给电动机一滞后电流来产生增磁电枢反应,以保持合成磁势 F 不变。这种情况和异步电动机的情况类似,所以同步电动机一般不采用欠励运行。

但是同步电动机亦有一些缺点,如启动性能较差,结构上较异步电动机复杂,还要有直流电源来励磁,价格比较贵,维护又较为复杂,因此一般在小容量设备中还是采用异步电动机。在中、大容量的设备中,尤其是在低速、恒速的拖动设备中,应优先考虑选用同步电动机,如拖动恒速轧钢机、电动发电机组、压缩机、离心泵、球磨机、粉碎机、通风机等。

利用同步电动机能够改变电网功率因数这一优点,亦有制造专门用于改变电网功率因数的电动机,不带任何机械负载,这种不带机械负载的同步电动机称为同步补偿机或同步调相机。同步调相机是在过励情况下空载运行的同步电动机。

在调速系统中采用同步电动机有以下特点:

(1)同步电动机的转速与电源的基本频率之间保持着同步关系,因而能够精确控制转速。

(2)同步电动机比异步电动机对负载(转矩)扰动具有更强的承受能力,反应较快。

(3)同步电动机转子有励磁,即使在极低的频率下也能运行,调速范围宽;而异步电机转子电流靠电磁感应产生,频率极低时,难以很好地励磁。

(4)一台同步发电机是调节不了电网电压的,只有电网里大部分同步发电机同时作用时才可发挥作用。功率因数则是通过调节励磁电流来调节的,在电网电压不变的情况下,为了保持气隙合成磁通不变,必须增大励磁电流。换言之,同步电机在恒转矩负载下运行时,调节励磁电流,即可改变电机的无功功率,调节同步电机的功率因数。

8.1.1　三相同步电动机的基本结构

同步电动机有旋转电枢式和旋转磁极式两种。旋转电枢式应用在小容量电动机中,而旋转磁极式用于大容量电动机中。同步电动机的主要结构由定子部分和转子部分组成。定子部分是同步电动机的电枢。同步电动机转子上装有磁极,分为凸极式和隐极式两种。当励磁绕组通入电流后,转子上产生 N、S 极。

1. 定子部分

定子部分由机座、定子铁芯和定子绕组三部分组成。其作用是吸收电能,产生旋转磁通势,和三相异步电动机的定子相同。

2. 转子部分

同步电动机的转子部分的结构与异步电动机不同,分两种结构形式,即凸极式和隐极式,凸极式有明显的磁极,适用于极数比较多的情况。隐极式无明显磁极,适用于两极情况,同步电动机很少采用 3 000 r/min 的转速,所以一般采用凸极式,如图 8-1 所示。

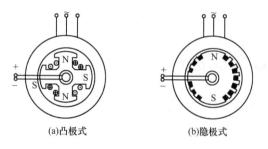

(a)凸极式　　　　　(b)隐极式

图 8-1　同步电机的结构示意图

凸极式转子圆周上安装有若干对凸出的磁极,磁极铁芯由 1～3 mm 厚的波钢板冲成冲片后叠压铆成。磁极铁芯固定于转子磁轭上,转子磁轭由铸钢或用波钢板冲制叠压而成,套于转子轴上,起导磁和固定磁极的作用。每个磁极铁芯上套有励磁线圈,各极的励磁线圈按一定的方式连接起来,构成励磁绕组。两个出线端接在固定于转轴上的两个滑环上,通过电刷与励磁电源相连。凸极式转子的特点是转子与定子之间的气隙不均匀。

隐极式转子的轴和铁芯为一铸钢加工而成的统一体,是圆柱体。外圆开有槽以嵌放励磁绕组,亦可供滑环和电刷与励磁电源相接。隐极式转子的特点是转子和定子之间的气隙均匀。

8.1.2　三相同步电动机的基本工作原理

当三相交流电源加在三相同步电动机定子绕组时,流过三相对称电流,产生一个在空间以同步转速 n 旋转的旋转磁通势 F_a,称为电枢磁通势。同步电动机的励磁绕组通入直流励磁电流,产生一个与转子相对静止的励磁磁通势 F_f。当转子静止时,电枢磁通势建立的旋转磁场可以用旋转磁极等效。转子励磁绕组通电时建立固定磁场。

当定子等效磁极与转子异性磁极的相对位置如图 8-2(a)所示时,产生一个沿逆时针方向的电磁转矩,转子具有机械惯性,旋转磁场的速度又高,因此转子尚未正相转动时定子等效磁极已转至某一位置。使得转子又受反向转矩的作用。结果使得转子所受转矩的平均值为零,因而不能自行启动。假如转子以某种方式启动,并使转速接近 n_1,这时转子的磁场极性与定子旋转磁场极性之间异性对齐(定子 S 极与转子 N 极对齐)。根据磁极异性相吸原理,定、转子磁场间就产生电磁转矩,促使转子跟旋转磁场一起同步转动,即 $n=n_1$,故称为同步电动机。由于空载运行时总存在阻力,所以转子的磁极轴线总要滞后于旋转磁场轴线一个很小角度 θ,促使产生一个异性吸力(电磁场转矩);该角度的大小取决于转子轴上阻转矩的大小。即负载转矩变化时,只影响该角度的大小,电磁场转矩随之增大,转子转速则始终保持同步转速。

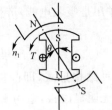 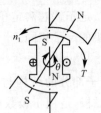

(a) 定子等效极与转子异性磁极的相对位置　　(b) 转子尚未正相转动时定子等效磁极已转至的相对位置

图 8-2　同步电动机启动时平均转矩为零的示意图

8.1.3　三相同步电动机的向量图与电磁功率

转子与旋转磁场同步旋转,所以转子绕组中不会产生电动势。定子绕组三相对称,只需求其中一相绕组的电动势方程式。当不考虑电机铁芯的饱和影响时,可以应用叠加原理。以隐极式为例,在列写同步电动机的电压方程和向量图时,按照电动机惯例重新规定隐极式同步电动机各物理量的正方向,如图 8-3 所示,与发电机惯例的区别仅在于电流 I 的反向,只要在所有含有的各项前加一负号,即得隐极式同步电动机的电动势平衡方程为

$$\dot{E}_0 = \dot{U} - \dot{I}R_a - jX_c\dot{I} \tag{8-1}$$

式中　$\dot{E}_0$——励磁磁通在定子绕组里的感应电动势;

　　　X_c——电枢绕组等效电抗,称为定子一相绕组的同步电抗;

　　　R_a——电枢电阻,电枢电阻一般很小,可以忽略。

如图 8-4 所示,$\dot{U}$ 和 $\dot{E}_0$ 之间的夹角 θ 称为功率角,其物理定义是合成等效磁极与转子磁极轴线之间的夹角,θ 的大小表征了同步电动机电磁功率和电磁转矩的大小。

同理,按照电动机惯例重新规定凸极式同步电动机各物理量的正方向,得凸极式同步电动机的电动势平衡方程为

$$\dot{E}_0 = \dot{U} - \dot{I}R_a - j\dot{I}_d X_d - j\dot{I}_q X_q \tag{8-2}$$

式中　$\dot{E}_0$——励磁磁通在定子绕组里的感应电动势;

　　　X_d——直轴同步电抗;

　　　X_q——交轴同步电抗。

同步电动机输入的电功率 P_1，除去一小部分定子铜损耗 P_{Cu}，其余部分通过气隙传给转子，称为电磁功率 P_{em}。即

$$P_{em} = P_1 - P_{Cu} \qquad (8-3)$$

电磁功率 P_{em} 扣除机械损耗 P_{emc}、铁损耗 P_{Fe} 和附加损耗 P_Δ，剩下的就是轴上输出的机械功率 P_2。即

$$P_2 = P_{em} - (P_{emc} + P_{Fe} + P_\Delta) = P_{em} - P_0 \qquad (8-4)$$

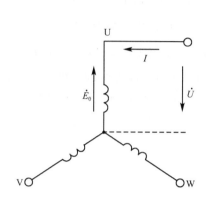
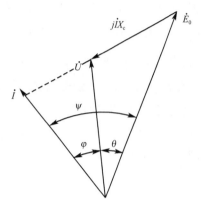

图 8-3　隐极式同步电动机各物理量的正方向(按电动机惯例)　　图 8-4　隐极式同步电动机的电动势向量图

8.1.4　同步电动机的 V 形曲线及功率因数调节

1.同步电动机的 V 形曲线

同步电动机的 V 形曲线是指在电网恒定和电动机输出功率恒定的情况下,电枢电流和励磁电流之间的关系曲线,即 $I = f(I_f)$。

如果电网电压恒定,则 U 与 f_1 均保持不变。忽略励磁电流 I_f 改变时,附加损耗的微弱变功率也保持不变。当电动机带有不同的负载时,对应有一组 V 形曲线。如图 8-5 所示。输出功率越大,在相同励磁电流条件下,定子电流增大,V 形曲线向右上方移动。对应每条V 形曲线定子电流最小值处,即正常励磁状态,此时 $\cos\varphi = 1$。左边是欠励区,右边是过励区。并且欠励时,功率因数是滞后的,电枢电流为感性电流;过励时,功率因数是超前的,电枢电流为容性电流。由于 P_{em} 与 E_0 成正比,所以当减小励磁电流时,它的过载能力也要降低,而对应功率角 θ 则增大,这样,在某一负载下,励磁电流减少到一定值时,θ 就超过 90°,隐极式同步电动机就不能同步运行。由于电网上的负载多为感性负载,所以如果同步电动机工作在过励状态下,则可提高功率因数。这也是同步电动机的最大优点。因此,为改善电网功率因数和提高电动机过载能力,同步电动机的额定功率因数为 0.8~1.0(超前)。

2.功率因数调节

在负载一定时,同步电动机从电源吸收的有功功率 P_1 一定,电磁功率 P_{em} 也一定。若忽略电枢电阻 R_a,则有

$$P_{em} \approx 3UI\cos\varphi = 3\frac{UE}{x}\sin\theta = 常数 \qquad (8-5)$$

设电源电压不变,则

$$E_0 \sin\theta = 常数 \tag{8-6}$$

$$I_1 \cos\varphi = 常数 \tag{8-7}$$

根据式(8-6)、式(8-7),容易做出改变励磁电流的向量图(忽略 R_a),图 8-6 为改变励磁电流时同步电动机的向量图,其中电枢电流 $\dot{I}_{11}$ 与电枢电压 $\dot{U}_1$ 同相位、即功率因数 $\cos\varphi = 1$ 时,产生励磁电势 $\dot{E}_{01}$,所需的励磁电流为 I_{f1},将 I_{f1} 称为"正常励磁"电流。电枢电流 $\dot{I}_{12}$ 超前于电枢电压 $\dot{U}_1$、即功率因数 $\cos\varphi$ 超前时,有 $\dot{E}_{02} > \dot{E}_{01}$,产生励磁电势 $\dot{E}_{02}$,所需的励磁电流为 $\dot{I}_{f2}$,将 $\dot{I}_{f2}$ 称为"过励"电流;电枢电流 $\dot{I}_{13}$ 滞后于电枢电压 $\dot{U}_1$、即功率因数 $\cos\varphi$ 滞后时,有 $\dot{E}_{03} > \dot{E}_{01}$,产生励磁电势所需的励磁电流为 $\dot{I}_{f3}$,将 $\dot{I}_{f3}$ 称为"欠励"电流。可见,调节励磁电流 I_f,可以使同步电动机的功率因数改变。当励磁电流值比"正常励磁"电流值大时,同步电动机在"过励"状态下运行,从电网吸收容性无功功率,具有既能带负载、又能提高功率因数的特性。

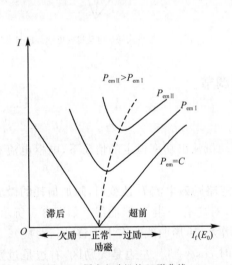

图 8-5   同步电动机的 V 形曲线

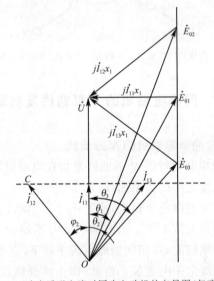

图 8-6   改变励磁电流时同步电动机的向量图(忽略 R_a)

(1)V 形曲线反映的是在输出有功功率一定的条件下,定子侧的电枢电流和功率因数随转子直流励磁电流的变化情况。将定子电流与定子电压同相位时的励磁电流称为正常励磁电流,对应的运行状态称为正常励磁状态;超过正常励磁电流的运行状态称为过励状态,低于正常励磁电流的运行状态称为欠励状态。

(2)调节同步电动机的励磁电流可改变定子电流的无功分量和功率因数。正常励磁时,同步电动机从电网吸收全部有功;欠励时,同步电动机从电网吸收滞后无功;过励时,同步电动机从电网吸收超前无功。

(3)若调节同步电动机的励磁电流,使之工作在过励状态,则可以改善同步电动机的功率因数。若同步电动机在空载状态下运行,则此时电磁功率为零,功率角为零,当转子处于过励时,同步电动机可以向电网发出滞后无功,有利于改善电网的功率因数。将工作在这一状态下的空载同步电动机称为同步调相机。

8.1.5　同步电动机的启动

当定子绕组接到电源后,按照同步电机的原理同步电动机是不能产生启动转矩的。目前工矿企业中看到的同步电动机都能够启动,这是利用异步电动机的原理来产生启动转矩,使得电机转动起来的。当定子绕组接通电源时,旋转磁场立即高速旋转,转子由于惯性根本来不及旋转。经过 0.01 s 秒之后,旋转磁场的 N 极与 S 极就转了半个周期。由于同性磁极互相排斥,所以转子自然不会转动,具有反转的斥力,又由于惯性转子不会反转,所以在电流一个周期内,前、后两次作用在转子磁极上的磁力大小相等,方向相反,间隔时间极短,平均转矩为零,因此不能自行启动。同步电动机启动时,由于定子及转子磁场之间相对运动速度较快,转子本身转动惯量的存在使转子上产生的平均转矩为零,所以若不采取措施,同步电动机是不能自行启动的。为此,多数同步电动机采用异步启动法,在同步电动机的转子磁极表面上装设有类似于异步电动机鼠笼式导条的短路绕组,称为启动绕组。在启动时,电压施加于定子绕组,便在气隙中产生旋转磁场,这个磁场将在转子的启动绕组中感应电流,该电流和旋转磁场相互作用产生转矩,使转子按照异步电动机原理转动起来。待转速上升到接近同步转速时,励磁绕组通入直流电产生转子磁场,依靠定、转子磁场之间的相互吸引力,把转子牵入同步,同步电动机的启动过程结束。异步启动时,励磁绕组不能开路,否则定子旋转磁场会在匝数较多的励磁绕组中感应出高电压,易使励磁绕组击穿或引起人身事故。但也不能短路,否则励磁绕组(相当于一个单相绕组)中的感应电流与气隙磁场作用,会产生显著的“单轴转矩”,使合成电磁转矩在 $0.5n_1$ 附近产生明显的下凹,从而使电动机的转速停滞在 $0.5n_1$ 附近而不能继续上升。解决这个问题的办法是在励磁绕组中串联一个阻值为励磁绕组本身阻值约 10 倍的电阻后短接。

1.异步启动

如图 8-7 所示,设计和制造同步电动机时,在转子磁极的圆周表面上加装一套鼠笼作为启动绕组,绕组的形式和鼠笼式异步电动机一样,转子磁板表面的槽内嵌入铜条,两端用铜环把铜条短接构成鼠笼。启动时将励磁绕组用一个 10 倍于励磁电阻的附加电阻连接成闭合回路。当旋转磁场作用于鼠笼式启动绕组使转子转速达到同步转速的 95% 时,迅速切除附加电阻。通入励磁电流,使转子迅速进入同步运行。当同步电动机处于同步运行时,鼠笼式启动绕组失去作用。

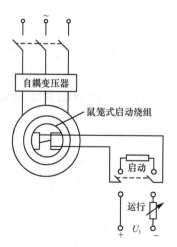

图 8-7　同步电动机异步启动

注意:励磁绕组短接的目的是刚启动时,旋转磁场与转子的相对转速很大,励磁绕组因切割力线而产生很大的电动势。如果绕组开路,两端的电动势对工作人员可能造成危险。利用阻尼绕组产生异步转矩帮助启动,先把励磁绕组通过电阻短接。这是因为如果直接开路,会产生过电压;如果直接短路,会产生较大的单轴转矩。

2. 辅助电动机启动

先把励磁绕组通过电阻短接,用一台直流电机或一台同极数的异步电动机拖动同步电动机到接近同步转速。

3. 变频启动

变频启动需要变频电源,转子加励磁,定子逐渐升频。

8.2 三相永磁同步电动机

近年来,由于电力电子技术、微电子技术和现代控制理论的迅速发展,交流电机调速技术逐步成熟,使得交流调速的静、动态特性接近甚至达到直流技术水平。其应用领域也越来越广泛,特别在船舶电气系统方面,已经大量采用了交流电力推进。在各种推进电机当中,大功率永磁同步电动机(尤其是横向磁通永磁电机及轴向磁通永磁电机)的制造技术尚有很大的研究与发展空间。由于结构简单、体积小、质量轻、低速性能好,永磁同步电动机(PMSM)在机器人、数控机床、航空航天、办公自动化等高性能伺服驱动领域受到了广泛关注,如图 8-8 所示。在永磁同步电动机交流伺服系统中,控制一般分成两步进行:一是位置或转速控制;二是电磁转矩或定子电

图 8-8 三相永磁同步电动机

流的控制。由于电机位置或转速的控制归根结底是通过电磁转矩或定子电流的控制实现的,所以电磁转矩或定子电流控制的好坏直接决定了系统伺服性能的优劣,并成为交流伺服系统的重要组成部分。对于永磁同步电动机交流伺服系统,一般采用矢量控制或直接转矩控制。矢量控制可通过一系列的矢量变换,使转子磁链与定子磁链正交,电磁转矩控制性能好,调速范围宽,但转子参数的变化对控制性能有较大的影响。直接转矩控制则直接对电机的转矩进行反馈控制,从而可以抑制磁链变化对转矩的影响,近似实现转矩与磁链的解耦,其控制结构简单,动态响应好,但电机转矩脉动大,低速性能较差。

8.2.1 三相永磁同步电动机的基本结构

永磁同步电动机的定子与一般电励磁同步电动机的定子相同,定子铁芯通常由带有齿和槽的冲片叠成,在槽中嵌入交流绕组。当三相对称电流通入三相对称绕组时,在气隙中产生同步旋转磁场。转子部分则采用永磁体励磁。

永磁同步电动机的分类方法比较多,按工作主磁场方向的不同,可分为径向磁场式和轴向磁场式;按电枢绕组位置的不同,可分为内转子式(常规式)和外转子式;按转子上有无启动绕组,可分为无启动绕组的电动机(用于变频器供电的场合,利用频率的逐步升高而启动,并随着频率的改变而调节转速,常称为调速永磁同步电动机)和有启动绕组的电动机(既可用于调速运行又可在某一频率和电压下利用启动绕组所产生的异步转矩启动,常称为异步启动永磁同步电动机);永磁同步电动机的转子磁场的几何形状不同,使得转子磁场在空间

的分布可分为正弦波和梯形波两种。按供电电流波形的不同,可分为矩形波永磁同步电动机和正弦波永磁同步电动机(简称永磁同步电动机)。因此,当转子旋转时,在定子上产生的反电动势波形也有两种:一种为正弦波;另一种为梯形波。这样就造成两种同步电动机在原理、模型及控制方法上有所不同。为了区别由它们组成的永磁同步电动机交流调速系统,习惯上又把由正弦波永磁同步电动机组成的调速系统称为正弦型永磁同步电动机(PMSM)调速系统;而由梯形波(方波)永磁同步电动机组成的调速系统,在原理和控制方法上与直流电动机系统类似,故称这种系统为无刷直流电动机(BLDCM)调速系统。异步启动永磁同步电动机用于频率可调的传动系统时,形成一台具有阻尼(启动)绕组的调速永磁同步电动机。按永磁体结构不同可分为表面永磁同步电动机和内置式永磁同步电动机。

　　永磁同步电动机无须再由直流电源提供励磁电流,不仅无励磁损耗以及与集电环、电刷有关的损耗,而且可以提高功率因数,使电动机的效率和功率因数大为提高,具有显著的节能效果。永磁同步电动机的无刷结构则是其另一个突出的优点,与一般电励磁同步电动机相比,永磁体宛如一个集成块,集励磁电源、引入装置(集电环、电刷)和励磁绕组于一体,使转子结构得以简化。不仅如此,采用性能优良的永磁材料可以减小永磁体体积,并使转子磁路结构灵活多样,以适应不同技术要求的需要。图 8-9 为永磁同步电动机横截面示意图。

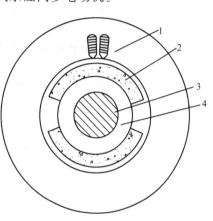

图 8-9　永磁同步电动机横截面示意图
1—定子;2—永磁体;3—转轴;4—转子铁芯

8.2.2　三相永磁同步电动机的工作原理

　　当永磁同步电动机的定子通入三相交流电时,三相电流在定子绕组的电阻上产生电压降。由三相交流电产生的旋转电枢磁动势及建立的电枢磁场,一方面切割定子绕组,并在定子绕组中产生感应电动势;另一方面以电磁力拖动转子以同步转速旋转。电枢电流还会产生仅与定子绕组相交链的定子绕组漏磁通,并在定子绕组中产生感应漏电动势。此外,转子永磁体产生的磁场也以同步转速切割定子绕组。从而产生空载电动势。

　　永磁同步电动机的运行可分为他控变频和自控变频两类。

　　用独立的变频电源向永磁同步电动机供电,同步电动机转速严格地跟随电源频率而变化,即他控变频永磁同步电动机运行。他控变频同步电动机运行常用于开环控制,由于转速与频率的严格关系,该运行方式适于在多台电动机要求严格同步运行的场合使用。例如,纺织行业纱锭驱动及传送带辊道驱动等场合。为此,可选用一台容量较大的变频器同时向多台永磁同步电动机供电。当然,变频器必须能软启动,输出频率能由低到高逐步上升,以解决同步电动机的启动问题。

　　所谓自控变频的永磁同步电动机,是指其定子绕组产生的旋转磁场位置由永磁转子的位置所决定,能自动地维持与转子磁场有 90°的空间夹角,以产生最大的电机转矩。旋转磁场的转速则严格地由永磁转子的转速所决定。用这种方式运行的永磁同步电动机,除仍需逆变器开关电路外,还需要一个能检测转子位置的传感器与逆变器的开关工作,即永磁同步电动机定子绕组得到的多相电流,完全由转子位置检测装置给出的信号来控制。这种定子旋转磁场由定子位置来决定的运行方式即自控变频的永磁同步电动机运行方式,这是在20世纪60年代后期发展起来的方式。从原理上分析可知自控变频的永磁同步电动机运行方式具有直流电动机的特性,有稳定的启动转矩,可以自行启动,并可类似于直流电动机对电机进行闭环控制。自控变频的永磁同步电动机已成为当今永磁同步电动机应用的主要方式。

分析其工作原理可知,它与有刷直流电动机的工作原理基本相同。不同之处在于它用电子开关电路和转子位置传感器取代了有刷直流电动机的换向器和电刷,从而实现了直流电动机的无刷化,同时保持了直流电动机的良好控制特性。因此,人们习惯称这类电动机为无刷直流电动机。这是当前使用最广泛的、很有前途的一种自控变频永磁同步电动机。

8.2.3   三相永磁同步电动机的电力拖动

永磁同步电动机具有功率因数高、功率大、功率质量比高、体积小、噪音低等特点,在当今世界能源紧张的形势下,它的应用范围正在不断扩大。

异步启动永磁同步电动机的磁场系统由一个或多个永磁体组成,通常是在用铸铝或铜条焊接而成的鼠笼式转子的内部,按所需的极数装镶有永磁体的磁极。其定子的结构与异步电动机类似。

当定子绕组接通电源后,电动机以异步电动机原理启动旋转,加速运转至同步转速时,由转子永磁磁场和定子磁场产生的同步电磁转矩(由转子永磁磁场产生的电磁转矩与定子磁场产生的磁阻转矩合成)将转子牵入同步,电动机进入同步运行状态。

随着矢量控制理论的提出与高性能数字控制芯片的应用,交流调速系统在性能方面逐渐能够与直流调速系统相媲美,并且还具有寿命长、易维护等优点,因此交流调速系统开始在各个领域有取代直流调速系统之势。永磁同步电动机本身具有结构简单、体积小、质量轻、效率高、功率因数高等优点。因此由永磁同步电动机、转子位置传感器、三相逆变器和DSP控制中心四部分所组成的现代交流调速系统已受到国内外的普遍重视,广泛用于柔性制造系统、机器人、办公自动化、数控机床等领域。

永磁同步电动机具有较高的标观效率,是一种很有前途的高效节能机电能量转换装置;永磁同步电动机用于运动控制系统中,其电磁转矩的控制较异步电动机更方便、灵活和具有更高的控制精度,因此是一种很有发展前途的调速电机。

在频率为50 Hz电网供电时,自启动永磁同步电动机的启动过程是指电机转差率$s=1\sim0$的异步启动和牵入同步的整个过程。在变频电源供电时具有阻尼绕组的永磁同步电动机的启动过程是频率从低频调到高频,电动机同步转速上升的过程;但由于频率变化不可能是无级的,所以启动过程中会交替地出现异步与同步间或发生振荡。

1. 在频率为50 Hz电网供电时的启动性能

在分析永磁同步电动机启动性能时,可认为是一系列不同转差率下的稳态异步运行;若按磁路线性叠加原理,永磁同步电动机可以视为转子上无永磁体、不对称鼠笼式转子异步电动机稳态运行和永磁体励磁、定子三相短路的同步发电机稳态运行的叠加。永磁同步电动机在似稳态启动(异步运行)时,其转矩中除包含有以sf_1和$2sf_1$两个频率变化的脉振转矩外,还有基频的异步转矩、$2sf_1$频率的单轴转矩和永磁体励磁的定子三相短路同步发电机稳态运行时的制动性转矩。后三种转矩组成永磁同步电动机启动时的平均电磁转矩。

永磁同步电动机的启动性能指标为启动电流、启动转矩、启动过程的最小转矩和牵入转矩。不论是全电压直接启动,还是用变频器软启动,永磁同步电动机的启动电流倍数都比鼠笼式转子异步电动机的启动电流倍数大;这是由于永磁同步电动机启动时除存在正序电流外,还存在因不对称鼠笼式转子引起的逆序电流和因随转子转动的永磁体在定子上产生的发电机状态的短路电流,所以永磁同步电动机启动过程的电流决定于直轴电抗和交轴电抗(与鼠笼式转子的不对称程度有关),决定于随转子转动的永磁体磁场在定子绕组中感生的电势,还与定子电阻大小有关。用变频器软启动永磁同步电动机的初始低频阶段,因电源频率较低,漏抗和电枢电抗较小,故增加定子电阻,能较有效地抑制软启动时的启动电流。

2. 在变频电源供电下的启动性能

永磁同步电动机变频调速系统分为两类:用独立的变频装置给永磁同步电动机提供变压变频电源的他控变频调速系统;用电机轴上所带转子位置检测器来控制变频装置触发脉冲的自控变频调速系统。这里讨论的是前一种调速系统下的启动性能。

永磁同步电动机他控变频调速的基本原理和方法以及所用的变频装置都和异步电动机变频调速相同,用变频电源供电,可以实现永磁同步电动机的软启动,避免了由电网供电直接全压启动时启动电流过大的不利影响。

永磁同步电动机在恒压频比电源下启动时,加在电机上的电源频率从 0 Hz 逐渐上升到 50 Hz,电动机旋转磁场的同步转速随之上升。从宏观看,电机转子转速随着电源频率增加而上升;从微观看,由于变频电源频率有级地增加,且每增加 Δf 有一定时间间隔 Δt,加之电动机转动系统有一定的机电时间常数,所以启动时异步运行与同步运行交替进行,间或出现振荡。

通过分析得到以下结论:

(1)电源接通后,由于转动部分的惯性,电机滞后一段时间才开始转动;带负载启动,其滞后时间将增长。

(2)电源频率为 6～6.5 Hz,电机转速达到同步速(变频电源设定的启动时间不同,该值不同),以后电机在异步速和同步速之间交替运行,直至上升到某一运行频率时同步速。在整个过程中转子除受到合成平均转矩作用外,还受 2 倍转差频脉振转矩中的磁阻转矩分量和转差频脉振转矩中由永磁体与定子侧的基频磁场相互作用产生的脉振转矩分量的作用,该脉振转矩对软启动初期从异步运行快速牵入同步和衰减转速振荡都有利。

永磁同步电动机因上述独特的优点而应用十分广泛。目前,从一般小功率的计时装置、仪器设备,到较大功率的纺织、化纤、玻璃等工业部门的驱动调速系统,都广泛使用着永磁同步电动机。随着其特性的不断改善和电子技术的发展,永磁同步电动机还将在很多场合逐步取代异步电动机。

8.3　单相异步电动机

单相异步电动机由单相电源供电,广泛应用于家用电器、电动工具、医疗器械中。

从结构上看,单相异步电动机的转子也为鼠笼式,只是定子绕组为单相绕组式,称为工作绕组(主绕组),为了启动的需要,定子上还装有另一个绕组,称为启动绕组(辅绕组),工作绕组和启动绕组通常在空间错开 90°电角度。一般启动绕组只是在启动时接入,转速达到

$(70\%\sim80\%)n_1$ 时由离心开关自动将其切除。也有一些电容或电阻电动机,在运行时启动绕组仍然接于电源上,这实质上相当于一台两相电机,但由于它接在单相电源上,所以仍称为单相异步电动机。

单相异步电动机的类型有单相电阻分相启动异步电动机、单相电容分相启动异步电动机、单相电容运转异步电动机、单相电容启动与运转异步电动机和单相罩极式异步电动机等。本节主要分析单相异步电动机的工作原理和启动的有关问题。

8.3.1 单相异步电动机的工作原理

单相异步电动机的工作绕组接到单相正弦交流电源,产生一个脉动磁场。一个脉动磁场可以分解为幅值相同、转速相等、旋转方向相反的两个圆形旋转磁场。与转子旋转方向相同的称为正向旋转磁场,用 $\dot{\Phi}_+$ 表示,与转子旋转方向相反的称为反向旋转磁场,用 $\dot{\Phi}_-$ 表示。与普通三相异步电动机一样,正向和反向旋转磁场均切割转子导体,并分别在转子导体中感应电动势和电流,产生相应的电磁转矩。由正向旋转磁场所产生的正向转矩 T_{em+} 试图使转子沿正向旋转磁场方向旋转,而反向旋转磁场所产生的反向转矩 T_{em-} 试图使转子沿反向旋转磁场方向旋转。T_{em+} 与 T_{em-} 方向相反,单相异步电动机的电磁转矩为 T_{em+} 与 T_{em-} 产生的合成转矩。

若电动机的转速为 n,则对正向旋转磁场而言,转差率为

$$s_+ = \frac{n_1-n}{n_1} \tag{8-8}$$

对反向旋转磁场而言,转差率为

$$s_- = \frac{n_1+n}{n_1} = 2 - \frac{n_1-n}{n_1} = 2 - s_+ \tag{8-9}$$

按照三相异步电动机的分析方法,可画出对应正向旋转磁场和反向旋转磁场的转矩特性曲线 $T_{em}=f(s)$,两条曲线叠加就得到了单相异步电动机的转矩特性曲线,如图 8-10 所示。

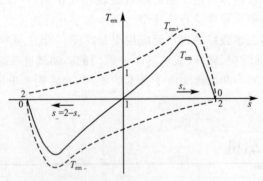

图 8-10 单相异步电动机的转矩特性

单相异步电动机具有以下主要特点:

(1)单相异步电动机无启动转矩,不能自行启动,这是由于 $n=0, s=1$ 时,$T_{em}=T_{em-}+T_{em+}=0$,若不采取其他措施,电动机不能自行启动。

(2)当外施转矩使转子正转时,合成转矩 T_{em} 为正,此时如果合成转矩大于负载转矩,

转子将沿着正向旋转磁场的方向继续转动下去;反之亦然。可见,单相异步电动机没有固定的转向,它运行时的转向取决于启动时的外施转矩(启动转矩)的方向。

(3)反向转矩的作用使得合成转矩减小,最大转矩也随之减小。因此,单相异步电动机的过载能力较低。

8.3.2　单相异步电动机的启动方法

如上所述,单相异步电动机只有一个主绕组不能自行启动。根本原因在于单相绕组产生的是脉动磁场,因此,设法使电动机产生一个旋转磁场,是解决单相异步电动机启动的关键。根据获得旋转磁场方式的不同,单相电动机可分为分相电动机和罩极电动机两种。

1. 分相电动机

(1)电容分相启动电动机

为产生启动时的旋转磁场,除主绕组外,在定子铁芯上与主绕组空间相距 90° 电角度处安装一个辅绕组,并且辅绕组与电容 C 串联后与主绕组并联在同一个单相电源上,由于辅绕组中有串联电容,使得辅绕组中的电流 $\dot{I}_{st}$ 与主绕组中的电流 $\dot{I}_M$ 相位差 90°,如图 8-11 所示。在空间相位差 90° 的两个绕组,流过时间相位差 90° 的电流,则可以产生一个圆形旋转磁场,从而产生较大的启动转矩,当电机转速升高到 75%～80% 同步转速时,离心开关 K 自动断开切除辅绕组,仅主绕组仍接在电源上正常工作,这种电机称为电容分相启动电动机。

有的单相电动机的辅绕组是按长时间工作设计的。在电动机启动时使用两个分相,启动后切除其中一个启动电容,另一个电容继续参与运行。由于正常运行中仍接入一个电容,所以可提高功率因数,改善运行性能,这种电动机称为电容分相启动与运行电动机。

(2)电阻分相启动电动机

电阻分相启动电动机的启动绕组通过一个离心开关和主绕组并联接到单相电源上,由于两个绕组的阻抗值不同,所以两绕组中的电流不同相位,启动时能产生一个旋转磁场。当转子的转速上升到一定大小时,启动离心开关切除辅绕组,电动机运行于只有主绕组通电的情况下。

2. 罩极电动机

罩极电动机的定子铁芯通常为凸极式,凸极上套装一个集中绕组,称为主绕组。在凸极极靴表面 $\frac{1}{4}$～$\frac{1}{3}$ 处开有一凹槽,把凸极分为两部分,在极靴较窄的部分(称为罩极)上套一个很粗的短路铜环,称为辅绕组(又称罩极绕组),如图 8-12 所示。当主绕组通入单相交流电流时,产生脉动磁通,一部分磁通 Φ_1 不穿过短路铜环,一部分磁通 Φ_2 穿过短路铜环,根据楞次定律,Φ_2 在短路铜环中所产生的感应电流将反抗罩极中磁通的变化,使得穿过短路铜环的合成磁通为 Φ_3。每个磁极面下的磁通分成两部分,即 Φ_1(不穿过罩极绕组)和 Φ_3(穿过短路环的总磁通),这两部分磁通不仅在空间,而且在时间上都存在着相位差。于是,在磁极的端面上就产生一个移动的磁场,旋转的方向是从磁极未被罩部分移向被罩部分。因此,转子的旋转方向也是从磁极未被罩部分向被罩部分转动。转子受到这个"局部的旋转磁场"的作用,便能自行启动。

单相罩极电动机结构简单,制造方便,运行可靠,但启动转矩小,效率不高,因此常用于对转矩要求不高且无须改变转向的小型电动机中,如小电扇、电唱机、录音机中。

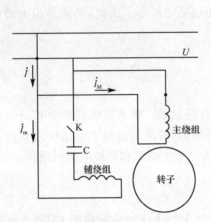

图 8-11　电容分相启动电动机

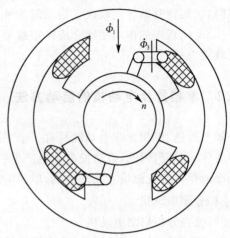

图 8-12　罩极电动机

思政元素

　　同步电机部分的学习要理论分析、动画演示与工程案例并重,让学生对难学的电机有形象的认识,激发学习的兴趣。通过磁力线的仿真图片,融入艺术元素,培养学生欣赏科学美的眼光;通过同步发电机的并联投入条件和方法,引导学生在工作中要具有协同精神,树立全局观念,立足整体,实现最优目标。通过同步电机有功无功的调节特性,引导学生体会辩证唯物主义的重要性;融入同步调相机在我国高压直流输电电网中应用的科研热点,培养学生技术革新思维。

思考题及习题

8-1　同步电动机在对称负载下运行时,气隙磁场由哪些磁势建立? 它们各有什么特点? 同步电动机的内功率因数角 φ 由什么因素决定?

8-2　为什么说同步电抗是与三相有关的电抗,而它的数值又是每相值?

8-3　某企业电源电压为 6 kV,内部使用多台异步电动机,其总输出功率为 1 500 kW,平均效率为 70%,功率因数为 0.8(滞后),企业新增一台 400 kW 设备,计划采用运行于过励状态的同步电动机拖动,补偿企业的功率因数到 1(不计发电机本身损耗)。试求:

(1)同步电动机的容量;

(2)同步电动机的功率因数。

8-4　何谓同步电动机异步启动法? 为什么同步电动机要采用异步启动法启动?

8-5　为什么异步启动时,同步电动机转子励磁绕组既不能开路,又不能短路,而要串联阻值为励磁绕组电阻值 5~10 倍的电阻?

8-6　安装在同步电动机磁极极靴中类似于感应电动机的鼠笼式绕组有什么作用?

第9章
电动机的选择

微课

电动机的选择

电力拖动系统中电动机的选择主要包括以下几个方面:电动机的种类、电动机的类型、电动机的额定电压、额定转速以及额定功率等。

9.1 电动机的一般选择

9.1.1 电动机种类的选择

1.电动机的主要种类

电力拖动系统中拖动生产机械运行的原动机即驱动电机,包括直流电动机和交流电动机两种,交流电动机又有异步电动机和同步电动机两种,电动机的主要种类和性能特点见表9-1。

表 9-1 电动机的主要种类和性能特点

电动机的种类			性能特点	典型生产机械示例
交流电动机	三相异步电动机	鼠笼式 普通鼠笼式	机械特性硬、启动转矩不大、调速时需要调速设备	调速性能要求不高的各种机床、水泵、通风机
		鼠笼式 高启动转矩	启动转矩大	带冲击负载的机械,如剪床、冲床、锻压机;静止负载或惯性负载较大的机械,如压缩机、粉碎机、小型起重机
		鼠笼式 多速	有多挡转速(2～4挡)	要求有极调速的机床、电梯冷却塔等
		绕线式	机械特性硬(转子串联电阻后变软)、启动转矩大、调速方式多、调速性能及启动性能较好	要求有一定调速范围、调速性能较好的生产机械,如桥式起重机;启动、制动频繁且对启动、制动转矩要求高的生产机械,如起重机、矿井提升机、压缩机、不可逆轧钢机
	同步电动机		转速不随负载变化,功率因数可调节	转速恒定的大功率生产机械,如大、中型鼓风机及排风机、泵、压缩机,连续式轧钢机,球磨机
直流电动机	他励、并励		机械特性硬、启动转矩大、调速范围宽、平滑性好	调速性能要求高的生产机械,如大型机床(车、铣、刨、磨、镗)、高精度车床、可逆轧钢机、造纸机、印刷机
	串励		机械特性软、启动转矩大、过载能力强、调速方便	要求启动转矩大、机械特性软的机械,如电车、电气机车、起重机、吊车、卷扬机、电梯等
	复励		机械特性硬度适中、启动转矩大、调速方便	

各种电动机具有的特点包括性能、所需电源、维修方便与否、价格高低等选择电动机种类的基本知识。当然,生产机械工艺特点是选择电动机的先决条件。这两方面都了解了,便

可以为特定的生产机械选择到合适的电动机。表 9-1 中也粗略列出了各种电动机最重要的性能特点。

2. 选择电动机种类时考虑的主要内容

(1)电动机的机械特性

生产机械具有不同的转矩-转速关系,要求电动机的机械特性与之相适应。例如,负载变化时要求转速恒定不变的,就应选择同步电动机;要求启动转矩大及特性软的如电车、电气机车等,就应选用串励或复励直流电动机。

(2)电动机的调速性能

电动机的调速性能包括调速范围、调速的平滑性、调速系统的经济性(设备成本、运行效率等)诸方面,都应该满足生产机械的要求。例如,对调速性能要求不高的各种机床、水泵、通风机多选用普通三相鼠笼式异步电动机;功率不大、有级调速的电梯及某些机床可选用多速电动机;而调速范围较大、调速要求平滑的龙门刨床、高精度车床、可逆轧钢机等多选用他励直流电动机和绕线式异步电动机。

(3)电动机的启动性能

一些启动转矩要求不高的设备,例如机床,可以选用普通鼠笼式三相异步电动机;启动、制动频繁,且启动、制动转矩要求比较大的生产机械就可选用绕线式三相异步电动机,例如矿井提升机、起重机、不可逆轧钢机、压缩机等。

(4)电源

交流电源比较方便,直流电源则一般需要有整流设备。

采用交流电动机时还应注意,异步电动机从电网吸收落后性无功功率使电网功率因数下降,而同步电动机则可吸收领先性无功功率。在要求改善功率因数情况下,大功率的电动机应选择同步电动机。

(5)经济性

在满足了生产机械对于电动机启动、调速、各种运行状态运行性能等方面要求的前提下,应优先选用结构简单、价格低廉、运行可靠、维护方便的电动机。一般来说,在这方面交流电动机优于直流电动机,鼠笼式异步电动机优于绕线式异步电动机。除电动机本身外,启动设备、调速设备等都应考虑经济性。

最后应着重强调的是综合的观点,所谓综合,是指:

①以上各方面内容在选择电动机时必须都考虑到,都得到满足后才能选定。

②能同时满足以上条件的电动机可能不止一种,还应综合其他情况,诸如节能、货源等加以确定。

9.1.2 电动机类型的选择

1. 安装方式

按安装方式不同,电动机可分为卧式和立式两种。卧式电动机的转轴安装后为水平位置,立式电动机的转轴则为垂直于地面的位置。两种类型的电动机使用的轴承不同,立式的价格稍高,一般情况下用卧式的。电动机机座下有的有底脚,有的没有。

2. 轴伸个数

伸出到端盖外面与负载连接的转轴部分称为轴伸。多数情况下采用单轴伸,特殊情况下采用双轴伸。

3. 防护方式

按防护方式不同,电动机有开启式、防护式、封闭式和防爆式等。

开启式电动机的定子两侧和端盖上都有很大的通风口。它散热好,价格便宜,但容易进灰尘、水滴和铁屑等杂物,只能在清洁、干燥的环境中使用。

防护式电动机的机座下面有通风口。它散热好,能防止水滴、沙粒和铁屑等杂物溅入或落入电机内,但不能防止潮气和灰尘侵入,适用于比较干燥、没有腐蚀性和爆炸性气体的环境。

封闭式电动机的机座和端盖上均无通风孔,完全是封闭的。封闭式又分为自冷式、自扇冷式、他扇冷式、管道通风式及密封式等。前四种电机外的潮气及灰尘也不易进入电机,适用于尘土多、特别潮湿、有腐蚀性气体、易受风雨、易引起火灾等较恶劣的环境。密封式的可以浸在液体中使用,如潜水泵。

防爆式电动机在封闭式电动机的基础上制成防爆形式,机壳有足够的强度,适用于有易燃易爆气体的场所,如矿井、油库、煤气站等。

9.1.3　电动机额定电压和额定转速的选择

1. 额定电压的选择

电动机的电压等级、相数、频率都要与供电电源一致。因此,电动机的额定电压应根据其运行场所的供电电网的电压等级来确定。

我国的交流供电电源,低压通常为 380 V,高压通常为 3 kV、6 kV 或 10 kV。中等功率(约 200 kW)以下的交流电动机,额定电压一般为 380 V;大功率的交流电动机,额定电压一般为 3 kV 或 6 kV;额定功率为 1 000 kW 以上的电动机,额定电压可以是 10 kV。需要说明的是,鼠笼式异步电动机在采用 Y—D 降压启动时,应该选用额定电压为 380 V、D 接法的电动机。

直流电动机的额定电压一般为 110 V、220 V、440 V,最常用的电压等级为 220 V。直流电动机一般由单独的电源供电,选择额定电压时通常只考虑与供电电源配合即可。

2. 额定转速的选择

对电动机本身来说,额定功率相同的电动机,额定转速越高,体积就越小,造价就越低,效率也越高。转速较高的异步电动机的功率因数也较高,因此选用额定转速较高的电动机,从电动机角度看是合理的。

但是,如果生产机械要求的转速较低,那么选用较高转速的电动机时,就需要增加一套传动比较大、体积较大的减速传动装置。但电动机额定转速越高,传动机构速比越大,机构越复杂,而且传动损耗也越大。通常电动机额定转速不低于 500 r/min。

因此,在选择电动机的额定转速时,应综合考虑电动机和生产机械两方面的因素,应根据生产机械的具体要求确定。

（1）对不需要调速的高、中速生产机械（如泵、鼓风机、压缩机），可选择相应额定转速的电动机，从而省去减速传动机构。

（2）对不需要调速的低速生产机械（如球磨机、粉碎机、某些化工机械等），可选用相应的低速电动机或者传动比较小的减速机构。

（3）对经常启动、制动和反转的生产机械，选择额定转速时则应主要考虑缩短启、制动时间以提高生产率。启、制动时间的长短主要取决于电动机的飞轮矩和额定转速，应选择较小的飞轮矩和额定转速。

（4）对调速性能要求不高的生产机械，可选用多速电动机或者选择额定转速稍高于生产机械的电动机配以减速机构，也可以采用电气调速的电动机拖动系统。在可能的情况下，应优先选用电气调速方案。

（5）对调速性能要求较高的生产机械，应使电动机的最高转速与生产机械的最高转速相适应，直接采用电气调速。

9.2 电动机的发热与温升

电动机负载运行时电机内有功率损耗，最终都将变成热能，这就会使电动机温度升高，超过了周围环境温度。电动机温度比环境温度高出的值称为温升。一旦有了温升，电动机就要向周围散热；温升越高、散热越快。当电动机单位时间发出的热量等于散出的热量时，电动机温度不再增加，而保持着一个稳定不变的温升，即处于发热与散热平衡的状态。

以上是一个温度升高的热过渡过程，称为发热，下面我们分析一下发热的过渡过程。假设：

（1）电动机长期运行，负载不变，总损耗不变。

（2）电动机本身各部分温度均匀。

（3）周围环境温度不变。

电动机单位时间产生的热量为 Q，dt 时间内产生的热量则为 $Q dt$。电动机单位时间散出的热量为 $A\tau$，其中 A 为散热系数。它表示温升为 $1\ ^\circ\text{C}$ 时，每秒钟的散热量；τ 为温升。因此，dt 时间内散出的热量为 $A\tau dt$。

在温度升高的整个过渡过程中，电动机温度在升高，因此本身吸收了一部分热量。电动机的热容量为 C，dt 时间内的温升为 $d\tau$，则 dt 时间内电动机本身吸收的热量为 $C d\tau$。

dt 时间内，电动机的发热等于本身吸热与向外散热之和，即

$$Q dt = C d\tau + A\tau dt \tag{9-1}$$

式（9-1）就是热平衡方程，整理后为

$$\frac{C}{A} \cdot \frac{d\tau}{dt} + \tau = \frac{Q}{A} \tag{9-2}$$

$$T \cdot \frac{d\tau}{dt} + \tau = \tau_L \tag{9-3}$$

这是一个非齐次常系数一阶微分方程，当初始条件为 $t=0$，$\tau = \tau_{F0}$ 时，其解为

$$\tau = \tau_L + (\tau_{F0} - \tau_L) e^{-t/T} \tag{9-4}$$

式中　τ_L——稳态温升；

　　　τ_{F0}——初始温升，即温升开始变化时的数值；

　　　t——温升变化时间；

　　　T——发热时间常数，表征热惯性的大小。

　　式(9-4)表明，热过渡过程中温升包括两个分量，一个是强制分量 τ_L，它是过渡过程结束时的稳态值；另一个是自由分量 $(\tau_{F0}-\tau_L)e^{-t/T}$，它按指数规律衰减至 0。时间常数为 T，其数量一般约为十几分钟到几十分钟。一般情况下容量大的电动机的 T 也大。热容量越大，热惯性越大，时间常数也越大；散热越快，达到热平衡状态就越快，时间常数 T 则越小。

　　式(9-4)表示的发热过程如图 9-1 所示。其中曲线 1 所示为较长时间没有运行的电动机重新负载运行时初始温升为零，即 $\tau_{F0}=0$；曲线 2 所示为运行一段后温度还没有完全降下来的电动机再运行时，或者运行着的电动机负载增加时初始温升不为零，即 $\tau_{F0}\neq 0$ 时，为某一具体数值。

　　一台负载运行的电动机，在温升稳定之后，如果减少它的负载，那么电动机的损耗及单位时间发热量 Q 都将随之减少。这样一来，本来的热平衡状态破坏了，变成了发热少于散热，电动机温度就要下降，温升降低。降温的过程中，随着温升的减小，单位时间散热量 $A\tau$ 也减少。当重新达到 $Q=A\tau$ 即发热等于散热时，电动机不再继续降温而稳定在这个新的温升上。这个温升下降的过程称为冷却。

　　显然，冷却过程的微分方程及其解都与发热过程的一样，即式(9-1)、式(9-2)及式(9-4)。至于初始值 τ_{F0} 和稳态值 τ_L，要由冷却过程的具体条件来确定，例如上述冷却过程在减少负载之前的稳定温升为 τ_{F0}，而重新稳定后的温升为 τ_L。由于 Q 已减少，所以 $\tau_{F0}>\tau_L$。

　　电动机冷却过程的温升曲线如图 9-2 所示。其中，曲线 2 对应 $\tau_L=\dfrac{Q}{A}$，即稳态温升下降到某一稳态温升值的情况，温升从负载减小时开始降低，直至降到负载减小后所对应的稳态温升值；当负载全部去掉，且电动机脱离电源后，曲线 1 对应 $\tau_L=0$，即稳态温升为零的情况，时间常数 T 与发热时的相同。

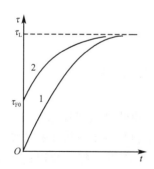

图 9-1　电动机发热过程的温升曲线

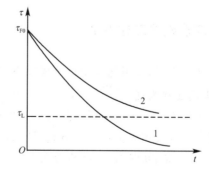

图 9-2　电动机冷却过程的温升曲线

　　从上述对电动机发热和冷却过程的分析可以看出，电动机温升 $\tau=f(t)$ 曲线的确定，依赖于起始值、稳态值和时间常数三个要素。热过渡过程也是一个典型的一阶过渡过程。我们分析热过渡过程的主要目的不在于定量计算，而在于定性了解，为进一步正确理解和选择电动机额定功率打下理论基础。

9.3 电动机的额定功率

9.3.1 电动机的允许温升

电动机负载运行时,从尽量发挥它的作用出发,所带负载即输出功率越大越好(不考虑机械强度)。但是输出功率越大、损耗 ΔP 越大,温升越高。我们知道,电动机内耐温最薄弱的部分是绝缘材料。绝缘材料耐温有个限度,在这个限度之内,绝缘材料的物理、化学、机械、电气等各方面性能比较稳定,其工作寿命一般约为 20 年。超过了这个限度,绝缘材料的寿命就急剧缩短,甚至会被烧毁。这个温度限度称为绝缘材料的允许温度。绝缘材料的允许温度就是电动机的允许温度;绝缘材料的寿命一般也就是电动机的寿命。

环境温度随时间、地点而异,设计电机时规定取 40 ℃ 为我国的标准环境温度。因此绝缘材料或电动机的允许温度减去 40 ℃ 为允许温升,用 τ_{max} 表示。

不同绝缘材料的允许温度是不一样的,按照允许温度的高低,电机常用的绝缘材料分为 A、E、B、F、H 五种。按环境温度为 40 ℃ 计算,这五种绝缘材料及其允许温度和允许温升见表 9-2。

表 9-2   **不同等级绝缘材料的温升**

等 级	绝缘材料	允许温度/℃
A	用普通绝缘漆浸渍处理的棉纱、丝、纸及普通漆包线的绝缘漆	105
E	环氧树脂、聚酯薄膜、青壳纸、三醋酸纤维薄膜、高强度漆包线的绝缘漆	120
B	云母、玻璃纤维、石棉(用有机胶黏合或浸渍)	130
F	云母、玻璃纤维、石棉(用合成胶黏合或浸渍)	155
H	云母、玻璃纤维、石棉(用硅有机树脂黏合或浸渍)	180

9.3.2 电动机的工作方式

为了便于使用,我国把电动机分成以下三种工作方式或工作制:

1. 连续工作方式

连续工作方式是指电动机工作时间运行时间很长,温升可以达到稳态值 τ_L,也称为长期工作制。电动机铭牌上对工作方式没有特别标注的电动机均属于连续工作方式,通风机、水泵、机床的主轴、纺织机、造纸机等很多连续工作方式的生产机械都应使用连续工作方式电动机。

2. 短时工作方式

短时工作方式是指电动机的工作时间 $T_r < (3\sim4)T$,而停歇时间 $T_0 > (3\sim4)T$,这样工作时温升达不到 τ_L,而停歇后温升降为零。短时工作的水闸闸门启闭机等应使用短时工作方式电动机。我国短时工作方式的标准工作时间有 15、30、60、90 min 四种。

3.周期性断续工作方式

周期性断续工作方式是指电动机工作与停歇交替进行,时间都比较短,即 $T_r < (3\sim4)T$, $T_0 < (3\sim4)T$。工作时温升达不到稳态值,停歇时温升降不到零。国家标准规定每个工作与停歇的周期 $t_t = t_r + t_0 \leqslant 10\ min$。周期性断续工作方式又称重复短时工作制。

每个周期内工作时间占的百分数称为负载持续率(又称暂载率),用 $FS\%$ 表示,即

$$FS\% = \frac{t_r}{t_r - t_0} \times 100\% \tag{9-5}$$

我国规定的标准负载持续率有 15%、25%、40%、60% 四种。

周期性断续工作方式电动机频繁启、制动,其过载能力强、GD^2 值小、机械强度好。起重机械、电梯、自动机床等具有周期性断续工作方式的生产机械应使用周期性断续工作方式电动机。但许多生产机械周期性断续工作的周期性并不很严格,这时负载持续率只具有统计意义。

9.3.3　连续工作方式电动机的额定功率

连续工作方式电动机输出功率以后,电动机温度达到一个与负载大小相对应的稳态值,如图 9-3 所示,其纵坐标有两个量,一个是输出的功率、一个是温升,横坐标是时间。它表示当电动机输出功率是长期大小恒定不变的 P 时,电动机温升必然达到由 P 决定的稳态值 τ_L。若 P 的大小不同,则可以随之变化。

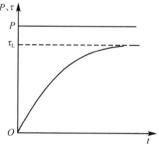

我们已经知道,从出力和寿命综合考虑,要最充分地使用电动机,就要让电动机长期负载运行时达到的稳态温升等于电动机的允许温升。因此,我们就取使稳态温升等于(或接近于)允许温升时的输出功率 P 作为电动机的额定功率。

图 9-3　连续工作方式电动机的负载与温升

下面推导一下连续工作方式下电动机额定负载运行时,额定功率与温升的关系。

额定负载时,电动机温升的稳态值为

$$\tau_L = \frac{Q_N}{A} = \frac{0.24 \sum P_N}{A} \tag{9-6}$$

又知

$$\sum P_N = P_{1N} - P_N = \frac{P_N}{\eta_N} - P_N = \left(\frac{1-\eta_N}{\eta_N}\right) \cdot P_N \tag{9-7}$$

将式(9-7)代入式(9-6),得

$$\tau_L = \frac{0.24}{A} \cdot \left(\frac{1-\eta_N}{\eta_N}\right) \cdot P_N \tag{9-8}$$

额定负载运行时,τ_L 应为电动机的允许温升 τ_{max},因此式(9-8)整理后变为

$$P_N = \frac{A \eta_N \tau_{max}}{0.24(1-\eta_N)} \tag{9-9}$$

式(9-9)说明,当 A 与 η_N 均为常数时,电动机额定功率 P_N 与允许温升 τ_{max} 成正比关系;绝缘材料的等级越高,电动机额定功率越大。式(9-9)还表明,一台电动机允许温升不变时,提高效率或散热能力,都可以增大它的额定功率。

9.3.4 短时工作方式电动机的额定功率

短时工作方式电动机每次负载运行时,其温升都达不到稳态值 τ_L,而停下来后温升却都下降到零。负载运行时,电动机的温升与输出功率之间的关系如图 9-4 所示。从图 9-4 中可以看出,在工作时间 t_r 内电动机实际达到的最高温升低于稳态温升。

对短时工作方式电动机,由于 $\tau_m < \tau_L$,所以其额定功率的大小要依据实际达到的最高温升来确定,即在规定的工作时间内,电动机负载运行达到的实际高温升恰好等于(或接近于)允许温升($\tau_m = \tau_{max}$)时,电动机的输出功率测定为额定功率 P_N。

短时工作方式电动机的额定功率 P_N 是与规定的工作时间 t_r 相对应的,这一点需要注意,它与连续工作方式的情况不完全一样。这是因为,若电动机输出同样大小的功率,则工作时间短的实际达到的最高温升 τ_m 低,工作时间长的 τ_m 则高。因此,只有在规定的工作时间内输出额定功率时,其 τ_m 才正好等于允许温升 τ_{max}。

对于同一台短时工作方式的电动机,如果标准工作时间不同,其额定功率大小也不一样。工作时间 t_r 长的,额定功率 P_N 小;t_r 短的,P_N 大。定量确定工作时间与额定功率的原则是:在不同的规定时间内,各自输出额定功率时所达到的实际最高温升 τ_m 都等于允许温升 τ_{max}。

图 9-5 中画出了两种规定工作时间内,同一台电动机达到同一最高温升 τ_m 的情况。允许温升 τ_{max} 与发热时间常数一样,工作时间短的,稳态温升高,额定输出功率也高;工作时间长的,稳态温升低,额定输出功率也低,但是在工作时间内,稳态温升是不可能达到的。

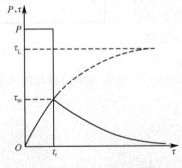
图 9-4 短时工作方式电动机的负载与温升

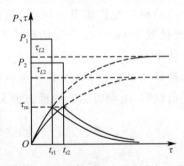
图 9-5 不同短时工作时间的负载与温升

短时工作方式电动机的铭牌上给定的额定功率是按 30、60、90 min 三种标准时间规定的。

9.3.5 周期性断续工作方式电动机的额定功率

周期性断续工作方式电动机负载时温度升高,但还达不到稳态温升;停歇时、温度下降,但也降不到环境温度。因此,每经历一个周期,电动机的温升都升一次降一次。经过足够的周期以后,当每周期时间内的发热量等于散热量时,温升就将在一个稳定的小范围内波动。如图 9-6 所示。电动机实际达到的最高温升为 τ_m。当 τ_m 等于(或接近于)电动机允许温升

$\tau_{\max}$ 时,相应的输出功率则规定为电动机的额定功率。

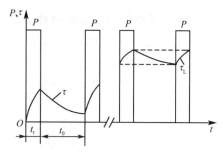

　　显然,与短时工作方式的情况相似,周期性断续工作方式电动机的额定功率是对应于某一负载持续率 $FS\%$ 的。因为电机在同一个输出功率情况下,负载持续率大的,τ_m 高;负载持续率小的,τ_m 低;只有在规定的负载持续率上,τ_m 才恰好等于电动机的允许温升 $\tau_{\max}$。

图 9-6　周期性断续工作方式电动机的负载与温升

　　因此,同一台电动机,负载持续率不同时,其额定功率大小也不同。只是在各自的负载持续率上输出各自不同的额定功率,其最后达到的温升都等于电动机的允许温升。$FS\%$ 值大的,额定功率小;$FS\%$ 值小的,额定功率大。

9.4 电动机额定功率的选择

　　电动机额定功率的选择原则是:所选额定功率要能满足生产机械在拖动的各个环节(启动、调速、制动等)对功率和转矩的要求,并在此基础上使电动机得到充分利用。

　　电动机额定功率的选择方法是:根据生产机械工作时负载(转矩、功率、电流)大小变化特点,预选电动机的额定功率,再根据所选电动机额定功率校验过载能力和启动能力。

　　电动机额定功率大小是根据电动机工作发热时其温升不超过绝缘材料的允许温升来确定的,其温升变化规律是与工作特点有关的,同一台电动机在不同工作状态时的额定功率大小也是不相同的。

9.4.1　负载功率的确定

　　由于实际生产机械的负载大多是随时间周期性变化的负载,所以以此类负载为例说明。

1. 静负载功率的确定

对直线运动的生产机械,有

$$P_L = \frac{F_L v}{\eta} \times 10^{-3} \tag{9-10}$$

式中　F_L——生产机械的静负载力;

　　　v——生产机械的线速度。

对旋转运动的生产机械,有

$$P_L = \frac{T_L n}{9\,550\eta} \tag{9-11}$$

式中　T_L——静负载转矩;

　　　n——转速。

2. 周期性变化负载的平均功率

图 9-7 是一个周期内变动的生产机械负载图，可得出变化负载的平均功率为

$$P_{LPj} = \frac{P_1 t_1 + P_2 t_2 + \cdots + P_n t_n}{t_1 + t_2 + \cdots + t_n} \qquad (9\text{-}12)$$

式中 $P_1, P_2 \cdots P_n$——各段静负载功率；

$\quad\quad\ \ t_1, t_2 \cdots t_n$——各段负载的持续时间。

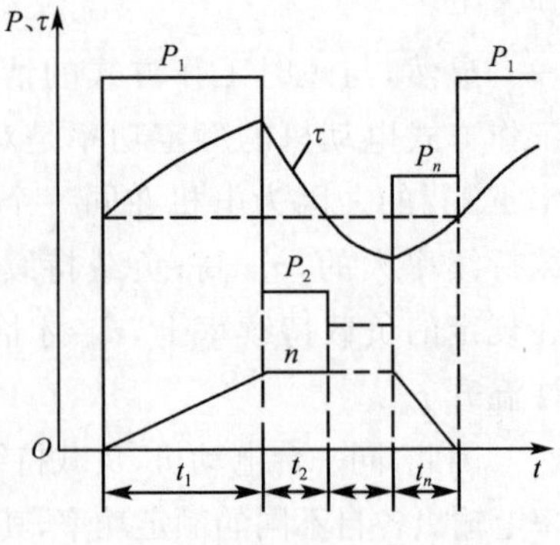

图 9-7 周期变化负载图

9.4.2 电动机额定功率的预选

电动机吸收电源的功率既要转换为机械功率供给负载，又要消耗在电动机内部。电动机内部有不变损耗和可变损耗。不变损耗不随负载电流的变化而变化，可变损耗与负载电流有关、与负载电流的平方成正比。负载电流增大时，可变损耗要增大，电动机的额定功率也要相应地选大些。式(9-12)没有反映出启、制动时因负载电流增加而要求预选电动机额定功率增大的问题。实际预选电动机额定功率时，应先将 P_{LPj} 扩大至 1.1～1.6 倍，再进行预选。即

$$P_N \geqslant (1.1 \sim 1.6) P_{LPj} \qquad (9\text{-}13)$$

系数 1.1～1.6 的取值由实际启、制动时间占整个工作周期的比例来决定，该比例大时，系数可适当取得大一些。

各种工作制电动机的发热校验的方法基本相同，现以连续工作制电动机为例加以说明，有以下四种：

1. 平均损耗法

首先，根据预选电动机的效率曲线，计算出电动机带各段负载时对应的损耗功率 P_1，$P_2 \cdots P_n$，然后计算平均损耗功率 P_{LPj}。即

$$P_{LPj} = \frac{P_1 t_1 + P_2 t_2 + \cdots + P_n t_n}{t_1 + t_2 + \cdots + t_n}$$

只要电动机带负载时的实际平均损耗功率 P_{LPj} 小于或等于其额定损耗 P_N，即 $P_{LPj} \leqslant P_N$，则电动机运行时实际达到的稳态温升 τ_w 就不会超过其额定温升 τ_N，即 $\tau_w \leqslant \tau_N$，电动机的发热条件得到充分利用。

2. 等效电流法

假定不变损耗和电阻均为常数，则电动机带各段负载时的损耗与其对应的电动机电流的平方成正比，即等效电流为

$$I_{dx} = \sqrt{\frac{I_1^2 t_1 + I_2^2 t_2 + \cdots + I_n^2 t_n}{t_1 + t_2 + \cdots + t_n}} \qquad (9\text{-}14)$$

只要 $I_{dx} \leqslant I_N$，则电动机的发热校验通过。

注意：深槽和双鼠笼式转子异步电动机不能采用等效电流法进行发热校验，因为其不变损耗和电阻在启、制动期间不是常数。

3.等效转矩法

假定不变损耗、电阻、主磁通及异步电动机的功率因数为常数,则电动机带各段负载时的电动机电流与其对应的电磁转矩 $T_1,T_2\cdots T_n$ 成正比,由式(9-14)得等效转矩

$$T_{dx}=\sqrt{\frac{T_1^2 t_1+T_2^2 t_2+\cdots+T_n^2 t_n}{t_1+t_2+\cdots+t_n}} \tag{9-15}$$

只要 $T_{dx} \leqslant I_N$,则电动机的发热校验通过。

注意:串励直流电动机、复励直流电动机不能用等效转矩法进行发热校验,因为其负载变化时的主磁通不为常数。经常启、制动的异步电动机也不能用等效转矩法进行发热校验,因为其启、制动时的功率因数不为常数。

4.等效功率法

假定不变损耗、电阻、主磁通、异步电动机的功率因数、转速为常数,则电动机带各段负载时的转矩与其对应的输出功率 $P_1,P_2\cdots P_n$ 成正比,由式(9-15)得等效功率

$$P_{dx}=\sqrt{\frac{P_1^2 t_1+P_2^2 t_2+\cdots+P_n^2 t_n}{t_1+t_2+\cdots+t_n}} \tag{9-16}$$

只要 $P_{dx} \leqslant I_N$,则电动机的发热校验通过。

注意:需要频繁启动、制动时,一般不用等效功率法进行发热校验;只有次数很少的启、制动时,才先把启、制动各段对应的功率修正为 $P'_i=\frac{n_N}{n}P_i$,再进行发热校验,其中,n 为各启、制动阶段平均转速,且 $n<n_N$。

对自冷式连续工作制电动机,因启、制动及停车时的速度变化而使散热条件变差,故电动机的发热量增加。应将式(9-12)~式(9-16)的分母中的启、制动时间乘以启、制动冷却恶化系数 α,停车时间乘以停车冷却恶化系数 β,然后再进行发热校验。对直流电动机,取 $\alpha=0.75,\beta=0.5$;对交流电动机,取 $\alpha=0.5,\beta=0.25$。

9.4.3　电动机额定功率的修正

电动机额定功率 P_N 是指电动机在标准环境温度(40 ℃)、规定的工作制和定额下,能够连续输出的最大机械功率,用以保证电动机的使用寿命。

如果所有的实际情况与规定条件相同,只要电动机的额定功率 P_N 大于负载的实际功率 P_L,就会使电动机运行时实际达到的稳态温升 τ_w 约等于额定温升 τ_N,这样既能使电动机的发热条件得到充分利用,又能使电动机达到规定的使用年限。但是,实际情况与规定的条件往往不尽相同。在保证电动机能达到规定的使用年限的前提下,如果实际环境温度与标准环境温度不同、实际工作制与规定的工作方式不同、实际的短时定额与规定的短时定额不同、实际的断续定额与规定的断续定额不同,那么在选择电动机的额定功率 P_N 时,可先对电动机的额定功率 P_N 进行修正,使电动机的额定功率 P_N 小于或大于实际负载功率 P_L。

这样选择电动机,不会因额定功率 P_N 选得过大而使电动机的发热条件得不到充分利用,也不会因额定功率 P_N 选得过小而导致电动机过载运行而缩短使用年限、甚至损坏。

连续工作制的电动机按连续工作制工作时,实际环境温度 T 不等于 40 ℃时,电动机额定功率 P_N 的修正值为

$$P'_N = P_N \sqrt{1 + \frac{40-T}{\tau_N}(k+1)} \geqslant P_L \qquad (9\text{-}17)$$

式中　τ_N——额定温升；

　　　k——损耗比，不变损耗与可变损耗之比。

通过式(9-17)即可计算电动机在实际环境温度 T 时的额定功率 P'_N。显然，当 $T>40$ ℃时，$P'_N<P_N$；当 $T<40$ ℃时，$P'_N>P_N$。

根据理论计算和实践经验，在周围环境温度不同时，电动机的额定功率可按表 9-3 相应修正。

表 9-3　　　　　　　　不同环境温度下电动机额定功率的修正

环境温度/℃	30	35	40	45	50	55
电动机修正率/%	+8	+5	0	−5	−12.5	−25

连续工作制的电动机按短时工作方式运行时，电动机额定功率 P_N 的修正值 P'_N 为

$$P'_N = P_N \sqrt{\frac{1 + k e^{-t_L/T}}{1 - e^{-t_L/T}}} \geqslant P_L \qquad (9\text{-}18)$$

连续工作制的电动机按周期性断续工作方式运行时，电动机额定功率 P_N 的修正值 P'_N 为

$$P'_N = P_N \sqrt{\frac{t_L + t_0}{t_L}} \geqslant P_L \qquad (9\text{-}19)$$

短时工作制电动机的实际工作时间与短时定额不同时，电动机额定功率 P_N 的修正值 P'_N 为

$$P'_N = P_N \sqrt{\frac{t_N}{t_L}} \geqslant P_L \qquad (9\text{-}20)$$

周期性断续工作制电动机的实际负载持续率 $FC_L\%$ 与断续定额 $FC_N\%$ 不同时，电动机额定功率 P_N 的修正值 P'_N 为

$$P'_N = P_N \sqrt{\frac{FC_N\%}{FC_L\%}} \geqslant P_L \qquad (9\text{-}21)$$

此外，短时工作制电动机与周期性断续工作制电动机可以在一定条件下相互替代，短时定额与断续定额的对应关系近似为：30 min 相当于 15%，60 min 相当于 25%，90 min 相当于 40%。

9.4.4　过载能力和启动能力的校验

为适应负载的波动，电动机必须要具有一定的过载能力。在承受短时大负载冲击时，由于热惯性，温升增大并不多，能否稳定运行就取决于过载能力。只要预选电动机的最大转矩 T_m 大于负载图上的最大负载转矩 T_{Lm}，即 $T_m>T_{Lm}$，过载能力就满足要求。

在选择异步电动机时，考虑到电网电压下降时会使转矩成平方地下降，应对异步电动机的最大转矩进行修正，将最大转矩 T_m 乘以 0.85^2 后再进行过载校验，即

$$0.85^2 T_m > T_{Lm} \qquad (9\text{-}22)$$

当所选的电动机为鼠笼式异步电动机时,还需要校验其启动能力是否满足要求。由机械特性可知异步电动机的启动转矩一般不是很大,当生产机械的静负载转矩较大时,造成启动太慢或不能启动,可能损坏电动机。一般要求启动转矩应大于 1.1 倍静负载转矩,即

$$T_{st} > \lambda_{st} T_N > 1.1 T_L \tag{9-23}$$

思政元素

　　本章电动机的选择讲解要着重使学生对电动机应用场景方面所涉及的电机选择、升温和额定功率要求深入领会和掌握。使学生体会理论和实际应用的融合度,为我国电机领域贡献力量。

思考题及习题

9-1　电力拖动系统中电动机的选择主要包括哪些内容?

9-2　电机运行时温升按什么规律变化? 两台同样的电动机,在下列条件下推动负载运行时,它们的起始温升、稳定温升是否相同? 发热时间常数是否相同?

(1)相同的负载,但一台环境温度为一般室温,另一台为高温环境;

(2)相同的负载,相同的环境,一台原来没运行,一台是运行刚停下后又接着运行;

(3)同一个环境下,一台半载,另一台满载;

(4)同一个房间内,一台自然冷却,一台用冷风吹,都是满载运行。

9-3　同一台电动机如果不考虑机械强度问题或换向问题等,在下列条件下拖动负载运行时,为充分利用电动机,它的输出功率是否一样? 哪个大? 哪个小?

(1)自然冷却,环境温度为 40 ℃;

(2)强迫通风,环境温度为 40 ℃;

(3)自然冷却,高温环境。

9-4　一台电动机的原绝缘材料等级为 B 级,额定功率为 P_N,若把绝缘材料改成 E 级,其额定功率应怎样变化?

9-5　一台连续工作方式电动机额定功率为 P_N,如果在短时工作方式下运行,其额定功率应怎样变化?

9-6　选择电动机额定功率时,应考虑哪些因素?

9-7　试比较普通三相鼠笼式异步电动机 $FS\% = 15\%$、$P_N = 30 \text{ kW}$ 与 $FS\% = 40\%$、$P_N = 20 \text{ kW}$ 的电动机,哪一台的实际功率大?

9-8　变动负载时,等效转矩法应用于连续工作方式和周期性断续工作方式如何计算等效转矩? 为什么对停歇段时间的处理不一样?

9-9　选择

(1)电动机若周期性地工作 15 min、停歇 85 min,则工作方式应属于(　　)。

A.周期性断续工作方式,$FS\% = 15\%$　B.连续工作方式　C.短时工作方式

(2)电动机若周期性地额定负载运行 5 min、空载运行 5 min,则工作方式属于(　　)。

A.周期性断续工作方式,$FS\%=50\%$　　B.连续工作方式　　C.短时工作方式

(3)连续工作方式的绕线式三相异步电动机运行于短时工作方式时,若工作时间极短($t_r<0.47T$),则选择其额定功率时主要考虑(　　)。

A.电动机的发热与温升　　　　　　　B.过载能力与启动能力

C.过载能力　　　　　　　　　　　　D.启动能力

(4)一绕线式三相异步电动机额定负载长期运行时,其最高温升 τ_m 等于允许温升 τ_{max}。现采用转子回路串联电阻调速方式,拖动恒转矩负载 $T_L=T_N$ 运行,若不考虑低速时散热条件恶化这个因素,则长期运行时(　　)。

A.由于经常处于低速运行,转差功率 P_S 大,总损耗大,会使得 $\tau_m>\tau_{max}$,所以不允许

B.由于经常处于低速运行,转差功率 P_S 大,输出功率 P_2 变小,因而 $\tau_m<\tau_{max}$,电动机没有充分利用

C.由于转子电流恒定不变,$I_2=I_{2N}$,因而正好达到 $\tau_m=\tau_{max}$

(5)确定电动机在某一工作方式下额定功率的大小,是电动机在这种工作方式下运行时实际达到的最高温升应(　　)。

A.等于绝缘材料的允许温升　　　　　B.高于绝缘材料的允许温升

C.低于绝缘材料的允许温升　　　　　D.与绝缘材料允许温升无关

(6)一台电动机连续工作方式下额定功率为 40 kW,短时工作方式下:15 min 工作时间,额定功率为 P_{N1};30 min 工作时间,额定功率为 P_{N2},则(　　)。

A.$P_N=P_{N2}=40$ kW　　　　B.$P_N<P_{N2}<40$ kW　　　　C.$P_N>P_{N2}>40$ kW

9-10　在最高气温不超过 30 ℃的河边建立一个抽水站,须将河水送到 22 m 高的渠道中去。泵的流量是 600 m³/h,效率为 0.6,泵与电机用联轴节直接连接。水的密度为 1 000 kg/m³。选用额定温升为 80 ℃的 E 级绝缘电机,产品目录中给出的容量等级(kW)有:20、28、40、55、75、100…不变损耗与额定可变损耗之比为 0.6,试选择一台合适的电动机。若该抽水站建设在气温高达 43 ℃的地方,电机容量应该是多少?

9-11　一台 35 kW、30 min 的短时工作方式电机突然发生故障。现有一台 20 kW 连续工作制电机,已知其发热时间常数 $T=90$ min,不变损耗与额定可变损耗比=0.7,短时过载能力 $\lambda=0.2$。这台电机能否临时代用?

9-12　需要用一台电动机来拖动 $t_r=5$ min 的短时工作的负载,负载功率 $P_L=18$ kW,空载启动。现有两台鼠笼式电动机可供选用,它们是:

(1)$P_N=10$ kW,$n_N=1$ 460 r/min,$\lambda=2.1$,$K_T=1.2$,连续工作方式;

(2)$P_N=14$ kW,$n_N=1$ 460 r/min,$\lambda=1.8$,$K_T=1.2$,连续工作方式。

请确定哪一台能用。

第 10 章
微特电机

　　微特电机是自动控制系统、遥控和解算装置中重要的元件,在系统中具有执行、检测和解算等功能。从基本理论上讲,微特电机与普通电机没有本质区别,但其主要作用是完成控制信号的传递和转换,注重高精度和快速响应。本章主要介绍各类微特电机的结构、工作原理与运行特性。

　　微特电机从总体上分为两大类:一类是驱动微电机,在电力拖动系统中作为执行机构使用,如单相异步电机、伺服电机、力矩电机、直线电机以及超声波电机等;另一类是控制电机,在电力拖动系统中以完成信号的转换和传递为目的,如测速发电机、自整角机以及旋转变压器等。

10.1　单相异步电动机

　　单相异步电动机是单相电源供电异步电动机的总称,它一般是由定子两相绕组和转子鼠笼式绕组组成的。

10.1.1　单相绕组通电时异步电动机的磁场与机械特性

　　单相异步电动机的结构如图 10-1(a)所示,定子包括两相绕组:一相为主绕组(又称为工作绕组);另一相为启动绕组(又称为辅绕组),两相定子绕组空间互差 90°,转子为鼠笼式结构。

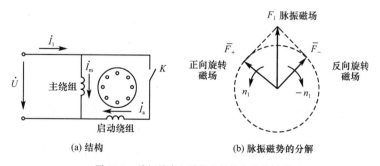

(a) 结构　　　　　　　　　(b) 脉振磁势的分解

图 10-1　单相异步电动机的结构与磁场情况

　　以下对主绕组单独通电、启动绕组开路时异步电动机所产生电磁转矩进行分析:利用前面的结论,单相绕组通以单相正弦交流电流将产生脉振磁势。该脉振磁势可分解为两个幅

值相等(大小为脉振磁势幅值的一半)、转速相同(均为同步转速)且转向相反的旋转磁势(图10-1(b)),其解析表达式为

$$f_1(\alpha,t)=F_{\varphi1}\cos\alpha\cos\omega t=\frac{1}{2}F_{\varphi1}\cos(\alpha-\omega t)+\frac{1}{2}F_{\varphi1}\cos(\alpha+\omega t)=f_+(\alpha,t)+f_-(\alpha,t) \quad (10\text{-}1)$$

式中,两个旋转磁势 $f_+(\alpha,t)$、$f_-(\alpha,t)$ 将分别产生两个转向相反的旋转磁场。旋转磁场分别切割转子绕组,在转子绕组中感应电势和电流。定子旋转磁场与转子感应电流相互作用,分别在转子上产生正、反转的电磁转矩 T_{em+} 和 T_{em-}。其中,对正向旋转磁场而言,转子的转差率为

$$s_+=\frac{n_1-n}{n_1}=s \quad (10\text{-}2)$$

对于反向旋转磁场而言,转子的转差率为

$$s_-=\frac{n_1-(-n)}{n_1}=\frac{2n_1-(n_1-n)}{n_1}=2-s \quad (10\text{-}3)$$

考虑到正、反转旋转磁势的幅值相等且均为脉振磁势幅值的一半,因此相应的励磁电抗、漏电抗以及转子绕组电阻均可平均分配。这样,借助于三相异步电机的等效电路便可得到单相异步电动机的等效电路,如图10-2所示。

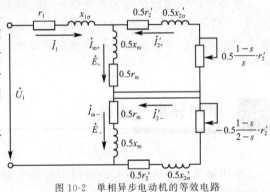

图 10-2   单相异步电动机的等效电路

根据图 10-2 所示的等效电路,同时忽略励磁电流,则单相异步电动机的电磁转矩为

$$T_{em}=T_{em+}+T_{em-}=\frac{P_{em+}}{\omega_1}-\frac{P_{em-}}{\omega_1}=\frac{p}{2\pi f_1}\cdot I'^2_{2+}\cdot\frac{r'_2}{s}-\frac{p}{2\pi f_1}\cdot I'^2_{2+}\cdot\frac{r'_2}{2-s} \quad (10\text{-}4)$$

其中,转子电流为

$$I'_2=I_{2+}=I_{2-}=\frac{U_1}{\sqrt{\left[r_1+\dfrac{r'_2}{2s}+\dfrac{r'_2}{2(2-s)}\right]^2+[x_{1\sigma}+x'_{2\sigma}]^2}} \quad (10\text{-}5)$$

图 10-3 给出了正向旋转磁场产生的电磁转矩 T_{em+} 与转差率 s_+ 之间的关系 $T_{em+}=f(s_+)$ 和反向旋转磁场所产生的电磁转矩 T_{em-} 与转差率 s_- 之间的关系 $T_{em+}=f(s_-)$,以及上述两条曲线的合成结果,即单相异步电动机总的电磁转矩 T_{em} 与转差率 s 之间的关系。纵、横坐标互换即得到单相异步电动机的机械特性 $n=f(T_{em})$,如图10-3(b)所示。

由此可得到如下结论:

(1)对于单相绕组,当转速为零时,合成电磁转矩为零,即单相绕组通电不会产生启动转矩。

(2)一旦在外力作用下转子沿某一方向开始旋转,则合成电磁转矩将不再为零。即使卸除外力,转子仍将沿该方向继续旋转。因此,转子的转向取决于刚开始施加外力的方向。

(3)理想空载转速低于同步速,即 $n_0<n_1$,表明单相异步电动机的额定转差率高于普通三相异步电动机。

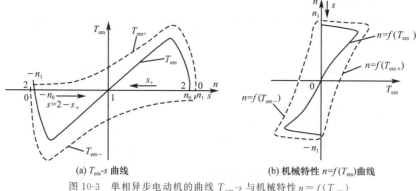

(a) T_{em}-s 曲线　　　　　　(b) 机械特性 $n=f(T_{em})$曲线

图 10-3　单相异步电动机的曲线 T_{em}-s 与机械特性 $n=f(T_{em})$

10.1.2　两相绕组通电时异步电动机的磁场与机械特性

1. 两相绕组通电时异步电动机的旋转磁场

设单相异步电动机主、辅绕组（图 10-1(a)）空间互成 90°，其有效匝数分别为 $N_M k_{w1(M)}$、$N_A k_{w1(A)}$，主、辅绕组分别通入如下电流：

$$\left.\begin{aligned} i_M &= \sqrt{2}\,I_M \cos\omega t \\ i_A &= \sqrt{2}\,I_A \cos(\omega t - 90°) \end{aligned}\right\} \tag{10-6}$$

主、辅绕组所产生的定子基波磁势可分别表示为

$$f_M(\alpha,t) = F_M \cos\omega t \cos\alpha = \frac{F_M}{2}\cos(\alpha - \omega t) + \frac{F_M}{2}\cos(\alpha + \omega t) \tag{10-7}$$

$$f_A(\alpha,t) = F_A \cos(\omega t - 90°)\cos(\alpha - 90°) = \frac{F_A}{2}\cos(\alpha - \omega t) - \frac{F_A}{2}\cos(\alpha + \omega t) \tag{10-8}$$

式中，主、辅绕组脉振磁势的基波幅值分别为

$$F_M = 0.9\,\frac{N_M k_{w1(M)}}{p}\cdot I_M,\quad F_A = 0.9\,\frac{N_A k_{w1(A)}}{p}\cdot I_A$$

则定子基波合成磁势为

$$f_1(\alpha,t) = f_M(\alpha,t) + f_A(\alpha,t) = F_+ \cos(\alpha - \omega t) + F_- \cos(\alpha + \omega t) \tag{10-9}$$

式中，正向旋转磁势的幅值为 $F_+ = \frac{1}{2}(F_M + F_A)$，反向旋转磁势的幅值为 $F_- = \frac{1}{2}(F_M - F_A)$。由于两种旋转磁势的幅值不相等且转向相反，所以其合成磁势为一幅值变化的椭圆形旋转磁势，如图 10-4 所示。

图 10-4 中，定子合成磁势沿 x 轴、y 轴的分量分别为

$$\left.\begin{aligned} x &= F_+ \cos\omega t + F_- \cos\omega t = (F_+ + F_-)\cos\omega t \\ y &= F_+ \sin\omega t - F_- \sin\omega t = (F_+ - F_-)\sin\omega t \end{aligned}\right\} \tag{10-10}$$

则定子基波合成磁势的轨迹为

$$\frac{x^2}{(F_+ + F_-)^2} + \frac{y^2}{(F_+ + F_-)^2} = 1 \tag{10-11}$$

因此两相定子绕组通以两相对称电流所产生的定子基波合成磁势为椭圆形旋转磁势。

2. 两相绕组异步电动机的机械特性

根据上述椭圆形旋转磁场的结论并采用类似于 10.1.1 介绍的方法便可以获得两相绕

组异步电动机的机械特性。

图 10-5 给出了两相绕组异步电动机当主、辅绕组分别通以幅值不同(或相位不同)的电流,且 $F_+ > F_-$ 时的机械特性。

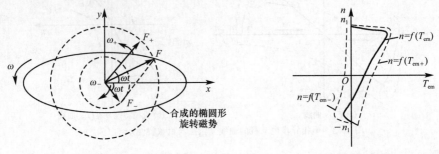

图 10-4 定子电流产生的椭圆形旋转磁势   图 10-5 两相绕组异步电动机的机械特性

由此可见,当主、辅绕组分别通以幅值不同(或相位不同)的电流时,两相绕组异步电动机产生启动转矩。

10.1.3 单相异步电动机的类型

1.电阻分相式单相电动机

电阻分相式单相电动机的结构如图 10-6 所示,它具有如下特点:

(1)主、辅绕组(或启动绕组)空间互差 90°。

(2)辅绕组的电阻与电抗的比值比主绕组高,以确保同一电压作用下两绕组所流过的电流相位不同。

(3)图 10-6 中的离心开关 K 为常闭触点,当接至单相交流电源时,由于两相绕组分别通以两相不对称电流,所以电动机会因椭圆形旋转磁场而产生启动转矩。一旦转子转速达到 75%～80% 额定转速时,离心开关 K 断开,辅绕组脱离电源,仅主绕组工作。图 10-7 给出了电阻分相式单相异步电动机的典型机械特性曲线。

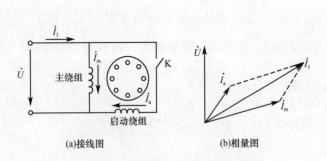

图 10-6 电阻分相式单相异步电动机

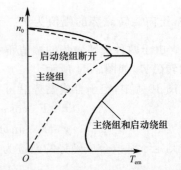

图 10-7 电阻分相式单相异步电动机的典型机械特性曲线

2.电容启动式单相电动机

如图 10-8 所示,电容启动式单相异步电动机的主、辅绕组的匝数一般相等(也可以不同);辅绕组通过与电容 C 以及离心开关 K 串联后与电源并联。

电容的作用是使得辅绕组中的电流 $\dot{I}_a$ 超前主绕组中的电流 $\dot{I}_m$ 接近 90°，从而使得定子旋转磁势接近圆形，可以获得较大的启动转矩，且启动电流较小。

图 10-9 给出了电容启动式单相异步电动机的典型机械特性曲线。

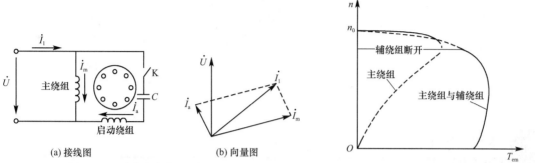

图 10-8　电容启动式单相异步电动机　　图 10-9　电容启动式单相异步电动机的典型机械特性曲线

电容启动与运转式异步电动机的辅绕组中采用了两个电容器，一个是运行电容，一个为启动电容，且仅启动电容与离心开关串联，如图 10-10 所示。

上述方案可确保启动与运行时均获得接近圆形的气隙合成旋转磁势，从而既可以获得较大的启动转矩又可以提高运行时的最大电磁转矩。

图 10-11 给出了电容启动与运转式单相异步电动机的典型机械特性曲线。

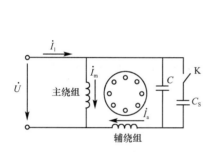
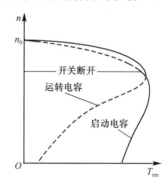

图 10-10　电容启动与运转式异步电动机的接线图　图 10-11　电容启动与运转式异步电动机的典型机械特性曲线

3. 罩极式单相电动机

由图 10-12 可见，单相罩极式异步电动机的定子采用凸极式结构，主极上装有工作绕组，而且在每个磁极的约 1/3 处开有小槽，其上套有铜短路环（相当于启动绕组）。

当主极绕组通电后，流过主极但不流过短路环的磁通为 $\dot{\Phi}_1$；流过短路环的磁通由两部分组成：$\dot{\Phi}_3 = \dot{\Phi}_2 + \dot{\Phi}_k$，其中 $\dot{\Phi}_2$ 是由主极绕组电流所产生的，$\dot{\Phi}_k$ 是由 $\dot{I}_k$ 在短路环中的感应电流所产生的；由图 10-12(b) 可见，磁通 $\dot{\Phi}_1$ 与 $\dot{\Phi}_3$ 在时间上存在相位差，导致转子由未被罩部分向被罩部分方向旋转。

因此罩极式电动机转子的转向是固定不变的，罩极式单相异步电动机典型的机械特性曲线如图 10-12(c) 所示。

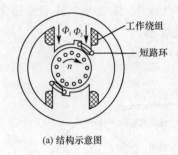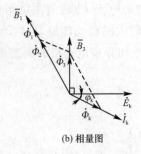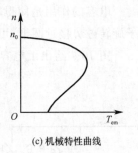

(a) 结构示意图   (b) 相量图   (c) 机械特性曲线

图 10-12   罩极式单相异步电动机

10.2 伺服电动机

伺服电动机是一种把输入控制信号转变为角位移或角速度输出的电动机。总体上可以分为直流伺服电动机和交流伺服电动机,交流伺服电动机又包括永磁直流无刷伺服电动机、交流异步伺服电动机以及交流永磁同步伺服电动机。

10.2.1   直流伺服电动机

直流伺服电动机主要采用两种控制方式,即电枢控制和磁场控制。电枢控制是指将定子绕组作为励磁绕组、电枢绕组作为控制绕组的控制方式。

设控制电压为 U_c,主磁通 Φ 保持不变,忽略电枢反应,则直流伺服电动机的机械特性为

$$n = \frac{U_c}{C_e\Phi} - \frac{R_a}{C_eC_T\Phi^2} \cdot T_{em} = n_0 - \beta T_{em} \tag{10-12}$$

根据式(10-12),便可以分别获得直流伺服电动机的机械特性和调节特性。

1.机械特性

在控制电压一定的条件下,将转子转速与电磁转矩之间的关系曲线 $n = f(T_{em})$ 定义为机械特性。

根据式(10-12),绘出不同控制电压 U 下的机械特性,如图 10-13 所示。

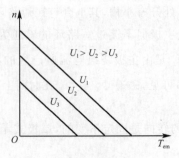

图 10-13   直流伺服电动机的机械特性

2. 调节特性

在负载转矩保持不变的条件下,将转子转速与控制电压之间的关系曲线 $n = f(U)$ 定义为调节特性。

根据式(10-12)便可绘出不同负载转矩下的调节特性,如图 10-14 所示。

直流伺服电动机的调节特性与横坐标的交点称为一定负载转矩下电动机的始动电压 U_{c0}。显然,对于一定大小的负载,直流伺服电动机存在着死区(或失灵区),死区的大小与负载转矩成正比。

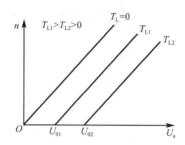

图 10-14 直流伺服电动机的调节特性

10.2.2 交流伺服电动机

从结构上来看,交流伺服电动机的定子两相绕组空间互成 90°。一相绕组作为励磁绕组,直接接至单相交流电源上;另一相作为控制绕组,其输入为控制电压。

1. 对交流伺服电动机的特殊要求

与普通异步电动机不同,交流伺服电动机需满足以下两个条件:

(1)机械特性为线性。

(2)控制信号消失后转子无自转现象。

具体说明如下:

对于普通异步电动机,其机械特性如图 10-15 中的曲线 1 所示。显然,在整个电动机运行范围内,其机械特性不是转矩的单值函数。

为了满足交流伺服电动机线性机械特性的要求,通常的做法是:加大转子电阻,以使得产生最大电磁转矩时的转差率 $s_m \geqslant 1$。相应交流伺服电动机的机械特性如图 10-15 中的曲线 2 所示。显然,电动机的机械特性在整个调速范围($0 \sim n_1$)内接近线性。

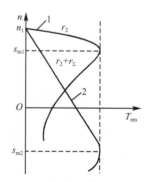

图 10-15 异步电动机的机械特性

控制信号消失后转子无自转现象是指伺服电动机在控制信号为零时,能够自行停车。

图 10-16(a)所示为普通驱动异步电动机一相绕组通电时的机械特性,此时转子电阻较小。图 10-16(a)同时给出了两相绕组交流伺服电动机一相通电(控制电压为零)且转子电阻较大时的机械特性。

由图 10-16(a)可见:对于普通异步电动机,当一相绕组通电时(相当于控制电压为零),

由于转子电阻较小,所以正转运行中的电动机仍存在正向电磁转矩。

对于交流伺服电动机,若控制电压为零,由于转子电阻较大,则正转运行中的电动机仍存在负向电磁转矩,因而控制电压消失后转子不会"自转"。

因此,与一般异步电动机相比,两相交流伺服电动机的转子电阻较大,因而其机械特性

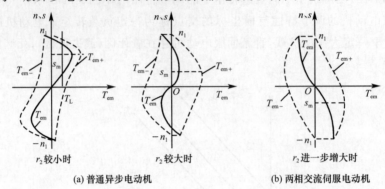

图 10-16   两相交流异步电动机一相供电时的机械特性

在整个调速范围内接近线性,且一相绕组通电(控制电压为零)时转子无自转现象。

2. 控制方式与运行特性

在保持励磁电压不变的条件下,交流伺服电动机的控制方式有三种:幅值控制、相位控制及幅-相控制。下面分别介绍不同控制方式下对应的运行特性。

(1)幅值控制时的运行特性

如图 10-17 所示,设控制绕组的外加电压为 U_c,其额定电压为 U_{cN},则有效信号系数 α 可定义为

①当 $\alpha = 1$ 时,相应的气隙合成磁势为圆形旋转磁势。

②当 $\alpha = 0$ 时,由于定子绕组仅励磁绕组一相供电,相应的气隙合成磁势为脉振磁势。

③当 $0 < \alpha < 1$ 时,相应的气隙合成磁势为椭圆形旋转磁势。

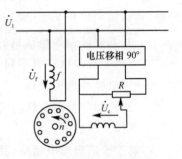

图 10-17   交流伺服电动机幅值控制时的接线图

根据上述结论,可得 α 为不同值时的机械特性曲线,如图 10-18(a)所示。

采用幅值控制时,交流伺服电动机的调节特性可以通过机械特性来获得,如图 10-18(b)所示。

(2)相位控制时的运行特性

如图 10-19 所示,设控制电压滞后与励磁电压的相位为 β,则 $\sin\beta$ 定义为相位控制时的信号系数。

①当 $\sin\beta = 1$ 时,相应的气隙合成磁势为圆形旋转磁势。

②当 $\sin\beta = 0$ 时,相应的气隙合成磁势为脉振磁势。

③当 $0 < \sin\beta < 1$ 时,气隙合成磁势为椭圆形旋转磁势,合成电磁转矩取决于椭圆度。

根据上述结论,绘出了交流伺服电动机采用相位控制时的机械特性,如图 10-20(a)所示。

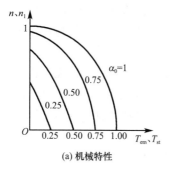
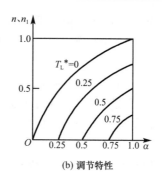

(a) 机械特性　　　　　　　　(b) 调节特性

图 10-18　交流伺服电动机幅值控制时的机械特性与调节特性

　　交流伺服电动机采用相位控制时的调节特性同样也可由相应的机械特性获得,如图
10-20(b) 所示。

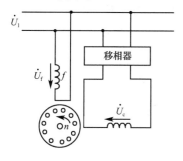
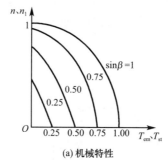
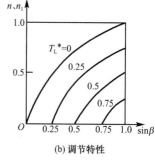

图 10-19　交流伺服电动机相
　　　　　位控制时的接线图

(a) 机械特性　　　　　　　　(b) 调节特性

图 10-20　交流伺服电动机相位控制时的机械特性与调节特性

　　(3)幅 - 相控制时的运行特性

　　交流伺服电动机采用幅 - 相控制时的接线如图 10-21 所示,采用幅 - 相控制时交流伺服
电动机的机械特性如图 10-22(a) 所示,相应的调节特性同样可以由相应的机械特性获得,
如图 10-22(b) 所示。

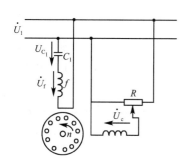
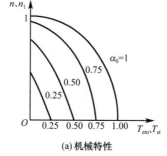
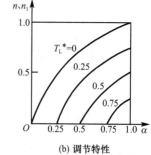

图 10-21　交流伺服电动机幅 -
　　　　　相控制时的接线图

(a) 机械特性　　　　　　　　(b) 调节特性

图 10-22　交流伺服电动机幅 - 相控制时的机械特性与调节特性

10.3　力矩电动机

　　伺服电动机转速较高而转矩较小。在控制系统中伺服电动机往往要经过齿轮减速才能

拖动负载,而齿轮装置的误差使整个控制系统的精度大为降低,响应变慢,调节性能变差。在控制要求高的系统中,需要一种力矩较大的伺服电动机来直接拖动负载,这种电动机就称为力矩电动机。

力矩电动机是一种特殊的伺服电动机,其转速低,转矩较大,无须齿轮等减速机构减速,可以直接驱动负载低速运行,负载转速受控于控制电压信号。力矩电动机响应快,精度高,调节性能好,调速范围很大,它的机械特性和调节特性的线性度好,可以低速、长期、稳定、可靠地运行。

力矩电动机分为直流力矩电动机和交流力矩电动机两大类。

直流力矩电动机的工作原理与普通直流伺服电动机相同,按总体结构形式不同可分为分装式和内装式两种。力矩电动机能产生较大的转矩,通常把电机做成扁平式结构,外形轴向长度短,径向长度大,极数较多。直流力矩电动机一般做成多极永磁式,在设计直流力矩电动机时,应尽量增加电枢槽数、串联导体数及换向片数,以期减小转速转矩的脉动,提高直流力矩电动机的运行性能。图 10-23 为典型永磁式直流力矩电动机的结构示意图。

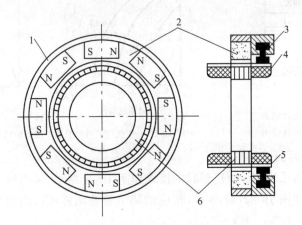

图 10-23　典型永磁式直流力矩电动机的结构
1— 铜环;2— 定子;3— 电刷;4— 电枢绕组;5— 槽楔兼换向片;6— 转子

交流力矩电动机分为同步和异步两类,同步交流力矩电动机的定子和转子都有许多槽(齿),与步进电动机类似;异步交流力矩电动机的工作原理与普通交流伺服电动机相同,通常设计为多极式,并尽量增加槽数。

力矩电动机的转矩大,转速低,灵敏度高,调节性能好(在低速运行时尤为突出),因而在各类控制系统中通常作为执行元件广泛使用。

10.4　测速发电机

测速发电机是一种把机械转速按比例转换为电压信号的控制电机,可分为直流测速发电机和交流测速发电机两大类。

10.4.1 直流测速发电机

如图 10-24 所示,直流测速发电机的工作原理与一般他励直流发电机相同,由励磁绕组通电产生恒定磁场,电枢绕组在外力拖动下切割磁力线感应电势,其大小为

$$E_a = C_e \Phi n \tag{10-13}$$

空载时 $U_{20} = E_a$,即输出电压与转速成正比。

负载后,若负载电阻为 R_L,则正、负电刷之间的输出电压为

$$U_2 = E_a - R_a I_a = E_a - R_a \cdot \frac{U_2}{R_L} \tag{10-14}$$

将式(10-13)代入式(10-14)并整理得

$$U_2 = \frac{C_e \Phi}{1 + \frac{R_a}{R_L}} \cdot n = Cn \tag{10-15}$$

式(10-15)表明,若 Φ、R_a 和 R_L 不变,则输出电压 U_2 与转速 n 成正比。

根据式(10-15)便可以绘出一定负载电阻(R_L =常数)下直流测速发电机的输出特性曲线,如图 10-25 所示。

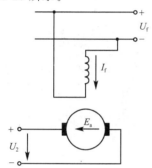

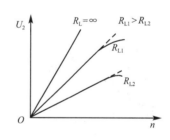

图 10-24　直流测速发电机的接线图　　　　图 10-25　直流测速发电机的输出特性

因此,从信号转换角度看,直流测速发电机与直流伺服电动机是一对互为可逆的电机。直流伺服电动机将直流电压信号转变为转速信号,而直流测速发电机则将速度信号转变为直流电压信号。

10.4.2 交流测速发电机

交流测速发电机的定子采用空间互差 90° 的两相分布绕组组成。其中,一相绕组为励磁绕组,另一相为输出绕组。转子采用空心杯结构,为减小主磁路的磁阻,空心杯转子内部还有一个由硅钢片叠压而成的内定子作为定子铁芯。

图 10-26 为空心杯转子异步测速发电机的结构示意图,其工作原理如图 10-27 所示。当转子静止($n=0$)时,直轴脉振磁通交变,在空心杯转子直轴绕组中感应变压器电势 $\dot{E}_{dr}$、直轴电流 $\dot{I}_{dr}$ 以及转子直轴磁势 $\bar{F}_{dr}$,如图 10-27(a)所示。考虑到输出绕组的轴线(q 轴)与 d 轴相互垂直,因而输出绕组不会与直轴磁通相匝链而感应电势,相应的输出电压 $U_{20}=0$。

当转子旋转后($n \neq 0$),除了在空心杯转子直轴绕组中感应变压器电势和电流外,转子交

轴绕组由于切割直轴磁通 Φ_d 而产生速度电势 $\dot{E}_{qr}$。根据右手定则，$\dot{E}_{qr}$ 的方向如图 10-27(b) 所示，其大小为

$$E_{qr} = C_2 \Phi_d n \qquad (10\text{-}16)$$

在 $\dot{E}_{qr}$ 的作用下，转子绕组将产生 q 轴电流 $\dot{I}_{qr}$ 和脉振磁势 $\bar{F}_{qr}$。考虑到转子电阻远远大于转子漏抗，因而转子 q 轴电流 $\dot{I}_{qr}$ 与 $\dot{E}_{qr}$ 基本同相，如图 10-27(b) 所示。q 轴电流 $\dot{I}_{qr}$ 沿 q 轴方向建立磁势 $\bar{F}_{qr}$ 和相应的磁通 Φ_q。$\dot{\Phi}_q$ 沿 q 轴方向交变，并在定子输出绕组上感应电势 $\dot{\Phi}_q$，其有效值为

$$E_2 = 4.44 f N_2 k_{w2} \Phi_q \qquad (10\text{-}17)$$

忽略铁芯饱和，有

$$\Phi_q \propto F_{qr} \propto I_{qr} \propto E_{qr} \qquad (10\text{-}18)$$

联立式(10-16)、式(10-17) 和式(10-18) 可得

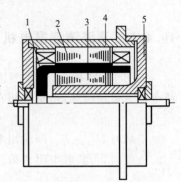

图 10-26　空心杯转子异步测速
发电机的结构示意图
1— 空心杯转子；2— 定子；
3— 内定子；4— 机壳；5— 端盖

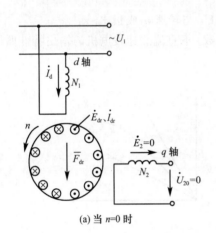

(a) 当 $n=0$ 时

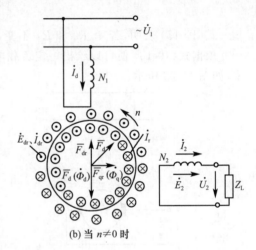

(b) 当 $n \neq 0$ 时

图 10-27　空心杯转子异步测速发电机的工作原理

$$E_2 \propto \Phi_d n \qquad (10\text{-}19)$$

式(10-19)表明：在外加励磁电压一定的条件下，直轴磁通 Φ_d 保持不变，则交流测速发电机的输出电势(或输出电压) E_2 与转速 n 成正比，即通过测量输出电压便可以检测转速信号。

因此，交流异步测速发电机与交流伺服电动机可以视为一对互为可逆的电机。交流伺服电动机由控制绕组输入电压信号，通过电动机将电压输入信号转变为转速信号在机械轴上输出；而交流异步测速发电机则是由外力拖动转轴旋转，通过发电机将转速信号转变为与转速成正比的电压信号在定子输出绕组(相当于交流伺服电动机的控制绕组)中输出。

10.5　步进电动机

步进电动机又称为脉冲电动机，可视为一种特殊运行方式的小功率(微型)同步电动机，是数字控制系统中的一种执行元件，其作用是将电脉冲信号转换成直线位移或角位移。电脉冲由专用驱动电源供给，每输入一个脉冲，步进电动机就前进一步，故称之为步进电动

机。步进电动机角位移量或转速与电脉冲数或频率成正比。通过改变脉冲频率就可以在很大范围内调节电机的转速,而且能够快速启动、停步及反转。步进电动机的种类很多,主要有反应式步进电动机、永磁式步进电动机和平面式步进电动机等。

在自动控制系统中,对步进电动机的基本要求是:

(1)步进电动机在电脉冲的控制下能迅速启动、正 / 反转、停转及在很宽的范围内进行转速调节。

(2)为了提高精度,要求一个脉冲对应的位移量小,并要准确、均匀。这就要求步进电动机步距小,步距精度高,不得丢步或跃步。

(3)动作快速,即不仅启动、停步、反转快,并能连续高速运转以提高劳动生产率。

(4)输出转矩大,可直接带动负载。目前反应式步进电动机具有步距角小、结构简单等特点,应用比较广泛,例如各种数控机床、自动记录仪、计算机外围设备、绘图机构等。

10.5.1　反应式步进电动机的基本结构

单段三相反应式步进电动机的结构分成定子和转子两大部分,如图 10-28 所示。定、转子铁芯由软磁材料或硅钢片叠成凸极式结构,定、转子磁极上均有小齿,定、转子的齿数相等。定子磁极上套有星形连接的三相控制绕组,每两个相对的磁极为一相,转子上没有绕组。转子用软磁材料制成,也是凸极式结构。

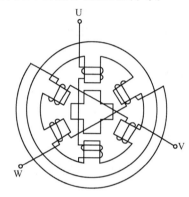

图 10-28　三相反应式步进电动机模型示意图

10.5.2　反应式步进电动机的工作原理

单段三相反应式步进电动机的工作原理可以由图 10-29 来说明。由于磁力线总是要通过磁阻最小的路径闭合,所以会在磁力线扭曲时产生切向力而形成磁阻转矩,使转子转动,这就是反应式步进电动机旋转的原理。

现以 A → B → C → A 的通电顺序使三相绕组轮流通入直流电流,观察转子的运动情况。

当 A 相绕组通电时,气隙中生成以 A—A 为轴线的磁场。在磁阻转矩的作用下,转子转到使 1、3 两转子齿与磁极 A—A 对齐的位置上。如果 A 相绕组不断电,1、3 两个转子齿就一直被磁极 A—A 吸引住而不改变其位置,即转子具有自锁能力。

(a) A 相通电

(b) B 相通电

(c) C 相通电

图 10-29　反应式步进电动机的工作原理图

当 A 相绕组断电、B 绕组通电时,气隙中生成以 B−B 为轴线的磁场。在磁阻转矩的作用下,转子又会转动,使距离磁极 B−B 最近的 2、4 两个转子齿转到与磁极 B−B 对齐的位置上。转子转过的角度为

$$\theta_b = \frac{360°}{NZ_r} = \frac{360°}{3 \times 4} = 30° \tag{10-20}$$

式中　θ_b——步距角,即控制绕组改变一次通电状态后转子转过的角度;

N——拍数,即通电状态循环一周需要改变的次数;

Z_r——转子齿数。

同理,B 相绕组断电、C 相绕组通电时,会使 3、1 两个转子齿与磁极 C−C 对齐,转子又转过 30°。

可见,以 A→B→C→A 的通电顺序使三个控制绕组不断地轮流通电时,步进电动机的转子就会沿 A→B→C→A 的方向一步一步地转动。改变控制绕组的通电顺序,如改为 A→C→B→A 的通电顺序,则转子转向相反。

以上通电方式下,通电状态循环一周需要改变三次,每次只有单独一相控制绕组通电,称之为三相单三拍运行方式。由于单独一相控制绕组通电时容易使转子在平衡位置附近来回摆动(振荡),导致运行不稳定,因此实际上很少采用三相单三拍运行方式。

此外,还有三相双三拍运行方式和三相六拍运行方式。三相双三拍运行方式的每个通电状态都有两相控制绕组同时通电,通电状态切换时总有一相绕组不断电,不会产生振荡。图 10-30 是通电顺序为 AB→BC→CA→AB 的三相双三拍运行方式示意图。当 A、B 两相通电时,两磁场的合成磁场轴线与未通电的 C−C 相绕组轴线重合,转子在磁阻转矩的作用下,转动到使转子齿 2、3 之间的槽轴线与 C−C 相绕组轴线重合的位置上。当 B、C 两相通电时,转子转到使转子齿 3、4 之间的槽轴线与 A−A 相绕组轴线重合的位置,转子转过的角度为 30°。同理,C、A 两相通电时,转子又转过 30°。可见,双三拍运行方式和单三拍运行方式的原理相同,步距角也相同。

(a) A、B 相通电　　　　　(b) B、C 相通电　　　　　(c) C、A 相通电

图 10-30　反应步进电动机双三拍运行的工作原理图

三相六拍运行方式的通电顺序为 A→AB→B→BC→C→CA→A,其原理与单三拍、双三拍运行方式的原理相同。只是其通电状态循环一周需要改变的次数增加了 1 倍($N=6$),其步距角因此减为原来的一半($\theta_b = 15°$)。

步距角一定时,通电状态的切换频率越高,即脉冲频率越高,步进电动机的转速越高。脉冲频率一定时,步距角越大,即转子旋转一周所需的脉冲数越少,步进电动机的转速越高。步进电动机的转速为

$$n = \frac{60f}{NZ_r} \tag{10-21}$$

式中　　NZ_r——转子旋转一周所需的脉冲数；

　　　　f——脉冲频率。

图 10-29、图 10-30 只是步进电动机的模型图,其步距角太大。实际步进电动机的定、转子齿数较多,最小步距角可小至 $0.5°$。

从以上对步进电机三种驱动方式的分析可得步距角的计算公式为

$$\theta = \frac{360}{Z_r m} \tag{10-22}$$

式中　　θ——步距角,(°);

　　　　Z_r——转子齿数；

　　　　m——每个通电循环周期的拍数。

实用步进电机的步距角多为 $3°$ 和 $1.5°$。为了获得小步距角,电机的定子、转子都做成多齿的。

步进电动机的应用非常广泛,如各种数控机床、自动绘图仪、机器人等。

10.5.3　步进电动机的步距角

由一个通电状态改变到下一个通电状态时,电动机转子所转过的角度称为步距角,即

$$\beta = \frac{360}{ZKm} \tag{10-23}$$

其中　　Z——转子齿数；

　　　　m——定子绕组相数；

　　　　K——通电系数,$K=1$、2。

若二相步进电动机的 $Z=100$,则单拍运行时其步距角为

$$\beta = \frac{360}{2 \times 100} = 1.8°$$

若按单、双通电方式运行,则步距角为

$$\beta = \frac{360°}{2 \times 2 \times 100} = 0.9°$$

由此可见,步进电动机的转子齿数 Z 和定子相数(或运行拍数)越多,则步距角越小,控制越精确。

当定子控制绕组按照一定顺序不断地轮流通电时,步进电动机就持续不断地旋转。如果电脉冲的频率为 f(Hz),步距角用弧度表示,则步进电动机的转速为

$$n = \frac{\beta f}{2\pi} 60 = \frac{\frac{2\pi}{KmZ} \cdot f}{2\pi} 60 = \frac{60}{KmZ} \cdot f \tag{10-24}$$

10.5.4　步进电动机的主要性能指标

步进电动机的主要性能指标如下：

(1)步距角。

(2)最大工作频率,在转子不失步的情况下,电动机连续工作时,输入脉冲信号的最大频率。

(3)最大突跳频率,在转子不失步的情况下,电动机能增加和减小的最大频率。

（4）步距差,理想的步距角与实际的步距角之差。

（5）输出转矩,电动机轴上的输出转矩的大小,步进电动机的输出转矩与脉冲频率的函数关系称为矩频特性。

10.6　旋转变压器

旋转变压器是一种可以旋转的变压器或控制电机,它将转子转角按一定规律转换为电压信号输出。按有无电刷可以分为有刷旋转变压器和无刷旋转变压器,分别如图 10-31 和图 10-32 所示;按输出电压与转角之间的关系不同可分为正 - 余弦旋转变压器和线性旋转变压器。

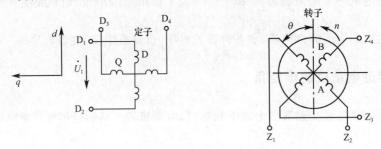

图 10-31　有刷旋转变压器的电路原理

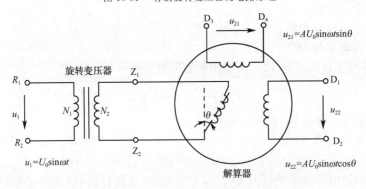

图 10-32　无刷式旋转变压器的电路原理

有刷旋转变压器具有如下两个结构特点:

（1）定子和转子均采用空间互差的两相对称正弦分布绕组。

（2）定、转子极数一般为两极,转子绕组则通过滑环和电刷引出。

无刷旋转变压器的结构包括两部分:

（1）解算器（或分解器）

解算器由两相空间互成 90° 的定子绕组和一相转子励磁绕组组成。

（2）旋转变压器

旋转变压器的一次侧绕组固定在定子上,由高频交流信号励磁;二次侧绕组位于转子上,与转子一同旋转。

无刷旋转变压器由旋转变压器的二次侧绕组为解算器的转子励磁绕组提供旋转励磁。通过解算器的两相定子绕组分别输出与转子角度的正、余弦成正比的电压信号。

由于旋转变压器的二次侧绕组与解算器的转子励磁绕组相对静止,故实现了无刷结构。

此外,无刷旋转变压器的输入与输出端口是可以交换的。

10.6.1　工作原理

1. 正 - 余弦旋转变压器

正 - 余弦旋转变压器因两个转子绕组的输出电压分别为转子转角的正、余弦函数而得名,其原理图如图 10-31 所示。

图 10-31 中,取转子 A 绕组与 d 轴重合时的位置为转子的起始位置,并规定转子沿逆时针方向偏离 d 轴的角度为正方向。

（1）空载运行分析

当定子励磁绕组 D 外加交流电压时,绕组内便产生励磁电流,并在 d 轴上建立脉振磁势和气隙磁通 Φ_m。当 θ 为任意值时,由于气隙磁通 Φ_m 与 A、B 两相绕组所匝链的磁通分别为 $\Phi_m\cos\theta$ 和 $\Phi_m\sin\theta$,因此在励磁绕组 D、转子 A 和 B 绕组中所感应电势的有效值分别为

$$\left.\begin{aligned}
E_D &= 4.44 f N_s k_{ws}\Phi_m \\
E_{rA} &= 4.44 f N_r k_{wr}\Phi_m\cos\theta = k E_D\cos\theta \\
E_{rB} &= 4.44 f N_r k_{wr}\Phi_m\sin\theta = k E_D\sin\theta
\end{aligned}\right\} \tag{10-25}$$

当转子 A、B 两相绕组空载时,其输出电压分别为

$$\left.\begin{aligned}
U_A &= E_{rA} = k E_D\cos\theta \\
U_B &= E_{rB} = k E_D\sin\theta
\end{aligned}\right\} \tag{10-26}$$

式（10-26）表明,空载时,转子 A、B 两相绕组的输出电压分别与转角 θ 的余弦和正弦函数成正比,相应的绕组分别称为余弦绕组和正弦绕组。

（2）负载运行分析

余弦输出绕组 A 中接入负载 Z_L 后（图 10-33）,便会有负载电流流过,并产生脉振磁势 $\overline{F}_A$,其结果将导致气隙磁场畸变,使得转子 A、B 两相绕组的输出电压与转角之间不再满足式（10-26）中的正、余弦关系。

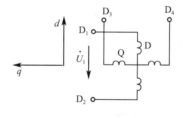
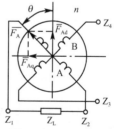

图 10-33　负载后的正 - 余弦旋转变压器

根据图 10-33,转子磁势 $\overline{F}_A$ 可沿 d 轴和 q 轴分解为两个分量,即

$$\left.\begin{aligned}
F_{Ad} &= F_A\cos\theta \\
F_{Aq} &= F_A\sin\theta
\end{aligned}\right\} \tag{10-27}$$

根据变压器理论,$\overline{F}_{Ad}$ 的出现使定子 D 绕组的电流增大,对气隙磁场基本无影响;$\overline{F}_{Aq}$ 转子磁势则不同,由于定子 Q 绕组中本来无励磁电流,因而 $\overline{F}_{Aq}$ 的作用相当于交轴励磁磁势。要在气隙中建立新的脉振磁场,它所产生的磁通最大值为

$$\Phi_{qm} = A_q F_A\sin\theta \tag{10-28}$$

Φ_{qm} 与转子 A、B 两相绕组所匝链的磁通分别为 $\Phi_{qm}\sin\theta$ 和 $\Phi_{qm}\cos\theta$。它们在 A、B 两相绕组中所感应电势的有效值分别为

$$\left.\begin{aligned}
E_{Aq} &= 4.44 f N_r k_{wr}\Phi_{qm}\sin\theta \\
E_{Bq} &= 4.44 f N_r k_{wr}\Phi_{qm}\cos\theta
\end{aligned}\right\} \tag{10-29}$$

将式(10-28)代入式(10-29)得

$$E_{Aq} = 4.44 f N_r k_{wr} A_q F_A \sin^2\theta = K\sin^2\theta$$
$$E_{Bq} = 4.44 f N_r k_{wr} A_q F_A \sin\theta\cos\theta = K\sin\theta\cos\theta$$

(10-30)

式(10-30)表明:负载后,由于转子磁势$\overline{F}_A$的作用,导致转子A、B两相绕组中所感应的电势中多出两项($\dot{E}_{Aq}$和$\dot{E}_{Bq}$),其结果是引起A、B两相绕组的输出电压与转角θ之间不再满足余弦或正弦关系,且负载电流越大,对输出电压的影响越严重。

为此,需要采取如下解决措施:为了消除输出电压的畸变,可以在定子侧或转子侧进行补偿。图10-34给出了一种将定子绕组短接的定子侧补偿方案。

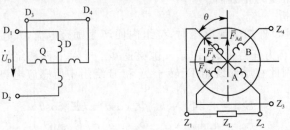

图10-34　带有定子侧补偿的正-余弦旋转变压器

图10-34中,由于q轴方向上相当于一台副方短路的变压器,其主磁通Φ_{qm}很小,所以抑制了转子磁势$\overline{F}_A$对输出电压的影响。

2.线性旋转变压器

输出电压与转子转角之间呈线性关系的旋转变压器称为线性旋转变压器。

当转子沿逆时针方向转过θ时,由于定子绕组Q具有补偿作用,所以转子绕组B中的负载电流所产生的磁势对气隙磁场的影响较小。气隙磁通主要是由定子励磁绕组D所产生的直轴磁通Φ_m。它在励磁绕组D、转子A和B绕组中所感应电势的有效值分别为$\dot{E}_s$、$\dot{E}_{rA}$和$\dot{E}_{rB}$,其有效值与式(10-25)相同。根据图10-35所假定的正方向,于是有

$$\dot{U}_1 = (\dot{E}_D + \dot{E}_{rA}) = (\dot{E}_D + k\dot{E}_D\cos\theta)$$ (10-31)

当负载阻抗Z_L较大时,输出电压为

$$\dot{U}_2 \approx \dot{E}_{rB} = k\dot{E}_D\sin\theta$$ (10-32)

将式(10-31)代入(10-32)得

$$U_2 = \frac{k\sin\theta}{1+\cos\theta} \cdot U_1$$ (10-33)

根据式(10-33)绘出输出电压与转子转角之间的特性曲线,如图10-36所示。

由图10-36可见,当$-60° \leqslant \theta \leqslant +60°$时,输出电压$U_2$与转角$\theta$之间基本上满足线性关系。

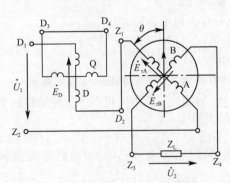

图10-35　线性旋转变压器的原理电路

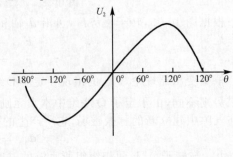

图10-36　线性旋转变压器的输出电压与转子转角之间的关系曲线($k=0.52$)

10.6.2 旋转变压器的应用

旋转变压器主要有如下用途：

(1)作为伺服系统中高精度位置检测元件。

(2)作为坐标变换和矢量运算器件。

当旋转变压器作为位置检测元件使用时，一般须利用特殊的模／数转换电路将旋转变压器输出的模拟信号转换为数字形式的信号后使用。图 10-37 为两种典型的无刷旋转变压器与相应转换电路的电气原理图，其中所采用的无刷旋转变压器的输入与输出端子互换。

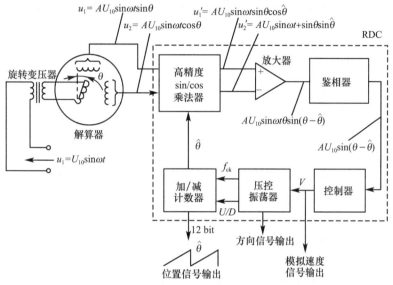

(a) 旋转变压器的一次侧绕组作为励磁输入的方案

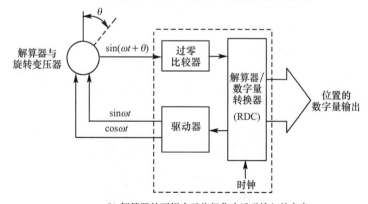

(b) 解算器的两相定子绕组作为励磁输入的方案

图 10-37　无刷旋转变压器的位置检测方案

10.7　自整角机

自整角机是指对角位移偏差具有自整步能力的控制电机。一般情况下，自整角机是成对使用的，一台作为发送机使用，另一台作为接收机使用。通过发送机将转角转换为电信号，然后再由接收机将电信号转变为转角或电信号输出，从而实现角度的远距离传输或转换。

自整角机具有如下结构特点：

(1)转子采用单相交流励磁绕组，嵌入凸极式或隐极式转子铁芯中，并通过转子滑环和电刷引出。

(2)定子采用三相对称分布绕组（又称为整步绕组）。三相整步绕组接成星形，并通过出线端引出。

自整角机可以分为两类：一类是力矩式自整角机，其输出是转角；另一类是控制式自整角机，其输出是电压信号。

10.7.1　力矩式自整角机

1.失调角的概念

将 a_1 相整步绕组轴线与励磁绕组轴线之间的夹角作为转子的位置角。两自整角机转子位置角偏差称为失调角 θ，即 $\theta=\theta_1-\theta_2$。

2.协调位置的概念

当失调角 θ 为零（两台自整角机转子位置角相同）时，各相整步绕组中的定子电流（又称为均衡电流）为零，相应的电磁转矩也为零，此时转子的位置称为协调位置。

3.整步转矩的概念与力矩式自整角机的工作原理

当发送机转子沿逆时针方向转过一个角度 θ 后，两自整角机转子之间将存在失调角 θ。于是，发送和接收机整步绕组中所感应的线电势将不再相等，两绕组之间便有均衡电流流过。均衡电流与两转子励磁绕组所建立的磁场相互作用便产生电磁转矩（又称为整步转矩）。整步转矩力图使失调角趋向于零。于是，接收机转子将跟随发送机转子转过 θ，从而使两转子的转角又保持一致，力矩式自整角机又重新达到新的协调位置。力矩式自整角机的工作原理如图 10-38 所示。

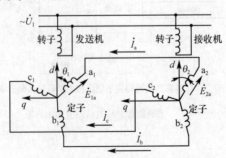

图 10-38　力矩式自整角机的工作原理

上述过程定量分析如下：

首先我们假定气隙磁密是按正弦分布的，其次忽略铁芯饱和和整步绕组磁势对励磁磁势的影响。

当发送机和接收机转子之间的位置角分别为 θ_1 和 θ_2（不相等）时，转子励磁磁场在定子各整步绕组内所感应变压器电势的有效值分别为

对于发送机

$$\left.\begin{array}{l} E_{1\mathrm{a}} = E\cos\theta_1 \\ E_{1\mathrm{b}} = E\cos(\theta_1 - 120°) \\ E_{1\mathrm{c}} = E\cos(\theta_1 + 120°) \end{array}\right\} \tag{10-34}$$

对于接收机

$$\left.\begin{array}{l} E_{2\mathrm{a}} = E\cos\theta_2 \\ E_{2\mathrm{b}} = E\cos(\theta_2 - 120°) \\ E_{2\mathrm{c}} = E\cos(\theta_2 + 120°) \end{array}\right\} \tag{10-35}$$

考虑到发送机和接收机均为星形连接的三相对称绕组，因此，各相回路的合成电势可分别表示为

$$\left.\begin{array}{l} \Delta E_{\mathrm{a}} = E_{2\mathrm{a}} - E_{1\mathrm{a}} = 2E\sin\dfrac{\theta_1+\theta_2}{2}\sin\dfrac{\theta}{2} \\[2mm] \Delta E_{\mathrm{b}} = E_{2\mathrm{b}} - E_{1\mathrm{b}} = 2E\sin\left(\dfrac{\theta_1+\theta_2}{2}-120°\right)\sin\dfrac{\theta}{2} \\[2mm] \Delta E_{\mathrm{c}} = E_{2\mathrm{c}} - E_{1\mathrm{c}} = 2E\sin\left(\dfrac{\theta_1+\theta_2}{2}+120°\right)\sin\dfrac{\theta}{2} \end{array}\right\} \tag{10-36}$$

设整步绕组每相的等效阻抗为 Z_{a}，则定子各相绕组中的均衡电流为

$$\left.\begin{array}{l} I_{\mathrm{a}} = \dfrac{\Delta E_{\mathrm{a}}}{2Z_{\mathrm{a}}} = \dfrac{E}{Z_{\mathrm{a}}}\sin\dfrac{\theta_1+\theta_2}{2}\sin\dfrac{\theta}{2} \\[2mm] I_{\mathrm{b}} = \dfrac{\Delta E_{\mathrm{b}}}{2Z_{\mathrm{a}}} = \dfrac{E}{Z_{\mathrm{a}}}\sin\left(\dfrac{\theta_1+\theta_2}{2}-120°\right)\sin\dfrac{\theta}{2} \\[2mm] I_{\mathrm{c}} = \dfrac{\Delta E_{\mathrm{c}}}{2Z_{\mathrm{a}}} = \dfrac{E}{Z_{\mathrm{a}}}\sin\left(\dfrac{\theta_1+\theta_2}{2}+120°\right)\sin\dfrac{\theta}{2} \end{array}\right\} \tag{10-37}$$

为了计算整步转矩的方便，可将整步绕组中的三相电流按投影分解到直轴（或 d 轴）和交轴（或 q 轴）上，即完成所谓的三相坐标系到静止坐标系变量的变换。于是，三相整步绕组的电流在 d 轴和 q 轴上的分量可分别表示为

对于发送机

$$\left.\begin{array}{l} I_{1\mathrm{d}} = I_{\mathrm{a}}\cos\theta_1 + I_{\mathrm{b}}\cos(\theta_1-120°) + I_{\mathrm{c}}\cos(\theta_1+120°) = -\dfrac{3}{4}\cdot\dfrac{E}{Z_{\mathrm{a}}}\cdot(1-\cos\theta) \\[2mm] I_{1\mathrm{q}} = I_{\mathrm{a}}\sin\theta_1 + I_{\mathrm{b}}\sin(\theta_1-120°) + I_{\mathrm{c}}\sin(\theta_1+120°) = -\dfrac{3}{4}\cdot\dfrac{E}{Z_{\mathrm{a}}}\cdot\sin\theta \end{array}\right\} \tag{10-38}$$

对于接收机，考虑到它在三相整步绕组中的电流与发送机大小相同、方向相反，于是有

$$\left.\begin{array}{l} I_{2\mathrm{d}} = -I_{\mathrm{a}}\cos\theta_2 + I_{\mathrm{b}}\cos(\theta_2-120°) - I_{\mathrm{c}}\cos(\theta_2+120°) = -\dfrac{3}{4}\cdot\dfrac{E}{Z_{\mathrm{a}}}\cdot(1-\cos\theta) \\[2mm] I_{2\mathrm{q}} = I_{\mathrm{a}}\sin\theta_2 + I_{\mathrm{b}}\sin(\theta_2-120°) - I_{\mathrm{c}}\sin(\theta_2+120°) = \dfrac{3}{4}\cdot\dfrac{E}{Z_{\mathrm{a}}}\cdot\sin\theta \end{array}\right\} \tag{10-39}$$

考虑到磁势正比于电流,于是根据式(10-38)和式(10-39)中的电流分量,便可求得三相整步绕组所产生的定子合成磁势在 d 轴和 q 轴上的分量 F_d 和 F_q 的大小并分析其性质。

由式(10-38)和式(10-39)可见:无论是发送机还是接收机,在直轴方向上的磁势分量均为负值,表明整步绕组在直轴方向上的磁势是去磁的。假定失调角 θ 较小,则 I_{1d}、I_{2d} 以及相应的直轴磁势较小,可以忽略不计;而交轴方向上的磁势分量对于发送机和接收机来讲,其大小相等,方向相反。

图 10-39 为转子交轴、直轴磁场与定子交轴、直轴电流相互作用所产生的电磁转矩的示意图,其中规定沿直轴(d 轴)和交轴(q 轴)正方向的磁势(或电流)为正方向,并取沿逆时针方向的转子转角和转矩为正方向。

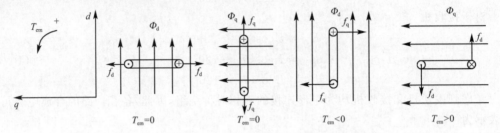

图 10-39 d、q 轴磁场与 d、q 轴电流相互作用所产生的电磁转矩

由图 10-39 可见:只有直轴磁通 Φ_d 与交轴电流 I_q 或交轴磁通 Φ_q 与直轴电流 I_d 相互作用,才能产生有效的电磁转矩。鉴于直轴磁势(或电流)较小,可以忽略不计,而转子励磁磁通主要集中在 d 轴上,即 $\Phi_d = \Phi_m$,因此整步转矩的大小为

$$T_{em} \propto \Phi_d I_q = \Phi_m I_q \tag{10-40}$$

将式(10-38)或式(10-39)代入式(10-40),并考虑到图 10-39 中的转矩方向,便可求得发送机和接收机的整步转矩分别为

$$T_{em1} = -C_1\Phi_m\left(-\frac{3}{4}\cdot\frac{E}{Z_a}\cdot\sin\theta\right) = T_m\sin\theta \tag{10-41}$$

$$T_{em2} = -C_1\Phi_m\cdot\frac{3}{4}\cdot\frac{E}{Z_a}\cdot\sin\theta = -T_m\sin\theta = -T_{em1} \tag{10-42}$$

式(10-41)和式(10-42)中的符号表明:发送机整步绕组所产生的整步转矩为逆时针方向,而接收机所产生的整步转矩为顺时针方向。考虑到整步绕组位于定子侧,所以作用到转子轴上的实际整步转矩方向分别与式(10-41)和式(10-42)相反。即当发送机转子在外力作用下沿逆时针方向旋转一个角度 θ 后,发送机转子上所产生的整步转矩为顺时针方向,倾向于保持转子原来的位置。而接收机转子上所产生的整步转矩为逆时针方向,驱使转子沿逆时针方向转过角度 θ,从而使两转子的转角一致,即 $\theta = 0$。最终,整步转矩为零,系统进入新的协调位置。

根据式(10-41)绘出静态整步转矩与失调角之间的关系曲线如图 10-40 所示,当失调角 $\theta = 1°$ 时的整步转矩称为比整步转矩(或比转矩)。

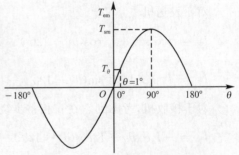

图 10-40 自整角机的静态整步转矩特性

10.7.2　控制式自整角机

控制式自整角机的作用是将发送机转子轴上的转角转换为接收机转子绕组上的电压信号。在发送机定子绕组感应电势的作用下,接收机定子绕组中便有电流流过并产生磁势和磁通。所产生的磁通与接收机的转子绕组相匝联,并在接收机转子绕组中产生感应电势,最终输出电压。由于接收机处于变压器运行状态,故接收机又称为自整角变压器。

现在我们进行如下定量分析:在自整角变压器中,取转子绕组轴线与 a_2 相整步绕组轴线垂直的位置作为基准电气零位。相应的失调角为零,两转子处于协调位置,自整角变压器输出电压为零。

若将发送机转子相对于整步绕组沿逆时针方向转过一个转角 θ_1(相当于整步绕组沿顺时针方向转过转角 θ_1)(图 10-41),自整角变压器转子将从基准零位沿逆时针方向转过一个转角 θ_2(相当于整步绕组沿顺时针方向转过转角 θ_2),则相应的失调角为 $\theta=\theta_1-\theta_2$。在发送机转子励磁绕组的磁势和磁场作用下,各相整步绕组中将感应变压器电势,其有效值分别为

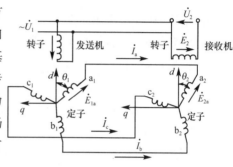

图 10-41　控制式自整角机的工作原理

$$
\left.
\begin{aligned}
E_{1a} &= E\cos\theta_1 \\
E_{1b} &= E\cos(\theta_1-120°) \\
E_{1c} &= E\cos(\theta_1+120°)
\end{aligned}
\right\} \quad (10\text{-}43)
$$

设发送机整步绕组中每相的等效电抗为 Z_{1a},而自整角变压器整步绕组中每相的等效电抗为 Z_{2a},则各整步绕组回路中的电流有效值分别为

$$
\left.
\begin{aligned}
I_a &= \frac{E_{1a}}{Z_{1a}+Z_{2a}} = \frac{E}{Z_{1a}+Z_{2a}} \cdot \cos\theta_1 \\
I_b &= \frac{E_{1b}}{Z_{1a}+Z_{2a}} = \frac{E}{Z_{1a}+Z_{2a}} \cdot \cos(\theta_1-120°) \\
I_c &= \frac{E_{1c}}{Z_{1a}+Z_{2a}} = \frac{E}{Z_{1a}+Z_{2a}} \cdot \cos(\theta_1+120°)
\end{aligned}
\right\} \quad (10\text{-}44)
$$

对于自整角变压器,考虑到其三相整步绕组中的电流与发送机中的电流大小相同,方向相反(图 10-41),因此,每相整步绕组所产生基波磁势的幅值分别为

$$
\left.
\begin{aligned}
F_{2a} &= 0.9\,\frac{N_2 k_{w2} I_a}{p} = F_{\varphi}\cos\theta_1 \\
F_{2b} &= 0.9\,\frac{N_2 k_{w2} I_b}{p} = F_{\varphi}\cos(\theta_1-120°) \\
F_{2c} &= 0.9\,\frac{N_2 k_{w2} I_c}{p} = F_{\varphi}\cos(\theta_1+120°)
\end{aligned}
\right\} \quad (10\text{-}45)
$$

为了便于计算自整角变压器输出电压,通常将整步绕组中的各相磁势按投影分解到直

轴(或 d 轴)和交轴(或 q 轴)上。于是有

$$F_{2d} = F_{2a}\cos\theta_2 + F_{2b}\cos(\theta_2 - 120°) + F_{2c}\cos(\theta_2 + 120°) = \frac{3}{2}F_\varphi\cos\theta$$

$$F_{2q} = F_{2a}\sin\theta_2 + F_{2b}\sin(\theta_2 - 120°) + F_{2c}\sin(\theta_2 + 120°) = \frac{3}{2}F_\varphi\sin\theta$$

(10-46)

于是,整步绕组合成磁势的幅值为

$$F_2 = \sqrt{F_{2d}^2 + F_{2q}^2} = \frac{3}{2}F_\varphi \tag{10-47}$$

合成磁势与 d 轴之间的夹角为

$$\beta = \tan^{-1}\frac{F_{2q}}{F_{2d}} = \theta \tag{10-48}$$

根据式(10-48),绘出自整角变压器三相整步绕组的合成磁势 $\overline{F_2}$ 的位置,如图 10-42 所示。

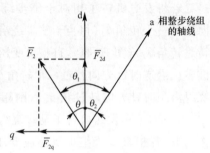

图 10-42　自整角变压器整步绕组
合成磁势的空间位置

考虑到发送机和自整角变压器是由完全相同的两台自整角机组成的,因此,其内部整步绕组的空间位置完全对应(a_2 相整步绕组的轴线与 a_1 相整步绕组相同)。由此可见,自整角变压器三相整步绕组合成磁势的空间位置总是与发送机转子的实际空间位置相一致。

如图 10-43 所示为由控制式自整角机和伺服电机可以组成随动系统。

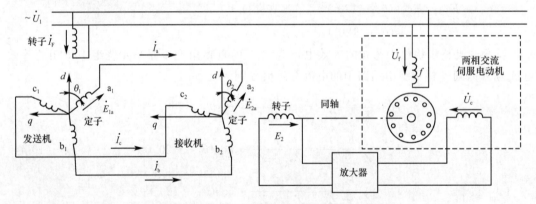

图 10-43　由控制式自整角机和伺服电机组成的随动系统

控制式自整角机的接收机(或自整角变压器)与力矩式自整角机的接收机是同一种电机的两种可逆运行方式。

在力矩式自整角机中,发送机的转子绕组通过单相电源输入电压信号,通过定子绕组的电气连接将发送机的转角信号传递至接收机,由接收机输出转角信号。此时,接收机相当于工作在电动机运行状态;而在控制式自整角机中,接收机的转子绕组开路,通过定子绕组的电气连接将发送机的转角信号转变为接收机转子绕组的电压输出。此时,接收机相当于工作在发电机运行状态。

10.8 直线电动机

　　直线电动机是一种能够直接输出直线运动的电动机,大体上可以分为直线直流电动机、直线异步电动机、直线同步电动机以及直线步进电动机。

10.8.1 直线直流电动机

　　直线直流电动机包括框架式和音圈式两种主要结构形式,其中框架式又包括动圈式和动铁式两种结构,如图 10-44 所示。

　　直线直流电动机的机械特性、调节特性以及动态特性的分析与第 3 章介绍的直流旋转电动机基本相同。只需用直线位移代替角位移、用力代替转矩即可。

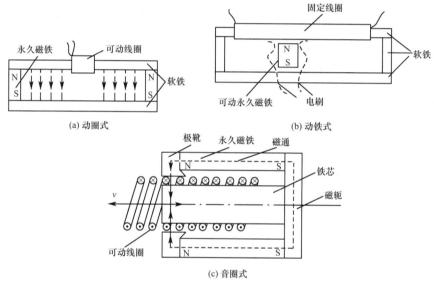

图 10-44　直线直流电动机的结构

10.8.2 直线异步电动机

　　直线异步电动机是从旋转式异步电动机演变而来的,其演变过程如图 10-45 所示。

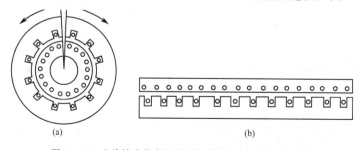

图 10-45　由旋转式异步电动机向直线电动机的演变过程

当在直线异步电动机的初级三相绕组中通入三相对称电流时,在初级和次极之间的气隙中便产生类似于旋转磁场的行波磁场,如图 10-46 所示。

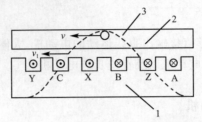

图 10-46　直线异步电动机的工作原理
1— 初级;2— 次级;3— 行波磁场

图 10-46 中,行波磁场的移动速度为同步速度,它取决于初级绕组的通电频率和绕组节距,即

$$v_1 = 2p\tau \cdot \frac{n_1}{60} = 2\tau f_1 \qquad (10\text{-}49)$$

式中　τ—— 绕组节距,m
　　　f_1—— 电源频率,Hz。

在同步速度行波磁场的作用下,次级导条感应电势和电流,该电流与行波磁场相互作用产生电磁力。若初级部分固定不动,则次级部分(又称为动子)将沿行波磁场方向移动。为确保相对切割,动子的移动速度总是低于行波磁场的同步速度 v_1,其差异可用转差率来表示,即

$$s = \frac{v_1 - v}{v_1} \qquad (10\text{-}50)$$

由式(10-49)、式(10-50)可得动子的移动速度为

$$v = v_1(1 - s) = 2\tau f_1(1 - s) \qquad (10\text{-}51)$$

式(10-51)表明,改变初级绕组的节距、初级的供电频率以及转差等均可像旋转异步电动机一样改变动子的移动速度。

图 10-47(a)、图 10-47(b)分别给出了两种扁平式结构的直线异步电动机,两者皆采用长动子、短定子结构。

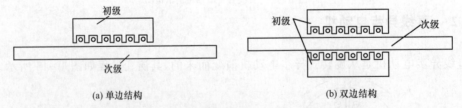

(a) 单边结构　　　　　　　　　　　　(b) 双边结构

图 10-47　具有长动子、短定子的扁平式结构直线异步电动机

除了上述扁平式结构之外,直线异步电动机还可以制成管形结构,如图 10-48 所示。

图 10-48　管形结构的直线异步电动机

10.8.3　直线步进电动机

　　直线步进电动机是一种将输入脉冲转变为步进式直线运动的电动机。其初级定子绕组每输入一个脉冲,动子则移动一直线步长。

　　图 10-49 为混合式直线步进电动机的工作原理示意图。混合式直线步进电机(Hybrid Linear Stepping Motor,HLSM)是一种将脉冲信号转换成直线运动的数字脉冲电机,即使在开环条件下,无须直线位移传感器,也能够做到精确定位控制。该电机具有结构简单、行程长、耗电省、温升低、容易数字控制、无累积定位误差、惯性小、互换性强和可直接驱动等明显优点。

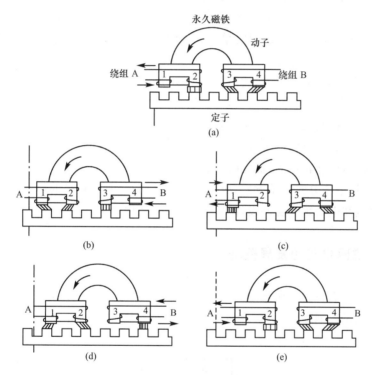

图 10-49　混合式直线步进电动机的工作原理

　　混合式步进直线电机的磁场推力不仅和各相绕组通入的脉冲控制电流有关,还和内部存在的固定永磁磁场大小有关。随着各相绕组中控制电流发生变化,使得各极下的磁场位置发生变化,从而带动步进电机动子产生直线步进运动。一般步进电机的步距角(位移分辨率)与齿距、运行拍数和相数有关。

10.9　开关磁阻电动机

　　开关磁阻电机是一种新型调速电机,其调速系统兼具直流、交流两类调速系统的优点,是继变频调速系统、无刷直流电动机调速系统的最新一代无级调速系统。它的结构简单坚固,调速范围宽,调速性能优异,且在整个调速范围内都具有较高的效率,系统可靠性高。它主要由开关磁阻电机、功率变换器、控制器与转子位置检测器四部分组成。控制器内包含控制电路与功率变换器,而转子位置检测器则安装在电机端。

开关磁阻电机结构简单,性能优越,可靠性高,覆盖功率为 10 W ~ 5 MW 的各种高、低速驱动调速系统,在各种需要调速和高效率的场合均能得到广泛使用(电动车驱动、通用工业、家用电器、纺织机械、电力传动系统等领域)。

开关磁阻电机具有如下特点:

(1)结构简单,价格便宜,电机的转子没有绕组和磁铁。

(2)电机转子无永磁体,允许较高的温升。由于绕组均在定子上,所以电机容易冷却。效率高,损耗小。

(3)转矩方向与电流方向无关,只需单方相绕组电流,每相一个功率开关,功率电路简单可靠。

(4)转子上没有电刷,结构坚固,适用于高速驱动。

(5)转子的转动惯量小,有较高的转矩惯量比。

(6)调速范围宽,控制灵活,易于实现各种再生制动能力。

(7)可在频繁启动(1 000 次 /h),正向 / 反向运转的特殊场合使用。

(8)启动电流小,启动转矩大,低速时更为突出。

(9)电机的绕组电流方向为单方向,电力控制电路简单,具有较高的经济性和可靠性。

(10)可通过机和电的统一协调设计满足各种特殊使用要求。

10.9.1　开关磁阻电机的发展概况

在电机控制系统和位置伺服系统中,具有各式各样的驱动电机,如直流电机、交流感应电机、步进电机、电励磁同步电机、永磁同步电机、永磁无刷直流电机和开关磁阻电机等,如图 10-50 所示。

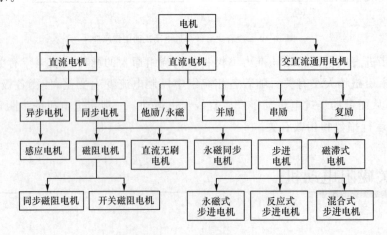

图 10-50　电机的种类

开关磁阻电机调速系统是伴随着电力电子技术和微电子技术的进步而迅猛发展起来的一种新型无级调速系统,是将磁阻式电机和现代电力电子技术相融合的典型的机电一体化产品,兼具了直流调速系统、交流调速系统的优点。开关磁阻电机调速系统主要由开关磁阻电机、控制器和功率变换器组成。作为调速系统中实现机电能量转换的部件,开关磁阻电机是双凸极可变磁阻的电机,电机铁芯由高磁导率的硅钢片叠压而成,定子凸极上绕有集中绕组,转子上无永磁体-无绕组,也无其他任何形式的滑环等。电机的结构简单坚固,可用于恶劣、高温、甚至强振动环境,运行可靠性高并且维护量小。开关磁阻电机的工作原理类似于步进电机,遵循"磁阻最小原理",因磁场扭曲而获得电磁转矩,起动转矩大、起动电流小。电机的转向与相绕组的电流方向无关,由简单的开关电路供给脉冲电流,便可以产生步进磁场,并且由于控制环节设置有转子位置的闭环控制,可以实现高精度的准确定位。选择开关磁阻电机作为电动执行器的动力源电机,可以实现频繁的起、停动作。此外,控制器通过对绕组相电流的开通角、关断角、电流幅值等变量进行控制,实现宽广调速范围内的灵活运行,通过调节开关磁阻电机的速度实现电机的柔性起、停功能,有效地减少对执行器阀门的机械冲击。同时,开关磁阻电机调速系统采用 DSP 作为控制核心,数字化的控制技术可以实现在电动执行器中应用现代控制理论的先进算法,极大地提高了电动执行器的控制性能。

开关磁阻电机具备的诸多优势,使它成为电动执行器动力源的优选方案。然而,开关磁阻电机还存在着亟待解决的问题,最突出的问题在于:由于开关磁阻电机的定子、转子双凸极结构和开关电源供电方式,导致开关磁阻电机的电磁场存在非线性饱和特性,对电机各性能参数的准确分析颇为困难,尤其在电机设计、性能分析等方面还不够成熟、完善。并且,开关磁阻电机运行噪声偏大,成为开关磁阻电机广泛应用的主要障碍。虽然已有众多研究针对开关磁阻电机的振动噪声偏大的弊端提出了改进措施,但仍有待进一步解决改善,尤其是如何从根源上有效地减小开关磁阻电机的振动和噪声。

10.9.2　开关磁阻电机调速系统在电机控制中的地位

1. 与步进电机驱动系统的比较

一般情况下,步进电机的主要作用是控制信号的变换。目前,步进电机已经被广泛地用于自动控制以及数字控制系统。按结构对步进电机进行分类,可以分为三类:反应式步进电机、永磁式步进电机及永磁感应式步进电机。相比带有大步进角的反应式步进电机,开关磁阻电机在结构上和运行的原理上都与之非常类似。然而,在以下几个方面它们还是存在着一定的不同。

(1) 在设计要求的方面上,步进电机对输出的位置精度要求较高,其转矩和位置的变化也要求有高变化率;然而,开关磁阻电机则要求变速驱动,其转矩的变化则要求有平滑的变化。

(2) 在控制方式的方面上,步进电机在一般情况下采用位置开环控制,这样就会产生失步的情况;然而,开关磁阻电机总是采用位置闭环控制,这样就不可能产生丢步或者失步的情况。

(3) 在运行特点的方面上,步进电机在一般情况下的运行只有电动状态,如果要调节转速,则只能采用调节电源步进脉冲频率的方法;然而,开关磁阻电机有许多可控因素,比如可以对每相主功率开关的起始导通角进行调节,可以采用调压的方法,也可以对限流斩波进行控制,这些灵活的调速方法有益于产生一个良好的调速系统,同时开关磁阻电机的运行还有制动状态。

(4)在应用场合的方面上,步进电机在具有角位移精密传动的小功率位置控制系统中得到了较多的应用;然而,开关磁阻电机在具有功率驱动的电气传动系统中应用的比较多。

2. 与反应式同步电机的比较

相比常规多相交流电机,反应式同步电机的定子与之相同,将交流电通入各相定子绕组之后,就是出现旋转磁场。转子是凸极结构,不需要励磁,只要利用凸极效应(直轴同步电抗和交轴同步电抗的差别)就可以进行功率的传递。与反应式同步电机相比较而言,开关磁阻电机在结构等方面具有如下不同:

(1)开关磁阻电机的定子和转子都采用了凸极结构,这样各相的凸极效应就增加了,从而简化了电机结构。

(2)开关磁阻电机的各相绕组采用脉冲电流,由简单的开关电路提供,并没有采用正弦交流电,所以只是产生了步进磁场,不会出现圆形的旋转磁场。

(3)开关磁阻电机采用转子位置闭环控制,这样就不可能产生失步的情况。同时,普通反应式同步电机在启动和调速方面存在着一些困难,而开关磁阻电机都能够很好地解决。

3. 与直流电机的比较

从固有特性来看,开关磁阻电机和直流电机有许多相似的特性,但是与直流电机相比,开关磁阻电机还存在以下几点不同。

(1)直流电机有换相火花、维修困难等缺点,但是开关磁阻电机没有这些缺点。

(2)在四象限运行的实现上,开关磁阻电机比较简单,提供的转矩/转速特性也比较灵活,从而在加速运行、稳定运行和制动运行上都比较适合。

(3)在成本方面,直流电机的电机本体的成本在直流调速系统中占了大部分,并在将来仍然上升;然而,开关磁阻电机调速系统的主要成本是由开关磁阻电机的功率变换电路和控制电路的成本来决定的,随着电力电子和计算机的不断发展,其成本一定在降低,这样就对降低开关磁阻电机调速系统的成本非常有利。

4. 与无换向器直流电机的比较

自控变频器采用带转子位置闭环控制,对同步电机进行供电,从而形成了自整步同步电机,也称为无换向器直流电机。事实上,无换向器直流电机就是用电子换相对普通的直流电机换向器替换的机械换相。

(1)在供电方面,不论是开关磁阻电机,还是无换向器直流电机,都是由带位置闭环控制的自控变频器来完成供电的;同时,在启动和调速特性的方面,它们都保持着直流电机原本的优良性。

(2)无换向器直流电机的转子需要励磁,这就要求必须有逆变器对它的定子提供多相交流电;不同的是,开关磁阻电机的转子是反应式的,这样定子绕组只要有直流脉冲通电就可以了,其实现只需要利用简单开关电路,这样可以简化电机本体结构和功率变换器的结构。

5.与异步电机变频调速系统的比较

（1）在电机方面。与异步电机相比,开关磁阻电机的转子上不存在任何绕组是其最大的优点。不会像异步电机一样,有可能会出现转速的限制、疲劳故障以及铸造不良等情况。

（2）在定子方面。开关磁阻电机同样有坚固、简单的优点,一般只存在集中绕组;虽然开关磁阻电机有时候会安装位置检测器,然而在一般情况下,与同型号异步电机相比,开关磁阻电机拥有较低的制造成本,以及较小的制造难度。

（3）在逆变器方面。与异步电机 PWM 变频相比,开关磁阻电机功率变换在简单性及成本的方面存在一定的优势。异步电机 PWM 变频段的每相必须用两个主功率开关才能控制系统;然而,开关磁阻电机的每相只需要一个主功率开关就能够控制系统,进而实现四象限运行,这是由于开关磁阻电机驱动系统采用单向流动的相电流,转矩方向不决定其流动。同时,由于异步电机电压型 PWM 变频器都是在电源上跨接开关器件,如果出现误触发的情况,就会导致上、下桥臂直通,这样存在着主电路短路的安全问题;然而,在主电路中,开关磁阻电机功率变换器一直存在一相绕组,保持与主开关情况串联,这样就可以消除电路短路的情况。在实际应用中,我们时常会在异步电机 PWM 变频器电路中添加预防低阻抗击穿的支路,这样就会使结构变得复杂,并且成本也增加了,同时,主功率开关电流的额定值也会随着变大。与异步电机 PWM 变频器相比,开关磁阻电机功率变换器换相开关的主功率开关的工作频率相对比较低,这样,当两者所处的工作状态相同时,开关磁阻电机驱动系统的开关器件就可以采用频率相对比较低的那种。

（4）在系统性能方面。从本质上来看,不同于普通的磁阻电机,开关磁阻电机是双凸极结构的,它将电力电子开关电路结合到开关磁阻电机中,形成了一种具有节能特性的变速驱动系统。通过许多使用经验可以得到这样的结论:不论是针对单位体积上的转矩值和效率值,还是其他特性参数,开关磁阻电机驱动系统都可以与异步电机 PWM 变频调速系统相媲美。早在 20 世纪 80 年代,国外就已经在文章中提及这方面的内容,这就表明,想要异步电机 PWM 变频调速系统的性能能够更加优良,采用开关磁阻电机驱动系统是有可能实现的。除此以外,开关磁阻电机还有一个特性,就是可控直流电机的高性能特性,与变频调速系统相比,其控制更加灵活和方便;开关磁阻电机如果需要了解满足各种需求的转矩／速度特性,只要通过对相绕组的接通和断开时间进行控制就可以。正如大家所知,当处于低频运行时,由于电机自身所固有的不稳定性,异步电机变频调速系统就会产生振荡和不稳定等问题,而在开关磁阻电机驱动系统中这些问题是不可能发生的。在实际应用中,在速度处于较低范围的情况下,与异步电机调速系统相比,开关磁阻电机驱动系统的转矩／电流比值较高,并且具有更优良的动态性能。

10.9.3　开关磁阻电机的结构及工作原理

1.开关磁阻电机的结构

开关磁阻电机结构简单,为双凸极结构,也就是定子和转子都有凸起的齿极,定转子都由导电良好的硅钢片叠压而成,并且定转子之间有很小的缝隙,转子可以在定子内转动。6/4 型开关磁阻电机的双凸形结构如图 10-51 所示。该电机定子上绕有线圈,也称作定子绕组,转子上没有线圈,但装有位置检测器,其定子铁芯上的定子绕组如图 10-52 所示。

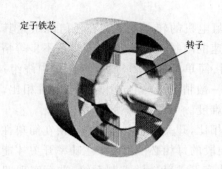

图 10-51　开关磁阻电机的双凸形结构

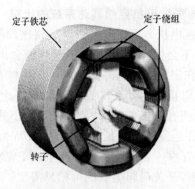

图 10-52　开关磁阻电机定子铁芯上的定子绕组

　　开关磁阻电机的定子上有定子绕组,并且空间位置相对的两个定子绕组串联在一起形成"一相"。如图 10-53 所示为开关磁阻电机剖面图,图示为其中一相绕组的供电图。根据定转子齿极数的不同组合可以形成不同的结构形式,例如:6/4、8/6、12/8、12/10 等,目前较为广泛使用的是 8/6 型(四相结构)和 6/4 型(三相结构)。

2. 开关磁阻电机的工作原理

　　下面以 6/4 型开关磁阻电机为例说明开关磁阻电机的工作原理,该电机共有三相,定子上有六个凸极,凸极上面均绕有线圈,径向相对的两个线圈连在一起组成一相,如图 10-54 所示为开关磁阻电机的励磁分布图。

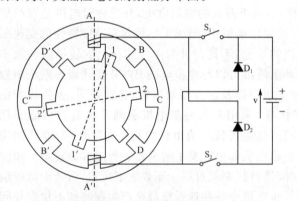

图 10-53　开关磁阻电机剖面图

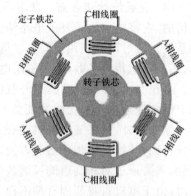

图 10-54　开关磁阻电机的励磁分布

　　开关磁阻电机的动作原理如图 10-55,10-56,10-57 所示,在图中给出了电机旋转对应的不同时刻,从中我们可以清晰地看出电机如何旋转的。图中 a 代表未通电线圈,b 代表通电线圈,c 代表通电相的定子和转子之间产生的磁力线,约定图 10-55,10-56,10-57 中的通电相分别为 A 相、B 相、C 相,转子启动之前的角度为零度。

　　从图 10-55 的最左侧图形开始,通过电源给 A 相绕组通电,在绕组中产生磁通,由于磁通总是沿着磁阻最小的路径闭合,所以产生的磁力线会从最近的转子齿极通过转子铁芯,如图中所画,此磁力线可看成极有弹力的线,在磁力的牵引下转子开始逆时针转动,对应第二幅图是转子转了 10° 的位置,对应的第三幅图是转到 20° 的图,当转子转到 30° 时,达到定子极和转子极"极对极"的位置,此时磁阻最小,转子停止转动。

　　为使电机继续旋转,需要切断 A 相电源,给 B 相供电,图 10-56 的最左侧图形为对应转子转了 30°,也就是换相时刻,此后在 B 相绕组中产生磁通,运行的原理和 A 相相同,对应第二

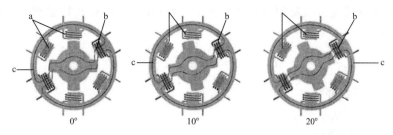

图 10-55　开关磁阻电机工作原理示意图一

幅图是转子转了 40° 的位置,对应的第三幅图是转到 50° 的图,当转子转到 60° 时,又达到定子极和转子极"极对极"的位置,转子停止转动。

图 10-56　开关磁阻电机工作原理示意图二

　　同样原理,对应图 10-57 的最左侧图形为对应转子转了 60°,此时切断相电源,给 C 相供电,在 C 相绕组中产生磁通,运行的原理和 A 相相同,对应第二幅图是转子转了 70° 的位置,对应的第三幅图是转到 80° 的图,直到转子转到 90°,达到定子极和转子极"极对极"的位置,转子停止转动。

图 10-57　开关磁阻电机工作原理示意图三

　　当转子转到 90° 时又恢复到未启动之前的状态,至此电机已经旋转了一周,如此往复的重复上述过程,转子就会不停地转动,这就是开关磁阻电机的工作原理。如果需要电机反方向转动,只需要改变通电相的通电顺序。

　　设每相绕组开关频率(主开关管开关频率)为 f_{ph},即转子极数为 N_r,则开关磁阻电机的同步转速(r/min)可表示为

$$n = \frac{60 f_{ph}}{N_r} \qquad (10-52)$$

　　由于是磁阻性质的电磁转矩,开关磁阻电机的转向与相绕组的电流方向无关,仅取决于相绕组通电的顺序,这使得能够充分简化功率变换器电路。当主开关 S_1、S_2 接通时(图 10-53),A 相绕组从直流电源 V 吸收电能,而当 S_1、S_2 断开时,绕组电流通过续流二极管 D_1、D_2,将剩余能量回馈给电源 V。因此,开关磁阻电机具有能量回馈的特点,系统效率高。

磁路饱和非线性是开关磁阻电机的一个重要特征,因此电磁转矩必须根据磁储能或磁共能来计算,即

$$T(\theta, i) = \frac{\partial W'(\theta, i)}{\partial \theta}\bigg|_{i=const} \tag{10-53}$$

式中　θ—— 转子位移角;

　　　W'—— 磁共能;

　　　i—— 相绕组电流。

可见,磁共能 $W'(\theta, i)$ 的变化取决于转子位移角和绕组电流的瞬时值。由于磁路非线性的存在,式(10-53)的求解是比较复杂的,难以推导表述为解析形式。在对开关磁阻电机性能作定性分析时,若忽略磁路的非线性,则式(10-53)可简化为

$$T(\theta, i) = \frac{i^2}{2}\frac{\mathrm{d}L}{\mathrm{d}\theta} \tag{10-54}$$

式中　L—— 任意转子位移角下的相电感。

图 10-58(a) 为理想线性假设下相电感随转子位移角的变化曲线,电机每旋转一圈,相电感变化的周期数等于转子的极对数,周期长度等于转子极距。由式(10-54)可知,恒定相绕组电流下,对应的转矩变化如图 10-58(b) 所示。式(10-54)和图 10-58(b) 充分表明,转矩的方向与电流的方向无关,仅取决于电感随转角的变化情况。如在电感上升期间 $[\theta_0, \theta_1]$,相绕组通以电流,则产生正转矩,处于电动机状态;如在电感下降期间 $[\theta_2, \theta_3]$,相绕组通以电流,则产生负转矩,处于是发电机状态。因此,通过控制相绕组电流导通的时刻、相电流脉冲的幅值和宽度,即可控制开关磁阻电机转矩的大小和方向,实现开关磁阻电机的调速控制。

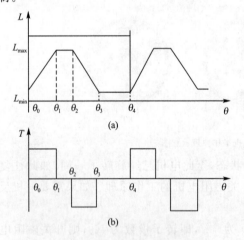

图 10-58　相电感、转矩随转子位移角的变化

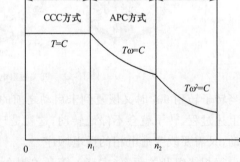

图 10-59　开关磁阻电机的运行特性

开关磁阻电机运行特性可分为三个区域:恒转矩区、恒功率区、自然特性区(串励特性区),如图 10-59 所示。在恒转矩区,由于电机转速较低,电机反电动势小,因此需对电流进行斩波限幅,称为电流斩波控制(CCC)方式,也可采用调节相绕组外加电压有效值的电压PWM 控制方式;在恒功率区,通过调节主开关管的开通角和关断角取得恒功率特性,称为角度位置控制(APC)方式;在自然特性区,电源电压、开通角和关断角均固定,由于自然特性与串励直流电机的特性相似,故亦称为串励特性区。转速 n_1, n_2 为各特性交接的临界转

速,n_1是开关磁阻电机运行和设计时要考虑的重要参数。n_1是开关磁阻电机开始运行于恒功率特性的临界转速,定义为开关磁阻电机的额定转速,亦称为第一临界转速,对应功率即额定功率;n_2是能得到额定功率的最高转速,恒功率特性的上限,可控条件都达到了极限,当转速再增加时,输出功率将下降,n_2亦称为第二临界转速。

10.9.4　功率变换器

开关磁阻电机驱动系统是调速电机,主要由开关磁阻电机、功率变换器、控制器和检测器四部分主成。

功率变换器是开关磁阻电机运行时所需能量的供给者,在整个开关磁阻驱动系统的成本中,功率变换器占有很大的比重,合理选择和设计功率变换器是提高开关磁阻电机驱动系统的性能价格比的关键之一,功率变换器主电路形式的选取对开关磁阻电机的设计也直接产生影响,应根据具体性能、使用场所等方面综合考虑,找出最佳组合方案。

目前,开关磁阻电机驱动系统常用的功率变换器主电路有许多种,应用最普遍的三种如图 10-60 所示。

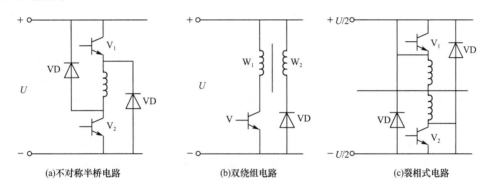

(a)不对称半桥电路　　(b)双绕组电路　　(c)裂相式电路

图 10-60　三种基本的功率变换器电路

图 10-60(a)所示的主电路为单电源供电方式,每相有两个主开关,工作原理简单。斩波时可以同时关断两个主开关,也可只关断一个。这种主电路中主开关承受的额定电压为 U。它可用于任何相数、任何功率等级的情况下,在高电压、大功率场合下有明显的优势。

图 10-60(b)所示的主电路特点是有一个初级绕组 W_1 与一个次级绕组 W_2 完全耦合(通常采用双股并绕)。工作时,电源通过开关管 V 向绕组 W_1 供电;V 关断后,磁场储能由 W_2 通过续流二极管 VD 向电源回馈。V 承受的最大工作电压为 $2U$,考虑过电压因素的影响,V 的反向阻断电压定额通常取 $4U$,可以看出,这种主电路每相只有一个主开关,所用开关器件数少。其缺点是电机与功率变换器的连线较多,电机的绕组利用率较低。

图 10-60(c)所示的主电路为裂相式电路,以对称电源供电。每相只有一个主开关,上桥臂从上电源吸收能量,并将剩余的能量回馈到下电源,或从下电源吸取能量,将剩余的能量回馈到上电源。因此,为保证上、下桥臂电压的平衡,这种主电路只能适用于偶数相电机。主开关正常工作时的最大反向电压为 U,由于每相绕组导通时绕组两端电压仅为 $U/2$,要做到 SR 电机出力相当,电机绕组的工作电流须为图 10-60(a)所示的主电路时的两倍。

这三种主电路各有优、缺点。图 10-60(b)、图 10-60(c)所示的主电路所需主开关的数目少,图 10-60(a)所示的主电路控制起来灵活,流经主开关的电流小,适配电机的范围大。由于各主电路的主开关总伏安容量大抵相等,成本相差不大。

10.9.5　控制器和位置检测器

控制器综合处理位置检测器、电流检测器提供的电机转子位置、速度和电流等反馈信息及外部输入的指令,实现对开关磁阻电机运行状态的控制,是开关磁阻电机驱动系统的指挥中枢。控制器一般由单片机及外围接口电路等组成。在开关磁阻电机驱动系统中,要求控制器具有下述性能:

(1)电流斩波控制。

(2)角度位置控制。

(3)起动、制动、停车及四象限运行。

(4)速度调节。

位置传感器向控制器提供转子位置及速度等信号,使控制器能正确地决定绕组的导通和关断时刻。通常采用光电器件、霍耳元件或电磁线圈法进行位置检测,采用无位置传感器的位置检测方法是开关磁阻电机驱动系统的发展方向,对降低系统成本、提高系统可靠性有重要的意义。

对开关磁阻电机驱动系统的理论研究和实践证明,该系统具有许多明显的特点:

(1)电机结构简单、坚固,制造工艺简单,成本低,转子仅由硅钢片叠压而成,可工作于极高转速;定子线圈为集中绕组,嵌放容易,端部短而牢固,工作可靠,能适用于各种恶劣、高温甚至强振动环境。

(2)损耗主要产生在定子,电机易于冷却;转子无永磁体,可允许有较高的温升。

(3)转矩方向与相电流方向无关,从而可减少功率变换器的开关器件数,降低系统成本。

(4)功率变换器不会出现直通故障,可靠性高。

(5)起动转矩大,低速性能好,无异步电动机在起动时所出现的冲击电流现象。

(6)调速范围宽,控制灵活,易于实现各种特殊要求的转矩—速度特性。

(7)在宽广的转速和功率范围内都具有高效率。

(8)能四象限运行,具有较强的再生制动能力。

各种突出的优点,使开关磁阻电机驱动系统已成为变流电机驱动系统、直流电机驱动系统及无刷直流电机驱动系统的有力竞争者。由于开关磁阻电机为双凸极结构,不可避免地存在转矩波动,噪声是开关磁阻电机存在的最主要缺点。但是,近年来的研究表明,采用合适的设计、制造和控制技术,开关磁阻电机驱动系统的噪声完全可以做到高质量的 PWM 型异步电动机的噪声水平。

10.9.6　开关磁阻电机转矩脉动产生机理及抑制技术

开关磁阻电机具备结构简单可靠、制造成本低、启动转矩大以及容错能力强等典型优点,吸引了该领域众多学者的兴趣。但其双凸极结构及绕组供电方式导致的较大转矩脉动这一关键科学问题限制了其应用领域,为顺应现阶段双凸极类电机的发展趋势,本节将叙述开关磁阻电机转矩脉动产生机理并从两个方面介绍脉动抑制技术。

在电机驱动领域,开关磁阻电机的高转矩脉动和振动噪声始终是限制其进一步发展的主要因素。由于开关磁阻电机内部的双凸极结构,以及开关式供电的运行方式,导致其产生了较大的转矩脉动与径向振动,而径向振动又是引发振动噪声的主要原因。面对这亟待解决的两大难题,国内外专家学者做了大量的研究工作。主要的研究方向可大致分为两类:一是从电机设计的角度出发,通过优化电机内部结构,来降低转矩脉动和振动噪声;二是通过先进的控制策略,对开关磁阻电机的相电流、开关角等可控参数进行控制,从算法上来达到抑制转矩脉动与振动噪声的目的。本节仅从概念角度介绍通过先进的控制策略抑制转矩脉动方法,进一步量化和本体优化设计可联系编者详细探讨。

为降低开关磁阻电机的转矩脉动,提高系统性能,各国学者提出改进了各种先进的控制方法。目前,关于抑制转矩脉动方法的研究已经取得了较大的进展,控制方法主要有传统PID 控制、智能控制、变结构控制及以转矩为控制量的转矩分配控制和直接瞬时转矩控制。

1. 传统控制方法

关磁阻电机的传统控制方法主要是以电流斩波和角度控制为基础的增量式 PID 控制,这是一种线性控制。因系统信号处理简单,当控制目标发生"跳变"时,闭环控制迟钝,容易产生振荡和超调。是否可用在双凸极电机这样的非线性控制系统或者找到更合适的控制组合方式是值得研究的。

2. 智能控制

智能控制是具有自适应和自学习功能的非线性控制策略,对于关磁阻电机控制系统来说,智能控制大多是在线优化相电流波形,从而获得优化的瞬时转矩并减少转矩脉动。目前,应用最广泛的是模糊控制和神经网络控制。模糊控制的主要缺点是没有记忆功能,当参考转矩改变需要进行重新学习;神经网络控制的学习速度较慢,且离线学习过程使得其难以用于电机实时控制。上述两种控制结构都比较复杂,必须依赖强大的并行运算能力,这很大程度上限制了其实用性。

3. 变结构控制

变结构控制系统有较强的抗干扰能力,在关磁阻电机调速系统中有着广泛的应用。其本质上是一种典型的、特殊的非线性控制,其非线性表现为控制的不连续性,系统中会形成一个不可预知的抖振区间。其缺点是在实际应用中,忽略了关磁阻电机磁路饱和及非线性特性,较大电流时准确度较低。

4. 以转矩为控制量

转矩分配控制也可称为转矩分配函数法(Torque Sharing Function,TSF),它合理地将参考转矩分配给各相转矩,通过事先建立的转矩分配函数模型得到各相参考电流,控制各相电流跟随参考电流以实现输出瞬时转矩等于期望转矩,从而减小转矩脉动。这种方法的难点在于转矩分配函数的构建,控制系统造价较高,在实际应用中动态响应较差,目标转速或负载的突变往往无法实现换相时转矩平稳输出。应用该控制策略减小转矩脉动的同时,对电机转速范围、铜耗以及效率的影响值得研究与讨论。

直接瞬时转矩控制不需要精确的电流反馈,而是依据瞬时转矩与参考转矩的偏差,产生所需的开关信号,控制功率逆变器的开关动作,通过对励磁相施加不同的电压来调整电机输出转矩,使其在每个时刻都能跟随参考转矩。相比于转矩分配控制,直接瞬时转矩控制的结构更加简单可靠。同样,此方法在减小转矩脉动同时,对电机效率会有影响。

上述控制策略都有各自的优点与缺点,如何选择、改进以及设计一种高性能控制策略,主要还是依据电机自身结构特点、负载特性以及应用场合。

10.10 无刷直流电动机

提到无刷直流电机,那么就不得不提有刷直流电机。这里的"刷"实际上就是指"碳刷",最早的直流电机都是带有"碳刷"的。碳刷是有刷直流电机中的关键性部件,主要起到电流的换向作用。然而其缺点也是较为突出:碳刷及整流子在电机转动时会产生火花、碳粉,因此除了会造成组件损坏之外,使用场合也受到限制。而且碳刷存在磨耗问题,需要定期更新碳刷,维护不方便。

伴随着半导体工业的发展,使用电子换向的无刷直流电机应运而生。随着微处理机速度的不断加快,人们可以将控制电机必需的功能做在芯片中,而且体积越来越小。像模拟 / 数字转换器(Analog to Digital Converter,ADC)、脉冲宽度调制(Pulse Wide Modulator,PWM)等。无刷直流电机即以电子方式控制交流电换相,得到类似于直流电机特性又没有直流电机机构上缺失的一种应用。从目前直流电机的发展趋势来看,有刷直流电机将逐步被淘汰,无刷直流电机将成为直流电机的主流。

10.10.1 无刷直流电动机简介

无刷直流电动机是同步电机的一种,也就是说电机转子的转速受电机定子旋转磁场的速度及转子极数(p)影响,即 $N = 120f/p$。在转子极数固定的情况下,改变定子旋转磁场的频率 f 就可以改变转子的转速。无刷直流电机即将同步电机加上电子式控制(驱动器),控制定子旋转磁场的频率并将电机转子的转速反馈至控制中心反复校正,以期达到接近直流电机特性的方式。也就是说无刷直流电机能够在额定负载范围内当负载变化时仍可以控制电机转子维持一定的转速。

无刷直流电动机是一种无级变速电机,它由一台同步电机和一组逆变桥所组成,如图10-61所示。它具有直流电机那样良好的调速特性,但是由于没有换向器,因而可做成无接触式,具有结构简单、制造方便、不需要经常性维护等优点,是一种理想的调速电机。

无刷直流电动机的构造一般是内藏检测转子位置用的磁气元件(霍尔 IC)或光学编码器。由该位置传感器向驱动电路发出信号。电动机线圈是三相星形连接。此外,转子使用永久磁钢。检测用的磁性元件一般使用霍尔 IC,个别高档的无刷直流电机使用光学编码器。霍尔 IC 固定在定子的内侧,一般安装有 3 个,转子转动时,即从霍尔 IC 输出数字信号。

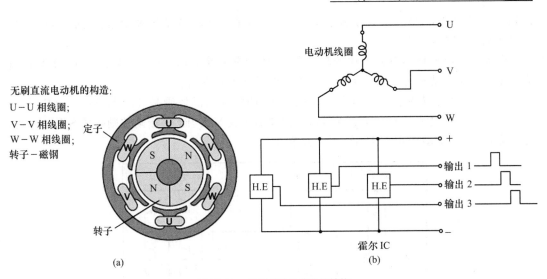

图 10-61　无刷直流电动机的结构

10.10.2　无刷直流电动机的工作原理

无刷直流驱动器包括电源部及控制分部分,如图 10-62 所示:电源部分提供三相电源给电机,控制部分则依需求转换输入电源频率。电源部分可以直接以直流电输入(一般为24 V)或以交流电(110/220 V),如果输入是交流电就得先经转换器转换成直流电。不论是直流电输入还是交流电输入,都要在转入电机线圈前先将直流电压由变频器转成三相电压来驱动电机。变频器一般由 6 个功率晶体管组成。6 个功率晶体管连接着电机,作为控制流经电机线圈的开关。

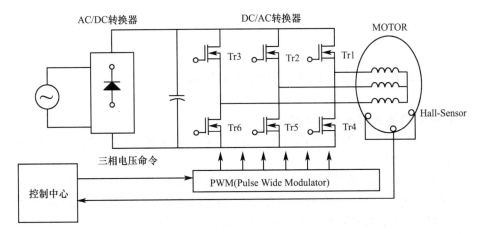

图 10-62　无刷直流驱动器的工作原理

要让电机转动起来,首先控制部分就必须根据霍尔 IC 感应到的电机转子目前所在位置,然后依照定子绕组决定开启(或关闭)转换器中功率晶体管的顺序,使电流依序流经电机线圈产生顺向(或逆向)旋转磁场,并与转子的磁铁相互作用,如此就能使电机沿顺时针 / 逆时针方向转动。当电机转子转动到霍尔 IC 感应出另一组信号的位置时,控制部分又再开启下一组功率晶体管,如此循环电机就可以沿同一方向继续转动,直到控制部分决定要电机转子停止，即关闭功率晶体管；若要电机转子反向旋转，则功率晶体管开启顺序相反。

电动机线圈连接至有开关用的晶体管，晶体管有 6 个，共同组成变频器。上、下晶体管依一定顺序交互地重复 ON－OFF，以转变线圈电流的方向。

图 10-63 所示为晶体管的开关程序执行 STEP① 时，晶体管是 Tr1 与 Tr6 为 ON 的状态。这时的线圈电流从 U 相流到 W 相，U 相被励磁成 N 极、而 W 相则被励磁成 S 极。因此，转子旋转 30°。该动作重复 12 次，转子运转 1 周。

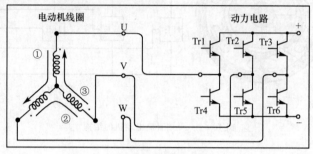

各晶体管的开关程序

STEP / 晶体管	①	②	③	④	⑤	⑥	⑦	⑧	⑨	⑩	⑪	⑫	⑬
Tr1	ON					ON	ON					ON	ON
Tr2		ON	ON					ON	ON				
Tr3				ON	ON					ON	ON		
Tr4			ON	ON					ON	ON			
Tr5					ON	ON					ON	ON	
Tr6	ON	ON					ON	ON					ON
U 相	N	—	S	S	—	N	N	—	S	S	—	N	N
V 相	—	N	N	—	S	S	—	N	N	—	S	S	—
W 相	S	S	—	N	N	—	S	S	—	N	N	—	S

图 10-63　功率晶体管的开关程序

10.10.3 无刷直流电机与其他电机相比的优势

1. 小型化（与异步感应电机比较）

由于将永久磁钢嵌入转子，所以实现了小型高效率的无刷直流电动机。这种轻巧的设计符合设备小型化的需求。

120 W 无刷直流马达的长度只有 90 W 异步交流电机的 50%。同时，无刷直流马达包含以过负载保护功能以及过电压保护功能为首的各种保护功能。在保护功能启动时会有警报输出产生，而异步交流电机基本上不具备这些功能。

2. 均匀转矩（卓越的速度稳定性）

无刷直流电机能够比较电动机转速的反馈信号与设定速度，同时调整供应给电动机的电流，并借此稳定了马达速度，即使负载状况发生变化，仍旧可以以稳定的速度驱动。

交流异步电机的传送时间变化大，给设备的设计时序控制带来麻烦，还使设备的利用率降低，生产率下降。而无刷直流电动机即使负载有变化也能保持传送时间一定，给设备的设计带来方便，生产率也能保持稳定。

3. 马达与马达个体之间的速度变动率小

无刷直流马达不仅个体本身的速度变动率小,而且个体之间的变动率也较小,特别适用于类似于液晶面板这类对于马达之间速度变动率要求较高的行业。

在类似于液晶面板传输的行业中,如果两个传输带之间的速度差异较大,就会产生一定的张力。该张力对于薄薄的液晶面板具有很大的破坏性。为了保证产品质量,要求转送带的速度稳定性好,选用无刷直流电动机能满足这一设备要求。

4. 最大输入电流

经过实验比较,变频器控制异步电动机最大启动电流为 7 A。而无刷直流电动机最大启动电流为 3 A(1/2 以下)。变频器控制异步电动机与无刷直流电动机的最大输入电流相差较大,特别是电动机台数较多时,为了保证启动电流,将导致电源设备大容量化。此时无刷直流电动机具有优势。

5. 无刷直流电动机的温升低

无刷直流电机之所以发热量低,是因为其效率高。能量转换主要表示为热量加做功,当做功的效率高时,温升自然就比较低。因此无刷直流电机非常适合使用在 24 小时连续运转的场合,如图 10-64 所示。

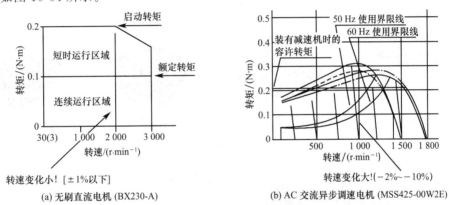

图 10-64   直流无刷电机与交流异步电机速度对比

6. 节省能源

无刷直流电动机的转子使用永久磁钢,不会产生转子的二次损耗。假设每套设备中使用的 20 台交流异步电动机用无刷直流电动机取代,每台节能 14.6 W,每天工作 24 h。每年可节约电能 2 558 kW·h(14.6 W×20 台×24 h×365 d),按照目前上海工业用电价 1.074 元/度的价格换算,可以节约 2 747 元。同时,相当于减少 CO_2 排放 1.4 t。可见,无刷直流电动机的节能减排效果显著。

7. 与伺服电机的比较

无刷直流电机与伺服电机的电动机本体(永磁转子、集中定子绕组)相同,但是位置传感器不同。无刷直流电机采用霍尔 IC(个别高档的也会采用低端的编码器),而伺服电机普遍采用光学编码器。因此,无刷直流电机除了速度控制之外,无法做到伺服电机的位置控制、转矩控制等。但是作为调速电动机使用时,除了快速响应及低速运行,可以用无刷电机取代伺服电机,而价格方面无刷电机优势较大。

综上所述,目前无刷直流电机在国内工控市场的知名度不高、普及率较低。许多用户在变频器异步电动机满足不了要求时就盲目直接采用伺服电动机,而很多情况可以用价格低的无刷直流电动机实现。采用伺服电机类似于用大马拉小车,不仅控制相对复杂,而且也是对资源的浪费。推广使用高效节能的无刷直流电机正可谓利国利民。

10.11 盘式电动机

盘式电动机具有如下特点:外形扁平,轴向尺寸短,特别适用于对安装空间有严格限制的场合;气隙是平面的,气隙磁场是轴向的,因此又称为轴向磁场电机。盘式电动机的工作原理与柱式电机相同。

10.11.1 盘式直流电动机的结构特点

图 10-65 所示为盘式永磁直流电动机的电枢绕组,图 10-66 所示为双边永磁盘式直流电动机的结构。盘式永磁直流电动机的特点如下:

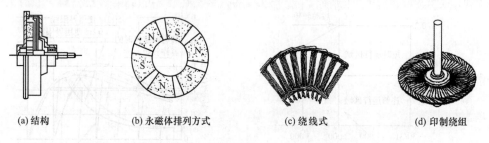

| (a) 结构 | (b) 永磁体排列方式 | (c) 绕线式 | (d) 印制绕组 |

图 10-65   盘式永磁直流电动机的电枢绕组

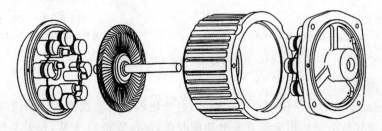

图 10-66   双边永磁盘式直流电动机的结构

(1)轴向尺寸短,适用于严格要求薄型安装的场合。

(2)采用无铁芯电枢结构,不存在普通圆柱式电机由于齿槽引起的转矩脉动,转矩输出平稳。

(3)不存在磁滞和涡流损耗,可达到较高的效率。

(4)电枢绕组电感小,具有良好的换向性能。

(5)电枢绕组两端面直接与气隙接触,有利于电枢绕组散热,可取较大的电负荷,有利于减小电机的体积。

(6)转动部分只是电枢绕组,转动惯量小,具有优良的快速反应性能,可用于频繁启动和制动的场合。

10.11.2 盘式直流电机的基本电磁关系

盘式直流电机的电动势的计算公式为

$$E_c = \frac{p}{\pi} \int_0^{\pi/p} e\,d\theta = \frac{1}{2}\omega B_{\delta av}(R_{mo}^2 - R_{mi}^2) \tag{10-55}$$

图 10-67 所示为电枢与磁极的相对位置,盘式永磁直流电机的电动势公式与普通圆柱式直流电机完全一致,盘式电机的电磁本质未变,只是结构改变而已。

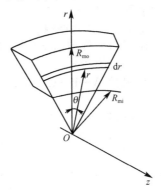

图 10-67   电枢与磁极的相对位置

思政元素

开关磁阻电机调速系统在成本、工作环境方面与其他调速系统相比拥有明显优势,因此开关磁阻电机在航空、家电、电动工具、纺织行业,尤其在电动汽车领域发展迅猛。开发可持续的电动车用电动机对汽车行业的发展具有重要意义。但由于电机本体设计的原因,开关磁阻电机的转矩输出具有明显的波动现象,并且伴随着振动和噪声,转矩脉动使得开关磁阻电机在电动汽车、家电等领域的应用受到了制约。因而如何减小转矩脉动成了研究热点。本章通过对开关磁阻电机发展、现状与未来展望的讲述,培养学生积极投身祖国建设,勇于探索、敢于创新、攻坚克难的爱国奋斗精神,培养学生辩证唯物主义的科学观和世界观。

思考题及习题

10-1   填空

(1)单相异步电动机若无启动绕组,则通电启动时,其启动转矩_____,属于_____启动。

(2)定子绕组 Y 连接的三相异步电动机轻载运行时。若一相引出线突然断开,则电机_____继续运行;若停下来后,再重新通电启动运行,则电机_____。

(3)改变电容分相式单相异步电动机转向的方法是_____。

10-2   罩极式单相异步电动机的转向如何确定?这种电机的主要优、缺点是什么?

10-3   直流伺服电动机为什么有始动电压?它与负载的大小有什么关系?

10-4   交流伺服电动机控制信号降到零后,为什么转速为零而不继续旋转?

10-5　幅值控制的交流伺服电动机在什么条件下电机磁通势为圆形旋转磁通势?

10-6　交流伺服电动机额定频率为 400 Hz,调速范围却只有 0 ～ 4 000 r/min,这是为什么?

10-7　力矩电动机与一般伺服电动机的主要不同点是什么?

10-8　各种微型同步电动机转速与负载大小有关吗? 10-9　反应式微型同步电动机的反应转矩是怎样产生的? 一般异步电动机有无反应转矩? 为什么?

10-10　磁滞式同步电动机的磁滞转矩为什么在启动过程中始终为一常数?

10-11　磁滞式同步电动机的主要优点是什么?

10-12　下列电机中,(　　) 应安装鼠笼式绕组。

A. 普通永磁式同步电动机　　B. 反应式微型同步电动机　　C. 磁滞式同步电动机

10-13　如何改变永磁式同步电动机的转向?

10-14　三相反应式步进电动机采用 A—B—C—A 送电方式时,电动机沿顺时针方向旋转,步距角为 1.5°,则:

(1)沿顺时针方向旋转,步距角为 0.75°,送电方式应为 _____;

(2)沿逆时针方向旋转,步距角为 0.75°,送电方式应为 _____;

(3)沿逆时针方向旋转,步距角为 1.5°,送电方式可以是 _____。

10-15　为什么直流发电机电枢绕组元件的电势是交变电势而电刷电势是直流电势? 当测速发电机转速为零时,实际输出是否为零? 此时的输出电压是什么?

10-16　怎样调节和改变步进电动机的速度?

10-17　一台直流伺服电动机带动一恒转矩负载(负载阻转矩不变),测得始动电压为 4 V,当电枢电压 $U_a = 50$ V 时,其转速为 1 500 r/min。如果要求转速达到 3 000 r/min,试问要加多大的电枢电压?

10-18　为什么直流测速机的转速不得超过规定的最高转速? 负载电阻不能小于给定值?

10-19　直流电动机在转轴卡死的情况下能否加电枢电压? 如果加额定电压会有什么后果?

10-20　当直流伺服电动机电枢电压、励磁电压不变时,如将负载转矩减小,则此时电动机的电枢电流、电磁转矩、转速将怎样变化? 试说明由原来的稳态到达新的稳态的物理过程。

10-21　罩极式单相异步电动机的转向如何确定? 这种电机的主要优、缺点是什么?

10-22　磁滞式同步电动机的磁滞转矩为什么在启动过程中始终为一常数?

10-23　如何改变永磁式同步电动机的转向?

10-24　自整角变压器输出绕组(接收机的励磁绕组) 如果不摆在横轴位置上而摆在纵轴位置上,其输出电压 U_2 与失调角之间是什么关系?

10-25　自整角变压器的比电压是大些好还是小些好?

10-26　力矩式自整角机为什么大多采用凸极式? 而自整角变压器为什么采用隐极式? 整步转矩方向与失调角有什么关系?

10-27　交流测速发电机的输出绕组移到与励磁绕组相同的位置上,输出电压与转速有什么关系?

10-28　永磁无刷直流电动机主要由哪几部分组成? 它与普通的永磁直流电动机相比有何优点?

10-29　何谓两相导通星形三相六拍工作方式? 简述两相导通星形三相六拍无刷直流电动机的工作原理。

10-30　如何改变开关磁阻电动机的转矩方向? 改变电动机绕组电流的极性能够改变转矩方向吗? 为什么?

10-31　为什么开关磁阻电动机的转矩方向与产生转矩的电流方向无关? 如何获得负转矩?

10-32　开关磁阻电动机在低速时为什么采用斩波控制? 在高速时为什么采用角度控制?

10-33　一台四相 8/6 极 SR 电动机,额定功率为 4.7 kW,转速为 200 ~ 1 500 r/min,200 ~ 1 000 r/min 时为恒转矩特性,当转速为 1 000 ~ 1 500 r/min 时为恒功率特性,定子极弧宽 20°,转子极弧宽 24°,$L_{min}=7.24$ mH,$L_{max}=43.44$ mH。试画出理想线性模型下的电感变化曲线并推导电磁转矩表达式。

10-34　反应式步进电动机与永磁式及感应式步进电动机的工作原理方面有什么共同点和差异? 步进电动机与同步电动机有什么共同点和差异?

10-35　步进电动机的连续运行频率和启动频率有何不同? 为什么?

10-36　一台五相反应式步进电动机步距角为 1.5°/0.75°。试问:

(1)上述步距角代表什么含义?

(2)转子齿数是多少?

(3)写出五相十拍运行方式时的一个通电顺序。

(4)在 A 相绕组中测得电流频率为 600 Hz 时,电机的转速是多少?

10-37　直线感应电动机的最大缺点是什么?

10-38　永磁式直线直流电动机按结构特征不同可分为哪几种?

10-39　电磁式直线直流电动机适用于什么场合?

10-40　有一台四相反应式步进电动机,其步距角为 1.8°/0.9°,试问:

(1)转子齿数为多少?

(2)写出四相八拍运行方式时一个循环的通电次序。

(3)在 A 相绕组测得电流频率为 400 Hz 时,电动机的转速为多少?

10-41　设步进电动机工作在三相单三拍运行方式,其通电顺序为 A—B—C—A,相应的步距角特性如图 10-65 所示:

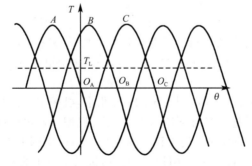

图 10-65　题 10-41 图

(1)指出理想空载时 B 相的静稳定区和动稳定区;

(2)若步进电动机的负载转矩为 T_L,试分析 B 相通电改变为 C 相通电时,步进电动机的运动情况,并指出 B 相的静稳定区和动稳定区。

10-42　直线感应电动机的工作原理是什么? 如何改变直线感应电动机的运动速度和方向?

参 考 文 献

[1] 姚璋,陈树明.开关磁阻电机发展及转矩脉动抑制策略研究.科技创新导报,2019

[2] 周追财.弱混合动力车用分块开关磁阻 BSG 电机及其直接转矩控制研究.江苏大学,2019

[3] 王逸洲.电励磁双凸极电机非线性建模研究与实践.南京:南京航空航天大学,2017

[4] Y. Wu, L. Sun, Z. Zhang. Analysis of torque characteristics of parallel hybrid excitation machine drives with sinusoidal and rectangular current excitations. IEEE Transactions on Magnetics,2021

[5] Tausif H, Yilmaz S, Ali E, et al. Unified control of switched reluctance motors for wide speed operation. IEEE Transactions on Industrial Electronics,2018

[6] 刘锦波,张承.电机与拖动.北京:清华大学出版社,2006

[7] 李发海,王岩.电机与拖动基础.3 版.北京:清华大学出版社,2005

[8] 刘慧娟,张威.电机学与电力拖动基础.北京:国防工业出版社,2007

[9] 林瑞光.电机与拖动基础.杭州:浙江大学出版社,2002

[10] 羌予践.电机与电力拖动基础教程.北京:电子工业出版社,2008

[11] 刘风春,孙建忠,牟宪民.电机与拖动 MATLAB 仿真与学习指导.北京:机械工业出版社,2008

[12] 吴玉香,李艳,刘华,毛宗源.电机与拖动.北京:化学工业出版社,2008

[13] 姚舜才等.电机学与电力拖动技术.北京:国防工业出版社,2006

[14] 姚舜才,赵耀霞. 电机学与电力拖动技术.2 版.北京:国防工业出版社,2009

[15] 张方.电机与拖动基础.北京:中国电力出版社,2008

[16] 汤天浩.电机及拖动基础.北京:机械工业出版社,2008

[17] 辜承林,陈乔夫,熊永前.电机学.2 版.武汉:华中科技大学出版社,2005

[18] 康晓明.电机与拖动.北京:国防工业出版社,2005

[19] 许晓峰.电机与拖动学习指导.北京:高等教育出版社,2010

[20] 林瑞光.电机与拖动基础学习指导和考试指导.杭州:浙江大学出版社,2004

[21] Theodore Wildi. Electrical Machines,Drives,and Power Systems,(5th Edition).Prentice Hall,2002

[22] 陈伯时.电力拖动自动控制系统.2 版.北京:机械工业出版社,2000

[23] 顾绳谷.电机及拖动基础下册.3 版.北京:机械工业出版社,2004

[24] 李维波.MATLAB 在电气工程中的应用.北京:中国电力出版社,2007

[25] 张圣勤.MATLAB 7.0 实用教程.北京:机械工业出版社,2006

[26] 吴天明.MATLAB 电力系统设计与分析.北京:国防工业出版社,2007

[27] 张健.试论高等职业教育理论与实践课程的整合.中国高教研究,2008(1):63-64

[28] 杜华.机电控制课程体系教学改革研究与实践.长春工程学院学报:社会科学版,2006(1):82-83

[29] 刘白雁.机电控制系统动态仿真.北京:机械工业出版社,2005

[30] 王中鲜.MATLAB 建模与仿真应用.北京:机械工业出版社,2010